浙江省高职院校“十四五”重点立项建设教材

电梯结构与原理

（第2版）

主　　编　金新锋　韩　霁

副 主 编　潘国庆　钟晓东　海　曼

参　　编　李小陈　陆　俊　陈　林　翁海明

　　　　　姚　忠　罗伟强　侯保银

主　　审　傅军平

北京理工大学出版社

BEIJING INSTITUTE OF TECHNOLOGY PRESS

图书在版编目(CIP)数据

电梯结构与原理 / 金新锋，韩霁主编. -- 2版. --
北京：北京理工大学出版社，2024.5(2024.6重印)
ISBN 978-7-5763-3958-1

Ⅰ. ①电… Ⅱ. ①金… ②韩… Ⅲ. ①电梯-基本知识-高等职业教育-教材 Ⅳ. ①TU857

中国国家版本馆CIP数据核字(2024)第093864号

责任编辑：封　雪　　文案编辑：封　雪
责任校对：周瑞红　　责任印制：施胜娟

出版发行 / 北京理工大学出版社有限责任公司
社　址 / 北京市丰台区四合庄路6号
邮　编 / 100070
电　话 / (010) 68914026 (教材售后服务热线)
　　　　(010) 68944437 (课件资源服务热线)
网　址 / http://www.bitpress.com.cn

版印次 / 2024年6月第2版第2次印刷
印　刷 / 三河市天利华印刷装订有限公司
开　本 / 787 mm×1092 mm　1/16
印　张 / 20.25
字　数 / 473千字
定　价 / 59.50元

前言

随着我国经济的快速发展及城镇化的不断推进，电梯成了人们“出门第一步，回家最后一程”不可缺少的垂直交通工具。近年来，立足国家高度，关注电梯安全，电梯产业的蓬勃发展已迎来国家战略层面的多重发展机遇，随之而来的是国内电梯工程技术专业的迅速崛起。

本书作为电梯工程技术专业的基础核心专业课教材，其内容深度与质量将影响专业毕业生的可持续发展能力。本书由金新锋、韩霁担任主编，由潘国庆、钟晓东、海曼担任副主编，参编人员有李小陈、陆俊、陈林、翁海明、姚忠、罗伟强、侯保银。本书基于作者多年的电梯工程、检验检测及教学经验编写而成，教学资源丰富、图文并茂、内容翔实、深入浅出；涉及电梯的法规标准是教学过程中一个重要的不可或缺的部分，因此，在书中融入与电梯结构原理相对应的法规和标准，使学生在学习理论知识的过程中了解和掌握国家标准的要求，为学生在理论和实践两方面打下坚实的基础。本书的资源不仅包含虚拟现实（VR）技术及其应用，还有巩固练习，便于学生理解及巩固复习，为培养高层次专业型技术技能人才打下基础。本书由国家电梯产品质量监督检验中心（浙江）主任傅军平（正高级工程师）主审，他的专业水准、认真与严谨的审稿态度，都对本书的专业性和实用性锦上添花。

本书既可作为高职高专院校、技师学院电梯工程技术专业及相关专业教材，同时又可作为成人教育和国家电梯特种设备作业资格证、国家职业资格电梯维修工（中、高级证书）培训用教材，也可供从事电梯等国家特种设备的安全使用与日常维修保养的工程技术人员学习参考。

由于编者水平有限，书中若有疏漏和错误，敬请读者不吝指教。

编　者

ETP 手机客户端下载二维码
ETP 登录后，用“我的”菜单下“扫一扫”功能扫描书中二维码即可观看视频。

目录 Contents

电梯概述

项目分析

通过本项目的学习，认识电梯品牌，掌握电梯的定义，了解我国电梯产业的分布和发展。

学习目标

应知

1. 认识电梯品牌。
2. 了解我国电梯产业的分布和发展。

应会

了解电梯的基础知识。

学习任务　电梯的基础知识

1. 电梯的发展历程

很久以前，人们就已经开始使用原始的升降工具运送人和货物，大多采用人力或畜力作为驱动力。随着工业革命的发展，19 世纪初，欧美国家开始使用蒸汽机作为升降工具的动力，并不断进行改进和创新。1852 年，世界上第一台被工业界普遍认可的安全升降机诞生。

我国是世界四大文明古国之一，有着悠久的科技发展历史，周朝（公元前 1100 年）就出现了提水用的提水工具——辘轳（图 1－1），即由木制的支架、卷筒、曲柄和绳索等组成的卷筒式卷扬机。公元前 236 年，古希腊科学家阿基米德制成了一种人力驱动的卷筒式卷扬机，用于将货物提升到很高的地方。

图 1 - 1　周朝使用的提水工具——辘轳

我国电梯产业起步较晚，电梯的发展主要经历了以下三个阶段：首先，是对进口电梯的销售、安装、维保阶段（1900—1949 年），这一阶段我国的电梯拥有量约为 1 100 台；其次，是电梯的独立开发研制、自行生产阶段（1950—1979 年），这一阶段我国共生产安装电梯约 1 万台；再次，是成立“三资”企业，电梯行业进入快速发展阶段（1980 年至今）。

2. 电梯产业

我国已经成为全球最大的电梯生产和消费市场，是电梯领域的世界工厂和制造中心，世界上主要的电梯品牌企业均在我国建立独资或合资企业，主要集中在长三角和珠三角地区。全球 70% 的电梯在中国制造，60% ~65% 的电梯在中国市场销售。根据中国电梯协会公开数据显示，2011—2018 年，中国电梯保有量逐年增加，且增长率均保持在 10% 以上；但增长速度放缓，截至 2018 年年底，中国电梯注册总量达到 627.83 万台。在存量和增量双重驱动下，电梯行业未来的发展前景广阔，2023 年，中国电梯保有量将超过 1 000 万台。具体来看，双重驱动因素分别是指：从建筑存量看，城镇化和老龄化推动存量建筑进行电梯的更新与加装；从建筑增量看，电梯已经成为新建楼房的标配。

图 1 - 2 所示为常见电梯品牌标志。我国电梯市场主要被美国的奥的斯，欧洲的迅达、通力、蒂森，日本的三菱、日立、富士达、东芝等外资品牌占据。本土品牌经过十多年的发展，约占 30% 的市场份额。2007 年后，本土品牌的市场占有率提升较快，在机场、地铁、超高楼层都出现了如杭州西奥等本土品牌。当前，欧美品牌电梯、日本品牌电梯和本土品牌电梯的市场份额占比为 4∶3∶3。部分标志性建筑中的电梯和扶梯如图 1 - 3 所示。

杭州西奥电梯有限公司成立于 2004 年，坐落于风景秀丽的杭州市余杭国家级经济技术开发区，公司领先行业引入德国的“工业 4.0”理念，按照世界 500 强标准布局工厂，以管理智慧化实现制造智能、产品智能、服务智能。另外，公司还保持高增长和高盈利的经营业绩，业已成为国内自主电梯品牌中的领头羊。公司始终坚持高起点、大投入，每年投入上亿元资金用于科技研发，获得国家专利百余项，经营质量和服务品质在国内行业首屈一指。公司的电梯制造执行系统与世界级制造流水线无缝对接，以打造“智慧工厂、智能制造”为目标，实现电梯的多品种、小批量柔性化生产。现已开发出 9 大系列、20 余种梯型，广泛覆盖住宅、写字楼、商场、酒店、工业、医院、高铁、地铁公共交通等使用场所，满足

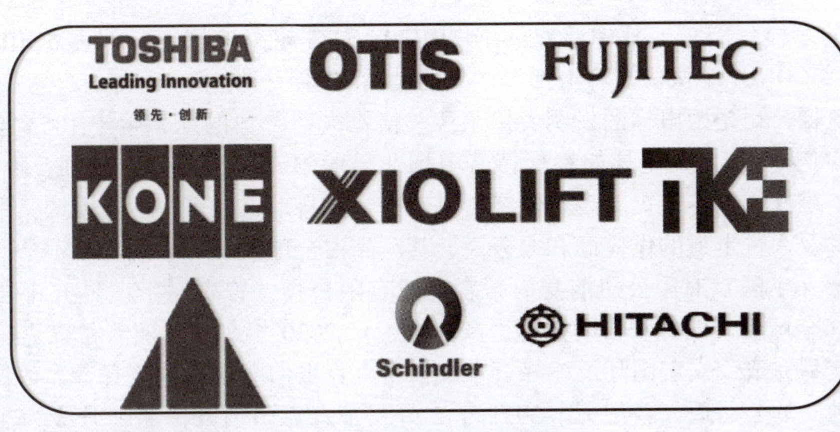

图 1－2 常见电梯品牌标志

42 m长城八达岭高铁站扶梯（西奥）

沙特阿拉伯吉达塔（通力）

台北101大厦（东芝）

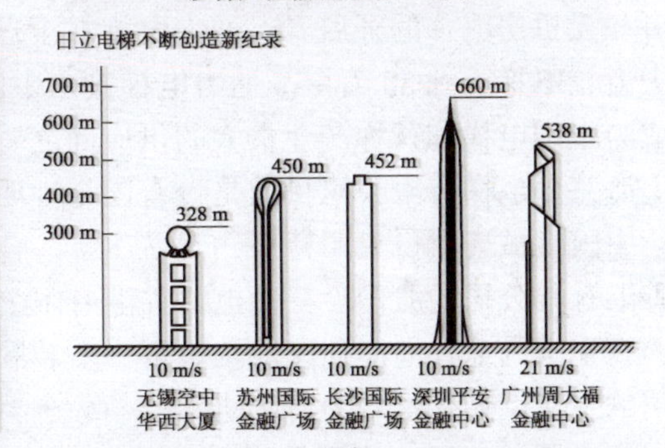

日立

望京SOHO（华升富士达）

2022杭州亚运会主场馆（奥的斯）

图 1－3 部分标志性建筑中的电梯和扶梯

市场上客户的多样化需求。其中，XO – NEWIII 10 m/s 超高速梯、XO – GMEIII 钢带无机房客梯、XO – CONIII 小机房乘客电梯等产品的销量均领衔行业。

奥的斯电梯公司是由电梯的发明者伊莱沙 · 格雷夫斯 · 奥的斯先生于 1853 年在美国创立的。170 多年来，奥的斯电梯始终保持着电梯业界的领先地位，一直致力于研究、开发、制造、安装、维修、保养、更新改造电梯、自动扶梯、自动人行道等运输系统，是全球最大的电梯、扶梯及人行走道的供应商和服务商，其产品占全球市场份额的 27%。

蒂升电梯（中国）有限公司前身为蒂森电梯有限公司，曾隶属于世界五百强企业蒂森克虏伯集团（全球三大电梯和自动扶梯生产商之一）。2020 年 8 月，随着蒂森克虏伯集团出售电梯业务交易完成，安宏国际及盛峰资本成为蒂森克虏伯电梯新的所有者，蒂森克虏伯电梯作为一家独立的公司迈入新纪元。2021 年 2 月，蒂森克虏伯电梯品牌升级为 TKE。2021 年 4 月，中国区公司名称由“蒂森电梯有限公司”变更为“蒂升电梯（中国）有限公司”。

迅达电梯公司是世界第一大自动扶梯制造商，由罗伯特 · 辛德勒先生于 1874 年在瑞士创立，总部位于风景秀丽的卢塞恩，至今已有 150 多年的历史。迅达是最早进入中国电梯及自动扶梯市场的外资企业。1980 年，迅达开始在中国电梯市场发展，其间，其在中国的投资金额不断增加，达到 15 亿元。迅达（中国）凭借良好的投资环境、坚实的工业基础和优秀的人力资源，同时，引进一流的电梯技术和吸收先进的管理模式，在从合资到独资的 20 多年里得到了长足的发展，成为迅达在亚太地区重要的营运公司和主要的电梯及自动扶梯生产基地，也是中国最大的自动扶梯公司和主要电梯供应商之一。

通力电梯是世界上最大的电梯公司之一，成立于 1910 年，总部位于芬兰，是一家拥有 100 多年历史的工业工程公司。通力电梯是开发环保节能产品的先锋，是全球无齿轮电梯的领导者和无机房电梯的开启者。通力电梯在全球拥有 80 万台左右的电梯维保量，在全球运行的无齿轮电梯达到 38 万台。通力电梯进入中国市场 20 多年以来，取得了长足的发展，现已经成为中国电梯和扶梯产业最大的供应商之一。

上海三菱电梯有限公司目前是带有国企性质的公司，上海机电股份有限公司持股占比为 52%，中国机械进出口集团持股占比为 8%，合计国企持股占比 60%，剩余 40% 属于三菱电梯香港有限公司的股份。三菱电梯香港有限公司是拥有 40 多年丰富经验的垂直运输系统专家，在中国内地及港澳地区成功销售、安装和维修各类电梯及自动扶梯。上海三菱电梯有限公司的主流产品基本均为自主研发。

东芝电梯（中国）有限公司在中国拥有上海、沈阳两大生产基地，数量众多的销售区域、维修中心和服务网络覆盖全国。东芝电梯（中国）有限公司致力于开发和制造环境友好型电梯产品，拥有研发中心和获得 CNAS 认证的国家级中心实验室，可以保障电梯的科技含量和技术品质，并在上海和沈阳两处设有研修中心，提供专业人才保障，同时，还为客户提供专业的维修和保养服务，全年 365 天从不停歇。

日立电梯（中国）有限公司成立于 1995 年，总部设在广州。公司致力于各类电梯、扶梯、自动人行道、智能安防系统的研发、制造、销售、安装、维修、保养，综合实力稳居国内行业三甲之列，跻身中国外商投资企业 500 强。充分整合了亚洲研发中心、上海研发中心、扶梯研发中心、电机研发中心、日立楼宇技术研发中心以及日本水户研发中心六大研发中心的资源，形成“5 + 1”研发网络体系，共同开发具有自主知识产权的高端电梯产品，实现资源共享最大化。作为楼宇交通的全面解决方案供应商，公司从不同角度出发，提出安全、高效智能、环保节能、舒适4大楼宇交通技术解决方案。

开发高速、大输送容量的电梯。中国上海和日本水户分别建成172.6 m和213.5 m的电梯实验塔，广州周大福金融中心的超高速电梯的速度实验中，测量出该电梯达到分速为1 260 m/min（时速75.6 km/h），经国家电梯质量监督检验中心（广东）的正式速度认证，该1 260 m/min的电梯为世界最高速电梯。

1995年，华升富士达电梯有限公司由富士达株式会社与中国中纺集团有限公司合资组建，注册资金为50 000万元（日方出资60%，中方出资40%）。作为富士达集团在中国市场建立的电梯生产基地，华升富士达电梯有限公司秉承“专业厂家、专业品质”的一贯追求，应用长期积累的专业技术，持续引进尖端科技与自主创新相结合的开发模式，推行绿色节能、人性化为主导的产品设计理念，以生产包括乘客电梯、观光电梯、别墅电梯、医用电梯、货用电梯、杂物梯等多样化的产品以及遍布全国各地的销售网络和预防性维保服务为主，不断满足中国市场多方位的需求，为中国城市化建设的和谐发展注入活力。在中国电梯市场深耕细作20余年的华升富士达电梯有限公司，依托日本富士达集团的先进管理经验，目前年生产能力超过两万台，在中国累计销售电梯近20万台，并且始终以贴心和全天候服务体制为平台，为客户提供及时准确的全天候五星级预防性维保服务。

广州广日电梯工业有限公司是广州广日集团有限公司下属的核心支柱企业，是华南地区电梯整梯规模最大生产基地之一，也是中国电梯行业的国企控股企业。其以Green-Max系列为主的GRR Ⅱ自动人行道、医用电梯、小机房电梯、豪华客梯、家用（别墅）电梯以及GRF Ⅱ自动扶梯、观光电梯、GVH载货电梯、ESW无机房电梯等组成完整的产品体系，集电梯引进、研发、制造、出口贸易、安装、维修、保养和售后服务为一体。作为中国电梯品牌的先行者，广州广日电梯工业有限公司始终秉持“广采众长、日就月将”的企业理念，凭借着不断自主创新和完善的销售、售后服务体系，积极履行“电梯改善生活，创新驱动未来”的核心使命，为社会提供高效优质的产品和服务，立志打造最值得信赖的中国电梯品牌。

3. 电梯基础知识

《新华字典》中电梯定义为多层建筑物中做垂直方向运动的电动机械。

《特种设备安全监察条例》中规定的电梯是指由动力驱动，利用沿刚性导轨运行的箱体或者沿固定线路运行的梯级进行升降或者平行运送人、货物的机电设备，包括载人电梯、载货电梯、自动扶梯、自动人行道梯等。

国家标准GB/T 7024—2008《电梯、自动扶梯、自动人行道术语》则将电梯定义为服务于建筑物内若干特定的楼层，其轿厢运行在至少两列垂直于水平面或与铅垂线倾斜角小于15°的刚性导轨之间的永久运输设备。

目前，最权威的法律释义及分类来自《特种设备目录》（表1-1），根据《中华人民共和国特种设备安全法》和《特种设备安全监察条例》的规定，经国务院批准，国家质检总局[①]修订了《特种设备目录》，是权威的解释，同时，《关于公布〈特种设备目录〉的通知》（国质检锅〔2004〕31号）和《关于增补特种设备目录的通知》（国质检特〔2010〕22号）予以废止。《特种设备目录》由国家质检总局负责解释。

① 国家质检总局：今为国家市场监督管理总局。

表1－1　特种设备目录

代码	种类	类别	品种
3000	电梯	电梯，是指动力力驱动，利用沿刚性导轨运行的箱体或者沿固定线路运行的梯级（踏步），进行升降或者平行运送人、货物的机电设备，包括载人（货）电梯、自动扶梯、自动人行道等。非公共场所安装且仅供单一家庭使用的电梯除外	
3100		曳引与强制驱动电梯	
3110			曳引驱动乘客电梯
3120			曳引驱动载货电梯
3130			强制驱动载货电梯
3200		液压驱动电梯	
3210			液压乘客电梯
3220			液压载货电梯
3300		自动扶梯与自动人行道	
3310			自动扶梯
3320			自动人行道
3400		其他类型电梯	
3410			防爆电梯
3420			消防员电梯
3430			杂物电梯

为方便管理和使用，部分电梯检验机构和电梯公司常用下列简易标识对电梯通用型号进行释义。

4. 电梯八大系统

电梯是典型的机电一体化设备，为便于学习、操作与研究，电梯一般按照各系统作用分为八大系统，八大系统通力协作，从而完成电梯的各种功能。

电梯八大系统包括曳引系统、导向系统、轿厢系统、门系统、重量平衡系统、电力拖动系统、电气控制系统、安全保护系统，如图1－4所示，虽然电梯分为八大系统，但不可对各系统强行进行分割，电梯是八大系统的有机组合。

曳引系统：包括曳引轮、曳引钢丝绳、导向轮等，用来将电动机输出的机械能传递到轿厢和对重框，电梯按设定的速度加速、等速、减速运行，形成各种速度运行曲线。曳引系统是电梯运行的动能传递系统。

导向系统：包括轿厢导轨及其支架、对重导轨及其支架和导靴；一般轿厢有一列即两根导轨；当电梯吨位较大时，为确保轿厢平衡不倾斜，有时会设计两列导轨、三列导轨；对重大多数有一列导轨，偶有设计为两列导轨，目的是减小对重块的长度，确保对重块的强度；减小对重框的厚度，提高井道面积的利用率。导向系统的质量往往会影响电梯运行的平稳性。

轿厢系统：作为电梯运输容器的轿厢，用来存放运输的货物或乘客。

门系统：包括各层站的层门及轿厢上的轿门，每个层站安装了1～2个层门，因此一台电梯往往有多个层门，因为层门是用于井道通往厅外的门，所以层门又称为厅门；轿门安装于轿厢上，一般一台电梯配有一个轿厢、1～2个轿门。对于一般乘客电梯，轿门设计为自动门，层门由轿门带动开启和关闭。

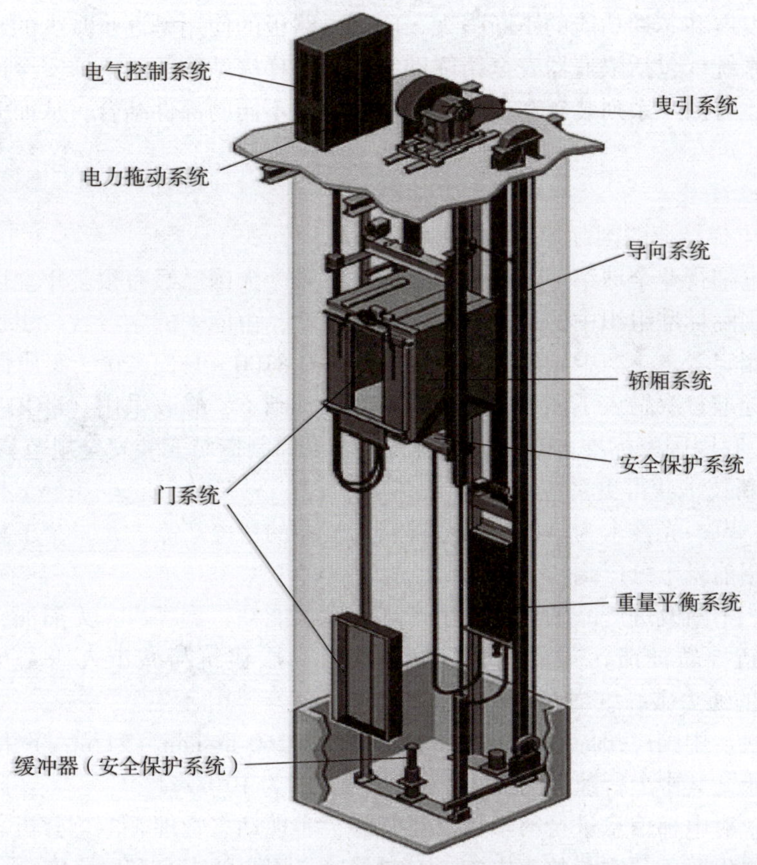

图 1－4　电梯八大系统

作为控制轿厢及井道出入口的系统，对防止乘客或货物被轿厢运行剪切或不小心坠入井道，电梯门系统起关键作用。

重量平衡系统：包括对重、补偿链或补偿绳，对重是为了平衡轿厢重量，确保电梯空载、半载、满载状态时，曳引轮两侧的曳引钢丝绳张力保持在设计范围内，减小了电力拖动系统和曳引系统部件的功率，降低电能消耗，减小设备成本。

电力拖动系统：对于目前大量使用的变频驱动电梯，主要包括变频器、驱动电动机，是用来提供电梯运行动力的系统。

变频器用以改变电动机输入电源的频率和电压，以改变电动机的旋转速度和旋转扭矩，使电梯能沿设定的速度曲线运行。目前电梯采用脉宽调制的交－直－交电压型变频器，分高压变频器和低压变频器两种。

变频器一般设置在控制柜内的一侧，大吨位高速电梯由于变频器体积较大，电流也较大，往往会设置在一个独立的控制柜中。

电梯用变频器有通用变频器和专用变频器，通用变频器一般为一个独立的部件，而专用变频器可能将变频器的不同部件分散安装于控制柜。

电气控制系统：主要位于控制柜，用来采集井道信息，再通过设定的规则控制电梯是否运行、运行方向、运行速度及是否减速、停止位置等。

一般控制系统主要包括一块控制主板的印制电路板、一块或多块功能性印制电路板。随着技术的不断发展和芯片功能的不断强大，印制电路板的使用呈逐步减少的趋势。

安全保护系统：包括限速器安全钳联动结构、电梯端站开关、电梯安全回路、制动器等保证电梯安全运行的一系列装置和部件。安全系统与不同的部件结合，从而完成不同的安全保护功能。

5. 电梯产业发展

（1）中国电梯行业的国际地位进一步提升。

中国成为电梯行业全球第一制造大国和保有量第一大国已经有很多年。巨大的产业规模使中国在电梯国际标准组织中的地位发生了根本改变，由原来的学习者、引进消化者、执行者跃升为标准制定者之一。中国已经是国际标准 ISO 8100－1/2：2009 实质性参与制定者之一，新修订的标准首次融入了多条中国元素。在此基础上，修改采用（MOD）ISO 8100－1/2：2019 制定了我国国家标准 GB/T 7588—2020《电梯制造与安装安全规范》。

（2）电梯新技术获得更多应用。

电梯集机、电、光技术为一体，是一种较为复杂的机电产品，是一个工程系统。新技术在电梯上的应用前景十分广阔。

①更安全。不断改进产品的设计，生产环保型低能耗、低噪声、无漏油、无漏水、无电磁干扰、无井道导轨油渍污染的电梯，如已获得高层建筑与城市人居委员会（CTBUH）2013 年创新奖的通力碳纤维绳索 Ultra Rope（TM）。

②更高更快。中国广州周大福金融中心电梯以 1 260 m/min（21 m/s）打破全世界电梯运行最快的纪录。其中上行速度为 21 m/s，下行速度为 10 m/s。

③更智慧。对电梯信息进行科学信息化管理，实现动态管理、汇总分析。对事故隐患及时地、科学地提出紧急预案和整改措施，有效保障了用户的人身和财产安全。外资企业纷纷将国外的最新技术投向中国，将研发机构移往中国，如美国奥的斯、瑞士迅达、芬兰通力相继将全球研发中心落户上海；多家本土企业设立研发中心，加大试验设备、研发高端产品和关键零部件。

（3）制造与服务业并重，深度开发电梯后市场已成为行业企业发展方向。

在电梯保有量的激增和老龄电梯数量逐年增大的背景下，以安装、保养、维修、改造为特征的电梯后市场已经成为行业企业持续发展的重要战略资源。整梯制造企业积极推进服务产业化，纷纷建立以营销服务为主导的服务网络，网络建设由原来的大中型城市向二三线城市延伸。中国电梯行业由制造业向现代服务业转化的进程正在加快。电梯物联网是为了解决目前电梯安全问题而提出的概念，数据采集部分、数据传输部分、中心处理部分以及应用软件共同构成了完整的电梯物联网监控系统。采集仪结合平台应用软件，采集电梯运行数据进行分析并上传到互联网监控中心，从而为各相关单位对电梯实时有效的监管维护提供大数据支撑。

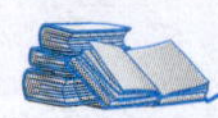

中国工业领域的第一家中外合资经营企业

总部设在上海的迅达（中国）电梯有限公司，在 1980 年与中方股东一起成立了中国工业领域的第一家中外合资经营企业——中国迅达电梯有限公司。先河一开，中国电梯行业掀起了引进外资的热潮。如今，中国已经是全球最大的电梯新装市场，世界上每生产两台电梯，就有一台要销往中国。

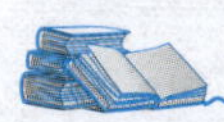

西奥用了13年成为了自品牌领头羊

自主品牌销量第一、市场占有率的增比全行业第一、年复合增长50%、产品服务输出全球70余个国家和地区……这一系列令人艳羡的数据，都是杭州西奥电梯有限公司所创造的。

引入工业4.0，全力打造“智慧工厂”，引入大数据、云计算，努力实现电梯管理智能化。

练习巩固

一、填空题

1. 电梯是____，进行升降或者平行运送人、货物的机电设备，包括载人（货）电梯、自动扶梯、自动人行道等。非公共场所安装且仅供单一家庭使用的电梯除外。

2. ____________________规定：十二层及十二层以上的住宅，每栋楼设置电梯不应少于两台，其中应设置一台可容纳担架的电梯。

二、选择题

1. 世界上第一台安全升降机由（　　）发明。

   A. 奥克斯　　B. 奥的斯　　C. 奥特曼　　D. 奥斯曼

2. 我国电梯的发展历程经历了（　　）阶段。

   A. 1个　　B. 2个　　C. 3个　　D. 4个

3. 以下关于乘客电梯的说法错误的是（　　）。

   A. 乘客电梯主要是为了运送乘客，其运送效率较高

   B. 专门的乘客电梯也可以用来运送货物

   C. 乘客电梯的结构型式多为宽度大于深度

   D. 乘客电梯相比于载货电梯更加安全舒适，运行速度也较快

三、判断题

1. 最权威的关于电梯的定义中电梯包含了自动扶梯和自动人行道梯。（　　）
2. 杂物梯最主要是用于运送货物，但是有时可以运送乘客。（　　）
3. 载货电梯的运行速度多在1～1.5 m/s。（　　）
4. 病床电梯一般要求轿厢较窄，其深度大于宽度。（　　）

四、简答题

1. 请利用网络资料，放眼全世界，查找每个品牌电梯目前安装对应的标志性建筑。

2. 以下图片为实际一台电梯的真实土建图，请仔细观看图片并确认以下主要参数：轿厢尺寸、开门尺寸、井道尺寸、提升高度、顶层高度、底坑深度和井道高度。

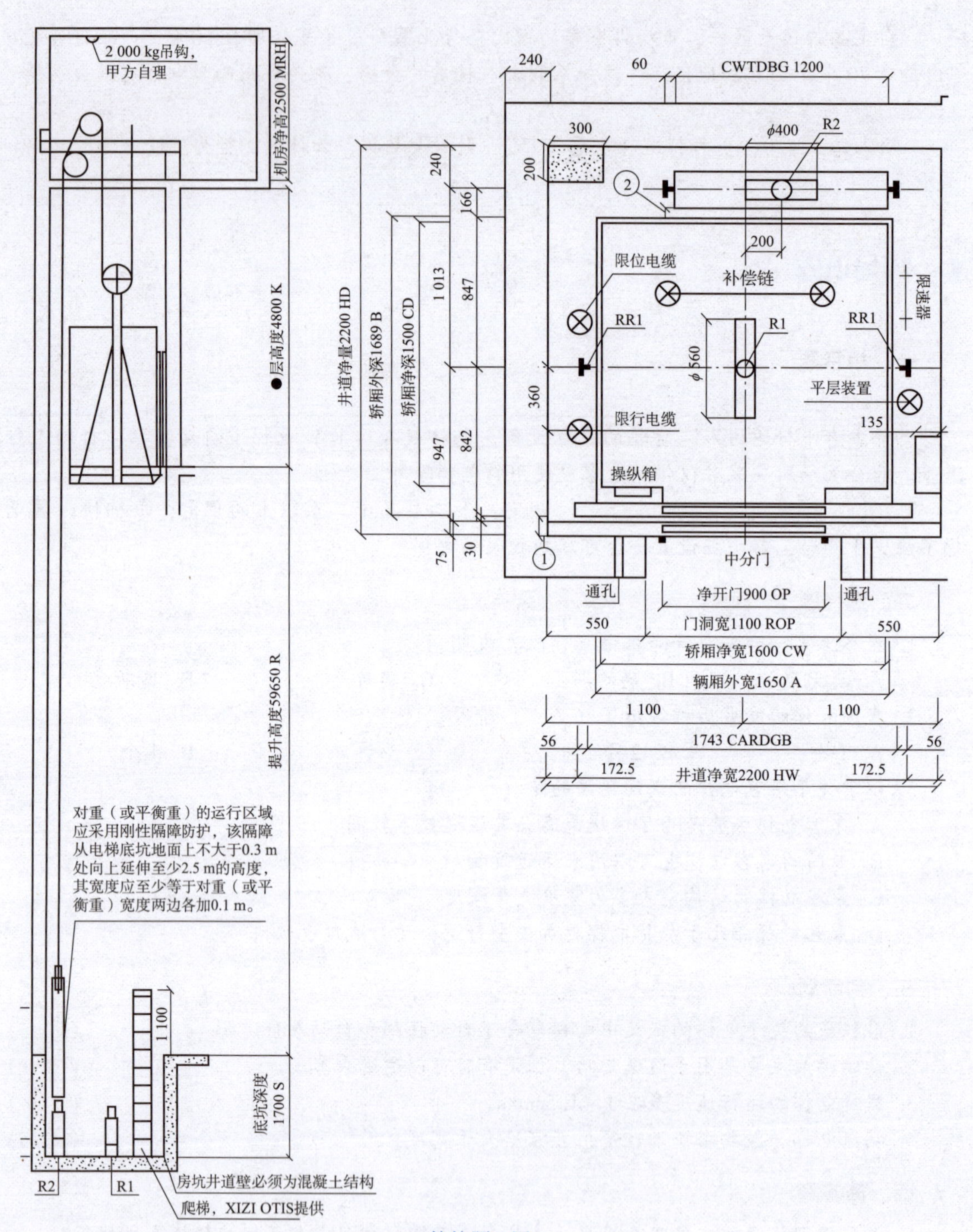

简答题 2 图

项目一　电梯概述实训表

一、基本信息

学员姓名：________________________　　所属小组：____________

梯号：____________班级：____________　　分数：____________

实训时间：15 min　开始时间：____________　　结束时间：____________

二、考查信息

选项	奥的斯	罗伯特辛德勒				选项	乘客电梯	载货电梯	
电梯发明者						电梯类型			
						判断依据			
选项	2/2/2	3/3/3	4/4/4	5/5/5	其他	选项	800 kg	1 000 kg	2 000 kg
电梯楼层						电梯额定载重			
判断依据						判断依据			
选项	0.5 m/s	1.0 m/s	1.75 m/s			选项	集选	并联	群控
额定速度						操控方式			
判定依据						判断依据			
选项	微机控制	PLC 控制				选项	国内品牌	国际品牌	
控制系统						电梯品牌			
判定依据						品牌具体名称			
列举国际十大电梯品牌									
列举国内十大电梯品牌									
介绍下国内发展最好的电梯品牌									

备注：1. 根据电梯的情况进行判定，在每个项目下正确的选项下面打“√”；

2. 判定依据请结合书中的内容用简短的词语描述原因；

3. 问题请结合所学知识进行回答；

4. 未穿戴安全防护用品不得参与该实训。

项目二

电梯曳引机的结构与原理

项目分析

通过本项目的学习，认识电梯曳引机，熟悉其基本组成、传动结构、驱动原理及各主要部分的作用。

学习目标

应知

1. 认识电梯的曳引机，熟悉其基本组成和主要部件的作用。
2. 理解电梯的曳引机和制动器的主要类型和工作原理。

应会

1. 认识电梯曳引机的主要部件。
2. 理解电梯曳引机的驱动原理。

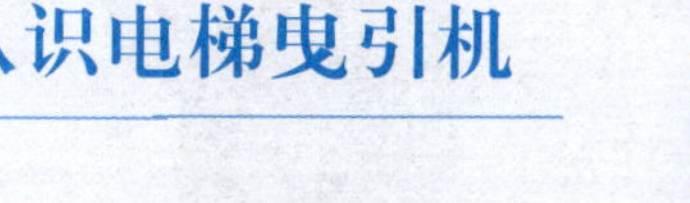

学习任务 2.1　认识电梯曳引机

曳引机的结构和原理 SCORM 课件

知识储备

电梯曳引系统由曳引机、曳引轮、导向轮、反绳轮、曳引钢丝绳等组成，用于输出并传递动力，驱动电梯运行。电梯曳引机是电梯运行的根本，是电梯的核心部件之一。

1. 电梯曳引机的结构与分类

电梯曳引机（驱动主机）是电梯的主拖动机构，由曳引电动机、减速箱、曳引轮、导向轮、电磁制动器等组成，如图2－1所示。

图2－1 电梯曳引机的组成

电梯曳引机按驱动电动机的类型可分为直流电动机和交流电动机两类；按有、无减速箱可分为无齿曳引机和有齿曳引机两类。现在建筑物中大部分应用的是装有蜗轮蜗杆减速箱的电梯曳引机，无齿交流永磁同步曳引机在乘客电梯中的比例也在快速增加。

（1）无齿曳引机。

无齿曳引机主要应用在高速电梯、无机房和小机房电梯上。由于曳引电动机与曳引轮之间没有减速箱，因此，其有结构简单紧凑、传动效率高的优点，而且不需要润滑油，不存在漏油故障以及换油时对环境的污染。采用交流变频调速永磁同步电动机的无齿曳引机已普遍应用在高速和超高速电梯上。永磁同步无齿曳引机的两种结构如图2－2所示。

图2－2 永磁同步无齿曳引机的两种结构

（2）有齿曳引机。

有齿曳引机带有减速箱，减速箱多采用蜗轮蜗杆传动。有齿曳引机主要由曳引电动机、电磁制动器、减速箱、曳引轮、盘车手轮和机座等组成。有齿曳引机普遍采用交流异步电动机驱动，相对于轿厢的速度和重量，电动机额定输出转速过快、转矩过小，无法直接驱动曳引轮，因此，必须设置减速箱以降低电动机的输出转速，提高电动机的输出转矩。图 2－3 所示为有齿曳引机的结构。

图 2－3　有齿曳引机的结构

采用蜗轮蜗杆减速箱的有齿曳引机有以下优点：

①传动比大，结构紧凑。

②制造简单，部件和轴承数量少。

③由于齿面的啮合是连续不断的，因此运行平稳，噪声较低。

④具有较好的抗冲击载荷特性，不易逆向驱动（即从负载端向原驱动端传动）。

采用蜗轮蜗杆减速箱有以下缺点：

①由于啮合齿面之间有较大的滑移速度，在运行时发热量大。

②齿面磨损较严重。

③传动效率低（一般蜗轮蜗杆副的传动效率仅为 72%～85%）。

④对蜗轮蜗杆中心距敏感，部件互换性差。

图 2－4　蜗轮蜗杆副的结构

在设计蜗轮和蜗杆时，考虑到单头蜗杆的传动效率较低，一般尽量采用多头蜗杆，但为了保证加工和传动的精度，蜗杆头数通常不大于 4；同时，为了避免减速箱体积过大，蜗轮齿数一般不超过 85。蜗轮蜗杆副的结构如图 2－4 所示。

减速箱的类型通常以其蜗轮与蜗杆的安装位置进行区分。在减速箱内，蜗杆安装在蜗轮下方的称为蜗杆下置式；蜗杆安装在蜗轮上方的称为蜗杆上置式；蜗杆垂直布置的则称为蜗杆立式。三种不同类型蜗杆布置方式的有齿曳引机如图 2－5 所示。

(a) (b) (c)

图2－5　有齿曳引机

(a) 蜗杆上置式；(b) 蜗杆下置式；(c) 蜗杆立式

一般在电梯低速重载时多选用蜗杆下置式有齿曳引机。下置式的特点主要是对高速运转的蜗杆润滑好、散热好。其缺点是容易漏油，且当润滑油遭到污染有杂质时会直接影响蜗轮蜗杆啮合齿轮的寿命，保养时也不易看到啮合两轮齿的啮合位置；当电梯运行速度较高时，若采用下置式，则能量损失会更大，因为蜗杆需要浸入油液中大概一个齿距的高度，高速运转下阻力较大；相反，蜗杆上置式和蜗杆立式的润滑油是分别依靠蜗轮和蜗杆的旋转扬起间接润滑的，虽然润滑效果没有下置式好，但在高速运转下阻力较小。

（3）减速箱的结构。

减速箱一般由箱体、箱盖、蜗杆、蜗轮、轴承等组成（图2－6）。

蜗轮轴（即主轴）与蜗杆的两端都装有轴承。由于蜗轮蜗杆的齿是斜的，在传动时会产生轴向力，因此，通常都是选用向心推力轴承或向心轴承与推力轴承的组合。

蜗杆一般选用45#或40Cr钢材制造。

蜗轮一般采用锡青铜或铝青铜（均为金黄色）材料铸造加工而成，经加工后，蜗轮固定在轮壳上。

图2－6　减速箱的组成

目前，蜗轮的材料较大量采用高铝锌基合金（常用ZA27，为银白色）材料，该材料价格便宜、密度小、机械性能良好，但是热敏感性高，铸造工艺要求高，若铸造质量达不到要求，则可能只有1～2年的使用寿命。

2. 曳引轮、导向轮和反绳轮的结构与原理

曳引轮的作用是利用摩擦力传递动力，并且要承受电梯轿厢、对重、载荷及曳引绳和电缆等的全部重量。

(1) 曳引轮材质。

①因铸铁具有减少振动和耐磨的特点，故曳引轮采用耐磨性能较好的球墨铸铁铸造。钢质的曳引轮会使曳引钢丝绳磨损加速，故电梯中不采用。

②为了使钢丝绳及曳引轮的磨损最小，必须使曳引轮绳槽壁的材料金属组织及硬度在足够的深度上保持相同，并且沿着曳引轮的全部圆周上有相同的分布，否则，若钢丝绳与绳槽间产生微小的滑动也会造成绳槽的不均匀磨损，使减速器、钢丝绳及轿厢产生振动并发出噪声。

(2) 曳引轮绳槽。

曳引轮是靠钢丝绳与绳轮的静摩擦来传递动力的，其摩擦力的大小取决于曳引轮绳槽的截面形状，常见的槽形有半圆槽、带切口半圆槽和V形槽三种，如图2-7所示。

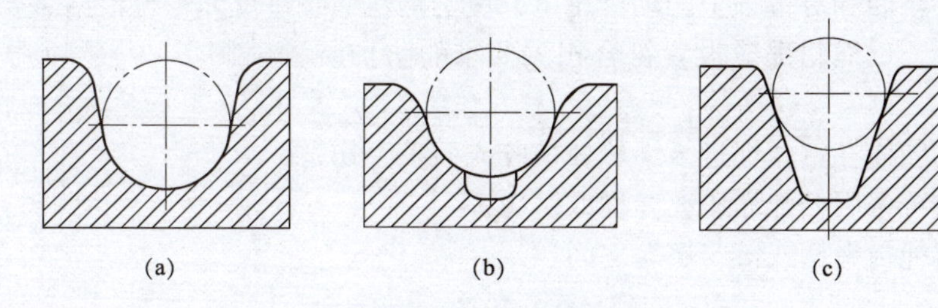

图2-7　曳引轮绳槽

(a) 半圆槽；(b) 带切口半圆槽；(c) V形槽

①V形槽所产生的摩擦力最大，钢丝绳与绳槽的磨损很快，影响使用寿命，同时，当槽形磨损，钢丝绳中心下移时，摩擦力就会很快下降，因此这种槽形的应用较少。

②半圆槽所产生的摩擦力最小，有利于延长钢丝绳和曳引轮的使用寿命，但摩擦力过小往往使钢丝绳与绳槽之间打滑，因此半圆槽一般不用于单绕式电梯，而多用于在高速复绕式电梯。

③带切口半圆槽所产生的摩擦力比较适中，是目前电梯上应用最为广泛的一种。

三种轮槽从曳引能力来说，V形槽摩擦力最强，但是磨损得也最快；带切口半圆槽次之；虽然半圆槽曳引能力最弱，但磨损程度也较低。

目前普通电梯曳引轮上采用的主要是带切口半圆槽，而半圆槽则主要应用在采用复绕结构的曳引轮和其他导向轮上。

切口的开口角度、曳引轮包角、曳引钢丝绳数量是影响带切口半圆槽曳引轮的曳引能力的主要因素。图2-8所示为钢丝绳的受力分布。曳引钢丝绳在与轮槽接触时，在曳引轮槽切口两缘受到的比压最大，产生的摩擦力也最大，磨损程度比较高；距离切口越远，轮槽受到钢丝绳的压力越小，摩擦力也越小，同时，磨损程度也较低。

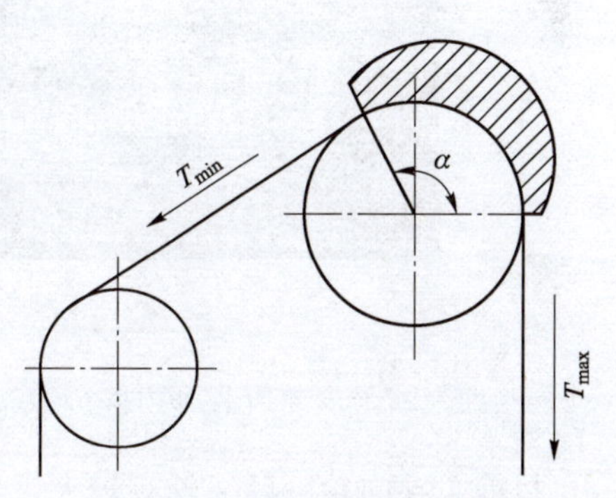

图2-8　钢丝绳的受力分布

（3）曳引轮直径。

曳引轮的大小直接影响电梯运行速度的快慢。

曳引轮直径与曳引绳的使用寿命有关。曳引钢丝绳在曳引轮绳槽中来回运动，形成反复折弯，如果曳引轮过小，那么钢丝绳必然容易因金属疲劳而损坏，所以要求曳引轮的节圆直径与曳引钢丝绳的公称直径之比不小于40。

曳引轮的节圆直径为钢丝绳在通过绳槽时，钢丝绳中心到曳引轮轴心的距离的2倍。在测量曳引轮节圆直径时，绝不能从轮槽的外边缘测量。

曳引轮上严禁涂润滑油润滑，以防影响电梯的曳引能力。

（4）导向轮与反绳轮。

导向轮是将曳引绳引导到对重架或轿厢的绳轮，其作用是改变曳引绳的位置；反绳轮又称过桥轮，用于轿厢和对重顶上的动滑轮上，曳引钢丝绳绕过反绳轮可根据需要构成不同的曳引比。导向轮、反绳轮都应设置符合相关要求的防护装置（图2－9），以避免发生下列情况：

①防止人的肢体在钢丝绳进入绳轮处被咬入而发生伤害；

②钢丝绳或链条因松弛而脱离绳槽或链轮；

③异物进入绳与绳槽或链与链轮之间。

(a)

(b)

图2－9　防护装置

（a）曳引轮防咬人装置和防脱槽装置；（b）导向轮防脱槽装置

目前，导向轮、反绳轮有较大量地使用MC尼龙材料的趋势，MC尼龙材料具有以下优点：①成本低廉；重量轻，转动惯量小，装配方便；②噪声低，减振性能好；耐磨、使用寿命长；③减少钢丝绳的磨损，延长其使用寿命。

图2－10为电梯的MC尼龙导向轮。

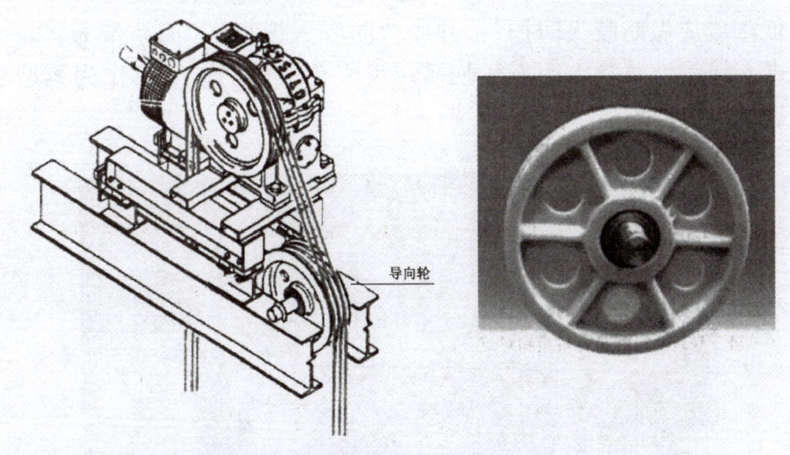

图 2-10　电梯的 MC 尼龙导向轮

（5）绳轮防护的标准与要求。

根据 GB/T 7588—2020，曳引轮、滑轮和链轮的防护有如下相关要求。

1）曳引轮、滑轮和链轮应根据电梯不同位置的危险分布情况（表 2-1）设置防护装置，以避免：

a）人身伤害；

b）钢丝绳或链条因松弛而脱离绳槽或链轮；

c）异物进入绳与绳槽或链与链轮之间。

表 2-1　电梯不同位置的危险分布情况

曳引轮、滑轮及链轮的位置			危险		
			a	b	c
轿厢上	轿顶上		×	×	×
	轿底下			×	×
对重或平衡重上				×	×
机房内			×②	×	×①
滑轮间内				×	
井道内	顶层空间	轿厢上方	×	×	
		轿厢侧向		×	
	底坑与顶层空间之间			×	×①
	底坑		×	×	×
限速器及其张紧轮				×	×①

注：×表示必须考虑此项危险。

①表明只在钢丝绳或链条进入曳引轮、滑轮或链轮的方向为水平线的上夹角不超过 90°时，应防护此项危险。

②最低限度应做防咬人防护。

所谓“最低限度应做防咬人防护”，并非“防咬入保护”，而是指为防止人的手指等肢体，在钢丝绳进入绳轮处被咬入而发生伤害。曳引轮上方的罩壳可作为典型的“最低限度应做防咬人防护”，如图2-11所示。

图2-11　典型的“最低限度应做防咬人保护”

同时，需要注意的是，部分防咬人装置因为设计或安装不规范，在使用中反而有可能将人的肢体咬住。存在咬人风险的防咬人装置如图2-12所示。

图2-12　存在咬人风险的防咬人装置

2）所采用的防护装置应能见到旋转部件且不妨碍检查与维护工作。若防护装置是网孔状，则其孔洞尺寸应符合GB 12265.1—1997，通过规则开口触及的安全距离（表2-2）的要求。

防护装置只有在下列情况下才能被拆除：

a）更换钢丝绳或链条；

b）更换绳轮或链轮；

c）重新加工绳槽。

在GB 12265.1—1997《机械安全　防止上肢触及危险区的安全距离》中的关于通过开口触及的要求。适用于14岁及14岁以上人的规则开口：

a）表2-2适用于14岁及14岁以上人的规则开口安全距离 S_r；

b）开口尺寸 e 表示方形开口的边长、圆形开口的直径和槽形开口的窄边长；

c）开口尺寸大于120 mm的，应使用GB 12265.1—1997中第4.3条中规定的安全距离。

表 2-2　通过规则开口触及的安全距离　　mm（14 岁及 14 岁以上）

身体部位	图示	开口	安全距离		
			槽形	方形	圆形
指尖		$e \leq 4$	≥2	≥2	≥2
		$4 < e \leq 6$	≥10	≥5	≥5
指至指关节或手		$6 < e \leq 8$	≥20	≥15	≥5
		$8 < e \leq 10$	≥80	≥25	≥20
		$10 < e \leq 12$	≥100	≥80	≥80
		$12 < e \leq 20$	≥110	≥120	≥120
		$20 < e \leq 30$	≥850①	≥120	≥120
臂至肩关节		$30 < e \leq 40$	≥850	≥200	≥120
		$40 < e \leq 120$	≥850	≥850	≥850

①如果槽形开口长度≤65 mm，那么大拇指将受到阻滞，安全距离可减小到 200 mm。

学习任务 2.2　制动器的结构与原理

知识储备

电磁制动器

制动器的结构与原理（上）

制动器是电梯曳引机中的关键部件，也是电梯的一个至关重要的安全装置，直接影响电梯乘坐的舒适感和平层准确度。目前，电梯上常用的制动器以电磁制动器为主，对于有齿曳引机，电磁制动器安装在电动机轴与蜗杆轴相连的制动轮处；对于无齿曳引机，电磁制动器则安装在曳引电动机与曳引轮之间。

1. 制动器的类型与结构

目前，在电梯上常用的制动器可以分为鼓式制动器和盘式制动器两种。常用的鼓式制动器根据其结构特点，可以分为制动臂鼓式制动器和电磁直推鼓式制动器（块式）两种；而常用的盘式制动器根据其结构类型，可以分为全盘式制动器和钳盘式制动器两种。

根据GB/T 26665—2011《制动器术语》的相关解释：

鼓式制动器如图2－13所示，是指“用圆柱面作为摩擦副接触面的制动器”。依据曳引机常用鼓式制动器的机械结构来看，也可称为外抱式制动器（抱闸式制动器），即“制动部件的内表面压靠在运动部件（或运动机械）的外表面构成摩擦副的制动器”。其中，制动臂鼓式制动器是指利用制动臂的杠杆作用使制动衬压紧制动鼓构成摩擦副的鼓式制动器；而电磁直推鼓式制动器则是指用电磁力不利用任何传动机构，直接驱动制动衬打开和关闭的鼓式制动器。

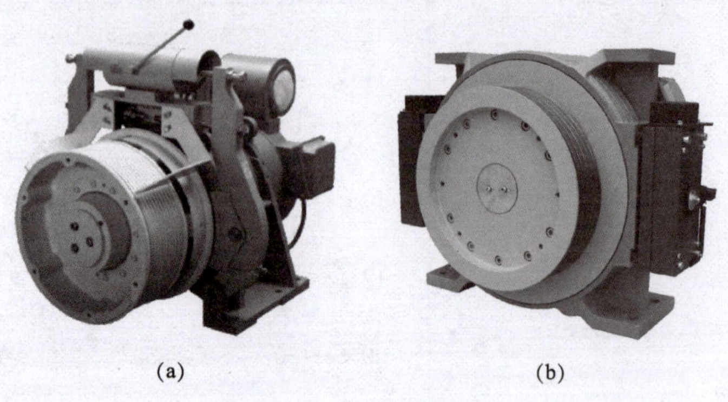

(a)　　(b)

图2－13　鼓式制动器

（a）制动臂鼓式制动器；（b）电磁直推鼓式制动器（块式）

盘式制动器如图2－14所示，是指“用圆盘的端面作为摩擦副接触面的制动器”，其中钳盘式制动器是指“摩擦材料仅能覆盖制动盘工作面一小部分的盘式制动器”，而全盘式制动器则是指“摩擦材料能覆盖制动盘全部工作面的盘式制动器”。此外，具有多个摩擦副的盘式制动器也称为“多片盘式制动器”。

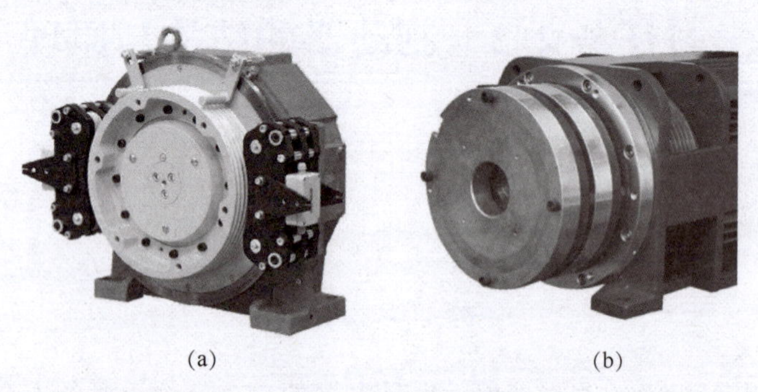

(a)　　(b)

图2－14　盘式制动器

（a）钳盘式制动器；（b）全盘式制动器

由于电磁直推鼓式制动器（块式）、盘式制动器的机械结构简单、体积较小且便于封装，相当一部分该类产品运用了免维护设计，在电梯使用过程中仅需对部分项目（如衔铁气隙）进行简单的周期性检查与调整即可。另外，此类制动器严禁非专业维修人员对制动器随意进行拆解调整，请作业人员严格按照制动器上制造单位的相关设计要求进行维护保养。

值得注意的是，制动臂鼓式制动器的机械原理决定其杠杆机构上需要采用销轴来进行运动形式的转换与传递。例如，直线运动转换为圆周运动，垂直运动转换为水平运动等；而电磁直推鼓式制动器和盘式制动器的设计均无须使用销轴。

（1）制动臂鼓式制动器的结构与原理。

常见的制动臂鼓式制动器由制动器线圈、制动器衔铁（柱塞）、制动器打开检测开关、制动弹簧、制动臂、制动衬、制动瓦块、制动瓦块调节装置、制动器销轴和制动鼓等部件组成，其结构如图 2－15 所示。

以图 2－15 的制动臂鼓式制动器为例，当制动器通电时，制动器线圈产生电磁力向外推动制动器衔铁，触发制动器打开检测开关，构成闭合磁回路，随着衔铁的运动同时克服制动弹簧，当衔铁上的制动衬离开制动鼓时，制动器打开；当制动器断电，制动器线圈失电，电磁力消失时，衔铁在压缩弹簧的弹性力作用下将制动衬压实在制动鼓上，制动器关闭。

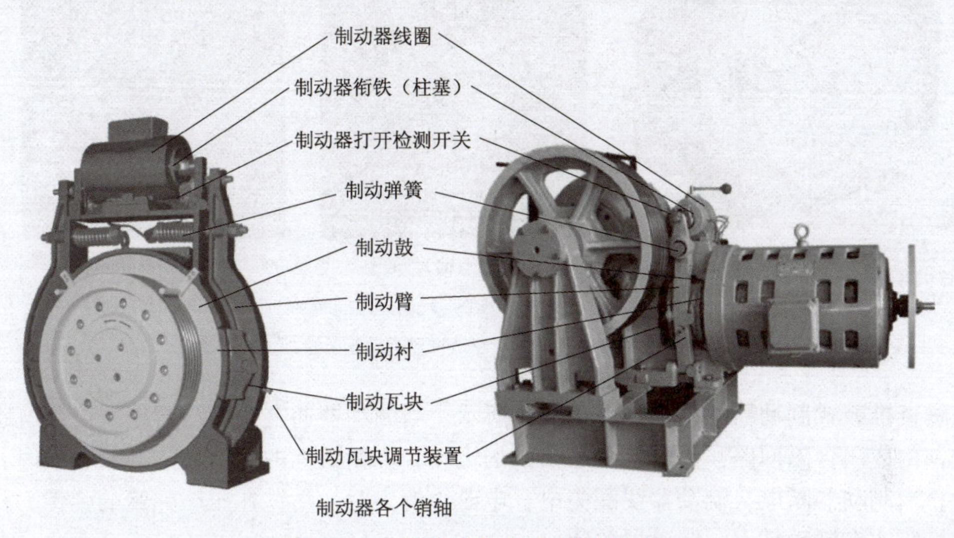

图 2－15　制动臂鼓式制动器的结构

（2）电磁直推鼓式制动器的结构与原理。

伴随着永磁同步曳引机大规模应用，由于取消了曳引机减速箱，曳引轮与制动鼓直接连接，将制动器直接安装在了曳引轮侧的低速端，因此，对制动器的制动力提出了更高的要求。一方面，为了保证制动器能够提供足够的制动力，制动鼓的直径必须大于曳引轮，制动鼓与曳引轮直径的比例越大，制动器需要提供的制动力就越小；另一方面，曳引轮的直径不能无限度地缩小，其节圆直径至少应达到曳引钢丝绳直径的 40 倍，因此，只能通过增加制动鼓的直径来降低对制动力的要求。

制动鼓直径增加后，给鼓式制动器的设计布局带来了困难。为匹配更大直径的制动鼓，制动臂的长度不得不设计得越来越长，造成制动器过大过高；为了提高制动器的制动力，必须采用弹性系数更大的压缩弹簧，又反过来要求制动器线圈能够提供足够的电磁力，推动衔铁打开制动臂，因此，部分制动器在柱塞端部采用省力杠杆设计，其结构如图 2－16 所示。

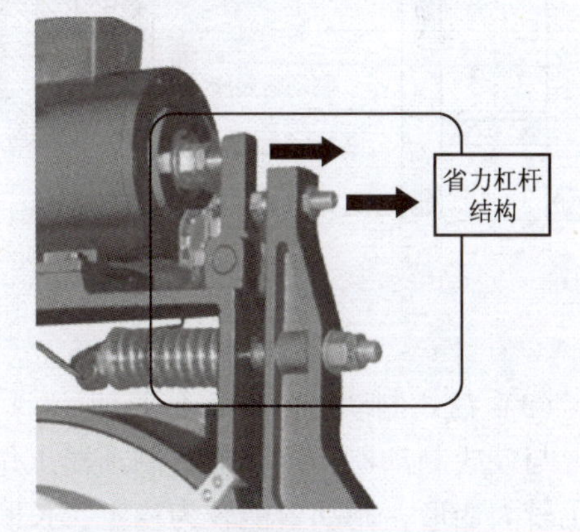

图 2－16　衔铁（柱塞）端部的省力杠杆结构

如图2－17所示，电磁直推鼓式制动器取消了鼓式制动器中复杂的制动器柱塞、制动臂等结构，将制动器柱塞、制动臂、制动瓦块、制动衬全部集中在衔铁上，并将制动器线圈和制动弹簧集成于衔铁外侧的制动器底座上。制动器外形紧凑、结构简单，同时制造成本更低、维修调整也更为方便。

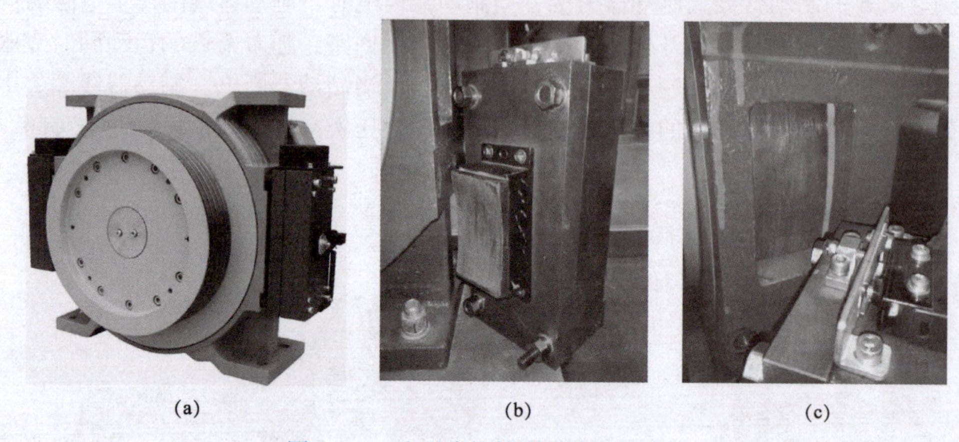

(a)　(b)　(c)

图2－17　电磁直推鼓式制动器的外形

（a）电磁直推鼓式制动器；（b）制动衬和制动器衔铁；（c）制动鼓

电磁直推鼓式制动器的结构如图2－18所示。当制动器通电，制动器线圈产生电磁力吸引衔铁，构成闭合磁回路，同时，随着衔铁的运动，当衔铁上的制动衬离开制动鼓时，制动器打开；当制动器断电，制动器线圈失电，电磁力消失时，衔铁在压缩弹簧的弹性力作用下将制动衬压实在制动鼓上，制动器关闭。

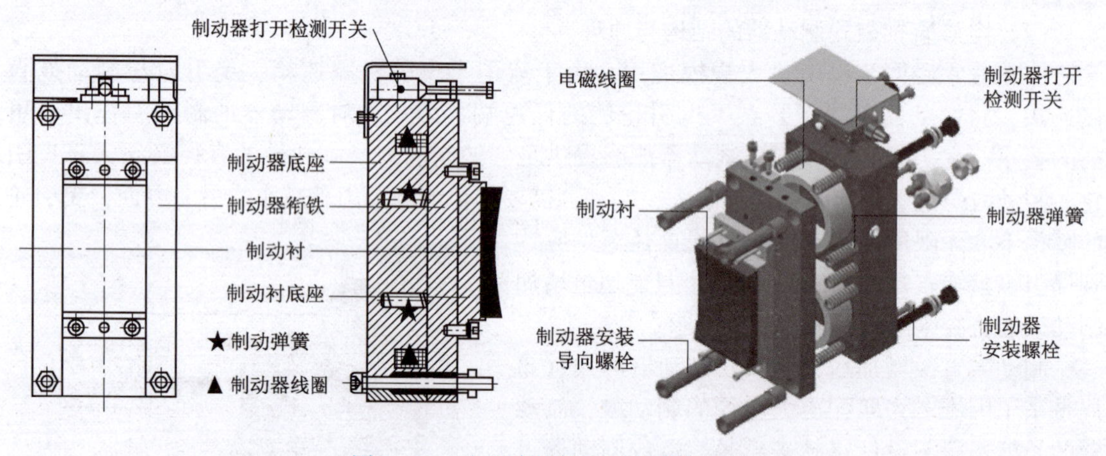

图2－18　电磁直推鼓式制动器的结构

（3）盘式制动器的结构与原理。

与鼓式制动器相比，盘式制动器工作表面为平面且两面传热，圆盘旋转容易冷却，不易发生较大变形，制动效能较为稳定，长时间使用后，制动盘因高温膨胀使制动作用增强；而鼓式制动器单面传热，内外两面温差较大，导致制动鼓容易变形；而长时间制动后，制动鼓因高温而膨胀，制动效能减弱。另外，盘式制动器结构简单，维修方便，易实现制动间隙的自动调整。

盘式制动器的不足之处在于摩擦片直接作用在圆盘上，无自动摩擦增力作用，制动效能较低，所以用于液压制动系统时，若所需制动促动管路的压力较高，需另行装设动力辅助装置；兼用于驻车制动时，加装的驻车制动传动装置比鼓式制动器要复杂，因此，其在后轮上的应用受到限制。

其中，钳盘式制动器又可分为固定（卡）钳盘式制动器和浮动（卡）钳盘式制动器，通常用于 4 m/s 以上高速电梯的曳引机制动器中，本书暂不进行讨论。

2. 制动器的相关标准与要求

（1）制动器的作用。

制动器是电梯中不可缺少的重要安全装置。轿厢载有 125% 额定载荷并以额定速度向下运行时，制动器动作应能使曳引机停止运转，同时，轿厢减速度不应超过安全钳动作或者轿厢撞击缓冲器所产生的减速度。这就要求制动器的制动力要足够，确保电梯能够制停，但又不能太大，以防止紧急制动时使轿厢内人员受伤。

双速电梯的制动器还直接影响着乘坐舒适感和平层准确度，而调速电梯一般在曳引机停止运转后才抱闸，即所谓的零速抱闸。

（2）制动器的工作原理。

曳引机采用的制动器通常是常闭式摩擦型制动器，制动力是制动器衬垫与制动盘或制动鼓接触产生的摩擦力。一般采用带导向的压缩弹簧对制动器衬垫产生压力，而制动器的释放是靠电磁力抵消弹簧的弹力，制动器应具有合适的制动力矩，以便能够可靠制动电梯系统。

当电梯运行时，控制系统令制动器电磁线圈通电，使铁芯迅速吸合，带动制动臂克服弹簧压缩力，使闸瓦张开，主轴可以自由转动，驱动电梯运行；当电梯需要停止时，控制系统令制动器电磁线圈断电，线圈中的铁芯在制动弹簧的作用下复位，制动闸瓦把制动轮抱紧，使电梯停止或保护在停止状态。

为了缩短制动器抱闸、松闸的时间和减小噪声，制动器线圈内两块铁芯之间的间隙不宜过大；闸瓦与制动轮之间的间隙也是越小越好，一般以松闸后闸瓦不碰擦运转着的制动轮为宜。

（3）制动器的安全要求。

制动器是电梯驱动主机乃至整个电梯系统的最关键的安全保护部件之一，制动器失效对电梯运行安全的威胁极大，是最有可能发生剪切和挤压伤害的直接原因之一，而且，由于制动器失灵而造成的危险依靠其他安全部件进行保护也是非常困难的，因为此时电气保护不起作用（电气保护一般都是切断电动机和制动器电源而使运行中的电梯系统停止的），而上行超速保护装置和安全钳又只能在轿厢速度超过 115% 的额定速度情况下才有可能进行保护，因此，制动器能否可靠动作关系到电梯系统和使用人员的安全。

GB/T 7588.1—2020《电梯制造与安装安全规范　第 1 部分：乘客电梯和载货电梯》中的 5.9.2.2 条对电梯制动系统做出如下要求：

1）电梯必须设有制动系统，在出现下述情况时能自动动作：

①动力电源失电；

②控制电路电源失电。

制动系统在电梯上是必须设置的部件，同时其动作（制动电梯）不是依靠电梯系统外部供电达到目的，相反，当动力电源和控制电源失电时，制动器应能将电梯系统制动。这就要求制动回路电源取自动力电源回路（当然应根据需要附加相关的变压器和整流装置），同时还要求控制制动回路的电气装置（接触器）的控制电源取自控制回路。

2）制动系统应具有一个机－电式制动器（摩擦型）。

机－电式制动器（摩擦型）是通过自带的压缩弹簧将制动器摩擦片压紧在制动鼓（盘）上，依靠二者之间的摩擦制停电梯系统的。

①机－电式制动器是通过自带的压缩弹簧将制动器摩擦片压紧在制动鼓（盘）上，依靠二者之间的摩擦来制停电梯系统的。

②制动器是常闭式的。当出现动力电源或控制电源失电的状态，电磁铁线圈失电，制动器摩擦片压紧在制动鼓（盘）上，强迫驱动主机停止运行，并将其保持在停止状态。电梯运行时，制动器的电磁铁通电后产生磁场推动衔铁，并带动连杆使制动器摩擦片与制动鼓（盘）产生间隙，从而使驱动主机正常运转。

③驱动主机除必须设置的机－电式制动器外，还可以根据需要设置电气制动装置，但这些制动方式并不是标准中规定必须具有的。如利用电动机的特性，可以采用能耗制动、反接制动，也可采用涡流制动。在使用永磁电机时，还可以利用永久磁铁的特性，采用自发电能耗制动方式。另外，由于这些电气制动方式受环境因素影响较大，其特性不是很稳定，因此，绝不允许用电气制动方式替代要求的机－电式制动器。

3）机－电式制动器应符合以下规定要求：

①当轿厢载有125%额定载荷并以额定速度向下运行时，操作制动器应能使曳引机停止运转。为保证制动器在电梯运行过程中始终能够安全有效地提供足够的制动力，要求制动器的设置应有冗余。

②被制动部件应以机械方式与曳引轮直接刚性连接。

③正常运行时，制动器应在持续通电下保持松开状态。

④装有手动紧急操作装置的电梯驱动主机，应能用手松开制动器并需要以一持续力保持其松开状态。

⑤制动闸瓦或衬垫的压力应用有导向的压缩弹簧或重铊施加。

⑥禁止使用带式制动器。

⑦制动衬应是不易燃的。

下文对①～⑥条规定要求进行详细解释：

- **当轿厢载有125%额定载荷并以额定速度向下运行时，操作制动器应能使曳引机停止运转。为保证制动器在电梯运行过程中始终能够安全有效地提供足够的制动力，要求制动器的设置应有冗余。**

在上述情况下，轿厢的减速度不应超过安全钳动作或轿厢撞击缓冲器所产生的减速度。制动器对轿厢造成的制动减速度过大，将会危害轿内人员的人身安全，因此，除在保证制动器有足够制动力外，还必须限制制动器所能够提供的最大制动减速度。这就要求在125%的载重状态下，制动器制停轿厢所产生的减速度不超过安全钳或缓冲器动作时的减速度，即$1g$。

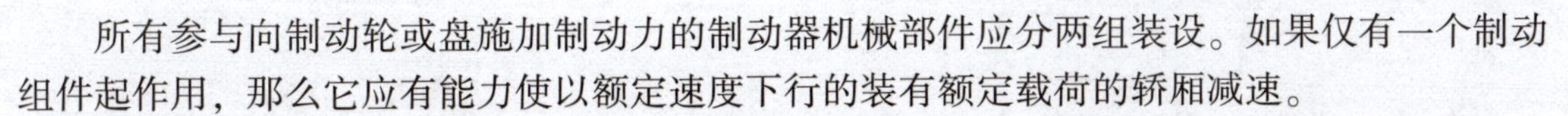

所有参与向制动轮或盘施加制动力的制动器机械部件应分两组装设。如果仅有一个制动组件起作用，那么它应有能力使以额定速度下行的装有额定载荷的轿厢减速。

应注意以下几方面问题：

①没有要求单组制动器能够制停运行于上述状态下的轿厢，或者将轿厢的速度降至某速度以下，只是要求了“减速下行”，这说明单组制动器对轿厢所施加的力只要大于轿厢自重与额定载重之和即可。

当进行制动器制动力矩试验时，载有125%额定载重的轿厢以额定速度向下运行时，当轿厢位于较高层站且向下运行进行制动时，轿厢与缓冲器之间的距离很长，制动器能使轿厢在撞击缓冲器之前制停；而轿厢位于较低层站且向下运行进行制动时，轿厢与缓冲器之间的距离短，如果制动器未能及时地制停轿厢，轿厢就会撞击到缓冲器上。对此，没有限定减速度的最小值，这表明当轿厢撞击缓冲器时，曳引机可能没有达到停滞状态。

②“如果一组部件不起作用，应仍有足够的制动力使载有额定载荷以额定速度下行的轿厢减速下行”的要求是针对整个曳引机的使用寿命期内都必须保证的能力。

由于制动器在刚投入使用的时候，其衬垫的摩擦系数较大，因此使用一定时间后会逐渐减小，但此要求在任何时候都应予以满足。

③“所有参与向制动轮或盘施加制动力的制动器机械部件应分两组装设”的要求，不单单是衔铁，连杆、制动器的压缩弹簧等部件也属于“施加制动力的机械部件”，都必须分两组设置。

但对于电磁铁来说，机械部件是电磁铁的衔铁（即电磁线圈的衔铁），而线圈本身则不视为机械部件，也不要求分两组设置。因为在制动器释放后，电磁铁的衔铁可能由于生锈、异物等原因卡阻，使其操作的制动器摩擦片无法压紧在制动轮（盘）上，因此，为避免衔铁卡阻带来的制动器不能正常制动，衔铁必须按照机械部件的要求设置为独立的两组。而线圈不同，则其故障原因无非是烧毁，线圈烧毁后无法形成磁场，制动器自然处于制动状态，不会造成电梯系统的危险。

案例分析：

判断一个制动器是否为符合要求的制动器，可以假设当两组制动器中的任何一个部件或部位发生如断裂、松弛、不动作、卡阻等任何一种失效可能出现的故障时，如果不会导致制动器完全失效，同时，在这种情况下剩余的制动力还能够“使载有额定载荷以额定速度下行的轿厢减速下行”，这样的制动器就是符合要求的安全的制动器。以鼓式制动器为例，如图2－19所示。

- **被制动部件应以机械方式与曳引轮直接刚性连接。**

可以利用电机转子轴与曳引轮直接连接或通过齿轮等部件刚性连接，但不能采用诸如皮带等柔性连接部件，其目的是制动器对制动轮（盘）制动时必须确保曳引轮也被可靠制停。

有齿曳引机上的制动器通常安装在电动机和减速箱之间，即高速轴上。因为高速轴上所需的制动力矩小，可以减小制动器的结构尺寸，以便降低成本。以蜗轮副曳引机为例，制动器的制动轮就是电动机和减速箱之间的联轴器。制动器应作用在蜗杆一侧，不应作用在电机一侧，以保证联轴器破断时，电梯仍能被制停。

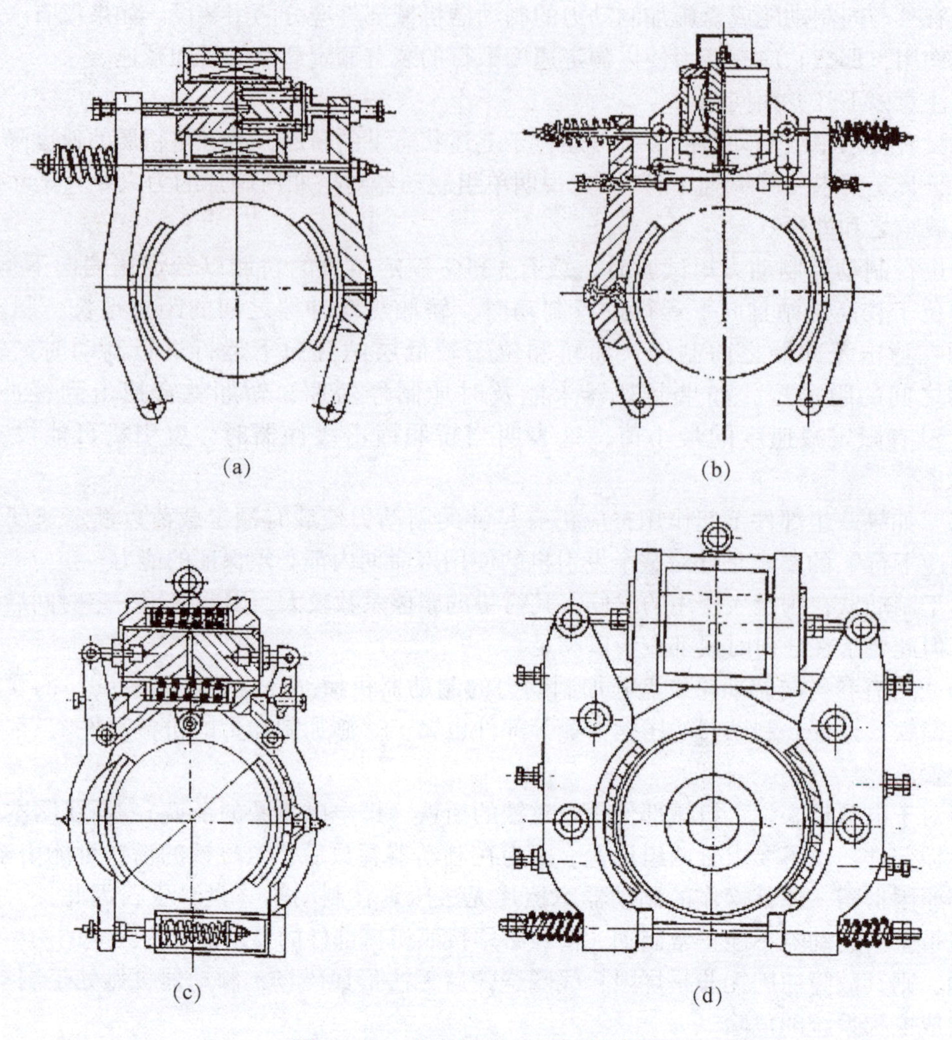

图2－19　多种类型的鼓式制动器

（a）联杆、制动器的压缩弹簧、衔铁均为单组设置；（b）衔铁为单组设置；

（c）制动部件虽都采用两组设置，但彼此不独立；（d）符合要求的制动器

● **正常运行时，制动器在持续通电下保持松开状态。**

①切断制动器电流，至少应用两个独立的电气装置来实现，不论这些装置与用来切断电梯驱动主机电流的电气装置是否为一体。当电梯停止时，若其中一个接触器的主触点未打开，则最迟到下一次运行方向改变时，应防止电梯再运行。

所谓“两个独立的电气装置”一般是指接触器控制制动器。如果只使用一个接触器控制制动器，那么当此接触器触点粘连，无法正常断开时，制动器将无法制动。

控制制动器线圈的电路中应至少有两个独立的接触器，两个接触器用于控制电动机的主触点应该串联于主回路中，只要有任意一个主接触器主触点动作，就能切断电动机的供电。允许借助其他接触器来实现规定的“两个独立的电气装置”。可以应用主电源接触器的辅助常开触点作为其一，然后，再设计一个抱闸接触器，但应注意，利用辅助触点作为检测主触点的状态信号时，应符合对接触器触点的要求。

“如果其中一个接触器的主触点未打开，最迟到下一次运行方向改变时，必须防止轿厢再运行”就是平常所说的防粘连（即接触器粘连保护）。控制制动器回路的接触器应具有防粘连保护，当任何一个接触器的主触点在电梯停梯时没有释放，应该最迟到下一次运行方向改变时防止轿厢继续运行。

两个接触器的主触点中的一个发生粘连时，由于两个接触器是彼此独立的，另一个接触器仍能够正常工作，电梯仍能够正常工作。但其安全状态已经达到了极限（如果另一个接触器也粘连，则会出现制动器电流无法切断的重大事故），继续运行电梯则风险很大，但是对乘客没有即时的危险。为了减少轿厢困人事件发生，允许电梯完成本次规定方向的运行，自动扶梯和自动人行道对接触器粘连的保护要求是不能再启动。

在此处明确要求使用两个接触器，同时，两个接触器必须是独立的，不允许使用一个接触器的主触点和辅助触点进行相互校验。尽管接触器的主、副触点在动作时能够满足正确验证主触点动作情况的要求，但由于辅助触点容量、分断距离不能够满足主触点，因此，绝不能使用辅助触点替代另一个独立的接触器进行保护。

对于所谓“独立”的理解应是这样的：

a）触点不能出自同一接触器，也不应存在电气联动、机械联动；

b）两组触点在安全控制上不能存在主从关系，即当这两组触点中的一组发生粘连时，另一组触点应不受影响，仍能正常工作（即任何一个接触器触点的吸合动作不依赖于另一个触点的吸合动作）。不会出现故障的连锁反应。

制动器电路中用于切断制动器电流的两个接触器应是有触点结构的，静态组件和电子开关属于无触点的接触器，在这里不应被当作用于切断制动器电流的两个接触器使用，即使使用，也不应为此减少触点开关的数量。

②当电梯的电动机有可能起发电机作用时，应防止该电动机向操纵制动器的电气装置馈电。

电梯的电动机在一些情况下（如满载下行或空载上行）处于发电状态。此时，应防止电动机所发出的电能对制动器的控制产生影响，以免使制动器误动作。

③断开制动器的释放电路后，电梯应无附加延迟地被有效制动。

为避免制动器电源被切断时，不能迅速制停电梯，要求切断制动器回路电源后，电梯的制停不能被附加延迟（正常的制停过程不属于此范畴）。这里所指的“附加延迟”不但包括机械方面的，而且也包括电气方面的。由于制动器线圈为电感组件，因此在切断电源时会产生感应电流，这将影响制动器的有效动作。为避免此现象的发生，通常在设计时会附加一个由电阻和电容组成的电路，吸收感应电流，使之不会影响制动器电磁铁的释放。用于此目的的二极管和电容不应被认为是“附加延迟”装置。

- **装有手动紧急操作装置的电梯驱动主机，应能用手松开制动器并需要以一持续力保持其松开状态。**

当驱动主机设有手动紧急操作装置（如盘车装置）时，制动器应能手动释放，以便在紧急操作时可以移动轿厢。但手动使制动器释放时，必须要求一个持续的力保持制动器的释放状态，当力失去时，制动器应能有效地制动电梯。防止在进行手动紧急操作时，由于轿厢及轿内载荷与对重的重量差和人为失误导致轿厢运行失去控制。如果出现轿厢快速滑行，那么还需要松闸人员使用人力使轿厢减速并停止，极易使松闸人员受到伤害。

如果采用紧急电动运行的情况，可以不需要制动器能够被手动释放。但是GB/T 7588—2020的标准解释单中有要求，有机房电梯在断电时，也应能将轿厢中的被困人员解救。

- **制动闸瓦或衬垫的压力应用有导向的压缩弹簧或重砣施加。**

施加给制动器闸瓦或衬垫的压力应是不易或不能失效的力，如采用带有导向的压缩弹簧或利用重块的重力。靠重砣向制动闸瓦或衬垫施加压力的形式目前很少被采用，因为重砣在闭合制动时会引起杠杆的振动，可能导致制动过程中制动器的抖动。这种形式的制动器制动时间较长，不利于制动器的迅速响应。此外，制动弹簧不允许使用拉伸受力的弹簧结构。

- **禁止使用带式制动器。**

带式制动器是利用制动带包围制动轮并在表面压紧制动带的摩擦制动装置。此类制动器的摩擦系数变化很大；而且由于制动带的绕入和绕出端张力不同，制动带沿制动轮周围的磨损不均匀；还有这种制动器散热条件很差。这些因素造成了带式制动器制效果不稳定，离散性大，禁止在电梯上使用。此外，带式制动器在制动过程中不但对制动轮表面产生摩擦力，同时对驱动主机主轴、机座等部件也产生力的作用，使制动轮轴承受额外的附加弯曲作用力，也对驱动主机不利。

学习任务2.3　制动臂鼓式制动器的结构与分类

制动臂鼓式制动器结构与原理SCORM课件

知识储备

电磁制动器中的制动臂鼓式制动器由制动器线圈、制动器衔铁（柱塞）、制动器打开检测开关、制动弹簧、制动臂、制动衬、制动瓦块等部件组成。根据制动器中电磁铁线圈的布置方式，可以分为立式电磁铁制动器和卧式电磁铁制动器。

1. 立式电磁铁制动器

立式电磁铁制动器的电磁线圈和柱塞为垂直布置（图2-20），当制动器打开时，柱塞在电磁线圈内磁场作用下垂直向下运动。在柱塞向下运动的过程中，柱塞顶杆向下推动下方的两侧转臂，由转臂将柱塞顶杆的垂直运动转换为水平运动，推动两侧的制动臂顶杆，将两侧制动臂打开。其特点是能够用单个柱塞同时控制两个制动臂打开。立式电磁制动器实物如图2-21所示。

由于GB/T 7588—2020中对制动器明确提出了机械机构冗余设计的要求，即“所有参与向制动轮或盘施加制动力的制动器机械部件应分两组装设，因此，如果一组部件不起作用，那么应仍有足够的制动力使载有额定载荷以额定速度下行的轿厢减速下行”，柱塞也属于机械结构的一部分（电磁线圈不属于），而在立式电磁铁的布置方式下，柱塞的运动方向与制动臂顶杆的打开方向相垂直，因此，只能够实现单柱塞双制动臂的机械结构，并不能有效满足标准要求。

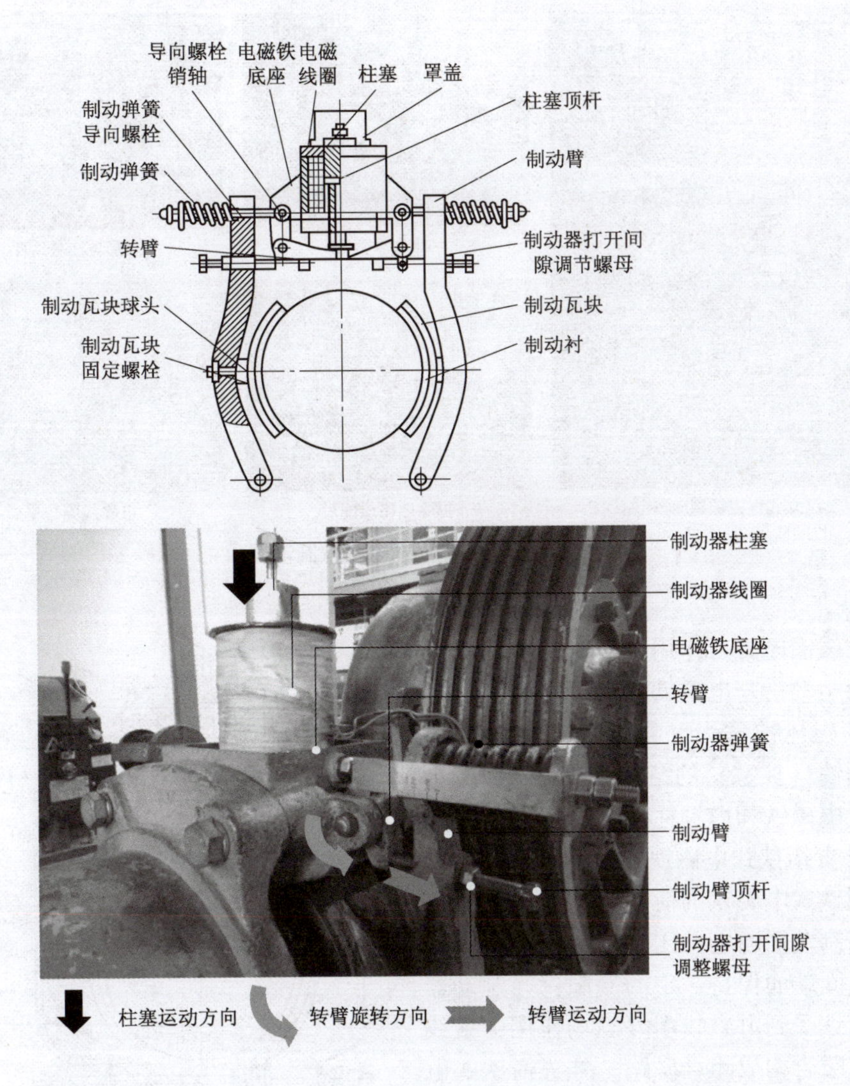

图 2-20 立式电磁铁制动器结构原理

目前，常用的鼓式制动器均已不再采用立式电磁铁布置方式，转而采用卧式电磁铁布置方式，以实现关于“两套独立机械机构”的要求。

2. 卧式电磁铁制动器

卧式电磁铁制动器（图 2-22）的电磁线圈和衔铁（柱塞）为水平布置，在制动器打开时，两侧衔铁（柱塞）在电磁线圈内磁场作用下在水平方向上进行反向运动。在衔铁（柱塞）水平运动的过程中，衔铁（柱塞）顶杆直接推动制动臂顶杆，将两侧制动臂打开。

在卧式电磁铁布置方式下，衔铁（柱塞）的运动方向与制动臂顶杆运动方向相同，因此，能够同时用两个衔铁（柱塞）控制两侧制动臂的打开和关闭，能够较为简单地实现关于“两套独立机械机构”的要求，提高制动器的安全冗余度，因此卧式是目前鼓式制动器设计中采用最为广泛的电磁铁布置方式。

拆除罩壳后

柱塞与柱塞顶杆

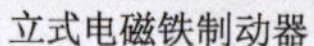

立式电磁铁制动器　　拆除电磁线圈后　　电磁线圈与罩壳

图2－21　某型立式电磁铁制动器

3. 衔铁

在电磁线圈电磁力作用下，被固定的电磁铁吸引，而运动后与电磁铁构成闭合磁路，这个运动的铁磁体被称为“衔铁（柱塞）”。电磁铁根据衔铁（柱塞）的结构形式，可以分为外置衔铁式电磁铁和内置柱塞式电磁铁两类。

（1）外置衔铁式电磁铁。

外置衔铁式电磁铁的衔铁装配在电磁线圈的外部，当制动器断电关闭时，衔铁在线圈外部与电磁线圈端面保持一定的气隙；当制动器打开时，衔铁受到电磁线圈外磁场作用，被线圈端面紧密吸合构成闭合磁路。外置衔铁式电磁铁结构原理（单侧电磁铁）如图2－23所示。

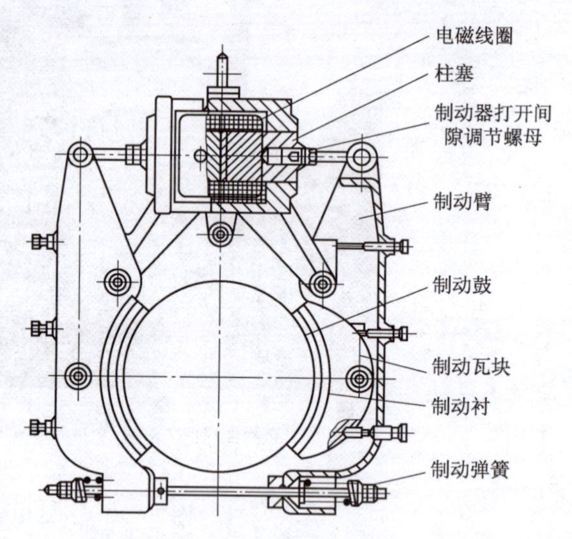

图2－22　卧式电磁铁制动器的结构

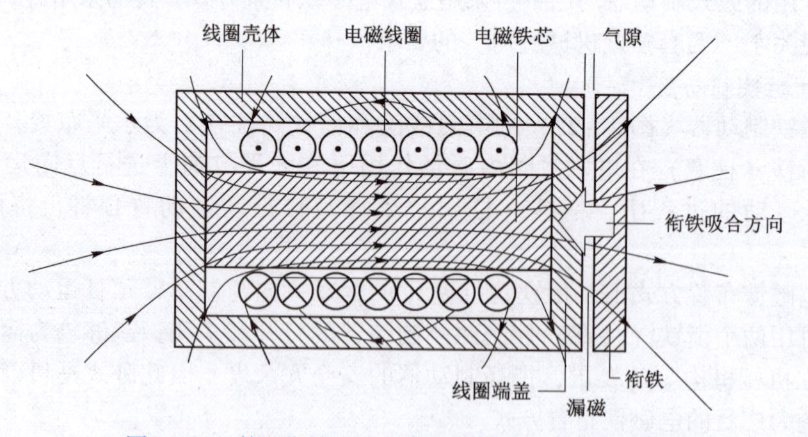

图2－23　外置衔铁式电磁铁结构原理（单侧电磁铁）

从衔铁和制动衬在制动臂上的布置方式看，外置衔铁式制动器多数属于异侧型，其实物如图 2－24 所示。

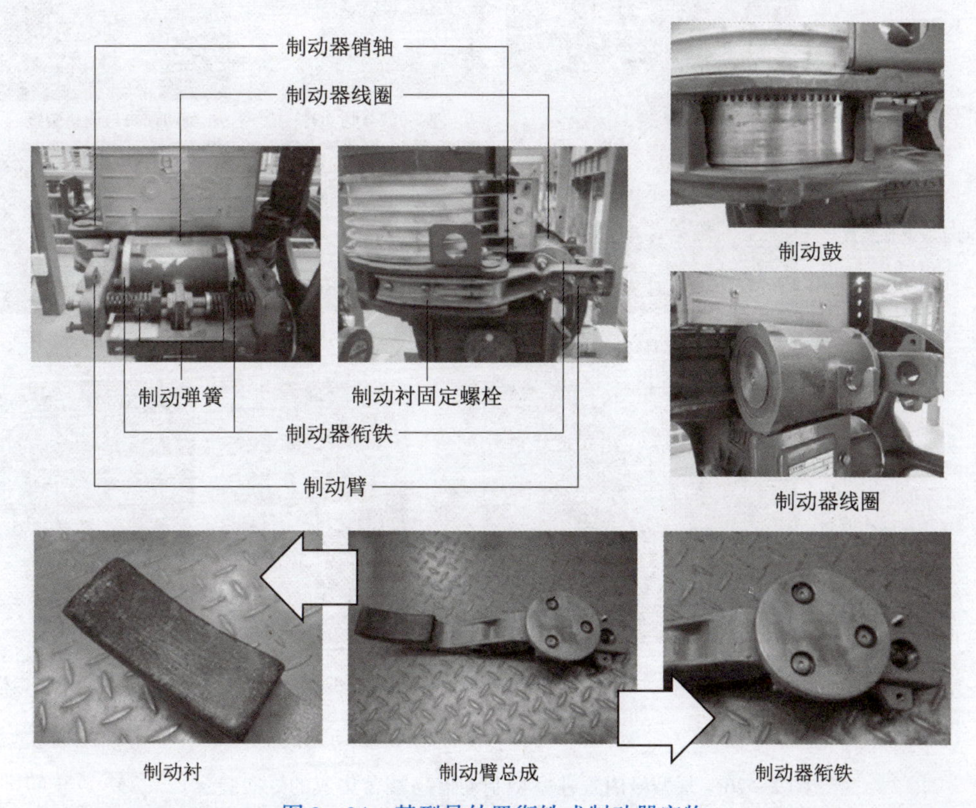

图 2－24　某型号外置衔铁式制动器实物

（2）内置柱塞式电磁铁。

内置柱塞式电磁铁的结构原理（单侧电磁铁）如图 2－25 所示。内置柱塞式电磁铁的柱塞装配在电磁线圈的内部，当制动器断电关闭时，柱塞在线圈内部与电磁线圈端面保持一定的气隙；当制动器打开时，柱塞受到电磁线圈内磁场作用，被线圈端面紧密吸合构成闭合磁路。某型号内置柱塞型制动器（端盖集成的导向装置）如图 2－26 所示。

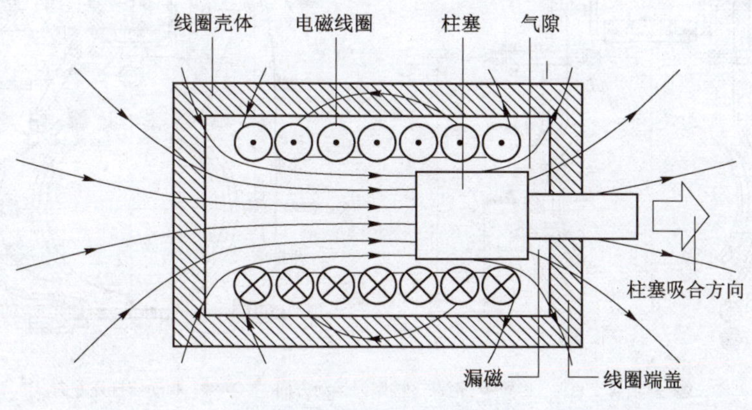

图 2－25　内置柱塞式电磁铁的结构原理（单侧电磁铁）

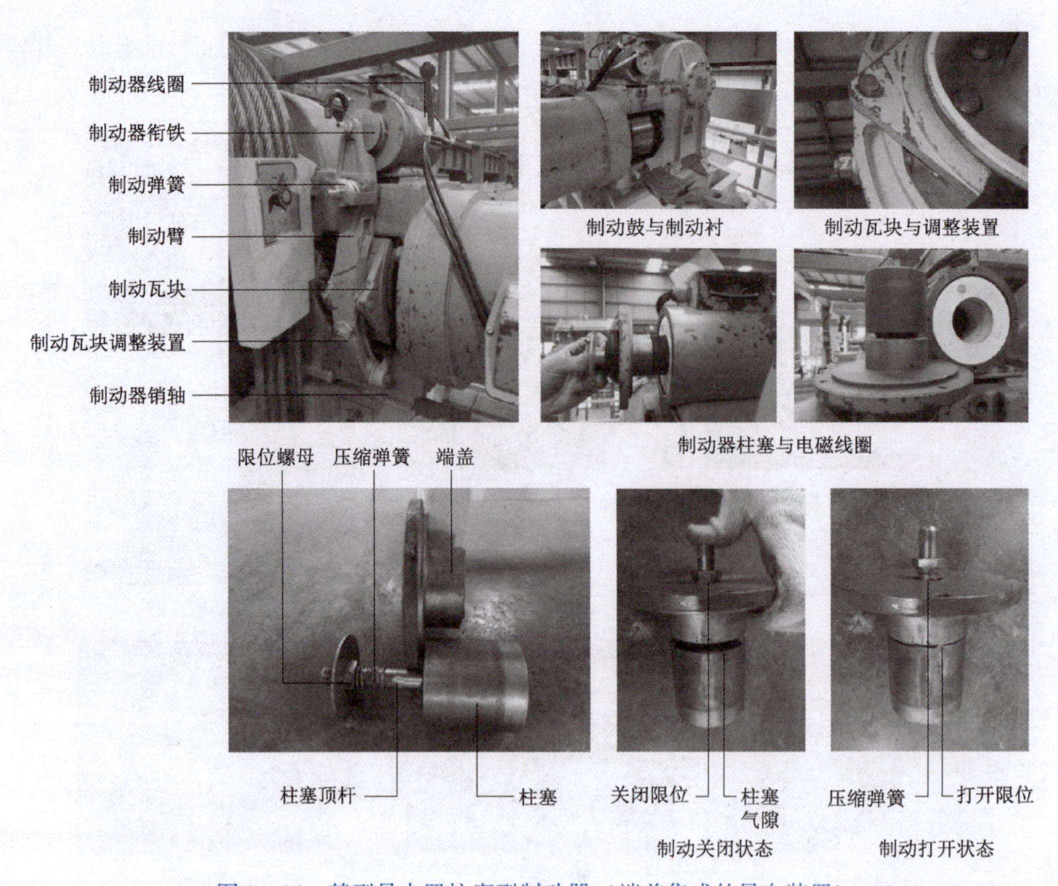

图 2－26　某型号内置柱塞型制动器（端盖集成的导向装置）

4. 制动臂和制动器动作状态检测装置

（1）制动臂的结构与分类。

依据制动臂的结构形式，可以将制动臂分为同向式制动臂、异向式制动臂两类，同向式制动臂如图 2－27 所示。

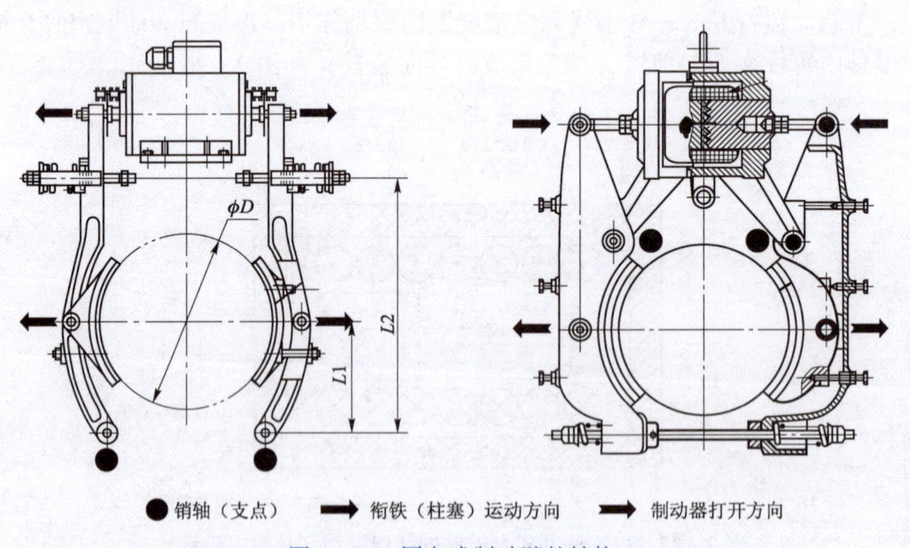

图 2－27　同向式制动臂的结构

由于两类制动器的制动臂顶杆和制动衬在制动臂上的相对位置不同，因此制动器打开时制动臂顶杆和制动衬的运动方向也不同。

采用同向式制动臂设计的制动器衔铁（柱塞）与制动衬位于制动臂销轴（杠杆支点）的同一侧，二者运动方向相同，当衔铁（柱塞）向外推开制动臂顶杆时，制动器开启。

采用异向式制动臂设计的制动器衔铁（柱塞）与制动衬位于制动臂销轴（杠杆支点）的不同侧，二者运动方向相反，当衔铁（柱塞）向内吸合制动臂顶杆时，制动器开启。

同向式制动臂设计的鼓式制动器，在杠杆形式和外形尺寸上要优于异向式制动臂设计，是目前最为常用的制动臂设计形式，同向式制动臂主要包括以下几个特点：

①同向式制动臂对于制动臂销轴锈蚀、磨损引起卡阻增加的适应能力较强。

当制动臂销轴出现锈蚀卡阻时，同向式制动臂由于销轴与制动臂顶杆分别位于制动臂的两端，制动臂顶杆与销轴距离较远，驱动力力臂比较长，因此克服销轴卡阻的能力更强；而异向式制动臂由于销轴位于制动臂中部位置，制动臂顶杆与销轴距离较近，驱动力力臂比较短，克服销轴卡阻的能力相对较弱。

②同向式制动臂对于制动器弹簧压缩行程过大引起弹簧阻碍制动器打开的适应能力较强。

当制动器弹簧压力过大时，同向式制动臂由于压缩弹簧位于销轴与制动臂顶杆之间，驱动力力臂大于阻力力臂，因此克服弹簧压缩力偏大的能力更强，但是，异向式制动臂由于机械结构原因，往往会要求压缩弹簧与销轴的距离大于制动臂顶杆与销轴的距离（为了使压缩弹簧、销轴和制动衬中心三者之间构成省力力臂，必须增加压缩弹簧与销轴的距离使之大于制动衬中心与销轴的距离，此时制动臂顶杆与销轴的距离如果同步增加，则会导致制动器尺寸过大），导致驱动力力臂小于阻力力臂，因此，克服弹簧压缩力偏大的能力更强。

（2）制动器动作状态检测装置的功能和作用。

制动器动作状态检测装置是用于对制动器的提起（或释放）状态进行检测的传感器，多采用微动开关对制动臂（或直接对制动衬）的动作位置进行检测，并将制动臂（或制动衬）的提起或释放状态反馈至控制系统，帮助控制系统判断制动器的工作状态是否正常，如出现异常则电梯将停止运行。

制动器动作状态检测装置在GB/T 7588—2020中被提及，对轿厢意外移动保护装置及其功能有明确要求：

“5.6.7.3　在没有电梯正常运行时控制速度或减速、制停轿厢或保持停止状态的部件参与的情况下，该装置应能达到规定的要求，除非这些部件存在内部的冗余且自监测正常工作。

注：符合5.9.2.2.2要求的制动器认为是存在内部冗余的。

在使用驱动主机制动器的情况下，自监测包括对机械装置正确提起（或释放）的验证和（或）对制动力的验证。对于采用对机械装置正确提起（或释放）验证和对制动力验证的，制动力自监测的周期不应大于15天；对于仅采用对机械装置正确提起（或释放）验证的，则在定期维护保养时应检测制动力；对于仅采用对制动力验证的，则制动力自监测周期不应大于24小时。

如果检测到失效，应关闭轿门和层门并防止电梯的正常启动。”

事实上，以往无数次事故证明，即使是存在内部冗余的制动器（即两套独立的机械机构)，在长期使用中，其电气部分也存在着很多失效风险，最为常见的如电磁线圈老化短路、制动器电源（变压器或恒流源）老化损坏等。在制动器电气功能失效，制动器未打开的情况下，如果电梯始终保持运行，就会导致制动衬与制动鼓发生持续摩擦，即常说的“带闸运行”。制动衬带闸运行时制动衬的磨损情况如图 2－28 所示。

(a)

(b)

图 2－28　制动衬带闸运行时制动衬的磨损情况

(a) 长时间带闸运行引起制动衬和瓦块脱胶；(b) 长时间带闸运行制动衬磨损烧结

制动衬带闸运行会使制动衬和制动鼓热量堆积导致过热，致使制动衬表面出现烧结，更严重的甚至使制动鼓表面红热，摩擦系数降低出现热衰减，导致制动力完全丧失，最终引起轿厢意外移动、冲顶、蹲底等事故。

因此，从其本身的功能来说，制动器动作状态检测装置是对制动器的工作状态最为直接有效的检测传感器，能够非常有效地避免电梯运行中制动器未打开而导致的事故。

学习任务 2.4　曳引机的传动机构

曳引轮与导向轮的结构和原理 SCORM 课件

知识储备

1. 曳引驱动与强制驱动的结构

曳引式电梯（图 2－29（a））通过曳引轮的正反旋转，利用曳引绳与曳引轮之间的静摩擦力，带动曳引绳两端的轿厢和对重上下升降运动。

强制式电梯（图 2－29（b））利用卷筒卷绕钢丝绳使轿厢上行，卷筒释放钢丝绳使轿厢下行。此外，还有使用链轮和链条驱动轿厢运行的强制式电梯。目前，强制式驱动的电梯极少使用。

图 2－30 所示为两种电梯驱动主机的实物图，曳引式电梯结构与卷筒式（强制式驱动）电梯相比较有以下优点：

①钢丝绳不需要缠绕，钢丝绳长度不受限制，电梯的提升高度得到较大提高，解决了高层建筑的交通运输问题，为高层楼宇的建造提供基础。

②钢丝绳根数不受限制，大大增加安全性，载重也得到了较大幅度的提高。

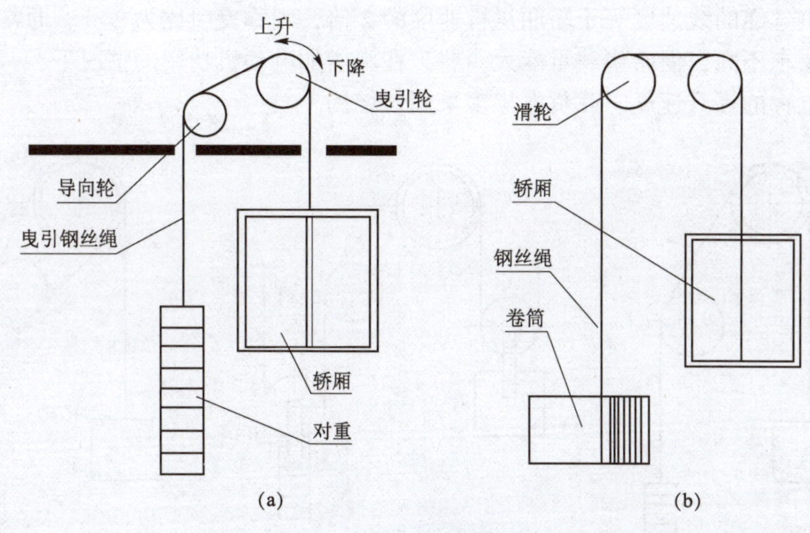

图 2－29　电梯驱动结构

（a）曳引驱动的机械结构；（b）强制驱动的机械结构（卷筒）

③曳引式电梯是靠摩擦传动，当电梯失控轿厢将要冲顶时，对重就会被底坑中的缓冲器阻挡，钢丝绳与曳引轮绳槽之间就会打滑，从而避免轿厢撞击楼板和断绳的重大事故。

④电梯运行平稳、速度快。

⑤曳引式电梯利用对重平衡了轿厢较大部分的重量，也达到了节能的效果，而强制驱动电梯的机械结构较为简单、制造成本较低，且无须在井道内布置对重，对井道尺寸要求较低。个人住宅（包括别墅）由于所需的提升高度较低、井道面积较小，且非公共场所使用，使用频率和强度较低，相对而言，采用强制驱动电梯更为经济、合适。

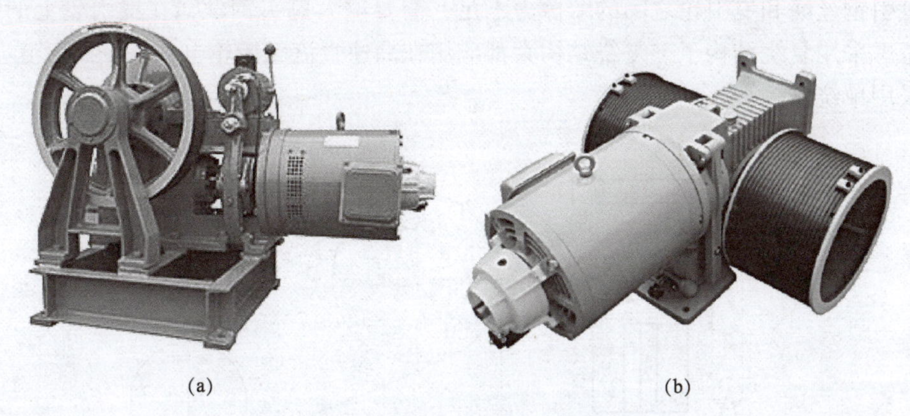

图 2－30　两种电梯驱动主机的实物图

（a）曳引驱动电梯的驱动主机；（b）强制驱动电梯的驱动主机（卷筒）

2. 电梯曳引比

电梯曳引钢丝绳的绕法如图 2－31 所示。曳引比是指电梯在运行时曳引钢丝绳的线速度与轿厢运行速度的比值。

若曳引钢丝绳的速度等于轿厢的运行速度，则称曳引比为 1∶1。该结构最为简单，其应用也较为广泛，一般的乘客电梯和载重较小载货电梯大多采用这种结构。

若曳引钢丝绳的线速度等于轿厢运行速度的 2 倍，则称曳引比为 2∶1。通常，载货电梯对提升速度要求不高，但希望载重能大一些。在不增加电动机功率的情况下，一般为了增大载重而降低电梯的提升速度。载货电梯多采用该结构。

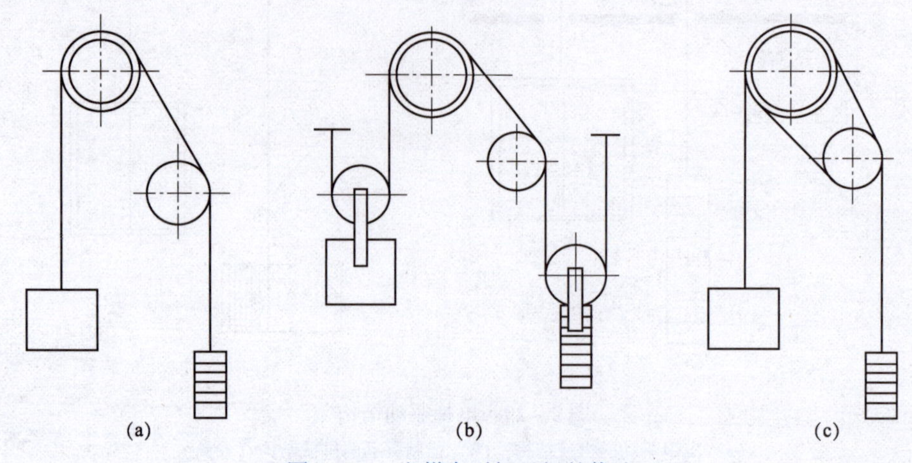

图 2－31　电梯曳引钢丝绳的绕法

（a）1∶1 单绕；（b）2∶1 单绕；（c）1∶1 复绕

3. 单绕与复绕

曳引钢丝绳的单绕和复绕如图 2－32 所示。单绕是指曳引钢丝绳直接放置在曳引轮和导向轮绳槽上与轿厢和对重连接。复绕是指曳引钢丝绳不是简单地放置在曳引轮上，而是在曳引轮与导向轮上绕一圈，才与轿厢和对重连接，目的是增大曳引绳对曳引轮的包角，提高曳引能力。若曳引钢丝绳有 5 根，则曳引轮和导向轮上各有 10 个绳槽。

当曳引钢丝绳和曳引轮之间的摩擦力不足，需要增大曳引钢丝绳在曳引轮上的包角时，就可以考虑采用复绕结构了。复绕结构大都应用在高速直流无齿轮电梯上，而直流无齿轮电梯也有采用单绕的。

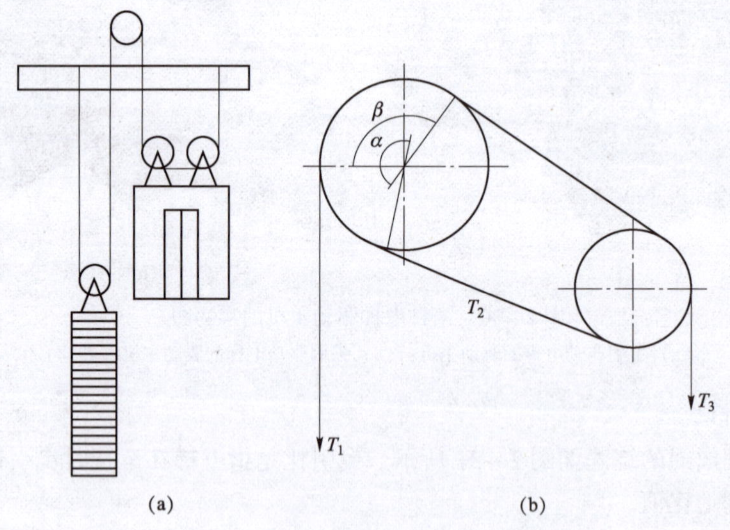

图 2－32　曳引钢丝绳的单绕和复绕

（a）单绕；（b）复绕

4. 包角

曳引绳在曳引轮上的包角是指曳引钢丝绳经过绳槽内所接触的弧度，用 α 表示。

包角越大摩擦力越大，则曳引力也随之增大。增大包角目前较多采用两种方法：一种是采用2∶1 的曳引比，使包角增至 180°；另一种是采用复绕式，包角为 $\alpha_1+\alpha_2$，如图 2-33 所示。

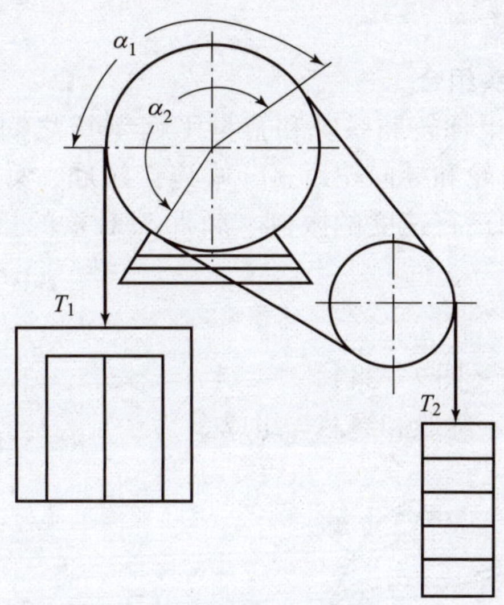

图 2-33　曳引钢丝绳复绕包角 $\alpha_1+\alpha_2$

5. 曳引力

在曳引轮槽中能产生的最大有效曳引力是钢丝绳与轮槽之间摩擦系数和钢丝绳绕过曳引轮包角的函数。

$$T_1/T_2 < e^{fa}$$

式中：T_1，T_2——曳引轮两侧曳引绳中的拉力，且假设 $T_1>T_2$；

e——自然对数底；

f——当量摩擦系数；

a——钢丝绳在绳轮上的包角。

从公式可以看出：

①曳引轮两侧曳引绳端的悬挂质量越大，曳引力越大；

②曳引轮槽和钢丝绳直径所决定的摩擦系数越大，曳引力越大；

③钢丝绳在曳引轮上的包角越大（如复绕），曳引力越大。

注意，曳引摩擦力的设计和制造必须适宜，否则会引起安全事故。如果摩擦力过大，那么对重压缩缓冲器后，轿厢仍然会继续受曳引摩擦力的作用，被曳引轮所提升并撞击楼板；如果摩擦力过小，那么会导致曳引绳与曳引轮之间打滑，使轿厢不受控制，出现轿厢因为重力的作用而失控移动、坠落或者冲顶的危险。

学习任务2.5 曳引钢丝绳及其端接装置的类型与结构

知识储备

电梯的曳引钢丝绳与绳头组合

在传统电梯中，曳引式电梯轿厢系统和重量平衡系统之间的连接通过曳引钢丝绳实现。曳引钢丝绳在绕过曳引轮和导向轮后，一端连接轿厢，另一端连接对重装置，因此，电梯轿厢的曳引驱动、轿厢运行速度的限制、轿厢与对重的重量平衡等功能才能够正常进行。

1. 曳引钢丝绳

（1）曳引钢丝绳的组成（图2-34）。

曳引钢丝绳通常由钢丝、绳股和绳芯等组成。

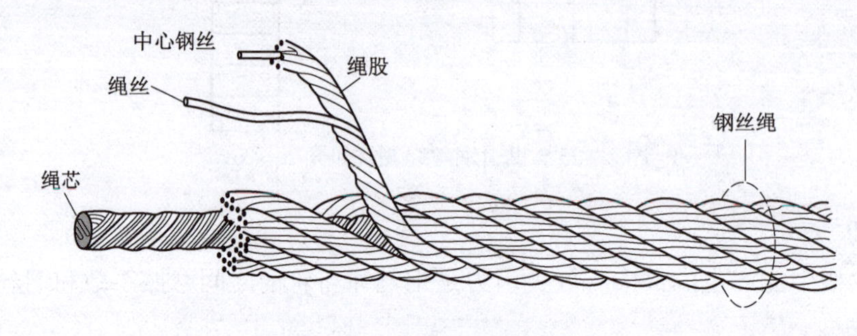

图2-34 曳引钢丝绳的组成

①钢丝：是钢丝绳的基本强度单元，要求有很高的强度和韧性。

②绳股：是由钢丝捻成的每一小绳股。相同直径与结构的钢丝绳，股数多的抗疲劳强度就高。电梯用钢丝绳的股数可分为8股和6股两种（多采用8股）。

③绳芯：即被绳股所缠绕的挠性芯棒，起支撑固定绳股的作用。绳芯分纤维绳芯和金属绳芯两种。常见电梯用钢丝绳是纤维绳芯，这种绳芯不仅能增加绳的柔软性，还能起到存储润滑油的作用。

（2）钢丝绳绳股的捻向及其特性。

钢丝在绳股中和股在绳中的捻制螺旋方向即捻向，股中丝的捻向同绳中股的捻向之间的关系即捻法。

①捻向分左捻和右捻两种。把钢丝绳（绳股）垂直放置，观察绳股（钢丝）的捻制螺旋方向，从中心线左侧开始向上、向右的捻向称为右捻，可用符号“Z”表示；从中心线右侧开始向上、向左的捻向称为左捻，可用符号“S”表示。

②捻法有交互捻和同向捻两种。交互捻指股的捻向与绳的捻向相反，也叫逆捻；同向捻指股的捻向与绳的捻向相同，也叫顺捻。

③根据捻向和捻法的相互配合，钢丝绳的捻法（图2-35）分右交互捻、左交互捻、右

同向捻、左同向捻。左交互捻指的是钢丝绳为左捻，绳股为右捻；右交互捻指的是钢丝绳为右捻，绳股为左捻。右同向捻是指钢丝绳和绳股的捻向均为右捻；左同向捻是指绳和股的捻向均为左捻。

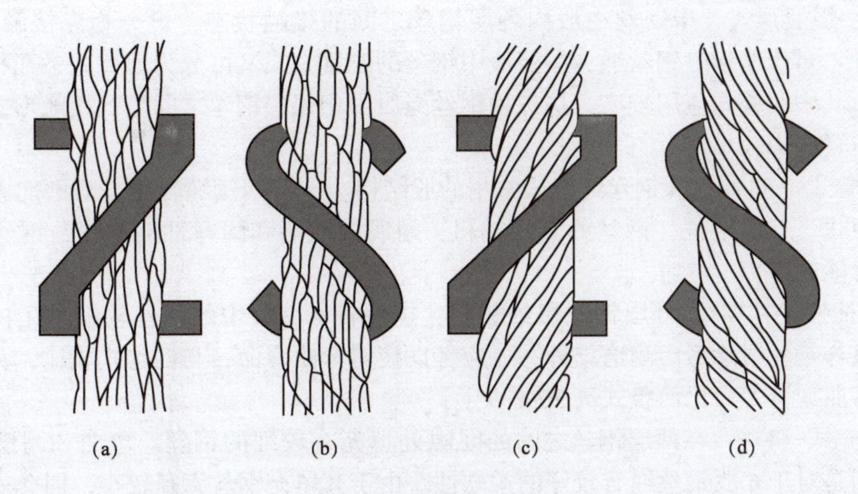

图 2－35　钢丝绳的捻法

（a）右交互捻；（b）左交互捻；（c）右同向捻；（d）左同向捻

④交互捻钢丝绳特性。从外形看，交互捻钢丝绳外层钢丝的位置几乎与钢丝绳的纵向轴线相平行，因此交互捻钢丝绳在使用时的特点如下：

➢ 表面钢丝与其卷筒或滑轮表面接触长度较短，即支撑表面小，磨损较快，并且在使用中，绳内钢丝受较大挤压时不易向两旁分开，容易产生不均匀磨损，钢丝易爆断；

➢ 由于捻向不同，钢丝绳的内部钢丝排列位向不同，会引起其性能的差异，且捻制变形较大，柔软性较差，使用时钢丝所受的弯曲应力较大；

➢ 由于交互捻捻制后绳和股内残余应力或受载时引起的旋转力矩可互相抵消一部分，不易引起钢丝绳松散和使用时的旋转，即松捻，因此，电梯中必须使用交互捻钢丝绳；

➢ 交互捻钢丝绳中钢丝与绳中心线倾斜角仅为 0°～5°，表面外观平整，使用时平稳、振动小。

⑤同向捻钢丝绳特性。从外形看，同向捻钢丝绳外层钢丝的位置与钢丝绳的纵向轴线相倾斜，倾角达 30°左右。同向捻钢丝绳的特点是：

➢ 使用时表层钢丝与卷筒或滑轮表面接触区域较长，即支撑表面大，因此耐磨性好；

➢ 柔软性较好，有较好的抗弯曲疲劳性；

➢ 由于捻向一致，捻成绳后的钢丝总弯扭变形较小，使用时绳内钢丝受力较均匀，对提高钢丝绳疲劳寿命也有利；

➢ 自转性稍大，容易发生松捻和扭结现象，一般在两端固定的场合使用较为合适。

（3）钢丝绳标记方法。

较为常用的钢丝绳标记方法如下：

例：13NAT8 × 19S + FC－1500（双）ZS－GB 8903—2005。

➢ 13—钢丝绳直径 13 mm，钢丝绳直径允许存在正偏差。

➢ NAT—表面状态光面。

➢ 8—绳股数目，即钢丝绳绳股数目为8。

➢ 19—绳股内钢丝条数，即每股绳由19条钢丝绳组成。

➢ S—绳股形式，指钢丝绳股内各层钢丝之间的接触状态，可分为点接触、线接触、面接触三种。对于线接触钢丝绳，按照股中钢丝的配置方式又可分为西鲁式、瓦林顿式、填充式三种，其中西鲁式应用较广。这三种钢丝绳股内相邻层钢丝之间呈线接触形式，钢丝之间接触的位置压力较小。

a）西鲁式（S）：电梯钢丝绳中最常用的股结构。外层钢丝绳较粗，耐磨能力强。西鲁式又称外粗式。一般来说，钢丝的直径越粗，耐腐蚀性能和耐磨性能越强，钢丝的直径越细，柔软性能越好；

b）瓦林顿式（W）：外层钢丝粗细相间，挠性较好，股中的钢丝较细。瓦林顿式又称粗细型。电梯钢丝绳除考虑耐磨损外，还应考虑疲劳弯曲寿命，与西鲁式相比，瓦林顿式绕过绳轮的弯曲疲劳寿命比西鲁式高20%以上；

c）填充式（Fi）：在两层钢丝之间的间隙处填充有较细的钢丝。弯曲和耐磨性能都比较好。特别是对于6股钢丝绳有较好的柔软性。由于其填充钢丝直径较小，因此一般绳径小于10 mm。填充式又称密集式。

➢ FC—绳芯的材料，可分为金属绳芯和纤维绳芯，FC为纤维绳芯，WR为有独立钢丝绳的钢芯，WS为钢丝股芯。绳股形式和绳芯材料的表示形式如图2-36所示。

➢ 1500（双）—钢丝公称抗拉强度，单位为MPa。

➢ ZS—捻制方法为右交互捻。

➢ GB 8903—2005—电梯用钢丝绳的标准编号。

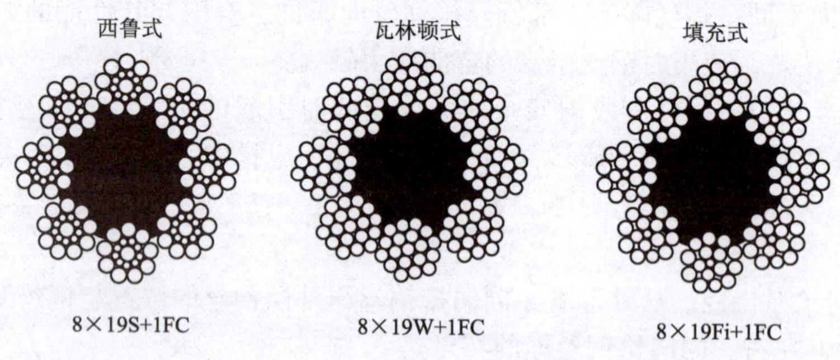

图2-36 绳股形式和绳芯材料的表示形式

2. 钢丝绳端接装置的类型与原理

（1）绳头组合类型。

钢丝绳端接装置用于固定钢丝绳和调整钢丝绳张力，又称为绳头组合。绳头组合的质量直接影响到组合后钢丝绳的实际强度。按照GB/T 10058—2023《电梯技术条件》的规定，绳头组合的拉伸强度应不低于钢丝绳拉伸强度的80%。电梯曳引钢丝绳常用的绳头组合类型，有金属或树脂填充的绳套、套筒压紧式绳套、环圈压紧式绳环、自锁紧楔形绳套、至少带有三个合适绳夹的鸡心环套、手工捻接绳环等方式。其中，金属或树脂填充的绳套、自锁紧楔形绳套、至少带有三个合适绳夹的鸡心环套在电梯中使用较多。

当曳引机中各钢丝绳的张力差较大时，将造成张力较大的钢丝绳磨损严重，同时，由于假定在钢丝绳安全系数计算时各钢丝绳之间受力是均匀的，如果各钢丝绳之间张力差较大，曳引钢丝绳长期工作在张力偏大、摩擦力偏大的状态下，则钢丝绳及其对应绳槽的磨损速度就会明显快于其他张力较小的钢丝绳，会造成曳引钢丝绳提前报废，同时，曳引轮也会因为部分绳槽提前磨损落槽而无法继续使用。

因此，至少应在悬挂钢丝绳的一端设置一个调节和平衡各绳张力的装置，如图 2－37 所示。这个调节装置在一定范围内应能自动平衡各钢丝绳的张力差，同时，张力调节装置除了能够起到平衡各钢丝绳张力的作用，还具有减弱电梯系统振动的功能。最常见的形式有杠杆式、压缩弹簧和聚氨酯式。

(a)

(b)

图 2－37　绳头调节各绳张力装置

(a) 采用减振橡胶调节各绳张力；(b) 采用压缩弹簧的绳头调节各绳张力

若用弹簧来平衡张力，则弹簧应在压缩状态下工作。因为弹簧处于拉伸状态，容易在一段时间之后由于受力而伸长，最终导致弹簧弹性降低影响其平衡各钢丝绳张力的效果。

悬挂在曳引轮绳槽上钢丝绳的张力均匀很重要，若张力不均，轿厢和对重的重量不能平均分配到每根钢丝绳上。张力不均在电梯正常运行过程中是一个故障隐患，随着电梯运行次数的不断增加，各钢丝绳与绳轮之间的磨损也会不均匀，并且其磨损降低钢丝绳和曳引轮的寿命。

如果是曳引驱动的电梯，那么各钢丝绳之间张力不均的情况还会降低曳引力，甚至造成打滑。

(2) 绳头组合方式。

①金属或树脂填充的绳套。

结合部分由锻造或铸造的锥套和浇铸材料组成。浇铸材料一般为巴氏合金或树脂。浇铸前，将钢丝绳端部的绳股解开，编成“花篮”后套入锥套中；浇铸后，“花篮”与凝固材料牢固结合，不能从锥套中脱出。金属或树脂填充的绳套的制作过程如图 2－38 所示。

②自锁紧楔形绳套。

结合部分由楔套、楔块、开口销和浇铸材料组成，在钢丝绳拉力的作用下，依靠楔块斜面与楔套内孔斜面自动将钢丝绳锁紧，如图 2－39 所示。

3. 悬挂装置的安全要求

电梯的悬挂装置一般是由钢丝绳以及端接装置、张力调节装置构成的。悬挂装置是电梯的主要部件，其可靠程度不但关系到电梯的安全，同时，也将直接影响电梯的整机性能。

在电梯上，以钢丝绳为悬挂装置的情况最为常见。钢丝绳作为轿厢悬挂的部件不仅涉及

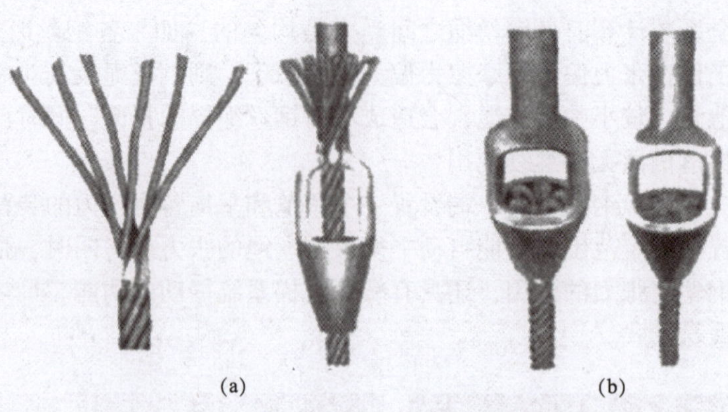

图2－38　金属或树脂填充的绳套的制作过程

（a）解开绳股编“花篮”；（b）套入锥套浇铸完成

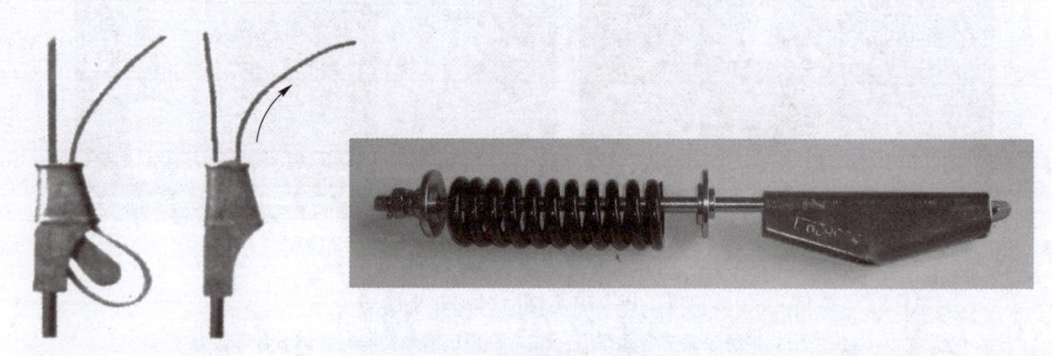

图2－39　自锁紧楔形绳套

安全问题，同时，对于电梯系统的振动和噪声也有很大影响。下文主要以钢丝绳为电梯悬挂装置进行介绍。

（1）轿厢和对重应用钢丝绳悬挂。

轿厢和对重之间的悬挂装置，只能选取钢丝绳或链条。使用钢丝绳作为悬挂装置的情况可以是曳引驱动，曳引驱动是最常见的，钢丝绳通过曳引轮、导向滑轮以及动滑轮（采用复绕法时）与轿厢和对重相连接，依靠曳引轮绳槽的摩擦力驱动轿厢和对重。

（2）钢丝绳应符合下列要求。

➢ 钢丝绳的公称直径不小于8 mm。

➢ 钢丝的抗拉强度：

①对于单强度钢丝绳，宜为1 570 MPa或1 770 MPa。

②对于双强度钢丝绳，外层钢丝宜为1 370 MPa，内层钢丝宜为1 770 MPa；

➢ 钢丝绳的其他特性（延伸率、圆度、柔性、试验等）应符合GB 8903—2018的规定。

（3）钢丝绳或链条最少应有两根，每根钢丝绳或链条应是独立的。

为保证安全，悬挂轿厢的钢丝绳或链条不允许只使用一根，必须使用两根或两根以上，以减少由于钢丝绳断裂造成的轿厢坠落的可能。这主要是考虑到批量生产的钢丝绳之间的个体差异，万一存在制造缺陷，造成其破断载荷达不到设计值，单根使用时将给电梯的安全运行造成重大隐患，因此，无论单根钢丝绳的安全系数能够达到多少，也不允许用单根钢丝绳悬挂轿厢。

（4）若采用复绕法，应考虑钢丝绳或链条的根数而不是其下垂根数。

此处的“复绕法”是指轿厢、对重带有动滑轮的情况，即曳引比不是1∶1的情况，考虑钢丝绳或链条的根数是指其轿厢、对重受力钢丝绳的根数，例如，曳引比为2∶1结构的电梯，其钢丝绳根数是2根。此处的“复绕法”与上文中为了增大包角而曳引轮和导向轮之间多绕1圈的复绕并非同一概念。

（5）不论钢丝绳的股数是多少，曳引轮、滑轮的节圆直径与悬挂绳的公称直径之比不应小于40。

在所有的钢丝绳寿命试验中都能够得出这样的结论：作为钢丝绳寿命的指标——钢丝绳能够承受的折弯次数与折弯的曲率半径密切相关。曳引轮直径影响了钢丝绳在通过绳轮时的折弯程度和绳丝、绳股之间相对位置的自我调节。在钢丝绳直径一定的情况下，曳引轮直径越小则通过绳轮时钢丝绳的折弯程度越剧烈，绳丝、绳股越难以适应折弯的条件，这时会造成钢丝绳中部分绳丝的弯曲应力过大。

（6）悬挂绳的安全系数应按GB/T 7588—2020计算。在任何情况下，其安全系数不应小于以下值：

①对于有三根或三根以上钢丝绳的曳引驱动电梯，为12；

②对于有两根钢丝绳的曳引驱动电梯，为16。

安全系数是指装有额定载荷的轿厢停靠在最低层站时，一根钢丝绳的最小破断负荷与这根钢丝绳所受的最大力之间的比值。

安全系数在任何情况下不得小于根据GB/T 7588—2020计算所得的最小安全系数要求；同时还必须满足上述①和②的要求。

a）按照GB/T 7588—2020计算出的安全系数：应视为被计算的、特定的悬挂系统中钢丝绳必须满足的最小安全系数。这个系数越大则对悬挂系统钢丝绳的要求越严格。

b）按照破断载荷与最大受力比计算的安全系数：是指钢丝绳在受力最大的情况下，单根钢丝绳的最小破断载荷与这根钢丝绳的最大可能的受力之比。在本条中，限定的工况为“装有额定载荷的轿厢停靠在最低层站时”，这是因为无论电梯是否有补偿装置，由于钢丝绳自身重量的影响，轿厢侧所受的力始终最大，因此，应以此处的受力进行计算。计算时不但要考虑到钢丝绳的根数、轿厢重量、额定载重和钢丝绳自身的重量，同时还应考虑到复绕的倍率、悬挂在轿厢上的随行电缆和补偿装置的重量、绳头组合重量；如果采用带有张紧装置的补偿装置，则还应考虑到张紧装置的影响。

（7）钢丝绳与其端接装置的结合处至少应能承受钢丝绳最小破断负荷的80%。

钢丝绳与其端接装置的结合部位不受电梯运行时间的影响，也没有直接的磨损和疲劳，在整个寿命期内的安全系数可以认为是较为稳定的，因此，结合处的强度可以略小于新钢丝绳的最小破断载荷。

钢丝绳末端应固定在轿厢、对重或系结钢丝绳固定部件的悬挂部位上。固定时，需采用金属或树脂填充的绳套、自锁紧楔形绳套、至少带有三个合适绳夹的鸡心环套、手工捻接绳环、环圈（或套筒）压紧式绳环或具有同等安全等级的任何装置。

（8）钢丝绳曳引。

钢丝绳曳引应满足以下三个条件：

①轿厢装载至125%额定载荷的情况下应保持平层状态不打滑；

②必须保证在任何紧急制动的状态下，不管轿厢内是空载还是满载，其减速度值不能超

过缓冲器（包括减行程的缓冲器）作用时的减速度值；

③当对重压在缓冲器上而曳引机按电梯上行方向旋转时，应不可提升空载轿厢。

(9) 至少在悬挂钢丝绳的一端应设有一个调节装置用来平衡各绳的张力。

当曳引机中各钢丝绳的张力差较大时，将造成张力较大的钢丝绳磨损严重；同时，由于假定在钢丝绳安全系数计算时各钢丝绳之间受力是均匀的，如果各钢丝绳之间张力差较大，实际工况下的钢丝绳状态与设计计算时的钢丝绳状态之间存在较大差异，则实际工况下的钢丝绳安全系数也会与计算值存在较大差异，这将给电梯的安全运行带来隐患。

因此，至少应在悬挂钢丝绳的一端设置一个张力调节装置。这个装置在一定范围内应能自动平衡各钢丝绳的张力差，同时，还具有减弱电梯系统振动的功能。其最常见的形式有杠杆式、压缩弹簧式和聚氨酯式。

(10) 如果用弹簧来平衡各绳张力，则弹簧应在压缩状态下工作。

如果弹簧处于拉伸状态，容易在一段时间之后由于受力而伸长，最终导致弹簧弹性降低，影响其平衡各钢丝绳张力的效果。

(11) 如果轿厢悬挂在两根钢丝绳上，则应设有一个符合规定的电气安全装置，当一根钢丝绳或链条发生异常相对伸长时，该装置使电梯停止运行。

当采用两根钢丝绳时，如果其中一根发生异常相对伸长，则整个轿厢、对重的重量全部集中在另一根钢丝绳上，这是不允许的；同时，这种情况会造成另一根钢丝绳的张力增大，若磨损增大，则容易造成断绳。尽管使用两根钢丝绳悬挂轿厢，其安全系数必须大于16，但如果一根钢丝绳发生异常伸长，其总体安全系数的下降比例会很高，以至于大大低于标准要求。因此，为避免上述危险的发生，必须设置一个符合要求的电气安全装置（通常是一个能够强制断开的电气开关），保证只有在两根绳工作正常时才允许电梯运行，但是，当电梯的悬挂钢丝绳多于两根时，不可能出现只有一根没有伸长而其他的全部伸长的情况，因此这种电梯不需要安装电气安全装置。

(12) 调节钢丝绳长度的装置在调节后不应自行松动。

钢丝绳的长度调节装置是当钢丝绳伸长时用于调节各绳之间的张力，重新使之平衡的装置。一般采用螺母调节的方式，当调节钢丝绳的长度后，应能够锁紧，以防止其自行松动，以免调节失效。

学习任务2.6　紧急操作装置

知识储备

1. 紧急操作装置的安全要求

如果紧急操作需要采用条款5.9.2.2.2.9 b）的手动操作，应是下列方式之一：

(1) 使轿厢移动到层站所需的操作力不大于150 N的手动操作机械装置，该机械装置符合下列要求：

①如果电梯的移动可能带动该装置，则应是一个平滑且无辐条的轮子。

②如果该装置是可拆卸的，则应放置在机器空间内容易接近的地方。如果该装置有可能与相配的驱动主机混淆，则应做出适当标记。

③如果该装置可从驱动主机上拆卸或脱出，符合条款 5.11.2 规定的电气安全装置最迟应在该装置连接到驱动主机上时起作用。

（2）满足以下要求的手动操作电动装置：

①出现故障之后的 1 h 内，电源应可以使载有任何载荷的轿厢移动到附近的层站。

②速度不大于 0.30 m/s。

（3）应能易于检查轿厢是否在开锁区域，也见条款 5.2.6.6.2 c）。

（4）如果向上移动载有额定载重量的轿厢所需的手动操作力大于 400 N，或者未设置条款 5.9.2.3.1 a）规定的机械装置，则应设置符合条款 5.12.1.6 规定的紧急电动运行控制装置。

（5）操纵紧急操作的装置应设置在：

①机房内（见条款 5.2.6.3）；或

②机器柜内（见条款 5.2.6.5.1）；或

③紧急和测试操作屏上（见条款 5.2.6.6）。

（6）如果盘车手轮用于紧急操作，则轿厢运动方向应清晰地标在驱动主机上靠近盘车手轮的位置。如果盘车手轮是不可拆卸的，则轿厢运动方向可标在盘车手轮上。

2. 手动紧急操作装置的结构与类型

手动紧急操作装置的实现方式可分为两种。

（1）将电气安全装置（开关）安装在曳引机上，与手动紧急操作装置安装位置的端盖联动。在安装手动紧急操作装置前，一旦拆除或打开端盖，就会触发电气安装装置。图 2－40 所示为不同型号曳引机的手动紧急操作装置。

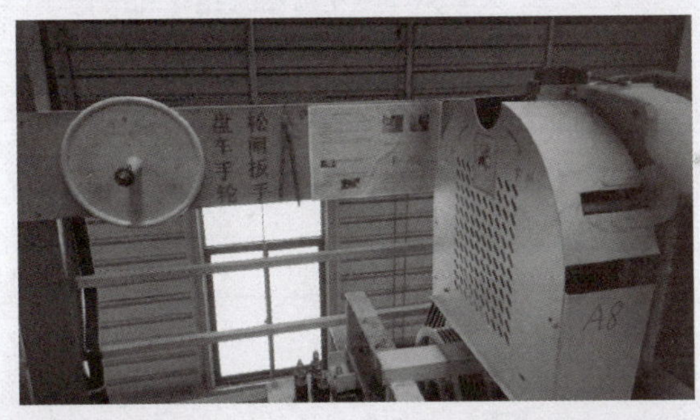

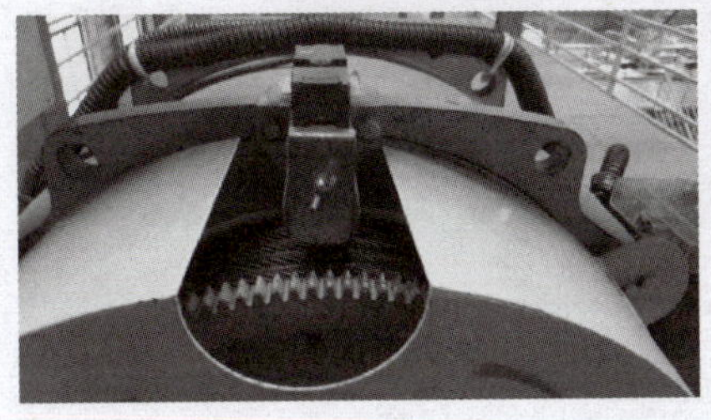

(a)

图 2－40　不同型号曳引机的手动紧急操作装置

（a）某型号无齿曳引机紧急操作装置（一）

(b)

(c)

图 2-40　不同型号曳引机的手动紧急操作装置（续）

（b）某型号有齿曳引机紧急操作装置；

（c）某型号无齿曳引机紧急操作装置（二）

（2）将电气安全装置安装在手动紧急操作装置的固定位置上与手动紧急操作装置联动，不论出于什么目的，当手动紧急操作装置被从其固定位置上取下时，就会触发电气安全装置。这种方式相对前者，安全系数更高。

知识梳理

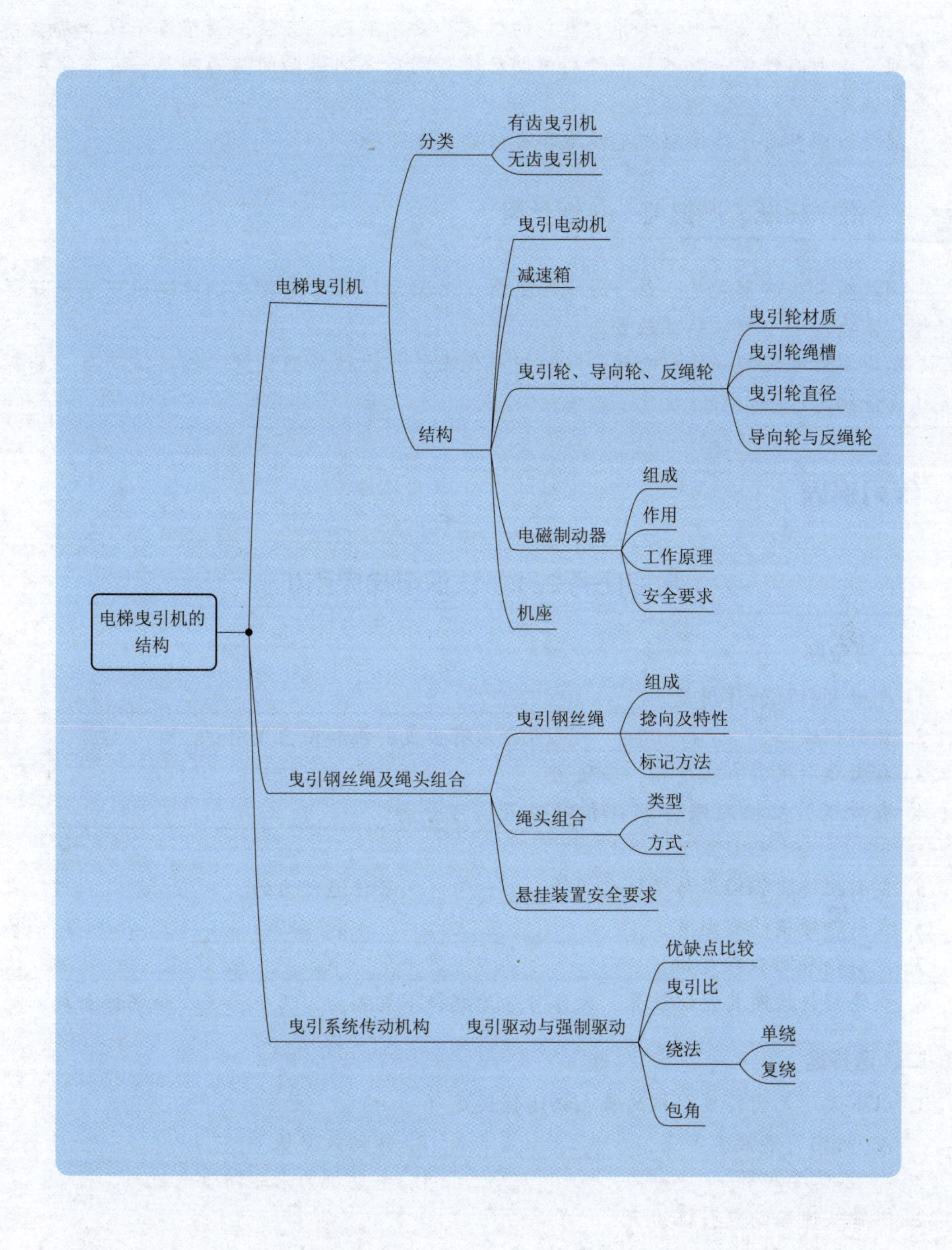

电梯曳引机的结构
电梯曳引机
分类
有齿曳引机
无齿曳引机
结构
曳引电动机
减速箱
曳引轮、导向轮、反绳轮
曳引轮材质
曳引轮绳槽
曳引轮直径
导向轮与反绳轮
电磁制动器
组成
作用
工作原理
安全要求
机座
曳引钢丝绳及绳头组合
曳引钢丝绳
组成
捻向及特性
标记方法
绳头组合
类型
方式
悬挂装置安全要求
曳引系统传动机构
曳引驱动与强制驱动
优缺点比较
曳引比
绕法
单绕
复绕
包角

差之毫厘失之千里——制动器

制动器在电梯安全中处于非常重要的位置，要求制造、安装、调整各个环节都要精密准确，检测工作要一丝不苟，特别是制动轮与闸瓦之间运动间隙的测量，容不得一丝一毫的偏差。

制动器调整要严格按照规范步骤和数值要求来进行。

恪守标准，严把关——钢丝绳

钢丝绳失效的形式是断丝、断股和生锈。而国家标准不是要求钢丝绳出现断丝就得更换，需要进一步确认断丝数量。

发现钢丝绳任何一处有断丝、断股超标现象，都应该加强注意，钢丝绳的每一处都要认真仔细地检查。

练习巩固

学习任务2.1　认识电梯曳引机

一、填空题

1. 电梯曳引机的作用是______________________________。
2. 曳引机按______________可分为有齿曳引机和无齿曳引机。
3. 有齿曳引机带有减速箱，多采用______________传动。
4. 有齿曳引机按照蜗轮蜗杆相对位置，可分为__________、__________和__________。
5. 曳引机是靠钢丝绳与绳轮之间的__________来传递动力的。
6. 曳引轮绳槽的槽形有__________、__________和__________。
7. 曳引轮节圆直径是指______________________________。
8. 蜗轮蜗杆按照其装配位置，大体可分为蜗杆下置式、__________和蜗杆立式。

二、选择题

1. 以下关于无齿轮曳引机的特点描述错误是（　　）。

   A. 结构简单紧凑　　B. 传动效率低

   C. 不需要润滑　　D. 电动机为永磁同步电机

2. 不带减速箱的曳引机为（　　）。

   A. 有齿曳引机　　B. 无齿曳引机　　C. 立式曳引机　　D. 卧式曳引机

3. 有齿轮曳引机的动力输出顺序，以下描述正确的是（　　）。

   A. 电动机－蜗杆－联轴器－蜗轮－曳引轮

   B. 电动机－联轴器－蜗轮－蜗杆－曳引轮

C. 电动机－联轴器－蜗杆－蜗轮－曳引轮

D. 电动机－蜗轮－联轴器－蜗杆－曳引轮

4. 已知曳引钢丝绳的公称直径为 13 mm，则曳引轮的节圆直径以下描述错误的是（　　）。

A. 500 mm　　B. 550 mm　　C. 600 mm　　D. 650 mm

5. 下图中的数字 1 和 5 分别代表什么？（　　）

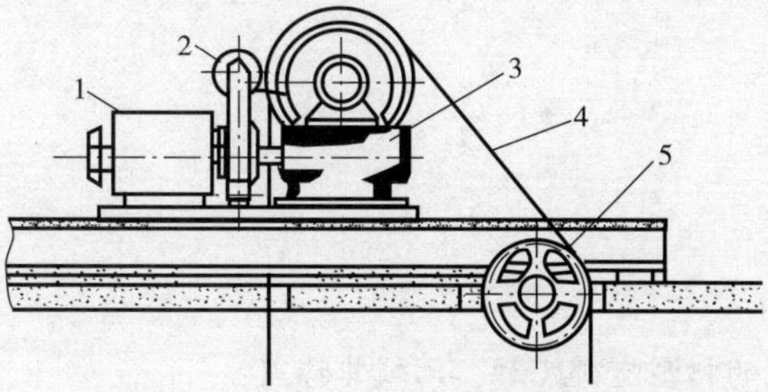

A. 1 是减速箱，5 是曳引轮　　B. 1 是电动机，5 是导向轮

C. 1 是制动器，5 是导向轮　　B. 1 是电动机，5 是曳引轮

6. 下列关于蜗轮蜗杆传动的特点描述错误的是（　　）。

A. 工作平稳可靠，无冲击噪声　　B. 传动比大，可反向自锁

C. 传动效率高，不易发热　　D. 体积小，结构紧凑

7. 曳引轮常见的槽形有半圆槽、带切口半圆槽和 V 形槽三种，在相同条件下，其摩擦力由小到大依次是（　　）。

A. V 形槽、半圆槽、半圆带切口槽　　B. 半圆槽、半圆带切口槽、V 形槽

C. 半圆带切口槽、V 形槽、半圆槽　　D. 半圆带切口槽、半圆槽、V 形槽

8. 目前电梯上广泛使用的曳引轮槽型是（　　）。

A. 半圆形槽　　B. V 形槽　　C. 半圆形带切口槽　　D. 无法确定

9. 根据 GB/T 7588—2020，电梯的曳引轮、导向轮等的防护必须满足哪些要求？（　　）

A. 避免因钢丝绳松弛造成脱槽　　B. 避免出现人身伤害

C. 防止异物进入绳与绳槽之间　　D. 以上三种都是

10. 目前，导向轮和反绳轮普遍采用（　　）材质。

A. 球墨铸铁　　B. MC 尼龙　　C. 不锈钢　　D. 以上都可以

三、判断题

1. 无齿曳引机结构简单紧凑，传动效率高，且不需润滑油，没有减速箱漏油故障。（　　）

2. 相同条件下，V 形槽产生的摩擦力最大。（　　）

3. 曳引轮的节圆直径与曳引钢丝绳的公称直径之比应不小于 30。（　　）

4. 对于无齿曳引机，电磁制动器安装在电动机轴与蜗杆相连的制动轮处。（　　）

5. 有齿轮曳引机中减速箱的主要功能是降低电动机转速，从而降低转矩。（ ）

6. 蜗轮蜗杆传动中，蜗杆是被动轮，蜗轮是主动轮。（ ）

四、简答题

1. 有齿轮曳引机电梯除了采用蜗轮蜗杆传动减速外，还有哪些减速传动类型？请至少举例2种。

2. 曳引轮绳槽常见的槽型有哪几种，比较其特点？

3. 导向轮反绳轮设置符合要求的防护装置的目的是什么？

4. 蜗杆下置式的曳引机和蜗杆上置式的曳引机，哪种润滑效果好，为什么？

学习任务2.2　制动器的结构与原理

一、填空题

1. 目前，在用电梯上常见的制动器可以分为______和______两种类型。

2. 常用的鼓式制动器根据其结构特点，可以分为______和______两种类型。

3. 根据______的相关解释，鼓式制动器是指用圆柱面作为摩擦副接触面的制动器。

4. 电磁直推鼓式制动器和盘式制动器的设计中均无须使用______。

二、选择题

1. 关于电梯制动器的电磁线圈与曳引电动机的通断电顺序，以下说法正确的是（　　）。

A. 同时通、断电

B. 电动机通电，线圈断电；反之，电动机断电，线圈通电

C. 延时通、断电

D. 以上说法都不对

2. 有齿轮曳引机上的电磁制动器安装在（　　）。

A. 蜗轮上　　B. 联轴器上　　C. 蜗杆上　　D. 曳引轮上

3. 以下哪种制动器是利用杠杆作用使制动衬压紧制动轮制停电梯（　　）

A. 钳盘式制动器　　B. 电磁直推式鼓式制动器

C. 全盘式制动器　　D. 制动臂鼓式制动器

4. 根据GB/T 7588—2020《电梯制造与安装安全规范》，当轿厢载有125%额定载荷并以额定速度向下运行时，操作制动器应能使曳引机停止运行。在下述情况中，描述准确的是（　　）。

A. 轿厢的减速度应超过安全钳动作的减速度。

B. 对重的减速度不应超过轿厢撞击缓冲器所产生的减速度。

C. 对重的减速度不应超过安全钳动作的减速度。

D. 轿厢的减速度不应超过安全钳动作或轿厢撞击缓冲器所产生的减速度。

5. 根据GB/T 7588—2020《电梯制造与安装安全规范》，有关制动系统，说法正确的是（　　）。

A. 切断制动器电流，至少应用两个独立的电气装置来实现。

B. 当电梯停止时，如果其中一个接触器的主触点未打开，应防止电梯停止运行

C. 断开制动器的释放电路后，电梯应附加延迟地被有效制动

D. 可以使用带式制动器。

6. 当轿厢载有（　　）额定载荷并以额定速度向下运行时，制动器动作应能使曳引机停止运转。

A. 110%　　B. 120%　　C. 125%　　D. 140%

7. 电梯在125%额定载重下以额定速度向下运行，此时制动器制停轿厢的减速度不得超过（　　）。

A. 0.8g　　B. 1g　　C. 1.5g　　D. 2g

8. 所有参与向制动轮或盘施加制动力的制动器机械部件应分（　　）装设。

A. 一组　　B. 两组

C. 三组　　D. 视电梯曳引机具体结构而决定

9. 电梯制动器中电磁线圈的衔铁被视为（　　），应设两组，线圈则是（　　），不要求两组设置。

A. 机械部件，电气部件　　B. 机械部件，机械部件

C. 电气部件，电气部件　　D. 电气部件，机械部件

三、判断题

1. 制动器是电梯一个至关重要的传动装置。（　　）
2. 有齿轮曳引机中，联轴器就是制动臂鼓式制动器的制动轮。（　　）
3. 无齿轮曳引机中的制动轮的直径可以小于曳引轮的直径。（　　）
4. 电磁直推鼓式制动器具有结构简单、外形紧凑、维修调整方便的特点。（　　）
5. 电磁制动器中，电磁线圈通电，制动器抱闸；电梯线圈断电，制动器松闸。（　　）
6. 根据GB/T 7588—2020《电梯制造与安装安全规范》，断开制动器的释放电路后，电梯应无附加延迟地被有效制动。（　　）
7. 根据GB/T 7588—2020《电梯制造与安装安全规范》，当电梯的电动机有可能起发电机作用时，可以由该电动机向操纵制动器的电气装置馈电。（　　）
8. 载有125%额定载重量的轿厢以额定速度向下运行状态下，制动器只有一组制动时，此时轿厢的减速度为0.8g。（　　）
9. 根据GB/T 7588—2020《电梯制造与安装安全规范》规定，制动器中的电磁线圈不是机械部件，不需满足两组设置的要求。（　　）
10. 制动器电磁线圈的铁芯和线圈都是机械部件。（　　）

四、简答题

1. 参见图2-19，说明（a）、（b）、（c）、（d）四种制动器为什么不符合国际标准。

2. 请按照顺序说出以下图中各个零部件的名称。

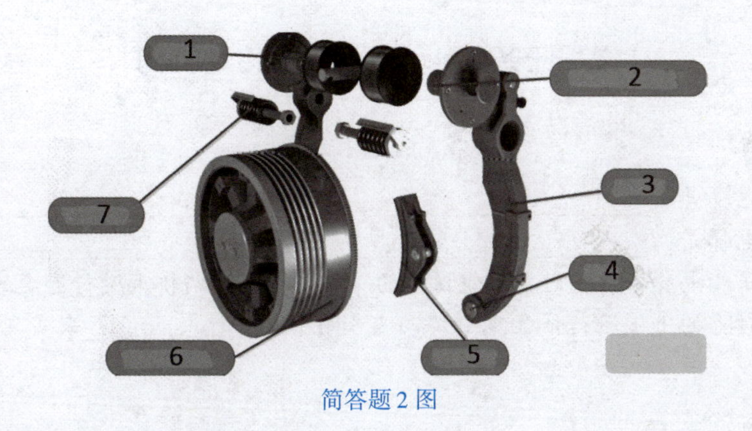

简答题2图

3. 简述电磁制动器的工作原理。

学习任务2.3 制动臂鼓式制动器的结构与分类

一、填空题

1. 根据制动臂的结构形式，可以将制动臂分为__________、__________两类。

2. 目前最为常用的制动臂设计形式是__________。

3. 制动器动作状态检测装置是用于制动器的__________状态进行检测的传感器，常见多采用__________对制动臂（或直接对制动衬）的动作位置进行检测，并将制动臂（或制动衬）的提起或释放状态反馈至__________。

4. 目前，最为常用的制动臂设计形式是__________。

二、简答题

相比于异向式制动臂设计，同向式制动臂设计的主要特点是什么？

学习任务2.4　曳引机的传动机构

一、填空题

1. 曳引式电梯是指______________________________。
2. 强制式电梯是指______________________________。
3. 曳引比是指电梯在运行时曳引钢丝绳的__________与轿厢运行速度的比值。
4. 轿厢与对重的上下运行依靠曳引绳与曳引轮间的__________来实现，这就是电梯曳引力。

二、选择题

1. 以下图中，曳引比为单绕3:1的是（　　）。

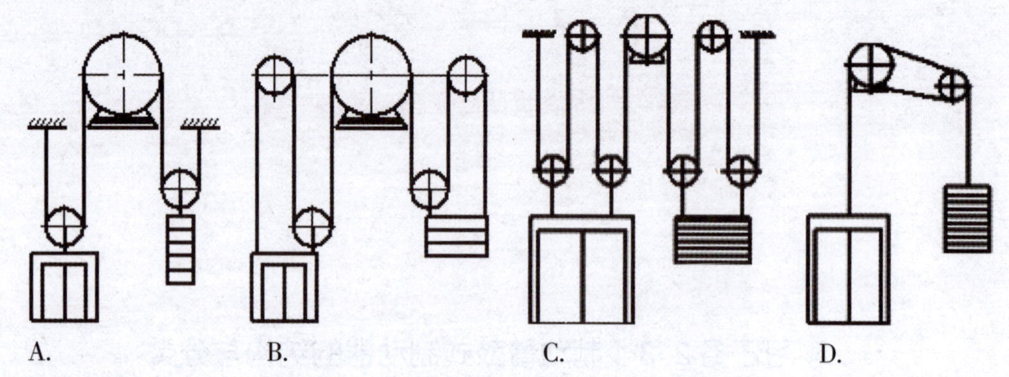

A.　　B.　　C.　　D.

2. 复绕式钢丝绳结构，如果曳引钢丝绳有5根，则曳引轮绳槽有（　　）个

A. 5　　B. 8　　C. 10　　D. 12

3. 下列关于曳引驱动电梯的特点描述错误的是（　　）。

A. 钢丝绳不需要缠绕，长度不受限制，电梯提升高度较大提高

B. 钢丝绳根数不受限制，增加安全性，提高电梯载重量

C. 不需要在井道内布置对重，对井道尺寸要求较低

D. 轿厢和对重相对平衡，更加节能

4. 对于电梯曳引力，钢丝绳单绕和复绕的区别是（　　）。

A. 单绕的包角大于复绕的包角

B. 复绕的包角大于单绕的包角

C. 单绕时，钢丝绳与绳轮间的摩擦力大于复绕时的摩擦力

D. 复绕与半圆带切口槽配合，可用于高速电梯

5. 曳引绳悬挂采用2:1传动方式时，轿厢运行速度（v_1）与曳引绳速度（v_2）以及轿厢总重（T_1）与曳引轮侧轿厢曳引绳载荷（T_2）的关系是（　　）。

A. $v_1=2v_2$，$T_2=2T_1$　　B. $v_1=0.5v_2$，$T_1=2T_2$

C. $v_1=0.5v_2$，$T_2=2T_1$　　D. $v_1=2v_2$，$T_1=2T_2$

三、判断题

1. 强制式电梯运行平稳、速度快。 (　　)
2. 当曳引钢丝绳与绳槽摩擦力不足时，可用增大包角的方式来增加摩擦力。 (　　)
3. V 形轮槽能够产生的曳引力最大，因为其摩擦系数最大。 (　　)
4. 曳引比 2∶1 的电梯常用在载重量大、电梯速度要求不高的电梯上。 (　　)

学习任务 2.5　曳引钢丝绳及其端接装置的类型与结构

一、填空题

1. 曳引钢丝绳通常由________、________和________组成。
2. 钢丝绳捻向中的“S”代表________。
3. 钢丝绳捻法有同向捻和________。
4. 绳头组合的类型中________、________和________最为常用。
5. 绳头组合的作用是________________________。
6. 曳引钢丝绳的基本强度单位是________，具有很高的强度和韧性。
7. 电梯用钢丝绳的股数分为 8 股和________两种。

二、选择题

1. 绳头组合的拉伸强度应不低于钢丝绳拉伸强度的 (　　)。

   A. 70%　　B. 80%　　C. 90%

2. 对于有三根或三根以上钢丝绳的曳引驱动电梯，安全系数为 (　　)。

   A. 16　　B. 14　　C. 12

3. 对于有两根钢丝绳的曳引驱动电梯，安全系数为 (　　)。

   A. 18　　B. 12　　C. 16

4. 钢丝绳与其端接装置的结合处应能承受钢丝绳最小破断负荷的 (　　)。

   A. 70%　　B. 80%　　C. 90%

5. 钢丝绳曳引应满足轿厢装载至 (　　) 额定载荷时，保持平层状态不打滑。

   A. 100%　　B. 115%　　C. 125%

6. 下列关于钢丝绳绳芯的描述错误的是 (　　)。

   A. 绳芯可以起到支撑固定绳股的作用
   B. 绳芯主要分为纤维绳芯和金属绳芯
   C. 电梯上常用金属绳芯的曳引钢丝绳
   D. 纤维绳芯能够增加钢丝绳的柔软性，同时可以储存润滑油起到润滑钢丝绳的作用

7. 根据 GB/T 7588—2020《电梯制造与安装安全规范》，电梯曳引钢丝绳的直径不应小于 (　　)。

   A. 8 mm　　B. 9 mm　　C. 10 mm　　D. 11 mm

8. 根据 GB/T 7588—2020《电梯制造与安装安全规范》，钢丝绳至少需要 (　　) 才能满足安全要求。

A. 5根　　B. 4根　　C. 3根　　D. 2根

9. 下列关于电梯曳引钢丝绳的安全系数的要求说法正确的是（　　）。

A. 钢丝绳的安全系数不应小于10才能满足标准

B. 若有5根钢丝绳，安全系数为10，满足标准

C. 若有4根钢丝绳，安全系数为14，满足标准

D. 若有2根钢丝绳，安全系数为15，满足标准

10. 现在普遍采用的电梯曳引钢丝绳端接装置是（　　）。

A. 自锁紧楔形绳套　　B. 金属或树脂填充的绳套

C. 套筒压紧式绳套　　D. 鸡心环套

三、判断题

1. 同向捻不易引起钢丝绳松散和使用时的旋转。（　　）

2. 交互捻钢丝绳钢丝与绳中心线倾斜为0°~5°，使用时平稳。（　　）

3. 为使钢丝绳的使用寿命延长，需至少在悬挂钢丝绳的一端设置张力调节装置。（　　）

4. 在电梯上，以钢丝绳为悬挂装置最为常见。（　　）

5. 若用弹簧来平衡钢丝绳张力，则弹簧应在压缩状态下工作。（　　）

6. 钢丝绳端接装置用于固定钢丝绳和调整钢丝绳张力，又称为绳头组合。（　　）

四、简答题

1. 有一根钢丝绳，其标记文字为10NAT8×19Fi+WR－1000（双）ZS－GB 8903—2005，请写出它所表示的含义。

2. 请分析交互捻钢丝绳和同向捻钢丝绳各自的特点，并判断适合电梯曳引钢丝绳的是哪种类型。

3. 若绳头组合对钢丝绳的张力调整未满足标准，请分析此时电梯在长时间的运行过程中出现的结果。

学习任务2.6　紧急操作装置

一、选择题

1. 某小区的电梯主机因高温导致制动器的电磁线圈失效，制动器抱闸，导致乘客被困，下列描述正确的是（　　）。

A. 报警联系消防员，让消防员破门进行救援

B. 等待专业电梯维修人员修好制动器中的电磁线圈后，逃出电梯

C. 电梯维修人员直接打开电梯门进行救援

D. 电梯维修人员达到事故现场后，先确定电梯位置，若刚好在平层位置附近，则断电后打开电梯救援乘客；若不在平层位置附近，则利用紧急操作装置进行救援

2. 根据GB/T 7588—2020《电梯制造与安装安全规范》要求使用手动操作装置时，其操作力不得大于（　　）。

A. 300 N　　B. 400 N　　C. 500 N　　D. 600 N

3. 如果向上移动装有额定载重量的轿厢所需的操作力大于400 N，在电梯紧急操作中应设置（　　）。

A. 轿内检修开关　B. 轿顶检修开关　C. 紧急电动运行开关　D. 底坑检修开关

4. 紧急电动运行时，关于电梯轿厢速度描述正确的是（　　）。

A. 不超过0.5 m/s　B. 不超过0.63 m/s　C. 不过超0.68 m/s　D. 不超过0.8 m/s

二、判断题

1. 手动紧急操作装置的盘车手轮必须平滑且无辐条。（　　）

2. 手动紧急操作装置中电气安全装置的作用是确保制动器处于抱闸状态。（　　）

3. 通过目测曳引绳或者限速器绳上的标记，来判断使用手动紧急操作装置时电梯是否在开锁区域。（　　）

三、简答题

1. 对于GB/T 7588—2020中的手动紧急操作装置，什么情况下需要设置紧急电动运行装置？紧急电动运行可以短接哪些电气安全开关，紧急电动运行与轿顶检修哪个应优先？

2.（1）试依据GB/T 7588—2020回答紧急电动运行与检修运行的要求有何区别？

（2）下图为某电梯制造企业提供的电梯安全回路，请问该图是否符合 GB/T 7588—2020 的要求（假设图中各电器元件是符合要求的）？为什么？

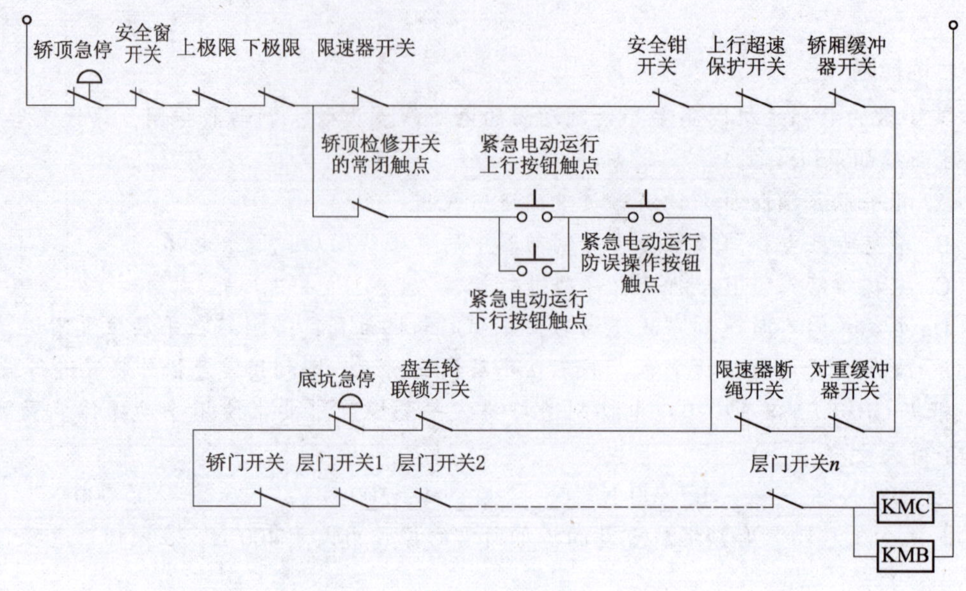

简答题2（2）图

注：图中的“轿顶检修开关的常闭触点”在检修运行状态时处于断开状态，在非检修运行状态时则处于接通状态。

3. 请描述当乘客被困时，电梯救援人员到达现场后使用紧急操作装置进行救援的救援流程。

项目二　电梯曳引机的结构与原理实训表

一、基本信息

学员姓名：＿＿＿＿＿＿＿＿＿＿＿＿＿＿＿＿　所属小组：＿＿＿＿＿＿

梯号：＿＿＿＿＿＿＿班级：＿＿＿＿＿＿＿　分数：＿＿＿＿＿＿

实训时间：15 min　开始时间：＿＿＿＿＿＿＿　结束时间：＿＿＿＿＿＿

二、考查信息

机房部分							
选项	曳引驱动	强制驱动	液压驱动	选项	有机房		无机房
电梯驱动方式				机房布置方式			
该方式的优势				两者的优缺点			
选项	有齿轮主机	无齿轮永磁同步		选项	双推式	块式	盘式
主机类型				制动器类型			
两者的区别				判定依据			
选项	1:1	2:1	4:1	选项	V 形	半圆形	半圆切口
曳引比				曳引轮槽型			
判定依据				为什么选改槽型			
选项	钢丝绳	钢带		选项	V 形	半圆形	半圆切口
牵引装置类型				导向轮槽型			
钢丝绳的要求				导向轮作用			
选项	是	否		选项	自锁楔形		金属填充式
制动器机械部件分两组装设				绳头组合类型			
判定依据				自锁楔形绳头组合的构成			
选项	否	是		选项	是	否	
是否有紧急电动运行				是否有盘车轮			
紧急电动运行装置的要求				盘车轮的要求			

备注：1. 根据电梯的情况进行判定，在每个项目下正确的选项下面打“√”；

2. 判定依据请结合书中的内容用简短的词语描述原因；

3. 问题请结合所学知识进行回答；

4. 未穿戴安全防护用品不得参与该实训。

项目三

电梯导向系统的结构与原理

项目分析

通过本项目的学习，认识电梯的导向系统，了解导向系统的组成和作用；掌握导轨的结构、分类、主要规格参数以及相关标准要求，了解导轨的制造工艺和技术特性；了解导轨支架的基本结构、类型及安装要求；掌握不同类型导靴的基本结构，导靴中各主要部件的作用及导靴的拆装，并了解导靴的类型及作用。

学习目标

应知

1. 认识电梯的导向系统，了解其基本组成与主要部件的作用。

2. 了解导轨的制造工艺和技术特性，导轨支架的基本结构、类型及安装要求以及导靴的类型及作用。

应会

1. 认识电梯的导轨、导轨架和导靴。

2. 掌握导轨的结构、分类、主要规格参数以及相关标准要求，掌握不同类型导靴的基本结构，导靴中各主要部件的作用及导靴的拆装。

学习任务3.1 电梯导向系统概述

知识储备

1. 电梯导向系统的构成

电梯是服务于建筑物内若干特定楼层的，其轿厢运行在至少两列垂直于水平面或与铅垂线倾斜角小于15°的刚性导轨上的永久运输设备。在垂直于水平面或与铅垂线倾斜角小于15°的刚性导轨上运动，是电梯区别于其他特种设备的一个重要特征，可以通过电梯的导向系统实现。

电梯的导向系统主要由导轨、导靴和导轨支架组成，可分为轿厢导向系统和对重导向系统，如图3-1所示。有了导向系统，轿厢和对重在曳引绳的拖动下，只能沿各自的导轨在电梯井道中上下升降运行。

图3-1 轿厢和对重的导向系统

2. 导向系统的工作原理

导轨是供轿厢和对重运行的导向部件。当轿厢和对重在曳引绳的拖动下沿导轨做上、下运行时，导向系统将轿厢和对重限制在导轨之间，不会在水平方向上前后左右摆动。导轨的功能是对轿厢和对重的运行起导向作用，防止其在水平方向上摆动，并且作为安全钳动作的支承件，能承受安全钳制动时对导轨所施加的作用力。

导靴是设置在轿厢架和对重装置上，使轿厢和对重装置沿导轨运行的导向装置。一般电梯轿厢安装四个导靴，分别安装在轿厢架的上梁两侧和轿厢架底部的安全钳座下面；

四个对重导靴分别安装在对重梁的上部和底部。固定在轿厢和对重上的导靴随电梯沿着导轨上下往复运动，防止轿厢和对重在运行中偏斜或摆动。当电梯蹲底或冲顶时，导靴不应越出导轨。

导轨支架是固定在井道壁或横梁上，支承和固定导轨用的构件。导轨用导轨压板固定在导轨支架上，导轨支架作为导轨的支撑件被固定在井道壁上。导轨、导靴和导轨支架的组合使轿厢和对重只能沿着导轨上下运行，运行中电梯不会产生自由晃动。导向系统如图 3-2 所示。

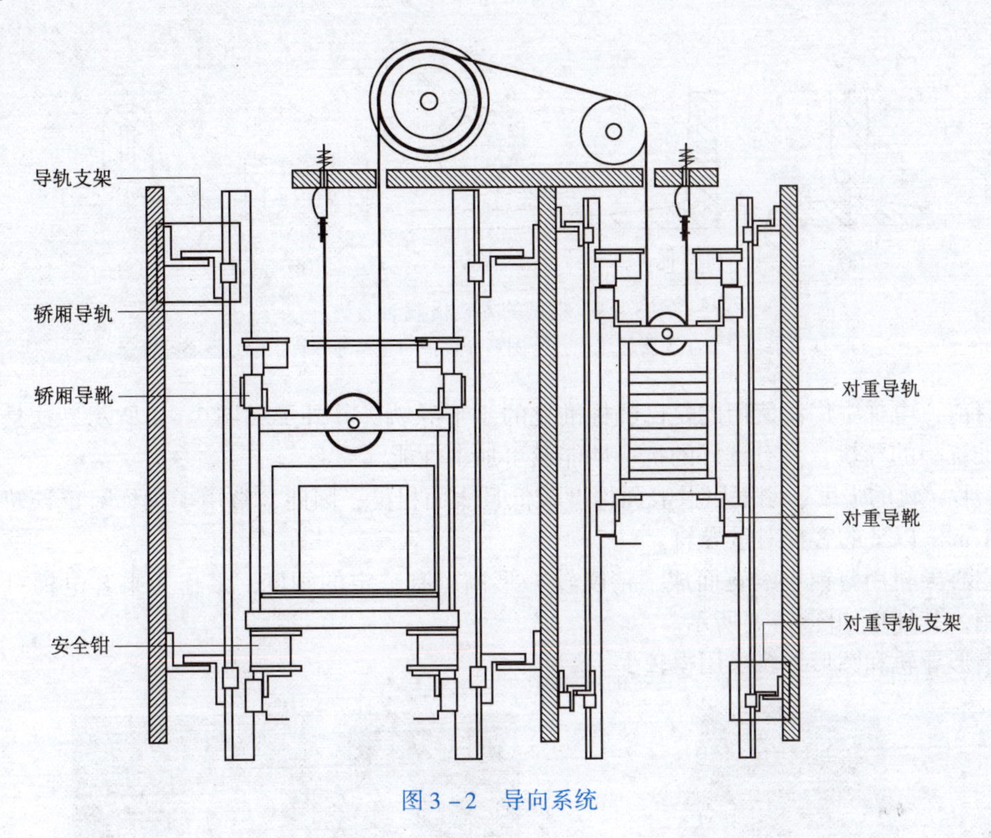

图 3-2　导向系统

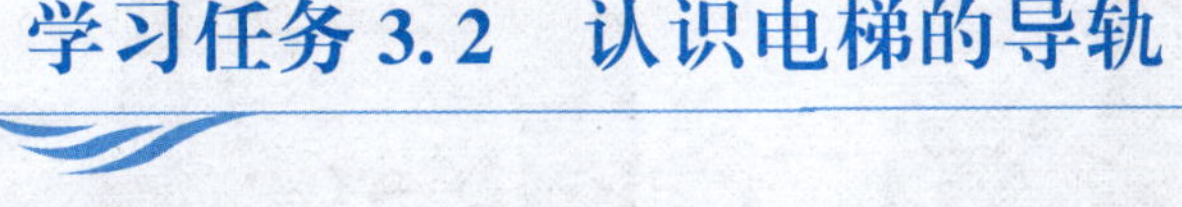

学习任务 3.2　认识电梯的导轨

导轨和导轨支架的功能和结构 SCORM 课件

知识储备

1. 导轨的结构与分类

导轨对电梯的升降起导向作用，是确保轿厢和对重装置按设定要求上下垂直运行的机件，同时限制轿厢和对重的水平位移，使两者平稳运行。导轨按照用途可分为轿厢导轨和对重导轨，通常轿厢导轨在规格尺寸上大于对重使用的导轨，故又称轿厢导轨为主轨，对重导轨为副轨。

导轨还要承受轿厢的偏重力、制动的冲击力、安全钳紧急制动时的冲击力等，因此，要求导轨具有足够的强度和韧性，在受到强烈冲击时不发生断裂，并且有足够的光洁度。导轨的选用和安装质量直接影响着电梯的运行效果和乘坐舒适感。

（1）导轨的类型。

导轨由钢轨和连接板构成，一般导轨常采用机械加工方式或冷轧加工方式制作。导轨按照截面形状可分为 T 形导轨、空心导轨和 L 形导轨等，常见的导轨横截面形状如图 3－3 所示。

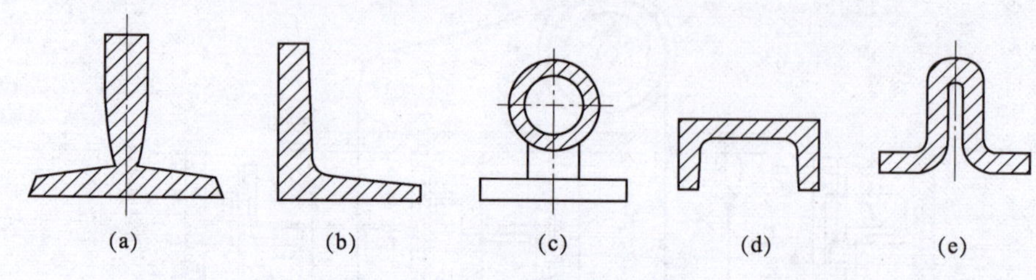

图 3－3　常见的导轨横截面形状

（a）T 形导轨；（b）L 形导轨；（c）圆形导轨；（d）槽形导轨；（e）空心导轨

目前，电梯中广泛使用的是已经标准化的 T 形导轨，其外形如图 3－4 所示。这是与国际标准统一的导轨，具有良好的抗弯性能及可加工性能。

L 形导轨的强度、刚度以及表面精度较低且表面粗糙，因此，常用于货梯对重导轨和速度为 1 m/s 以下的客梯对重导轨。

空心导轨用薄钢板滚轧而成，精度较 L 形高，有一定的刚度，多作为乘客电梯对重导轨使用，其外形如图 3－5 所示。

槽形导轨和圆形导轨采用得较少。

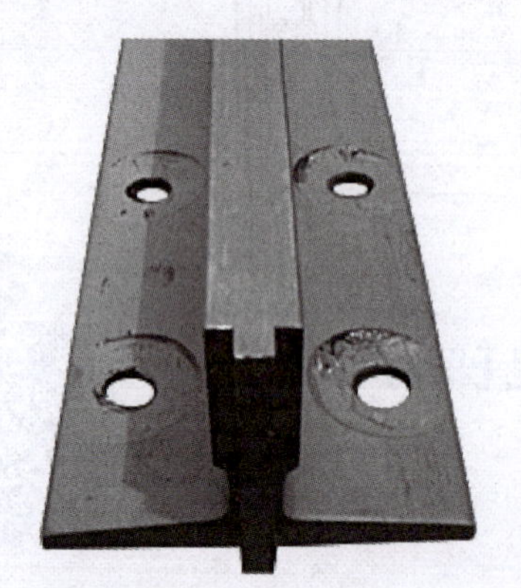

图 3－4　T 形导轨的外形

图 3－5　空心导轨的外形

（2）导轨的连接与安装。

由于每根 T 形导轨的长度一般为 3～5 m，架设在井道空间的导轨是从下而上的，因此，必须把两根导轨的端部加工成凹凸形榫槽，互相对接好，然后，再用连接板将两根导轨固定连接在一起，如图 3－6 所示。连接板长约为 250 mm，宽与导轨相适应，厚为 10 mm 以上，每根导轨端头至少需要四个螺栓与连接板（图 3－7）固定。导轨底部通过导轨压板与底坑的槽钢固定在一起。导轨安装得好坏将直接影响到电梯运行质量的好坏。

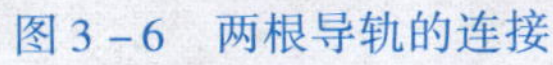

图 3－6　两根导轨的连接

图 3－7　连接板

学习任务 3.3　认识电梯导轨支架

知识储备

1. 电梯导轨支架的结构与分类

电梯导轨支架是用于支承和固定导轨用的构件（图 3－8），被安装在井道壁或横梁上。其固定了导轨的空间位置，并承受来自导轨的各种压力。

电梯导轨起始一段绝大多数情况下都支撑在底坑中的支撑板上（也有少数情况导轨是悬吊在井道顶板上的）。每根导轨的长度一般为 5 m。井道中每隔一段距离就有一个固定点，导轨固定于设置在井道壁固定点上的导轨支架上。在井道中两支架之间的距离除另有计算依据外，一般应不大于 2.5 m。

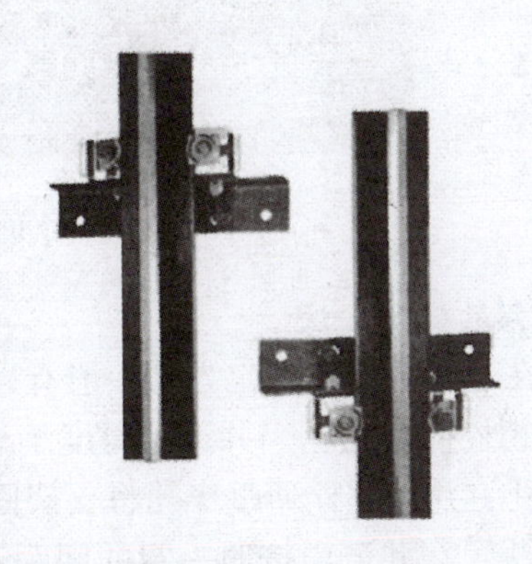

图 3－8　电梯导轨支架

每根导轨至少应有两个导轨支架，其间距应为导轨端面间距加上2倍的导轨高度和2倍的调整间隙（3～5 mm）。两个导轨支架间距应以1.5～2 m为宜，不应大于2.5 m。导轨架与导轨连接板的距离应大于2.5 mm，一般以不影响安装为宜。导轨架应与井道壁墙体固定可靠连接。

根据结构形式不同，导轨支架可以分为整体式导轨支架与分体式导轨支架两种，如图3－9和图3－10所示。

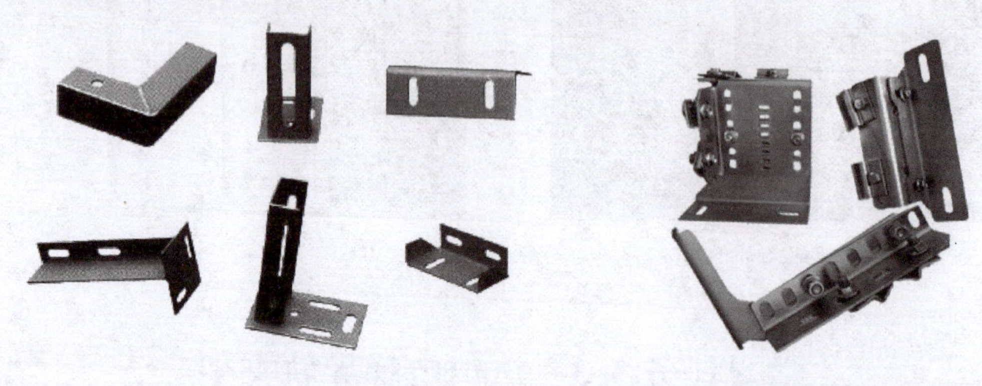

图3－9　整体式导轨支架　　图3－10　分体式导轨支架

根据用途的不同，导轨支架又可以分为轿厢导轨支架和对重导轨支架两类，图3－11和图3－12分别为对重后置式导轨与支架和对重侧置式导轨与支架。

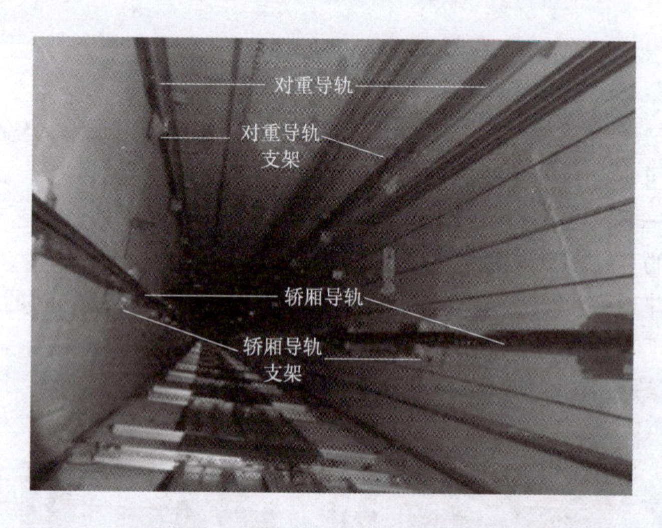

图3－11　对重后置式导轨与支架

2. 导轨支架的安装方法

导轨支架在建筑物上的固定方法一般有以下几种：

（1）对穿螺栓固定法：当井道墙厚度小于150 mm时，可用冲击钻或手锤在井道壁上钻出所需大小的孔，并用螺栓通过穿孔将支架固定。

（2）预埋法：在井道内按照一定的间距直接预埋导轨支架，安装导轨时直接利用这些已经预埋完毕的导轨支架即可。这种方法安装方便，但调整范围小，需要土建配合的程度

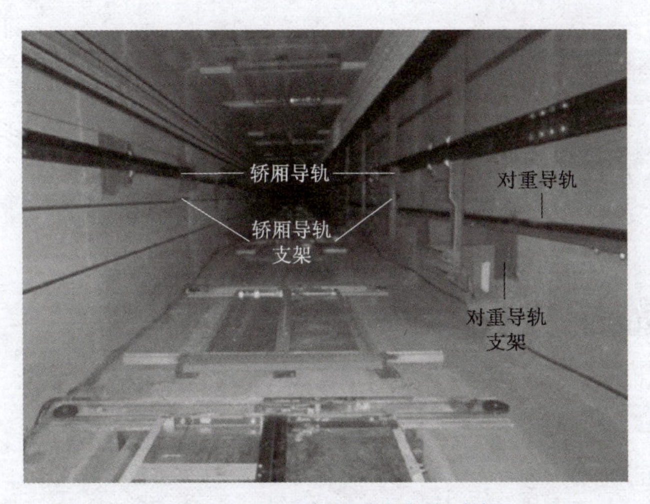

图 3-12　对重侧置式导轨与支架

较高。

（3）焊接法：这种方法多见于井道为钢架结构的情况，导轨支架直接焊接在构成井道的钢架上即可。在其他种类的井道中也有采用，这就要求在建造井道时根据电梯供货商要求在井道中按照一定间距设置预埋件。在安装导轨时，支架直接焊接在预埋件上。这种方法工艺简单、安全可靠，但预埋件的位置是固定的，无法进行较大范围的调整；同时，在提升高度较高的情况下，焊接操作也很不方便。

（4）螺栓固定：在井道内按照预先确定好的间距预埋 C 形槽，安装导轨支架时，将螺栓滑入槽中用螺母固定支架。这种方法的利弊与焊接法相似。

（5）预埋地脚螺栓：在井道内按照一定间距预埋地脚螺栓。安装时导轨支架可以使用预埋的地脚螺栓固定。这种方法可以通过导轨支架两面的螺母来调节导轨与井道壁之间的距离，安装时可以适应一定范围内的井道误差，但对地脚螺栓的埋入深度等要求较高。

（6）膨胀螺栓连接：这是目前应用最广泛的导轨支架安装方法。这种连接方法不需要任何预埋件，在安装导轨支架时直接在井道壁上所需要的位置打孔并设置膨胀螺栓。这样，导轨支架在井道壁上的安装位置可以非常灵活，同时，也可以简化安装过程，但膨胀螺栓要求使用在混凝土结构的井道壁上。

3. 导轨压板

（1）导轨压板的安全要求。

在导轨安装过程中，通常采用导轨压板连接导轨与导轨支架，将导轨固定在导轨支架上，如图 3-13 所示。GB/T 7588—2020 对导轨的固定提出了以下安全要求：

①导轨与导轨支架在建筑物上的固定，应能自动地或采用简单调节方法对因建筑物的正常沉降和混凝土收缩产生的影响予以补偿。

②应防止因导轨附件的转动造成导轨的松动。

固定导轨的导轨支架既要求其具有一定强度，也要求其具有一定的调节量，以便弥补电梯井道的建筑误差。为防止建筑物正常沉降、混凝土收缩以及导轨的热胀冷缩导致安装好的导轨变形和内部应力发生改变，应使用导轨压板将导轨夹紧在导轨支架上，不应使用焊接以及直接螺栓连接的方式。当建筑物下沉时，可以使导轨与导轨支架之间在垂直方向上有相对

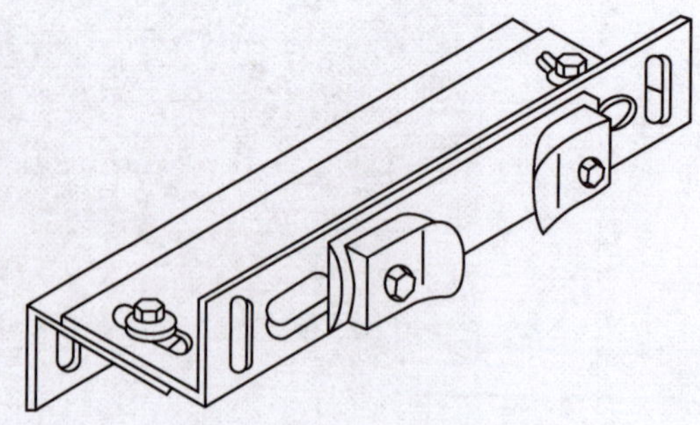

图 3－13　导轨及其导轨压板

滑动的可能。

（2）导轨压板的类型。

导轨压板根据其机械特性可以分为刚性导轨压板和弹性导轨压板两种：

①刚性导轨压板一般为铸造或锻造制成，在使用中对导轨的夹紧力较大，多用于速度不高（不超过 2.5 m/s）且提升高度不是很大的情况。某型号刚性导轨压板如图 3－14 所示。

②弹性导轨压板为弹簧钢锻造制成，夹紧导轨后由于其本身有一定弹性，这种压板阻碍导轨在垂直方向上滑动的力较小；同时，为了使导轨尽可能顺畅地滑动，在弹性导轨压板与导轨之间往往还垫有铜制垫片，起到减小摩擦阻力的作用。某型号弹性导轨压板如图 3－15 所示。

图 3－14　某型号刚性导轨压板

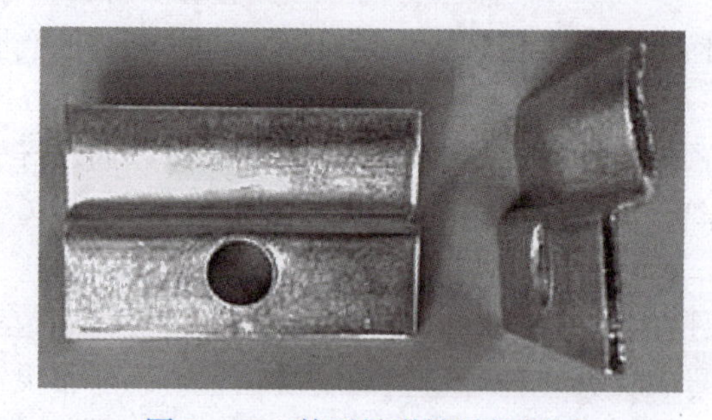

图 3－15　某型号弹性导轨压板

学习任务 3.4　认识电梯的导靴

导靴的结构和原理 SCORM 课件

知识储备

导靴的结构与分类

导靴装在轿厢架和对重装置上，其靴衬在导轨上滑动，是使轿厢和对重装置沿导轨运行并保持轿厢踏板与厅门踏板、轿厢体与对重装置在井道内的相对位置处于恒定位置关系的装置，因此，其分为轿厢导靴和对重导靴两种：轿厢导靴安装在轿厢架上梁和轿厢底部安全钳座下面，对重导靴安装在对重架的四个角上。一般轿厢与对重各有四只导靴。

根据与导轨的连接和导向方式，常用的导靴可以分为滑动导靴和滚动导靴两种。

(1) 滑动导靴采用由耐磨材料制作的靴衬，使导轨的导向面和工作面嵌入靴衬中，为轿厢或对重提供支撑和导向，当轿厢或对重在导轨上运行时，靴衬作为摩擦材料在经过润滑的导轨面上进行滑动摩擦，降低运行阻力。

根据靴头在靴座上的运动自由度，滑动导靴可以分为固定滑动导靴和弹性滑动导靴。

(2) 滚动导靴采用外缘为弹性材料的滚轮，通过三个滚轮同时压住导轨的导向面和工作面，为轿厢或对重提供支承和导向。当轿厢或对重在导轨上运行时，滚轮在导轨面上滚动，可大大降低电梯的运行阻力。

根据滚轮在靴座上的运动自由度，滚动导靴可以分为固定滚动导靴和弹性滚动导靴。

1. 固定滑动导靴

固定滑动导靴由靴衬和靴座组成，如图 3 – 16 和图 3 – 17 所示。靴衬常用尼龙浇铸成形，材料耐磨性和减振性较好；靴座由铸铁浇铸或钢板焊接成形。固定滑动导靴结构简单，常用在载货电梯、杂物电梯和乘客电梯的对重上。

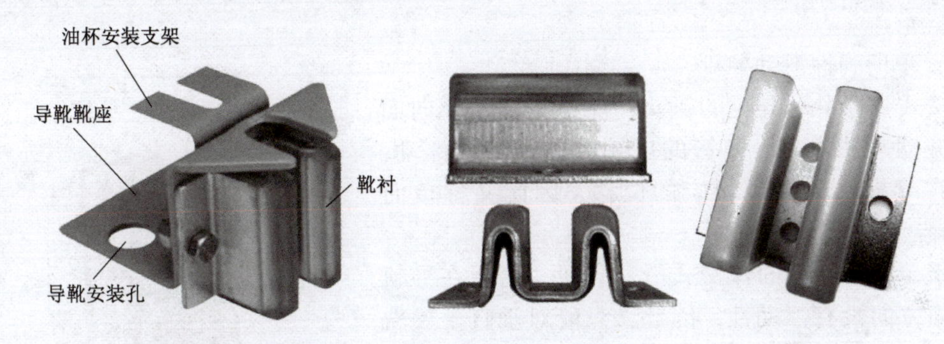

图 3 – 16　固定滑动导靴及其靴衬（一）

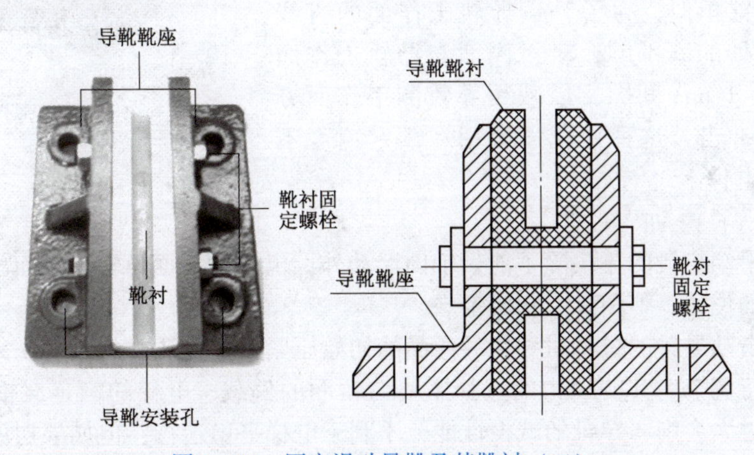

图 3 – 17　固定滑动导靴及其靴衬（二）

根据安装方式，可以将固定式滑动导靴分为水平安装和垂直安装两种。水平安装的固定式滑动导靴通常安装在轿架或对重架的上梁、下梁或安全钳下端面上，而垂直安装的固定式滑动导靴则通常安装在轿架或对重架的直梁上端与下端。

固定滑动导靴的靴衬两侧卡在导轨工作面上滑动，由于固定滑动导靴的靴座是固定的，因此，靴衬底部与导轨导向面之间要留有均匀的间隙，以容纳导轨间距的偏差，一般间隙应设定为 2 ~4 mm，为补偿导轨工作面的直线度偏差及接头处的不平顺，靴衬侧面与导轨工作面之间也会有 0.5 ~1 mm 的间隙，以减缓导轨导向面与工作面方向上的振动与冲击。

由于这种导靴是刚性的，其在运行时会产生较大的振动和冲击，造成电梯运行舒适感较差，因此，在使用范围上受到了限制，一般仅用于梯速低于 0.63 m/s 的轿厢及对重上，而且运行中需用加油润滑以减少导轨与导靴之间的摩擦。

2. 弹性滑动导靴

弹性滑动导靴与固定滑动导靴不同，其靴衬安装在导靴头上而非直接安装在靴座上，同时，弹性滑动导靴的导靴头与靴座并非完全固定，导靴头在靴座上具有移动的活动自由度，可以在弹性元件的弹力作用下，使靴衬的底部始终压贴在导轨导向面上，因此，能在运行中吸收一定的振动与冲击，但是与固定式滑动导靴相同，其运行中也需用加油润滑以减少导轨与靴衬之间的摩擦。

根据导靴头活动的自由度，弹性滑动导靴可以分为单向弹性滑动导靴和双向弹性滑动导靴两种。

（1）单向弹性滑动导靴。

弹簧式弹性滑动导靴的靴头，能根据导轨导向面出现的振动与冲击，沿弹簧的压缩方向做轴向浮动，使靴头在导向面上产生相应的位移，因此又称单向弹性导靴，如图 3 – 18 所示。

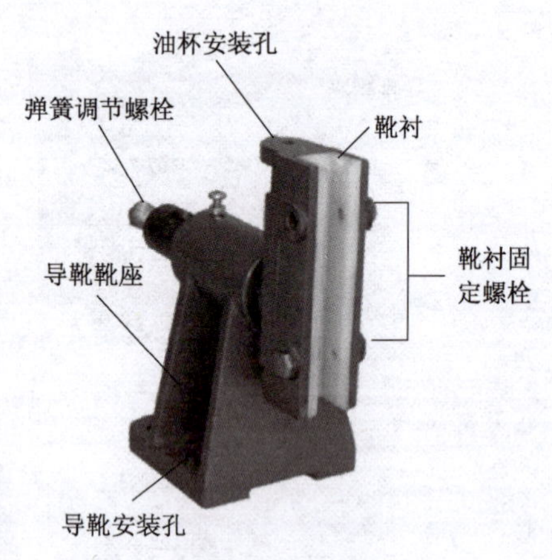

图 3 – 18 单向弹性滑动导靴

对于单向浮动性的弹簧式滑动导靴，由于在导轨侧工作面方向没有浮动性，因此，只能对垂直于导轨导向面的冲击起缓冲作用。

与固定导靴相似，为了补偿导轨工作面的直线度偏差及接头处的不平顺，靴衬侧面与导轨工作面应当具有 0.5 ~1 mm 间隙，以减缓导轨侧工作面方向上的振动与冲击。这种导靴通常用在额定速度不高于 1 m/s 的电梯上。

（2）双向弹性滑动导靴。

双向弹性滑动导靴的靴头除了能做轴向浮动外，也可以根据导轨工作面出现的振动与冲击，产生一定的位移，如图 3 – 19 所示。

部分弹性滑动导靴的靴衬对导轨导向面的初始压紧力是可调节的，初压力通过调节弹簧的被压缩量进行调节。其初压力的选择主要与轿厢的偏载、电梯的额定载重及轿厢尺寸有关。若初压力过大会削弱导靴的减振性能，不利于电梯平稳运行；但如果初压力过小，则会在轿厢出现偏载时无法提供足够的弹性支承能力，电梯运行时反而容易产生晃动。

对于采用橡胶作为工作面弹性元件的双向弹性滑动导靴，一方面，由于靴头具有一定的

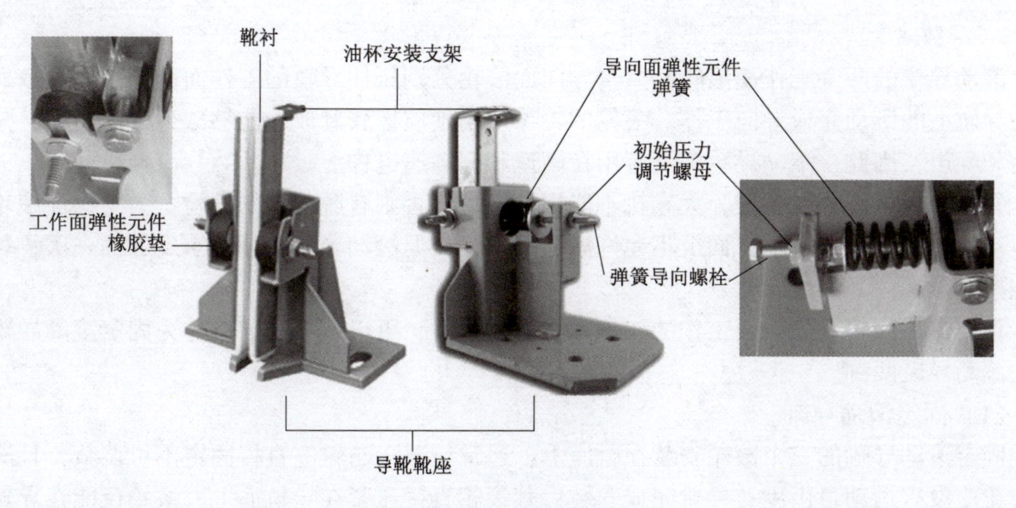

图 3-19　双向弹性滑动导靴

方向性，因此能够减缓并吸收工作面方向上的振动与冲击，因此，靴衬侧面与导轨工作面之间的间隙值也可设定在较小的范围内，通常情况下为 0.25 ~ 0.5 mm，从而使其工作性能较优，适用的速度范围也相应增大。另一方面，由于其靴头在导轨面上的运动具有一定的方向性，双向弹性滑动导靴会在靴衬的侧面和底部设置专用的运动间隙调节螺栓和螺母，对靴头在导轨工作面和导向面上的浮动自由度进行一定的限制，通常情况下，限定靴头在导轨导向面上的浮动自由度为 2 mm 左右，在导轨工作面上的浮动自由度为 1.5 mm 左右。

尤其需要注意的是，对于安装在轿厢底部的双向弹性滑动导靴，其靴头在导轨工作面上的浮动自由度应严格小于安全钳楔块与导轨工作面之间的间隙，以防止轿厢在运行中因靴头在导轨工作面上的活动间隙过大而导致楔块刮擦导轨工作面，导致安全钳误动作，其结构如图 3-20 所示。

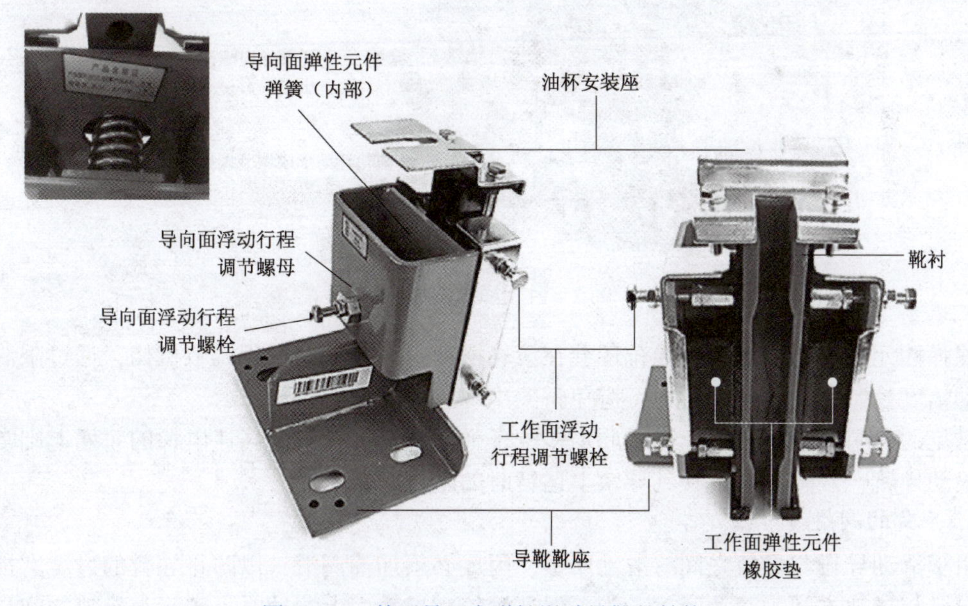

图 3-20　某型号双向弹性滑动导靴的结构

3. 滚动导靴

滚动导靴的两个工作面滚轮和一个导向面滚轮分别压住导轨的工作面和导向面，依靠滚轮在导轨上的滚动完成导向工作。滚轮的轮缘采用硬质橡胶制成，能够减少摩擦损耗，减小振动和噪声，因此，滚动导靴广泛应用在高速和超高速电梯上。

导靴的规格随导轨而定，大导轨不能用小导靴，否则有脱落出的危险。为了保证滚轮做纯滚动，在使用时导轨工作面上不允许添加润滑油，但滚动导靴轴承每季度加油一次，每年拆洗换油一次。

根据支撑滚轮在导轨面工作的元件是否具备弹性，可以将滚动导靴分为固定滚动导靴和弹性滚动导靴两种。

（1）固定滚动导靴。

固定滚动导靴的三个滚轮安装在靴座上，通常情况下与靴座直接固定不可调节，且滚轮相对靴座没有运动自由度，导靴完成安装后其滚轮直接压紧在导轨面上，滚轮仅能在导轨面上进行滚动，而无法根据导轨面上产生的振动与冲击进行浮动；完全依靠滚轮轮缘的高分子材料进行缓冲与减振，其性能不如弹性滚动导靴。固定式滚动导靴的结构较为简单，制造成本较低，多用在高速电梯的对重上。

（2）弹性滚动导靴。

在弹性滚动导靴上安装的三个滚轮的摆臂上设置有弹性元件，通常情况下多采用带有导向螺栓的压缩弹簧为弹性元件，调节弹性元件的初始压缩程度能够对滚轮在导轨面的接触压力进行调节。其原理与弹性滑动导靴在导轨导向面上的浮动原理相似，使滚轮始终压住导轨工作面和导向面进行滚动，如图3－21所示。

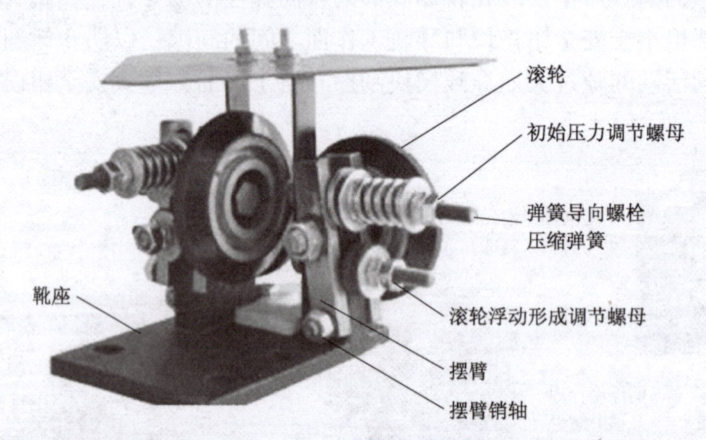

图3－21　弹性滚动导靴

除弹性元件外，弹性滚动导靴还会在滚轮摆臂上设置浮动行程调节机构，通过限制摆臂的摆动幅度控制滚动的往复行程，避免轿架出现过大幅度的晃动。

常见的曳引式乘客电梯，其轿厢上多配备弹性滑动导靴；而高速电梯的轿厢上则常配备弹性滚动导靴，以降低对重在其导轨上运行时的阻力。

4. 导靴的润滑

由于滑动导靴与导轨之间有滑动摩擦，因此必须加油润滑，以防止导靴的过度磨损；但滚动导靴与导轨之间为滚动摩擦，为了保证滚轮在导轨面上滚动时，轮缘与导轨之间具有足够摩擦力，同时，避免滚轮在导轨面上产生横向侧滑并确保滚轮在其侧面方向上的导向能力，严禁在导轨上加油润滑。

在使用滑动导靴（包含固定滑动导靴和弹性滑动导靴）的导轨上，需要对导轨面进行一定的润滑来降低滑动导靴的靴衬与导轨面之间的摩擦，提高运行平稳度和舒适性。滑动导靴在缺乏润滑的导轨上运行，会由于二者的摩擦阻力过大而引起电梯产生振动和异响，且造成靴衬的快速磨损。因此，通常会在轿厢和对重上导靴的上方安装油杯，利用电梯在井道内的往复运行对导轨进行润滑。

电梯常用的导靴上的油杯外形各异（图 3－22），但是主要结构和功能基本一致，可以分为油杯壳体、油杯盖、毛毡和油芯（图 3－23）。其中，油杯壳体的下方或侧面通常开设有安装孔，用于将油杯固定在导靴上。

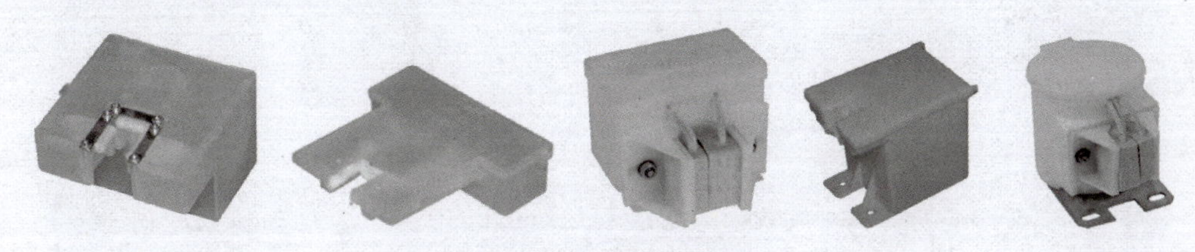

图 3－22　油杯的各种外形

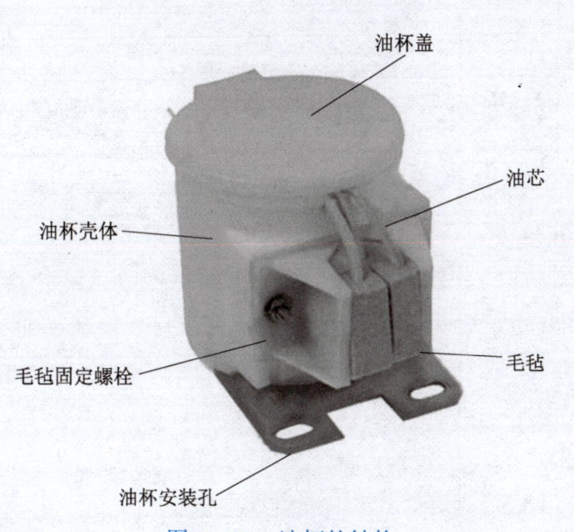

图 3－23　油杯的结构

油芯的作用是吸收油杯壳体内的润滑油，将其储存在毛毡内；而毛毡在安装完毕后，应压紧在导轨面上，当电梯运行时，毛毡在导轨面上滑动，其内的润滑油渗出并涂抹到导轨表面。

知识梳理

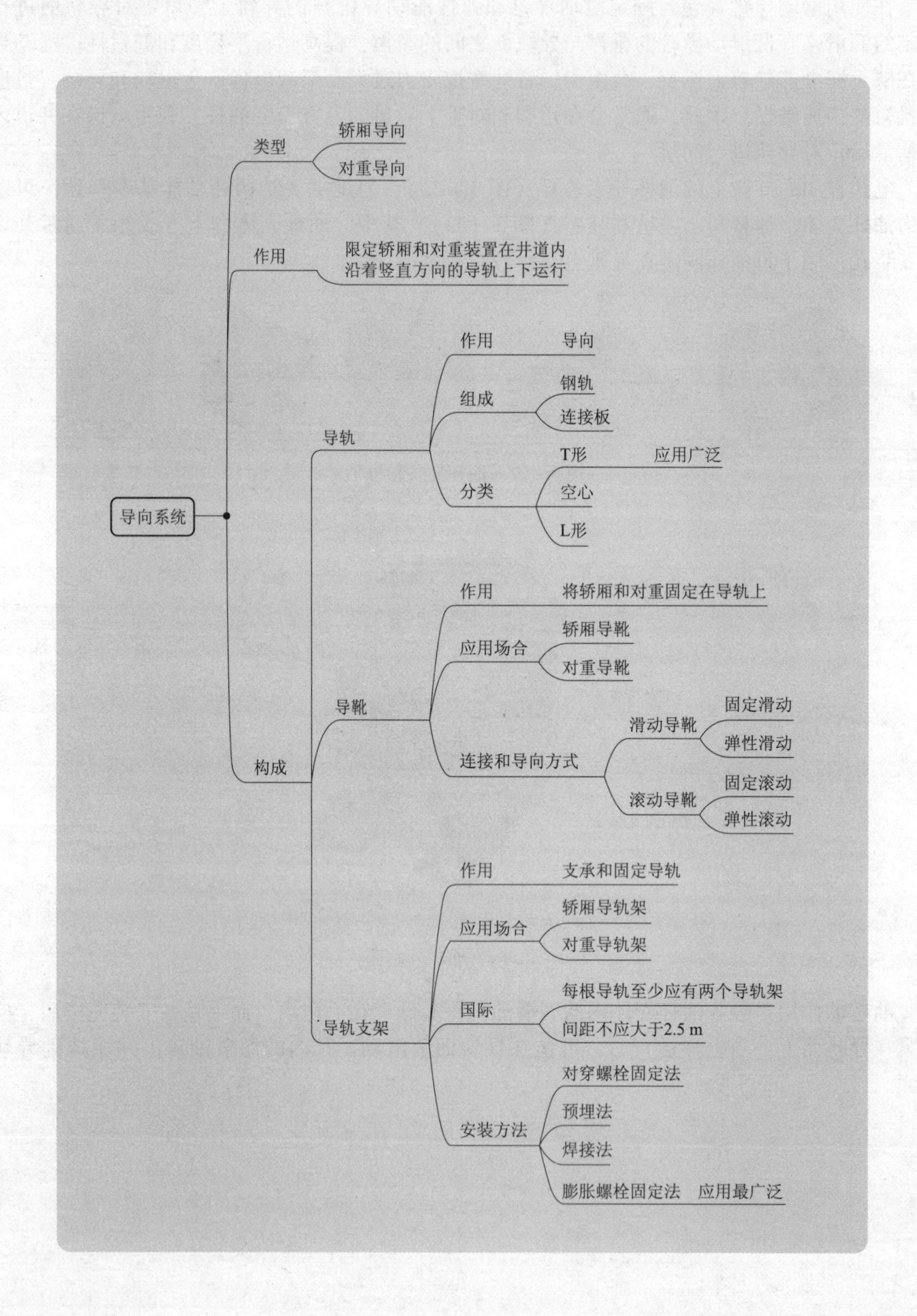

导向系统
类型
轿厢导向
对重导向
作用
限定轿厢和对重装置在井道内
沿着竖直方向的导轨上下运行
构成
导轨
作用
导向
组成
钢轨
连接板
分类
T形
应用广泛
空心
L形
导靴
作用
将轿厢和对重固定在导轨上
应用场合
轿厢导靴
对重导靴
连接和导向方式
滑动导靴
固定滑动
弹性滑动
滚动导靴
固定滚动
弹性滚动
导轨支架
作用
支承和固定导轨
应用场合
轿厢导轨架
对重导轨架
国际
每根导轨至少应有两个导轨架
间距不应大于2.5 m
安装方法
对穿螺栓固定法
预埋法
焊接法
膨胀螺栓固定法
应用最广泛

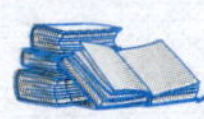

什么时候，我们也可以实现机器人安装电梯！

迅达电梯于2017年开发了世界上第一个电梯机器人安装系统（RISE），这个机器人会自行推动车轮上的轴，钻出精密孔用以设置电梯导轨和层门所需的地脚螺栓。它从建筑物的数字模型中读取数据，并扫描表面以找到正确的位置。据外媒报道，自2020年投入市场，其便在电梯安装中迅速得到了应用，在欧洲的10个项目的电梯安装中使用了此系统，其中就包括欧盟最高的摩天大楼Varso Tower。

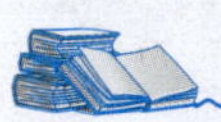

调好导轨，乘坐电梯更加舒服了！

电梯运行过程中会产生噪声，其中导轨的安装对电梯的运行稳定性和舒适性影响非常大。

对于大提升高度的电梯，调导轨是非常繁重的工作，需要强大的耐心和责任心来完成这项工作。

练习巩固

学习任务3.1　导向系统概述

一、填空题

1. 电梯是服务于建筑物内若干特定的楼层，其轿厢运行在至少__________垂直于水平面或与铅垂线倾斜角小于15°的刚性导轨上的永久运输设备。

2. 导向系统主要由__________、__________和__________组成。

3. 根据安装位置，导向系统可分为__________和__________。

4. 有了导向系统，轿厢和对重在曳引绳的拖动下，只能沿各自的__________在电梯井道中做上下升降运行。

5. __________是设置在轿厢架和对重装置上，使轿厢和对重装置沿导轨运行的导向装置。

6. 一般电梯轿厢安装__________个导靴，分别安装在轿厢架的上梁两侧和轿厢架底部的安全钳座下面。

7. __________是固定在井道壁或横梁上，支承和固定导轨用的构件。

8. 导轨用__________固定在导轨支架上，导轨支架作为导轨的支承件被固定在井道壁上。

二、判断题

1. 电梯是服务于建筑物内若干特定的楼层，其轿厢运行在至少4列垂直于水平面或与铅垂线倾斜角小于15°的刚性导轨上的永久运输设备。（　　）

2. 导轨的功能是对轿厢和对重的运行起导向作用，防止其水平方向摆动，并且作为安

全钳动作的支撑件，能承受安全钳制动时对导轨所施加的作用力。（　）

3. 导轨支架是设置在轿厢架和对重装置上，使轿厢和对重装置沿导轨运行的导向装置。（　）

4. 安全钳不仅是安全保护装置，同时也是导向装置。（　）

5. 导轨的功能并非支承轿厢或对重的重量。（　）

三、简答题

1. 导向系统在电梯运行中的作用是什么？

2. 导向系统由哪些部件组成？

3. 导轨在导向系统中有什么作用？

4. 导轨架在导向系统中有什么作用？

5. 导靴在导向系统中有什么作用？

四、识图题

请将图中指向位置填到横线中。

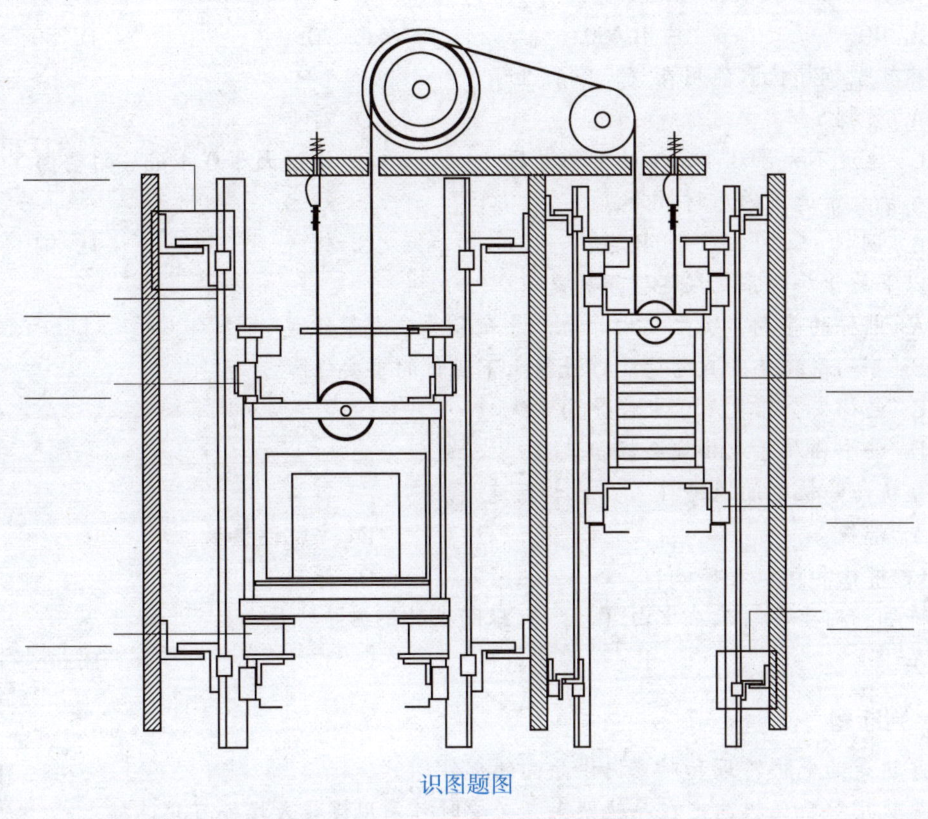

识图题图

学习任务 3.2　认识电梯的导轨

一、填空题

1. 两根导轨是用＿＿＿＿＿＿和＿＿＿＿＿＿固定连接的。
2. 导轨是为轿厢和对重提供＿＿＿＿＿＿的部件，在井道中确定轿厢和对重的相互＿＿＿＿＿＿。
3. ＿＿＿＿＿＿导轨在实际电梯中应用最广泛。
4. 导轨是供＿＿＿＿＿＿和＿＿＿＿＿＿运行的导向部件，由钢轨和连接板构成。
5. 每根导轨端头至少需要＿＿＿＿个螺栓与连接板固定。
6. 导向系统一般可分为轿厢导向系统和＿＿＿＿＿＿导向系统。
7. 电梯中常用的导轨类型为＿＿＿＿＿＿和＿＿＿＿＿＿。
8. 电梯每根导轨至少要＿＿＿＿＿＿个导轨支架，其间距不应大于＿＿＿＿＿＿m。

二、选择题

1. 轿厢、对重各自应至少由（　　）根刚性的钢质导轨导向。

A. 1　　B. 2　　C. 3　　D. 4

2. 客梯广泛使用的导轨有（　　）形导轨、L形导轨和空心导轨三种。

A. π　　B. I　　C. T　　D. II

3. 标准T形导轨T50/A的底宽为（　　）mm。

A. 40　　B. 50　　C. 70　　D. 80

4. 热轧型钢导轨只能用在（　　）上。

A. 货梯　　B. 对重

C. 速度不大于0.4 m/s的杂物电梯　　D. 速度大于0.4 m/s的电梯

5. 导轨最常选用的原材料为（　　）。

A. 钢　　B. 铁　　C. 铝　　D. 铜

6. 以下关于导向系统描述错误的是（　　）。

A. 电梯的导向系统主要由导轨、导靴和导轨支架组成

B. 导向系统是垂直电梯能够进行上下运行的重要保障

C. 电梯安全钳也属于电梯导向系统

D. 安全钳属于电梯安全保护装置

7. 导轨与导轨之间通过（　　）相互连接。

A. 螺栓　　B. 导轨连接板

C. 螺栓和导轨连接板　　D. 焊接

8. 轿厢、对重各自应至少由（　　）根刚性的钢质导轨导向。

A. 1　　B. 2　　C. 3　　D. 4

三、判断题

1. 导轨是为电梯轿厢和对重提供导向的部件。（　　）

2. 导轨用导轨压板固定在导轨架上，必要时可采用焊接或螺栓直接连接。（　　）

3. 对重导轨和轿厢导轨全部为统一规格。（　　）

4. 导轨要承受轿厢的偏重力、制动的冲击力、安全钳紧急制动时的冲击力等。（　　）

5. 导轨的选用和安装质量直接影响电梯的运行效果和乘坐舒适感。（　　）

6. T形导轨的强度、刚度以及表面精度较低且表面粗糙，因此，常用于货梯对重导轨和速度为1 m/s以下的客梯对重导轨。（　　）

7. 空心导轨用薄钢板滚轧而成，精度较L形高，有一定的刚度，多作为乘客电梯对重导轨使用。（　　）

8. 由于每根T形导轨的长度一般为3～5 m，架设在井道空间的导轨是从上到下。（　　）

9. 导轨安装得好与坏，将直接影响到电梯的运行质量。（　　）

10. T形导轨不可以用于对重侧。（　　）

学习任务3.3　认识电梯的导轨支架

一、填空题

1. 电梯________是用作支承和固定导轨用的构件，被安装在井道壁或横梁上。

2. 每根导轨至少有________个支架，其间隙不应大于________mm。

3. 导轨架根据其用途不同可分为＿＿＿＿＿＿和＿＿＿＿＿＿导轨架，井道中每隔2～2.5 m装设一个导轨架。

4. 每根导轨的长度一般为＿＿＿＿＿＿mm，在井道中每隔一定距离就有一个固定点，导轨固定在设置在井道壁固定点上的导轨支架上。

5. 根据其结构形式不同，导轨支架可以分为＿＿＿＿＿＿导轨支架和＿＿＿＿＿＿导轨支架两类。

6. 导轨支架在建筑物上的固定方法有＿＿＿＿＿＿、＿＿＿＿＿＿、焊接法、螺栓固定、预埋地脚螺栓、＿＿＿＿＿＿。

7. 导轨安装过程中，通常采用＿＿＿＿＿连接导轨与导轨支架，将其固定在导轨支架上。

8. 导轨压板根据其机械特性可以分为＿＿＿＿＿＿导轨压板和＿＿＿＿＿＿导轨压板两种。

二、选择题

1. 每根导轨至少设两个导轨支架，其间隔应小于（　　）m。

A. 3　　B. 2.5　　C. 1.5　　D. 4

2. 电梯导轨的安装，是用（　　）把导轨固定在导轨支架上的。

A. 螺栓　　B. 导轨压板　　C. 销钉　　D. 铆钉

3. 校正导轨接头的平直度时，应拧松（　　），逐根调直。

A. 导轨支架固定螺栓　　B. 两头邻近的导轨压板螺栓

C. 所有螺栓　　D. 导轨压板

4. （　　）安装得好坏，直接影响到电梯运行质量的好坏。

A. 导轨　　B. 缓冲器　　C. 外护板　　D. 电源箱

5. 若电梯井道为钢架结构，导轨支架用（　　）与井道壁固定。

A. 对穿螺栓法　　B. 预埋法　　C. 焊接法　　D. 螺栓固定

6. 若电梯的井道为混凝土结构，则导轨支架用（　　）固定在井道上。

A. 膨胀螺栓连接　　B. 预埋地脚螺栓

C. 螺栓固定　　D. 对穿螺栓固定

7. 当井道墙壁厚度达到以下（　　）条件时，导轨支架可以用对穿螺栓固定法安装。

A. 140 mm　　B. 150 mm　　C. 180 mm　　D. 200 mm

三、判断题

1. 导轨支架应具有针对井道墙壁的建筑误差进行弥补性调整的作用。（　　）

2. 导轨支架固定在井道壁上，是固定导轨的部件，每根导轨需要两根导轨架。（　　）

3. 为防止建筑物正常沉降、混凝土收缩以及导轨的热胀冷缩导致安装好的导轨变形和内部应力发生改变，采用导轨压板将导轨夹紧在导轨支架上，或采用焊接以及直接螺栓连接的方式。（　　）

4. 刚性导轨压板一般为铸造或锻造制成，在使用中对导轨的夹紧力较大，多用于速度高（超过2.5 m/s）且提升高度大的情况。（　　）

5. 导轨架应具有刚性好、不易变形、固定牢固可靠的特点。（　　）

学习任务3.4　认识电梯的导靴

一、填空题

1. 每个轿厢和每组对重分别装有__________只导靴。

2. 按其在导轨工作面上的运动方式，导靴分为__________导靴和__________导靴两种类型。

3. 滑动导靴分为__________导靴和__________导靴，滚动导靴又分为__________导靴和__________导靴。

4. 常见的曳引式乘客电梯，其对重上多配备__________导靴；在高速电梯的对重上则常配备__________导靴，以降低对重在其导轨上运行时的阻力。

5. 轿厢导靴安装在__________上梁和轿厢底部__________下面。

6. 由于滑动导靴与导轨之间是滑动摩擦，必须加油润滑，以防止导靴过度磨损，需要在导靴上增加__________。

7. 常见的曳引式乘客电梯，其轿厢上多配备__________，在高速电梯的轿厢上则常配备__________，以降低对重在其导轨上运行时的阻力。

8. 由于滑动导靴与导轨之间是滑动摩擦，必须加油润滑，所以需要在导靴上增加__________。

二、选择题

1. 电梯轿厢的导靴一般有（　　）只。

A. 2　　B. 4　　C. 6　　D. 8

2. 电梯产品中常用的导靴分两类，分别是（　　）。

A. 滚动导靴和滑动导靴　　B. 刚性滑动导靴和弹性滑动导靴

C. 滚动导靴和刚性滑动导靴　　D. 滚动导靴和弹性滑动导靴

3. 中、低速电梯采用（　　）导靴。

A. 弹性　　B. 滑动　　C. 滚动　　D. 固定

4. 高速电梯采用（　　）导靴。

A. 弹性　　B. 滑动　　C. 滚动　　D. 固定

5. 滚动导靴通常用于（　　）。

A. 低速电梯　　B. 中速电梯　　C. 高速电梯　　D. 都不适用

6. 固定滑动导靴一般仅适用于（　　）。

A. 低速电梯　　B. 快速电梯　　C. 高速电梯　　D. 超高速电梯

7. 滚动导靴的工作特点是（　　）。

A. 需要在导轨工作面加油　　B. 摩擦损耗减小

C. 与导轨摩擦较大　　D. 舒适感差

8. 滚轮导靴的导轨面上加润滑油会导致（　　）。

A. 滚轮更好地转动　　B. 滚轮打滑，加速滚轮橡胶老化

C. 减小噪声　　D. 更好地工作

9. 滚动导靴的（　　）个滚轮在弹簧力的作用下压贴在导轨的工作面上。

A. 1　　B. 2　　C. 3　　D. 4

10. 一般情况下，一台电梯至少需要安装（　　）个导靴，保证电梯安全运行。

A. 10　　B. 8　　C. 6　　D. 4

11. 若电梯的轿厢和对重均安装固定滑动导靴，则以下关于电梯的额定速度满足要求的是（　　）。

A. 1.2 m/s　　B. 1.0 m/s　　C. 0.8 m/s　　D. 0.5 m/s

12. 固定滑动导靴由（　　）和（　　）组成。

A. 靴座和靴衬　　B. 靴头和调节螺栓

C. 弹性元件与靴衬　　D. 靴座与调节螺栓

13. 以下导靴可以不配置油杯的是（　　）。

A. 固定滑动导靴　　B. 单向弹性导靴　　C. 双向弹性导靴　　D. 滚轮导靴

三、判断题

1. 当电梯额定速度大于 2 m/s 时，必须使用滑动导靴。（　　）

2. 导靴有滑动导靴和滚动导靴两种，根据电梯额定运行速度选择导靴种类。当电梯运行速度不大于 2.5 m/s 时，则采用滚动导靴。（　　）

3. 轿厢架上有四只导靴。（　　）

4. 滚动导靴的三个滚轮在弹簧力的作用下压贴在导轨的两个工作面上。（　　）

5. 滚动导靴需要加油杯，以达到润滑的目的。（　　）

6. 梯中常用的固定滑动导靴、单向弹性导靴和双向弹性导靴安装时都必须在靴衬侧面与导轨工作面之间保留一定的间隙。（　　）

7. 固定滑动导靴和弹性滑动导靴的区别滑动导靴能对导轨的冲击和振动起到缓冲作用。（　　）

8. 单向弹性滑动导靴能对垂直于导轨导向面的冲击起到缓冲作用。（　　）

四、简答题

请参考教材，分别描述固定滑动导靴、单向弹性导靴和双向弹性导靴的安装要求（导轨和导靴间的间隙）。

项目三　电梯导向系统的结构与原理实训表

一、基本信息

学员姓名：________________　所属小组：________________

梯号：________________班级：________________　分数：________________

实训时间：15 min　开始时间：________________　结束时间：________________

二、考查信息

<table>
<tr><td colspan="9">电梯导向系统</td></tr>
<tr><td>选项</td><td>T形导轨</td><td colspan="2">空心导轨</td><td>其他</td><td>选项</td><td colspan="2">T形</td><td>空心导轨</td></tr>
<tr><td>轿厢导轨类型</td><td></td><td colspan="2"></td><td></td><td>对重导轨类型</td><td colspan="2"></td><td></td></tr>
<tr><td>选项</td><td>1</td><td colspan="2">2</td><td>3</td><td>选项</td><td colspan="2">焊接法</td><td>膨胀螺栓连接</td></tr>
<tr><td>最上节导轨支架个数</td><td></td><td colspan="2"></td><td></td><td>导轨支架的安装方式</td><td colspan="2"></td><td></td></tr>
<tr><td>导轨上支架要求（个数、距离）</td><td colspan="4"></td><td>井道结构与支架安装方式的关系</td><td colspan="3"></td></tr>
<tr><td>选项</td><td colspan="2">整体式</td><td colspan="2">分体式</td><td>选项</td><td>固定滑动导靴</td><td>弹性滑动导靴</td><td>滚轮导靴</td></tr>
<tr><td>支架类型</td><td colspan="2"></td><td colspan="2"></td><td>轿厢导靴类型</td><td></td><td></td><td></td></tr>
<tr><td>简述两者区别</td><td colspan="4"></td><td>选项要求</td><td colspan="3"></td></tr>
<tr><td>选项</td><td colspan="2">固定滑动导靴</td><td colspan="2">弹性滑动导靴</td><td>选项</td><td>单向</td><td>双向</td><td>三向</td></tr>
<tr><td>对重导靴类型</td><td colspan="2"></td><td colspan="2"></td><td>轿厢导靴可调方向</td><td></td><td></td><td></td></tr>
<tr><td>判定依据</td><td colspan="4"></td><td>判定依据</td><td colspan="3"></td></tr>
</table>

备注：1. 根据电梯的情况进行判定，在每个项目下正确的选项下面打“√”；
2. 判定依据请结合书中的内容用简短的词语描述原因；
3. 问题请结合所学知识进行回答；
4. 未穿戴安全防护用品不得参与该实训。

项目四

重量平衡系统的结构与原理

项目分析

本项目主要介绍电梯的重量平衡系统和电梯的对重以及平衡补偿装置。

学习目标

应知

1. 掌握电梯对重装置的构成与作用。
2. 了解电梯的补偿装置。

应会

1. 初步学会计算电梯对重装置的重量。
2. 认识电梯的对重和补偿装置。

学习任务4.1 重量平衡系统概述

知识储备

重量平衡系统的作用是使对重与轿厢达到相对平衡。在电梯运行过程中，即使其载重不断变化，仍能使两者的重量差保持在较小限额之内，以保证电梯具有合适的曳引力，并使其运行平稳、正常。

重量平衡系统一般由对重装置和重量补偿装置两部分组成，如图4-1所示。

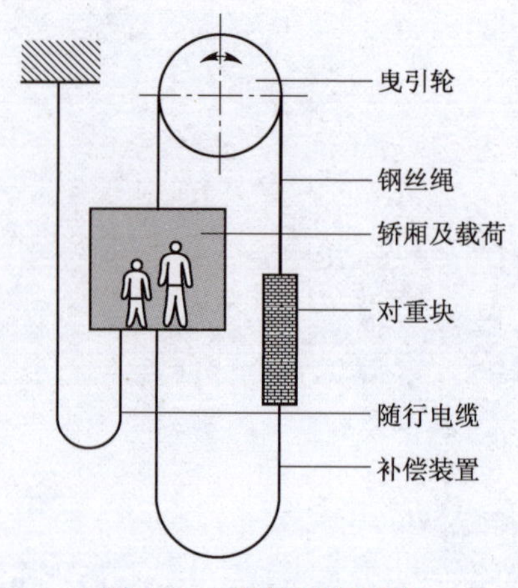

图4-1　重量平衡系统

对重装置简称对重，相对于轿厢悬挂在曳引绳的另一侧，起到相对平衡轿厢重量的作用，并使轿厢与对重的重量通过曳引钢丝绳作用于曳引轮，以保证合适的曳引动力。在电梯提升高度不大的情况下，不需要补偿装置就基本可以满足曳引条件的要求。

电梯在运行过程中，当轿厢位于最低位置时，对重升至最高位置。此时，曳引绳长度基本都转移到轿厢侧，曳引绳自重也就作用于轿厢侧；反之，当轿厢位于最高位置时，曳引绳自重则作用于对重侧；同时，随行电缆一端固定在井道高度的中部或上端，另一端悬挂在轿厢底部，其长度和自重也随电梯运行而发生转移，上述因素都给轿厢和对重的平衡带来影响。尤其当电梯的提升高度超过30 m时，曳引轮两侧轿厢与对重的重量比在运行时变化较大，进一步引起曳引力和电动机的负载发生变化；此时应采用补偿装置来弥补两侧重量的平衡，保证在电梯运行过程中轿厢侧与对重侧的重量比基本不变，以增加电梯运行的平稳性。

学习任务4.2　对重装置的功能与原理

知识储备

1. 对重装置的平衡分析

对重安装在井道内，通过曳引绳经过曳引轮与轿厢连接。重量平衡系统结构如图4-2所示，在电梯运行过程中，对重通过对重导靴在对重导轨上滑行，起到相对平衡轿厢的作用。

轿厢的载重是变化的，因此，不可能两侧重量都相等且处于完全平衡状态。一般情况下，只有当轿厢载重达到额定载重的40%～50%时，对重侧和轿厢侧才能达到基本平衡，这时的载重称为电梯的平衡点。当曳引绳两端的静载荷重量相等时，曳引电动机的输出功率最小。

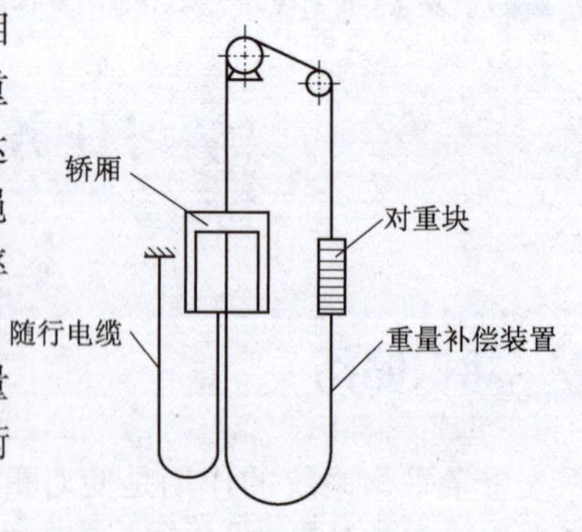

图4-2　重量平衡系统结构

电梯运行的大多数情况下，曳引绳两端的静载荷重量是不相等而且不断变化的，因此，对重只能起到相对平衡的作用。

2. 对重装置的结构与原理

对重装置是由曳引绳经曳引轮与轿厢连接，在曳引式电梯运行过程中保持曳引能力的装置。其是曳引驱动不可或缺的部分，可以平衡轿厢的重量和部分负载重量，减少电动机功率的损耗。当电梯负载与对重十分匹配时，还可以减小钢丝绳与绳轮之间的曳引力，以延长钢丝绳的使用寿命。

如图 4 – 3 所示，对重装置一般由对重架、对重块、导靴、缓冲器碰块、压块以及与轿厢相连的曳引绳和对重反绳轮（曳引比为 2∶1 时才有）组成。

图 4 – 3 对重装置

（1）对重架。

对重架是用槽钢或折弯钢板制成，对重架的高度应能放置该电梯合适重量的对重块，同时，对重架的高度还必须考虑到顶层空间的高度和底坑的深度，确保其满足对重导轨制导行程的要求，对重架越高，曳引钢丝绳就越短，对重制导行程就越短。如果受到顶层空间的限制，或需要在对重底部设置对重安全钳时，则对重架长度会受到一定的限制，就只能采用比重较大的对重块（如铅块），以减小对重架的高度。

由于使用场合不同，对重架的结构形式也略有不同，根据曳引比的不同，其可分为用于曳引比 2∶1 的有反绳轮对重架和用于曳引比 1∶1 的无反绳轮对重架两种。

（2）对重块。

对重块一般由铸铁制成（图 4 – 4），安放在对重架上时需可靠压紧，以防止运行中移位和产生振动声响。一般每块的质量为 20 ~ 75 kg。目前，为了降低制造成本，对重块使用不同比重的矿砂与水泥的混合铸件制成，外层包裹薄钢板。

水泥（或混凝土）由于材质特性的原因，其机械强度弱于铸铁等金属材质且质脆，在过强的外力加压和冲击下会直接导致其破碎，因此，很多水泥对重块在运输装卸时要求严禁抛掷。

如图 4 – 5 所示，最底部的对重块由于需要承受其他所有对重块的重量，同时，在部分设计中，对重框架与底部对重块之间的受力面积非常小，使其产生较强的局部应力，加之电梯出现蹲底、冲顶、安全钳意外动作时产生的冲击以及水泥材质在长期使用中的逐步风化，如果底部对重块采用水泥材质，那么容易导致对重块破碎，因此，在采用水泥对重块的对重上，通常要求其最底部对重块采用金属材质。

图4－4　对重块

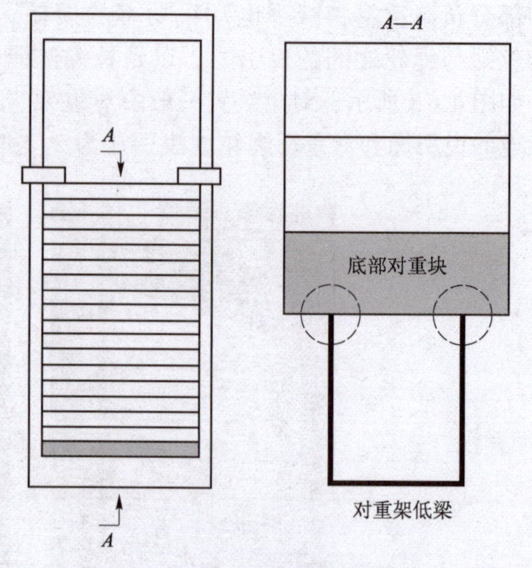

图4－5　对重块的安装

为了有效防范电梯在使用过程中，由于对重块被盗造成电梯轿厢平衡系数过低，破坏电梯曳引条件导致电梯出现轿厢意外移动而造成的人员伤亡事故，TSG T7001—2023《电梯监督检验和定期检验规则》要求“具有能快速识别对重（平衡重）块数量的措施（例如，标明对重块的数量或者总高度）”。其具体安装要求如图4－6和图4－7所示。

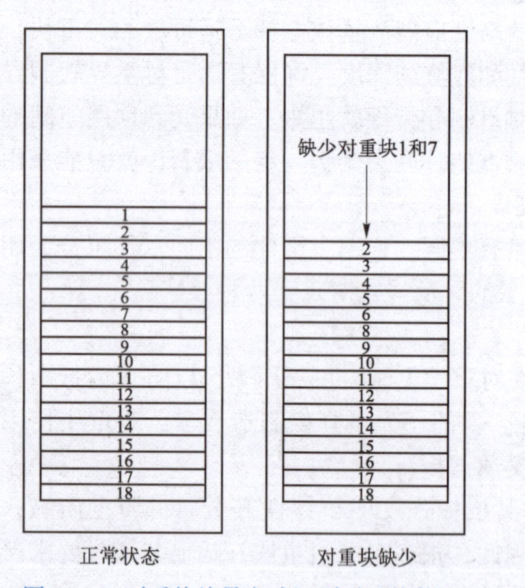

图4－6　对重块编号方式识别对重块数量

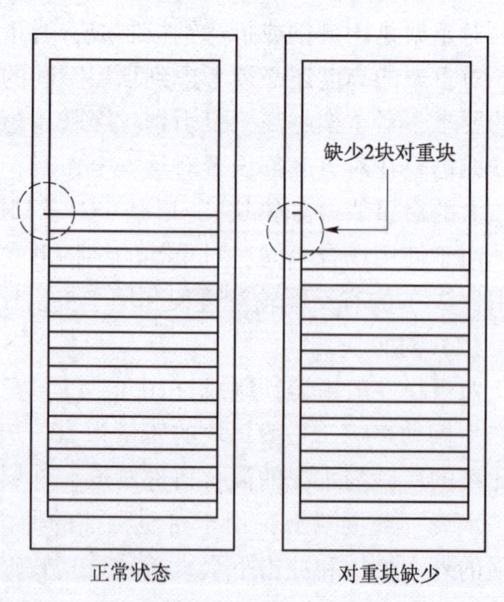

图4－7　对重块堆放高度标识识别对重块数量

常见的方法是在完成电梯平衡系数的测试和调整后，自上而下将对重块逐一编号，或者在对重架上标识对重块的堆放高度，以便检查维护过程中，作业人员能够准确识别对重块的数量是否准确。若对重块摆放错误（图4－8），则无法识别对重块是否缺少。某型号电梯的对重块压板如图 4－9 所示。

（3）对重块压紧装置。

为了有效地固定和束缚对重块，对重支架上通常设有对重块压紧装置，将对重块压紧在对重支架内。对重块压紧装置应当完全压住对重块，与之不存在活动间隙，且压板上的各固定螺栓和螺母应有效紧固，并设置适当的放松措施。图 4－10 所示为多种型号电梯的对重块压紧装置。

图 4－8　对重块摆放错误

图 4－9　某型号电梯的对重块压板

图 4－10　多种型号电梯的对重块压紧装置

3. 对重装置的重量计算

为了使对重装置能对轿厢起到合适的平衡作用，必须正确计算其质量。对重的质量与空载轿厢质量和电梯的额定载重以及平衡系数有关。对重质量由下式确定：

$$P = G + QK$$

式中：

P——对重总质量（kg）；

Q——电梯额定载荷（kg）；

G——空载轿厢质量（kg）；

K——电梯平衡系数（一般为 0.4～0.5）。

当电梯的对重装置和轿厢侧重量完全平衡时，只需克服各部分摩擦力就能运行，且电梯运行平稳，平层准确度高，因此对平衡系数 K 值的选取，应尽量使电梯能经常处于接近平衡状态。对于经常处于轻载状态中的电梯，K 值可选取 0.4～0.45；对于经常处于重载状态中的电梯，K 值可取 0.5。这样有利于节省动力，延长机件的使用寿命。

例如，有一台曳引式电梯的额定载重为2 000 kg，曳引比为2:1，额定速度为2.5 m/s，轿厢自重为2 023 kg。$P=G+QK$，平衡系数取0.4～0.5，则

$$P_{max}=2\,023+0.5\times2\,000=3\,023(\text{kg})$$

$$P_{min}=2\,023+0.4\times2\,000=2\,823(\text{kg})$$

所以对重总质量应为2 823～3 023 kg。

学习任务4.3　补偿装置功能与原理

1. 补偿装置的平衡分析

电梯运行过程中，当轿厢位于最低位置时，则对重升至最高位置。此时，曳引绳长度基本都转移到轿厢一侧，曳引绳自重也就作用于轿厢侧；反之，当轿厢位于最高位置时，曳引绳自重则作用于对重侧，加之随行电缆一端固定在井道高度的中部或上端，另一端悬挂在轿厢底部，其长度和自重也随电梯运行而发生转移。上述因素都给轿厢和对重的平衡带来不利的影响。尤其当电梯的提升高度超过30 m时，曳引轮两侧轿厢与对重的重量比在运行时变化较大，进一步引起曳引力和电动机的负载发生变化；此时应采用补偿装置弥补两侧重量的平衡，保证轿厢侧与对重侧的重量比在电梯运行过程中基本不变，以增加电梯运行的平稳性。

根据曳引力产生的相关条件和原理，曳引钢丝绳在绳槽内的摩擦力大小与钢丝绳在曳引轮两端的张力T成正比，如图4-11所示。当电梯轿厢向上加速运行，或曳引轮在轿箱侧的悬挂重量较大时，$T_{max}>T_{min}$。此时，曳引钢丝绳在其绳槽内产生的摩擦力并非均匀分布。

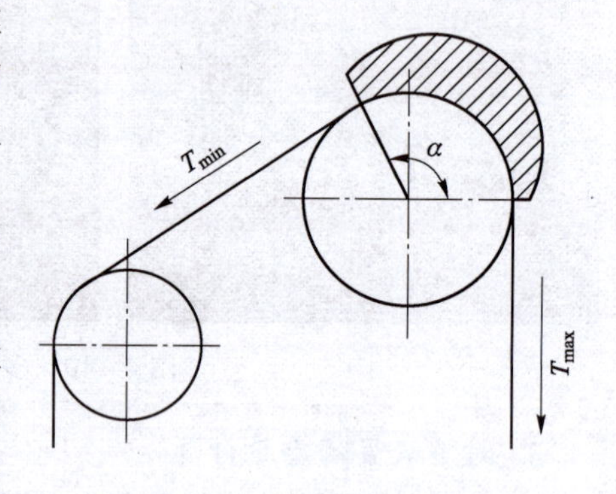

图4-11　曳引力的产生

当电梯轿厢在井道内上下运行时，随着轿厢位置的不断改变，曳引钢丝绳也会在曳引轮的两侧往复运动，使曳引轮两侧钢丝绳的悬挂长度不断发生变化。由于曳引钢丝绳存在一定的自重，因此，当轿厢的提升高度达到一定程度时，曳引轮两侧钢丝绳悬挂长度的变化会导致两侧的悬挂重量发生改变，引起钢丝绳在其绳槽内的摩擦力同步发生改变。

钢丝绳质量见表4-1。5根13 mm钢丝绳的悬挂质量约为140 kg，则相比轿厢处于最低楼层时，曳引轮轿厢侧的悬挂质量将减少140 kg，降幅约为14%。

表4-1　钢丝绳质量

钢丝绳公称直径/mm	钢丝绳近似质量/（kg·100 m^{-1}）		
	天然纤维芯钢丝绳	合成纤维芯钢丝绳	钢芯钢丝绳
6	13.30	13.00	14.60
7	18.10	17.60	19.90

续表

钢丝绳公称直径/mm	钢丝绳近似质量/（kg·100 m^{-1}）		
	天然纤维芯钢丝绳	合成纤维芯钢丝绳	钢芯钢丝绳
8	23.60	23.00	25.90
9	29.90	29.10	32.80
10	34.60	33.70	38.10
11	41.90	40.80	46.10
12	49.80	48.50	54.90
13	58.50	57.00	64.40

例如，一台提升高度为50 m的电梯（约民用住宅16层高度），其空载轿厢的总质量为900 kg，而对重总质量为1 450 kg，其曳引机的悬挂比为1∶1，采用5根13 mm的曳引钢丝绳，当轿厢处于最高楼层时，曳引钢丝绳在轿厢侧的悬挂长度最短（相比轿厢处于最低楼层时缩短50 m），使曳引轮轿厢侧的悬挂质量降低。

当轿厢处于最高楼层向下运行时，由于如此大幅度的悬挂质量变化会导致曳引力出现大幅度下降，与此同时，在曳引轮的对重侧，悬挂质量同步增加140 kg，又需要更大的曳引力提升对重，使轿厢下降。两方面因素相互作用，严重时甚至可能引起曳引轮空转，导致空载轿厢在最高层时无法向下运行。

为了防止钢丝绳长度变化引起曳引力出现波动，往往会在提升高度较高的电梯上配置重量补偿装置，采用与曳引钢丝绳单位长度重量相等的补偿链、补偿缆或补偿绳，将绳缆的两端连接在对重和轿厢的底部。

当电梯轿厢上下运行时，轿厢侧（或对重侧）曳引钢丝绳缩短的长度与该侧补偿绳缆增加的长度相等，使曳引轮单侧的悬挂质量维持在一个相对稳定的数值上。通过配置重量补偿装置，可以有效避免电梯运行过程中曳引力出现大幅波动。

补偿链或补偿缆一般采用1根，但根据结构要求也可设2根。当使用1条补偿链时，补偿链的安装位置应视随行电缆的安装位置而定。

通常情况下，仅采用1根补偿链时会选择将其安装在随行电缆的对角侧，这样可以在补偿曳引钢丝绳重量变化的同时与随行电缆的重量进行配平，以避免轿厢在井道内上下运行时出现较大的偏载力，有利于保持轿厢的静态平衡和动态平衡。

2. 补偿装置的结构与分类

（1）补偿链。

如图4－12所示，补偿链一般用于额定速度较低的电梯中，依靠自身的重力张紧，为消除电梯在运行过程中链节之间碰撞和摩擦产生的噪声，通常在链节之间穿绕麻绳或在链表面包裹聚乙烯护套。麻绳一般采用龙舌兰麻、蕉麻、剑麻这几种材料，由于麻绳在受潮后会收缩变形影响链节之间的活动，同时，还会造成补偿链的长度有较大变化，目前穿绕麻绳的方式已较少使用。

图4－12　补偿链

补偿链通常采用一端固定在轿厢下面，另一端则固定在对重装置下部的方式，这种补偿装置的特点是结构简单，一般只适用于额定速度小于1.75 m/s的电梯。

需要注意的是，为防止补偿链掉落，应在补偿链终端两个链环分别穿套一根钢丝绳加强与轿厢下部和对重下部的连接，但此连接一般是松动不受力的，即所谓的二次保护。

现行国家相关标准中并未对补偿装置的悬挂提出二次保护（悬挂失效保护）的要求，但是多数制造单位在设计和制造补偿链、补偿缆的悬挂端接装置时都会采取一定的二次保护措施，补偿链悬挂的典型安装一般有双悬挂点二次保护和钢丝绳二次保护两种形式，如图4－13所示。

图4－13　补偿链悬挂的两种典型安装形式

①双悬挂点二次保护：除保证链条曲率半径的工作吊挂点外，应设定另外一个悬挂点，即将链条的余下段（长度为500～600 mm）及端头连接到第二悬挂点上，目的是避免非正常状况发生将链条拉脱的现象。

②钢丝绳二次保护：用短钢丝绳穿过链条吊挂点前n节的链条孔，再将钢丝绳穿过轿底或对重结构点，用3个钢丝绳首尾相连将其夹紧，也可以用作补偿链的二次保护。

（2）补偿绳。

补偿绳（图4－14）以钢丝绳为主体，将数根钢丝绳经过钢丝绳卡钳和挂绳架，一端悬挂在轿厢底梁上，另一端悬挂在对重支架上。这种补偿装置的特点是电梯运行稳定、噪声小，故常用在额定速度超过3 m/s的电梯上；其缺点是装置比较复杂，除了补偿绳外，还需张紧装置和防跳装置（电梯额定速度≥3.5 m/s）等附件。电梯运行时，张紧轮能沿导轮上下自由移动，并能张紧补偿绳。当电梯正常运行时，张紧轮处于垂直浮动状态，本身可以转动。另外，补偿绳还有一个重要的作用即减少轿厢的振动。

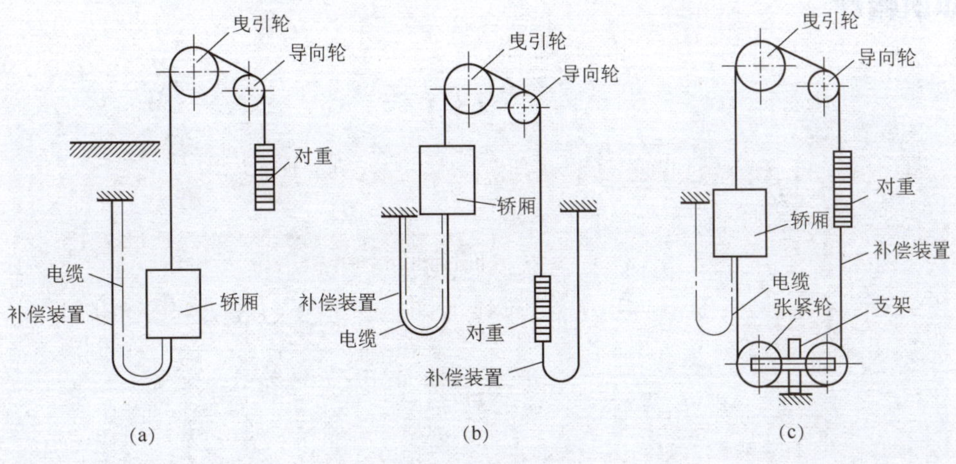

图 4－14　补偿绳

根据 GB/T 7588—2020 的相关要求，使用补偿绳作为曳引钢丝绳重量的补偿装置时，应采用重力张紧的张紧轮对补偿绳进行张紧，张紧轮的节圆直径不应小于补偿绳公称直径的 30 倍，同时，采用电气安全装置对张紧轮的最小张紧位置进行确认。此外，当电梯额定速度大于 3.5 m/s 时，还应增设一个补偿绳防跳装置，防跳装置动作时，应由电气安全装置使电梯驱动主机停止运转。

①在单侧补偿连接中，一端与轿厢底部连接，另一端则连接在井道中部。单侧补偿连接结构简单，适用于层楼较低的井道。

②双侧补偿连接中，轿厢一端和对重底部各装一套补偿装置，另一端连接在井道中部。由于双侧补偿连接需增加井道空间位置，因此，使用不广泛。

③对称补偿连接的补偿装置的两端分别与轿厢和对重的底部连接，用张紧装置张紧补偿绳。因为对称补偿连接不需要增加井道空间位置，所以使用广泛。

（3）补偿缆。

补偿缆（图 4－15）是介于补偿绳和补偿链之间的一种补偿装置，是近些年才发展起来的。补偿缆中间有低碳钢制成的环链，中间填塞金属颗粒和聚乙烯与氯化物的混合物，形成圆形保护层。链套采用具有防火、防氧化的聚乙烯护套。这种补偿缆密度大，最大的可达 6 kg/m，最大悬挂长度可达 200 m 且运行噪声小，一般用于额定速度为 2～3 m/s 电梯的补偿装置中。

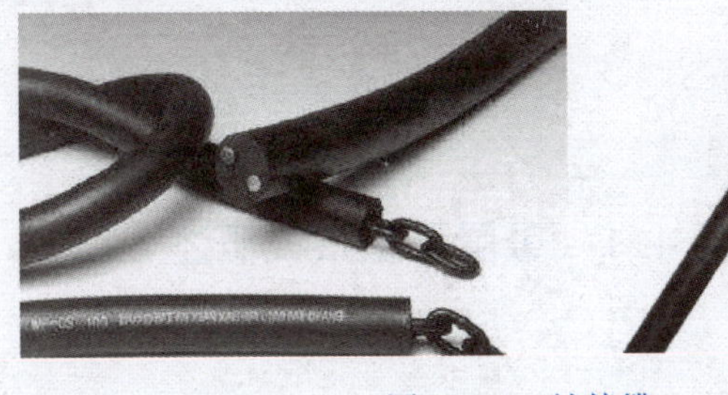

图 4－15　补偿缆

知识梳理

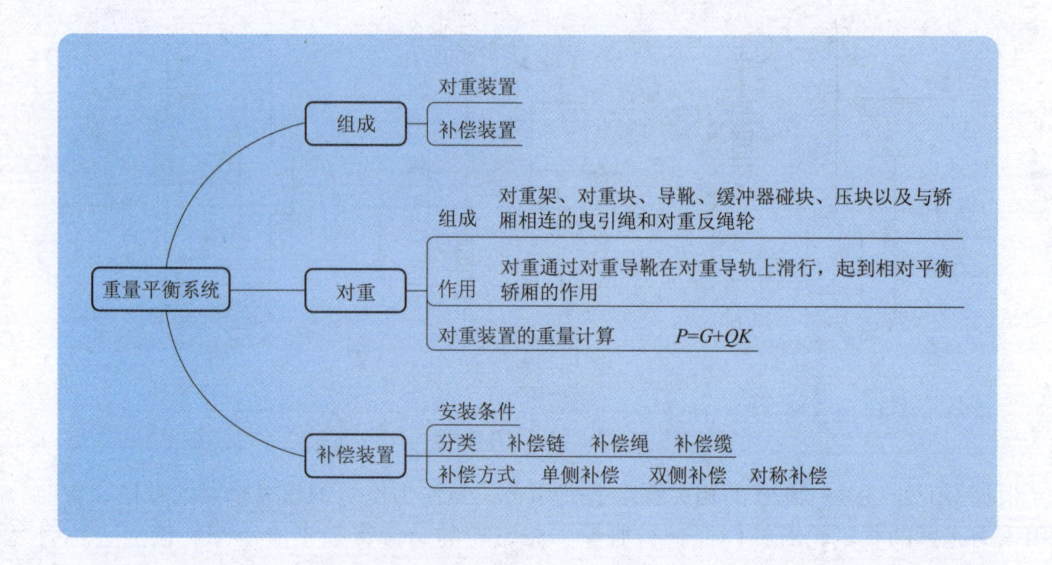

安全无小事——严守操作规范

2020年5月14日山西某安装工地，电梯安装工刘某和高某在进行电梯对重安装作业，对重已经安装好，正在进行对重块的安装。每块对重块重50 kg，当时已经安装好2块对重块，但是在加第三块对重块的时候，他们自制的简易作业平台左侧拉杆脱落，平台瞬时侧倾，刘某和高某失稳，和第三块对重块同时从6层电梯井道跌落到电梯底坑，底坑在负一层。

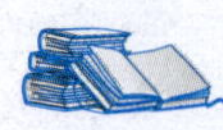

规范操作——践于行

在电梯维修安全技能的学习中，我们应该明白一个操作背后包含的专业知识，将安全操作变成自身习惯。

应熟练掌握电梯断电锁闭、上轿顶、下底坑过程，确保每次操作的规范可靠，在复杂操作中，也做到“规范操作——践于行”。

练习巩固

学习任务4.1　重量平衡系统概述

一、填空题

1. 重量平衡系统一般由__________和__________两部分组成。

2. 对重装置简称＿＿＿＿＿＿。
3. 对重装置在电梯运行中起＿＿＿＿＿＿轿厢重量的作用。
4. 电梯提升高度超过＿＿＿＿＿＿时，需要设置重量补偿装置。

二、简答题

简述对重装置的作用。

学习任务4.2　对重装置功能与原理

一、填空题

1. 对重装置中一般有＿＿＿＿＿＿个导靴。
2. 对重是由＿＿＿＿＿＿经曳引轮与轿厢连接。
3. 对重装置一般由＿＿＿＿＿＿、＿＿＿＿＿＿、＿＿＿＿＿＿、＿＿＿＿＿＿、＿＿＿＿＿＿以及与轿厢相连的＿＿＿＿＿＿和＿＿＿＿＿＿组成。
4. 曳引电梯的平衡系数偏大时，应＿＿＿＿＿＿对重质量。
5. 将曳引绳引导到对重架或轿厢的绳轮是＿＿＿＿＿＿。
6. 电梯对重蹲在缓冲器上称为电梯＿＿＿＿＿＿。
7. 对重装置在电梯运行中起＿＿＿＿＿＿轿厢重量的作用。
8. 测量时，曳引电梯的平衡系数偏大，应＿＿＿＿＿＿对重装置的重量。
9. 在曳引比1:1和非1:1的对重装置中，＿＿＿＿＿＿、对重块、缓冲器碰块和＿＿＿＿＿＿都是必须存在的部件。

二、选择题

1. 轿厢的载重达到（　　）的额定载重时，对重一侧和轿厢一侧才处于基本平衡。

A. 20% ~30%　　B. 30% ~40%　　C. 40% ~50%　　D. 50% ~60%

2. 按照GB/T 10058—2023《电梯技术条件》的规定，曳引式电梯的平衡系数应为（　　）。

A. 0.1 ~0.2　　B. 0.2 ~0.3　　C. 0.3 ~0.4　　D. 0.4 ~0.5

3. 电梯的平衡系数为0.5。当对重和轿厢的重量相等时，电梯处于平衡状态。此时，轿厢内的载荷应为（　　）。

A. 空载　　B. 半载　　C. 满载　　D. 超载

4. 对重、轿厢分别悬挂在曳引绳两端，对重起到平衡（　　）重量的作用。

A. 钢丝绳　　B. 轿厢　　C. 电梯　　D. 电缆

5. 对重由曳引钢丝绳经（　　）与轿厢相连接。

A. 平衡链　　B. 张紧轮　　C. 反绳轮　　D. 曳引轮

6. 轿厢与对重及其连接部件之间的最小距离不小于（　　）mm。

A. 35　　B. 40　　C. 45　　D. 50

7. 对重装置中有些安装反绳轮，有些则不安装反绳轮，以下描述正确的是（　　）。

A. 与电梯载重有关，当载重超过1 600 kg时，需要安装对重反绳轮，提高承载能力

B. 与对重装置的尺寸有关，当对重框架尺寸过大时，需要安装反绳轮

C. 与电梯的曳引比有关，曳引比1∶1时需要安装反绳轮，2∶1时不需要安装反绳轮

D. 与电梯曳引比有关，当曳引比大于1∶1时，则需要安装对重反绳轮

8. 以下关于重量平衡系统的描述错误的是（　　）。

A. 对重装置的功能是使电梯轿厢处于相对平衡状态

B. 重量补偿装置主要用于平衡电梯中的钢丝绳和随行电缆的重量

C. 对重装置中的缓冲器碰块具有调整对重缓冲距离的功能

D. 为了节约成本，目前对重装置中会全部使用水泥对重块

9. 以下电梯相关的参数，与对重架高度无关的是（　　）。

A. 顶层高度　　B. 底坑深度　　C. 对重块数量　　D. 轿厢净高

10. 对重块的固定和束缚由（　　）起作用。

A. 对重框架　　B. 压紧装置　　C. 对重反绳轮　　D. 缓冲器碰块

11. 曳引比非1∶1的电梯，对重由曳引钢丝绳经（　　）与轿厢相连接。

A. 平衡链　　B. 张紧轮　　C. 反绳轮　　D. 曳引轮

三、判断题

1. 当曳引绳两端的静载荷重量相等时，曳引电动机功率输出最小。（　　）
2. 电梯的对重装置过重，容易造成电梯轿厢蹲底事故。（　　）
3. 电梯平衡系数 K 是确定对重总质量的一个取值参数常量。（　　）
4. 对重装置可以减小曳引电动机的功率和转矩。（　　）

四、计算题

一台载货电梯，若额定载重为1 000 kg，轿厢自重为1 200 kg，平衡系数设为0.5，求其对重的总质量。

五、简答题

1. 请简单描述对重装置中采用水泥对重块的要求，并说出原因。

2. 下图对重装置中的部件是什么？设计成可拼接的结构类型的主要作用是什么？当电梯出现哪种类型的事故时需要使用该部件？

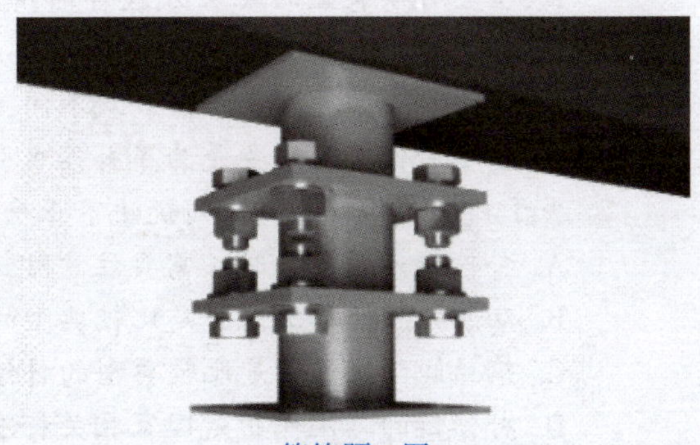

简答题 2 图

学习任务 4.3 补偿装置功能与原理

一、填空题

1. 平衡补偿装置有________、________、________。

2. 曳引钢丝绳在绳槽内的摩擦力大小，与钢丝绳在曳引轮两端的张力 T 与________。

3. 补偿链一般只适用于额定速度小于________的电梯。

4. 为防止补偿链掉落，应在补偿链终端两个链环分别穿套一根钢丝绳加强与轿厢下部和对重下部的连接，称为________。

5. 补偿绳常用在额定速度超过________的电梯上。

6. 当电梯额定速度大于 3.5 m/s 时，张紧轮还应增设一个________。

7. 补偿方式分为________、________和________。

8. 补偿缆一般适用于额定速度在________电梯的补偿装置。

二、选择题

1. 平衡补偿装置悬挂在对重和轿厢的（　　）。

A. 下面　　B. 上面　　C. 左面　　D. 右面

2. 补偿链的最低端离开底坑地面应大于（　　）cm。

A. 0.1　　B. 10　　C. 50　　D. 100

3. 补偿装置应悬挂在轿厢与对重（　　），电梯升降时其长度变化与曳引绳长度变化（　　）。

A. 底部；相同　　B. 外侧；相同　　C. 底部；相反　　D. 外侧；相反

4. 补偿链（绳）的作用主要是（　　）。（本题为多选题）

A. 补偿轿厢空载和满载之间的重量　　B. 补偿对重的重量

C. 补偿随行电缆的重量　　D. 补偿曳引钢丝绳的重量

5. 重量补偿装置悬挂在对重和轿厢的（　　）。

A. 平衡链　　B. 张紧轮　　C. 反绳轮　　D. 曳引轮

6. 关于重量补偿装置的描述，下列说法不正确的是（　　）。
   A. 重量补偿装置主要用来补偿电梯轿厢和对重之间的重量差
   B. 重量补偿装置的安装方式普遍情况下一端安装在轿厢底部，另一端安装在对重底部
   C. 重量补偿装置根据补偿方式不同，其安装方式也不同
   D. 重量补偿装置主要是为了补偿曳引钢丝绳的重量
7. 关于补偿链的安装，下列说法不正确的是（　　）。
   A. 补偿链悬挂安装时，需要注意防止补偿链掉落
   B. 双悬挂点的二次保护是比较典型的补偿链悬挂的安装形式之一
   C. 钢丝绳二次保护是比较典型的补偿链悬挂的安装形式之一
   D. 补偿链的二次保护是国家相关标准规定的
8. 关于补偿链的特性，下列描述不正确的是（　　）。
   A. 结构简单，成本低
   B. 链节之间穿入麻绳或者再链表面包裹聚乙烯护套是两种主要结构形式
   C. 链节之间穿入麻绳的结构噪声比较大
   D. 一般适用于速度小于2 m/s 的电梯
9. 关于补偿缆的特点，下列描述不正确的是（　　）。
   A. 补偿缆的悬挂长度最大可达300 m
   B. 补偿缆是介于补偿绳和补偿链之间的一种补偿装置
   C. 运行噪声小，一般适用于额定速度在2～3 m/s 电梯
   D. 质量密度高，最重的每米可达6 kg

三、判断题

1. 采用补偿绳补偿时，应设有补偿绳防跳的张紧装置及限位开关。（　　）
2. 防止电梯撞底与冲顶的保护装置有缓冲器和对重。（　　）
3. 当井道下有人能进入的空间时，轿厢和对重都应设安全钳装置。（　　）
4. 当电梯提升高度低于30 m 时，也可以安装重量补偿装置。（　　）

四、简答题

1. 一般情况下，电梯安装补偿装置的条件有哪些？

2. 什么是平衡系数？为什么其取值常为0.4～0.5？

项目四　重量平衡系统的结构与原理实训表

一、基本信息

学员姓名：____________________　所属小组：____________

梯号：__________班级：__________　分数：____________

实训时间：15 min　开始时间：__________　结束时间：____________

二、考查信息

重量平衡系统						
分项	铸铁	水泥	其他	分项	数量标记法	高度标记法
对重块材质				对重块标记法		
对重总质量与什么关						
分项	YES	NO		分项	补偿链	补偿缆	无
有无补偿装置				补偿装置类型			
什么时候需要设置补偿装置						
补偿装置选型依据						
什么时候要有补偿防跳装置						
电梯里补偿装置设置的原因						

备注：1. 根据电梯的情况进行判定，在每个项目下正确的选项下面打“√”；

2. 判定依据请结合书中的内容用简短的词语描述原因；

3. 问题请结合所学知识进行回答；

4. 未穿戴安全防护用品不得参与该实训。

项目五

电梯轿厢系统的结构与原理

项目分析

通过本项目的学习，认识电梯的轿厢系统，熟知电梯轿厢的基本结构；掌握轿顶检修装置的组成及其作用；掌握轿顶反绳轮的作用；掌握常用的轿厢风机的种类及其特点；了解轿厢超载保护装置的分类及其特点，掌握超载保护装置的作用；掌握轿厢护脚板的设计制造要求及其作用。

学习目标

应知

1. 认识电梯的轿厢系统，熟知电梯轿厢的基本结构。
2. 了解轿厢超载保护装置的分类及其特点。
3. 了解轿厢应急装置与轿厢防振消声装置的作用及其运用。

应会

1. 能辨识轿厢系统各个主要构件。
2. 掌握轿顶检修装置的组成及其作用；掌握常用的轿厢风机的种类及其特点；掌握超载保护装置、轿顶反绳轮、轿厢护脚板的作用。

学习任务5.1　电梯轿厢的基本结构

轿厢系统的结构和原理SCORM课件

知识储备

电梯轿厢是用以运载乘客和（或）其他载荷的电梯部件。电梯的轿厢系统与导向系统、门系统有机结合并共同工作。轿厢系统借助轿厢架立柱上安装的4个导靴沿着导轨做垂直升降运动，通过轿顶的门机驱动轿门和层门实现开关门，完成载客或载货进出和运输任务。轿厢是实现电梯功能的主要载体。

轿厢系统由轿厢架、轿厢体和设置在轿厢上的部件与装置构成。轿厢的基本结构由轿厢架、轿厢顶、轿厢壁、轿厢底和轿门组成，其中轿门也是门系统的一个组成部分。轿厢系统的整体结构如图5－1所示。

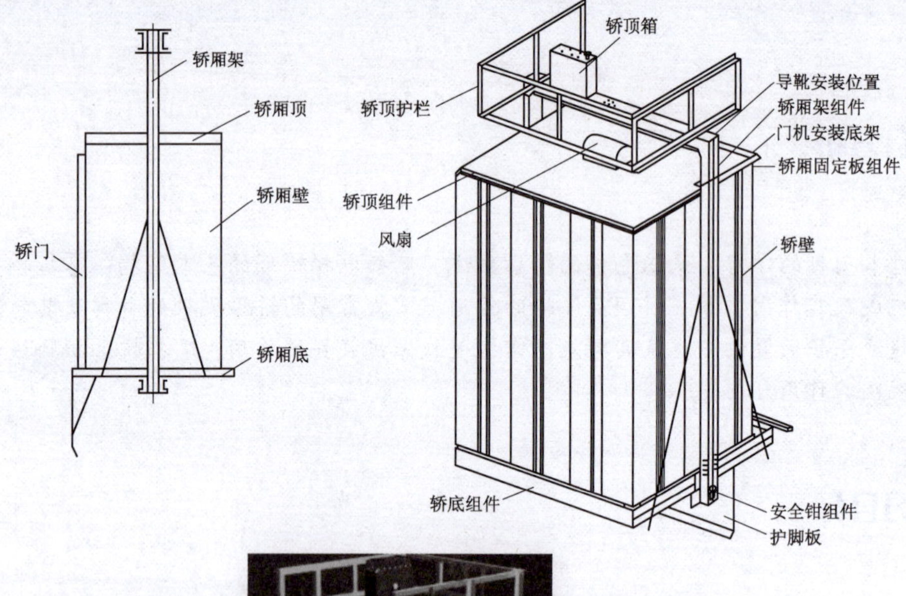

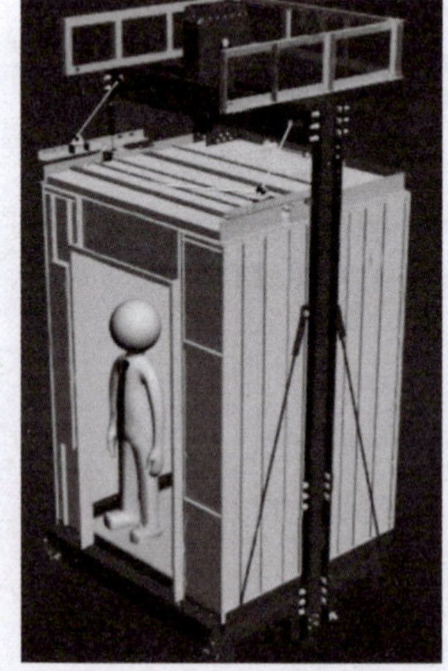

图5－1　轿厢系统的整体结构

1. 轿厢架

轿厢架是轿厢的承载结构，轿厢的负荷（自重和载重）都由它传递到曳引钢丝绳。当安全钳动作或者轿厢蹲底撞击缓冲器时，还要承受由此产生的反作用力，因此，轿厢架要有足够的强度。

（1）轿厢架一般由上梁、立柱、底梁（也称下梁）、拉条（也称斜拉杆）等组成。

轿厢架的整体结构如图 5－2 所示。轿厢架是承受轿厢自重和额定载重的承重框架，因此轿厢架立柱、底梁一般采用槽钢制成，上梁通常用型钢组合而成，但轿厢架也有用钢板弯折成形代替型钢的，其优点是重量轻、成本低。轿厢架各个部分之间采用焊接或螺栓紧固连接。设置拉条的目的是增强轿厢架的刚度，防止因轿厢载荷偏心而造成轿厢底倾斜；同时，可以固定轿厢底，调节轿厢底的水平度。对于轿底面积较大或者大轿厢结构，则单侧需要用 2 根拉条。此外，为承载轿顶门机的重量，上梁与轿厢顶的框架之间通常也会设置拉条。当电梯曳引比为 1∶1 时，上梁中间还装有绳头板，用以穿入和固定曳引绳绳头组合。

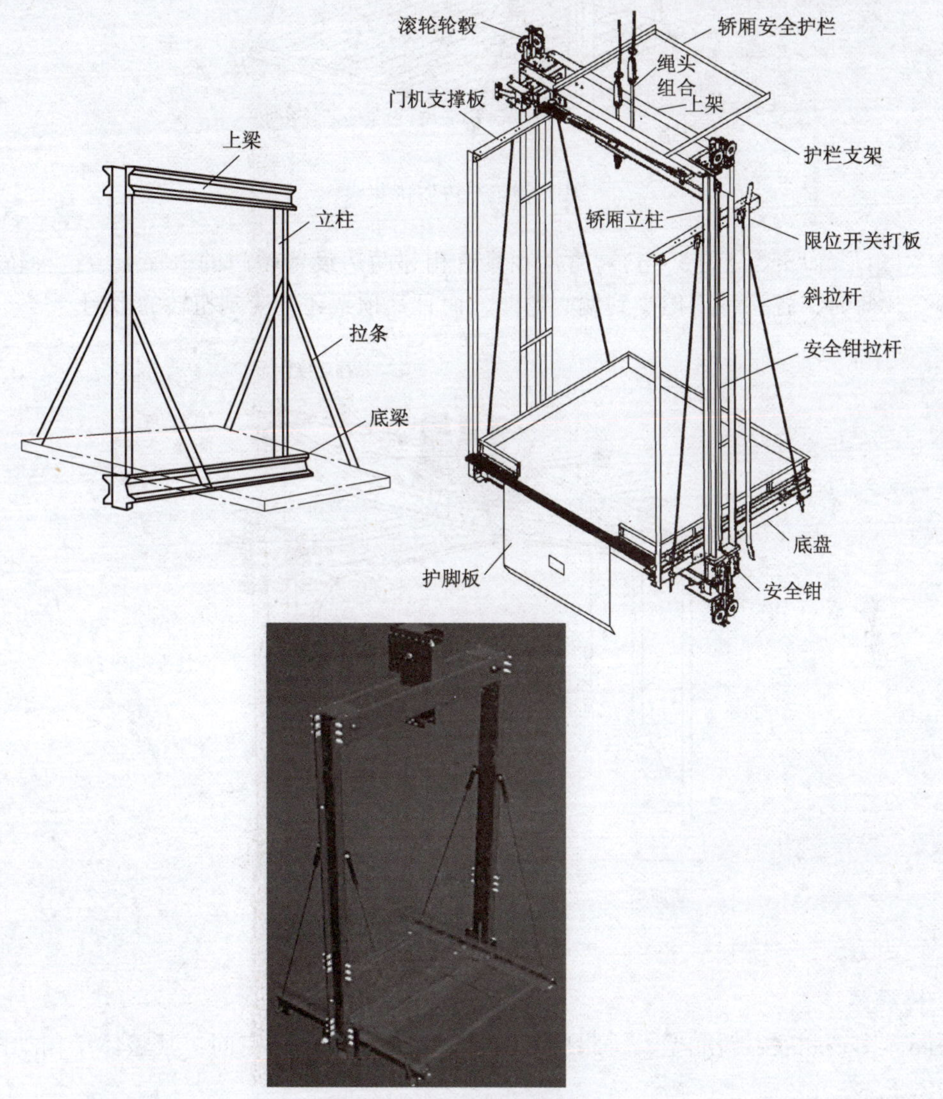

图 5－2　轿厢架的整体结构

（2）轿厢架有两种基本构造，对边形轿厢架和对角形轿厢架。

1）对边形轿厢架（图5－3）：适用于具有一面或对面设置轿门的电梯。这种形式轿厢架受力情况较好，当轿厢作用有偏心载荷时，只在轿架支撑范围内或在立柱上发生拉力，这是大多数电梯所采用的构造方式。

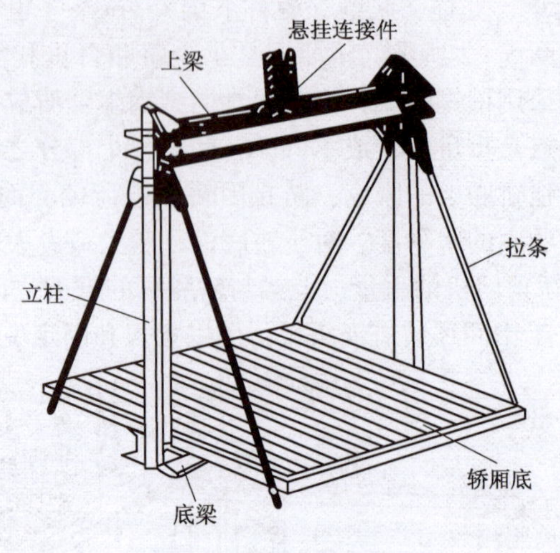

图5－3　对边形轿厢架

2）对角形轿厢架（图5－4）：常用在具有相邻两边设置轿门的电梯上。这种轿厢架在受到偏心载荷时，各构件不但受到偏心弯曲，而且其顶架还会受到扭转的影响。

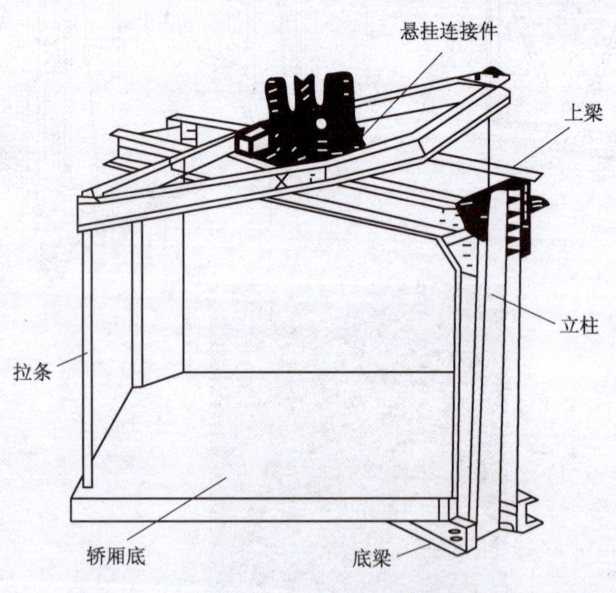

图5－4　对角形轿厢架

2. 轿厢体

轿厢体由轿厢底、轿厢壁、轿厢顶等构成，是一个封闭的空间，其整体结构如图5－5所示。

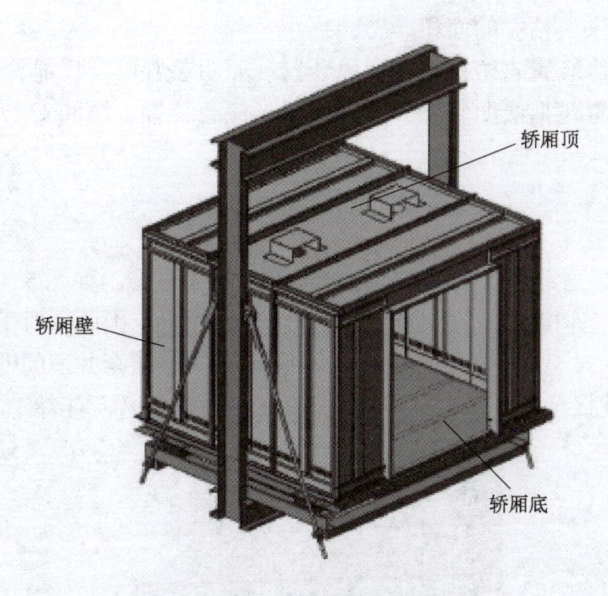

图 5－5　轿厢体的整体结构

（1）轿厢底是轿厢支撑载荷的组件，包括地板、框架等构件。框架常用槽钢和角钢制成，为减轻重量，也有用钢板压制成形后制作的。货梯地板一般用花纹钢板制成，客梯则是在薄钢板上再进行装饰，使用的装饰材料包括 PVC 塑胶板、大理石等。在轿厢底的前沿设有轿厢地坎。地坎下面还安装有护脚板，它是垂直向下延伸的光滑安全挡板。乘客电梯轿厢底盘与轿厢架下梁之间常设置有可起缓冲作用的减振胶垫，组成活动轿底，可在电梯运行时减少振动，提高乘客的舒适感，如图 5－6 所示。通过活动轿底，乘客电梯的轿厢超载保护装置也常设置在轿厢底部。载货电梯轿厢底盘与轿厢架下梁之间则一般采用刚性连接，无减振装置。

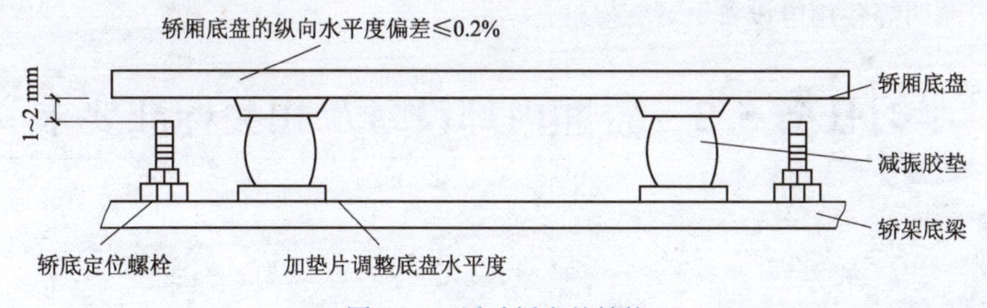

图 5－6　活动轿底的结构

（2）轿厢壁主要由金属薄板组成。轿厢壁与轿厢底、轿厢顶和轿门构成一个封闭的空间，其制造材料都是钢板，一般有喷漆薄钢板、喷塑漆钢板和不锈钢钢板等，有些高档电梯也采用镜面不锈钢作为轿厢壁的内饰。一般轿厢壁由多块钢材拼接而成，采用螺栓连接成形。每块板件都敷设有加强筋，以提高强度和刚度。轿厢壁的拼装次序一般是先拼后壁，再拼侧壁，最后拼前壁。轿壁之间的连接要求螺栓齐全、紧固，以避免电梯运行过程中，轿壁之间紧固不足而产生噪声，影响使用的舒适性与安全性。

（3）轿厢顶一般也是用薄钢板制成。由于轿厢顶安装和维修时需要站立人员，当设置有安全窗时，还供人员应急进出，因此，要求有足够的强度。轿厢顶应能支撑两个人以上的重量，并且有合适的供人站立的面积。

轿厢顶上常有检修装置、防护栏、通风装置、照明装置以及反绳轮等构件与装置。

轿厢顶的其他装置包括照明装置、通风装置、应急装置、轿厢安全门、轿厢顶防振消声装置等。

3. 轿厢系统的电气连接

（1）外部电气连接。

轿厢系统通过一端固定在轿厢底的随行电缆（又称扁电缆，如图5－7所示）上，与电梯机房的控制柜进行电气连接。由于早期随行电缆价格比较贵，因此，对于低楼层的电梯，随行电缆直接连接至机房；对于中、高楼层的电梯，随行电缆先连接至井道的中间接线箱，再通过井道敷线从中间接线箱连接至机房。现在的电梯一般是使用随行电缆直接将轿厢与机房电气连接。

图5－7 随行电缆（扁电缆）

轿厢系统的外部电气连接包括轿厢门机、控制面板等轿厢用电设备的电源电路、照明、插座电路、控制信号电路和安全回路。

（2）内部电气连接。

随行电缆连接到轿厢底后，通过轿厢外壁连接至轿厢顶接线箱再连接至门机、轿内控制面板、轿内照明等各用电设备上。

学习任务5.2 轿厢内部设备及相关标准要求

知识储备

轿厢是由轿厢壁封闭形成的承载空间，除必要的轿门出入口、通风孔及按标准规定设置的功能性开口外，不得有其他开口。其中，轿厢上按标准规定设置的功能性开口包括部分电梯根据救援需要设置的轿厢安全门或轿厢（顶）安全窗，对于无机房电梯作业场地的，开口则设在轿厢检修门或检修窗。这些开口按标准规定都需要有规定的开启方式和门保护装置，包括锁紧装置和验证锁紧的电气安全装置。

1. 轿厢内部设备

轿厢内部设备一般由轿厢铭牌、轿厢操纵箱、轿厢照明装置、轿厢通风装置、轿厢安全

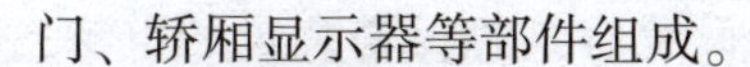

门、轿厢显示器等部件组成。

（1）轿厢铭牌。

轿厢铭牌是电梯重要的产品标志，按照 GB/T 7588—2020 的要求，应标出电梯的额定载重及乘客数量（载货电梯仅标出额定载重）以及电梯制造厂名称或商标。轿厢铭牌向电梯使用者明示了电梯的制造单位以及电梯使用者正确使用电梯所必须遵守的额定载重及乘客人数的规定。

（2）轿厢操纵箱。

轿厢操纵箱又称轿内控制箱或轿内操作盘，是用于操纵电梯运行的装置，电梯司机或乘客在轿厢内通过操纵箱的按钮来控制电梯的运行。轿厢操纵箱分为显示操纵部分和司机操纵部分，如图 5－8 所示。

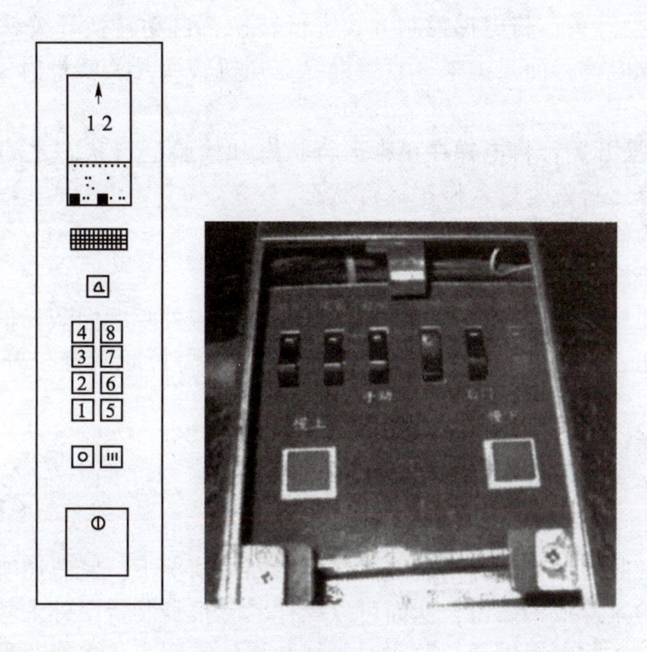

图 5－8　轿厢操纵箱的显示操纵部分和司机操纵部分

1）显示操纵部分。

显示部分，有运行方向显示、所到楼层显示、超载显示、所到楼层的层号按钮、开门按钮、关门按钮、紧急报警按钮等基本功能和其他附加功能。

①运行方向显示：用箭头表示轿厢正在运行的方向。

②所到楼层显示：用数字表示轿厢所到楼层。

③超载显示：电梯超载时，轿厢内有听觉和视觉信号提示，以提示使用者。

④故障显示：部分电梯故障时，会利用楼层显示面板显示不同的故障状态，以便于检修。

⑤所到楼层的层号按钮，司机或者乘客选择所要到达楼层的按钮。

⑥开门按钮：电梯正关门时，重新将门打开按钮；或者需要保持开门状态时，持续按该按钮。

⑦关门按钮：将电梯门关闭的按钮。

⑧警铃按钮：按动警铃声响，警铃一般安装在基站，对于设置有紧急报警装置的电梯，警铃及其按钮不是必需的。

⑨紧急报警装置按钮：按动紧急报警开关（按钮），轿厢能与值班室进行双向对讲通话；此外，大部分电梯的紧急报警按钮也附带有警铃功能。

2）司机操纵部分。

司机操纵部分用带锁的盒子锁住，以保证电梯乘客不能接触，以免造成错误操作，引起电梯故障或者影响电梯安全。轿厢操纵箱的司机操纵部分是提供给电梯司机、安全管理人员和检修人员使用的，乘客不能直接使用。司机操纵部分包括有自动/司机转换开关、正常/检验转换开关、慢上按钮、慢下按钮、直驶按钮、延时关门按钮、轿厢照明开关、轿厢风扇开关等。

①自动/司机转换开关：将电梯控制方式进行转换，自动转换开关就是集选或并联控制等，不需要司机操纵电梯，而是由乘客直接操纵；司机转换开关就是信号控制，只能由司机操纵电梯的运行。

②正常/检验转换开关：将电梯在正常运行状态和检验运行状态之间转换，主要供电梯检修人员使用。检修运行就是进入慢车运行状态。

③慢上按钮：检修运行时，慢车向上运行按钮。

④慢下按钮：检修运行时，慢车向下运行按钮。

⑤直驶按钮：司机状态时，按动该按钮，电梯不响应外呼顺向截梯信号。

⑥延时关门按钮：司机状态时，按动该按钮，电梯门长时间处于开门状态，方便装卸货物。

⑦轿厢照明开关：轿厢照明灯的开关。

⑧轿厢风扇开关：轿厢风扇的开关。

（3）轿厢照明装置。

轿厢应设置正常照明和紧急照明装置。在电梯断电情况下，紧急照明自动点亮，应能让乘客看清操纵箱上的紧急报警按钮，从而可以操作紧急报警装置向外求救。此外，相对于没有光源的封闭空间，轿厢内提供紧急照明对等待救援的被困人员也能起到一定的心理抚慰作用。电梯的紧急报警装置和紧急照明装置均由备用电源（蓄电池）供电，电梯安全管理人员和保养人员应经常检查，以确保其电源良好。

GB/T 7588—2020 中对轿厢照明提出以下要求：

①轿厢应设置永久性的电气照明装置，确保在控制装置上和在轿厢地板以上 1.0 m 且距轿壁至少 100 mm 的任一点的照度不小于 100 lx。

注：轿厢内的扶手、折叠椅等装置所产生的阴影的影响可忽略。在测量照度时，照度计应朝向最强光源的方向。

②应至少具有两只并联的灯。

注：该灯是指单独的光源，例如灯泡、荧光灯管等。

③轿厢应具有连续照明。当轿厢停靠在层站且门关闭时，可关闭照明。

④应具有自动再充电紧急电源供电的应急照明，其容量能够确保在下列位置提供至少 5 lx 的照度且持续 1 h：

a）轿厢内及轿顶上的每个报警触发装置处；

b）轿厢中心，地板以上 1 m 处；

c）轿顶中心，轿顶以上 1 m 处。

在正常照明电源发生故障的情况下，应自动接通应急照明电源。

目前，常见的轿厢照明光源可以分为白炽灯、卤素灯、荧光灯、紧凑型荧光灯（节能灯）、LED 灯（带）等。

（4）轿厢通风装置。

电梯轿厢是一个封闭的空间，正常使用时轿厢内需要在其上部及下部设置通风孔并符合规定的有效面积要求。正常使用时，一般电梯的轿厢顶部还会设置风扇进行通风。当电梯困人时，轿厢内的通风尤为重要：被困人员的呼救、心理焦虑和拥挤都导致消耗大量氧气，部分体质较弱的被困人群（如儿童、老人、病人等）在通风不良的情况下很容易感到不适。在停电情况下，风扇的通风作用将会失效，此时轿厢的通风只能依靠原有设计中的自然通风。

GB/T 7588—2020 中对轿厢通风提出了以下要求：

①无孔门轿厢应在其上部及下部设通风孔。

②位于轿厢上部及下部通风孔的有效面积均不应小于轿厢有效面积的 1%。

③轿门四周的间隙在计算通风孔面积时可以考虑进去，但不得大于所要求有效面积的 50%。

④通风孔应这样设置：用一根直径为 10 mm 的坚硬直棒，不可能从轿厢内经通风孔穿过轿壁。

根据设计原理，风机可以分为离心风机、轴流风机、贯流风机、混流风机。目前常用的轿厢风机分为轴流风机和贯流（横流）风机两种。

（5）轿厢安全门。

共享井道的电梯，在有相邻轿厢的情况下，若轿厢之间的水平距离不大于 1 m，则可以使用轿厢安全门将故障电梯内的乘客解救到相邻的正常电梯轿厢中。根据 GB/T 7588—2020，并非要求所有电梯都必须配置轿厢安全门，因此，这种救援方式在高层多电梯共享井道的情况下较有可能使用，特别是当相邻两层门地坎间距离超过 11 m，但又不能设置井道安全门时。

图 5－9　通过轿厢安全门从相邻电梯轿厢救援被困乘客

救援时，将救援电梯运行至与故障电梯齐平位置，救援人员打开救援电梯和故障电梯的轿厢安全门，铺设踏板连接两电梯的轿厢安全门地面并往踏板两边加装临时扶手护栏，然后，在两电梯轿厢安全门出口救援人员的引导下，将故障电梯内的乘客转移到救援电梯中，如图 5－9 所示。

GB/T 7588—2020 对轿厢安全门提出了

以下安全要求：

1）安全门的设置。

在有相邻轿厢的情况下，如果轿厢之间的水平距离不大于1.00 m，可使用安全门。安全门的高度不应小于1.80 m，宽度不应小于0.40 m。

2）安全门的开启。

①轿厢安全门应能不用钥匙从轿厢外开启，并应能用5.3.9.3规定的三角钥匙从轿厢内开启。

②轿厢安全门不应向轿厢外开启。

③轿厢安全门不应设置在对重（或平衡重）运行的路径上，或设置在妨碍乘客从一个轿厢通往另一个轿厢的固定障碍物（分隔轿厢的横梁除外）的前面。

3）安全门的锁紧与验证。

①如果轿厢安全门未锁紧，该装置也应使相邻的电梯停止。

②只有在重新锁紧后，电梯才有可能恢复运行。

2. 轿厢的相关标准要求

GB/T 7588—2020对电梯轿厢提出了以下安全要求：

（1）轿厢的高度。

①轿厢内部净高度不应小于2 m。

②使用人员正常出入轿厢入口的净高度不应小于2 m。

（2）乘客电梯和病床电梯轿厢有效面积、额定载重和乘客人数。

为防止人员引起超载，轿厢的有效面积必须予以限制。具体相关参数如表1.8所示。在乘客电梯中为了保证乘客不会过分拥挤，标准还规定了轿厢的最小有效面积；同时，电梯还对要轿厢载重进行控制，设置轿厢超载保护装置；此外，还要提供明确的使用信息：如按规定设置轿厢铭牌标明额定载重，乘客电梯要标明乘客人数，设置电梯使用须知。

1）轿厢的有效面积。

➢ 为了防止人员超载，轿厢的有效面积应予以限制。额定载重和最大有效面积的关系如表5－1所示。

➢ 对于轿厢的凹进和凸出部分，不管高度是否小于1 m，也不管其是否有单独门保护，在计算轿厢最大有效面积时均必须计入。

➢ 当门关闭时，轿厢入口的任何有效面积也应计入。

➢ 为了允许轿厢设计的改变，对表5－1中所列的各额定载重对应的轿厢最大有效面积允许增加不大于表列值5%的面积。

➢ 此外，为了防止由于人员导致的超载，轿厢的有效面积应予以限制。

表 5-1　额定载重与轿厢最大有效面积的关系

额定载重/kg	轿厢最大有效面积/m²	额定载重/kg	轿厢最大有效面积/m²
100①	0.37	900	2.20
180②	0.58	975	2.35
225	0.70	1 000	2.40
300	0.90	1 050	2.50
375	1.10	1 125	2.65
400	1.17	1 200	2.80
450	1.30	1 250	2.90
525	1.45	1 275	2.95
600	1.60	1 350	3.10
630	1.66	1 425	3.25
675	1.75	1 500	3.40
750	1.90	1 600	3.56
800	2.00	2 000	4.20
825	2.05	2 500③	5.00

注：
①一人电梯的最小值。
②二人电梯的最小值。
③若额定载重超过 2 500 kg，则每增加 100 kg，面积增加 0.16 m²。对中间的载重，其面积由线性插入法确定。

2）乘客数量与额定载重量及轿厢有效面积的关系。

乘客数量应按照下列方法计算，计算结果向下圆整到最近的整数，或取表 5-2 中较小的数值。

轿厢额定载重一定时，标准只要求了轿厢最大有效面积和最多人数，没有要求轿厢最小有效面积；乘客数量一定的情况下，标准要求了轿厢最小面积，同时也限定了最大面积。以额定载重为 1 000 kg 的电梯为例，按表 5-1 中轿厢最大有效面积为 2.40 m²，最多乘客数为 13 人，此时就不能按表 5-2 取 14 人。如果轿厢的有效面积为 1.90 m²，额定载重可以标称 1 000 kg，但乘客数量只能对应表 5-2 中标称的 11 人，不能按表 5-1 的额定载重取 13 人。例如，一台标称额定载重为 1 000 kg 的电梯，如果轿厢有效面积很小，那么就不能按照 75 kg/人计算乘客数量。此时，就需要按照乘客数量与轿厢最小有效面积的关系来确定乘客数量（表 5-2）。

表5-2　乘客数量与轿厢最小有效面积的关系

乘客数量/人	轿厢最小有效面积/m^2	乘客数量/人	轿厢最小有效面积/m^2
1	0.28	11	1.87
2	0.49	12	2.01
3	0.60	13	2.15
4	0.79	14	2.29
5	0.98	15	2.43
6	1.17	16	2.57
7	1.31	17	2.71
8	1.45	18	2.85
9	1.59	19	2.99
10	1.73	20	3.13
注：乘客数量超过20人时，每增加1人，增加0.115 m^2。			

（3）轿壁、轿厢地板和顶板。

1）轿厢材料要求。

轿壁、轿厢地板和顶板不得使用易燃或由于可能产生有害或大量气体和烟雾而造成危险的材料制成。

2）轿厢的封闭。

轿厢的入口应装设轿门；轿厢应被轿壁、轿厢地板和轿顶完全封闭，只允许有下列开口：

①使用人员正常出入口。

②轿厢安全窗和轿厢安全门。

③通风孔。

3）轿厢强度。

轿厢总成的强度：轿壁、轿厢地板和轿顶应具有足够的机械强度，包括轿厢架、导靴、轿壁、轿厢地板和轿顶的总成也须有足够的机械强度，以承受电梯正常运行、安全钳动作或轿厢撞击缓冲器的作用力。

轿厢壁的机械强度：轿壁应具有这样的机械强度：即将300 N的力均匀分布在5 cm^2的圆形或方形面积上，沿轿厢内向轿厢外方向垂直作用于轿壁的任何位置上，轿壁应无永久变形，且弹性变形不大于15 mm。

对玻璃轿壁的要求如下：

①当相当于跌落高度为500 mm冲击能量的硬摆锤冲击装置（见GB/T 7588.2—2020条款5.14.2.1）和相当于跌落高度为700 mm冲击能量的软摆锤冲击装置（见GB/T 7588.2—2020条款5.14.2.2），撞击在地板以上1.00 m高度的玻璃轿壁宽度中心或部分玻璃轿壁的玻璃中心点时，应满足下列要求：

a）轿壁的玻璃无裂纹；

b）除直径不大于2 mm的剥落外，玻璃表面无其他损坏；

c）未失去完整性。

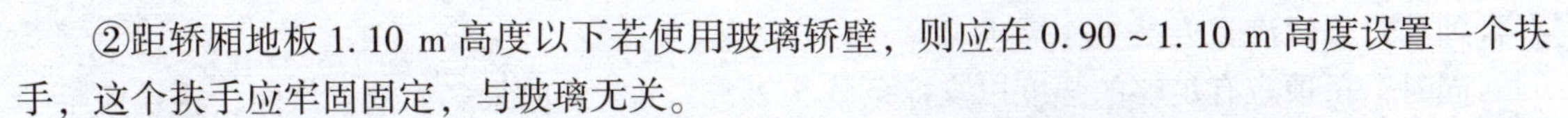

②距轿厢地板 1.10 m 高度以下若使用玻璃轿壁，则应在 0.90 ~ 1.10 m 高度设置一个扶手，这个扶手应牢固固定，与玻璃无关。

③玻璃轿壁的固定件，即使在玻璃下沉的情况下，也应保证玻璃不会滑出。

④玻璃轿壁上应有永久性的标记：

a）供应商名称或商标；

b）玻璃的型式；

c）厚度［如：(8 + 0.76 + 8) mm］。

学习任务 5.3　轿顶部件和设备

知识储备

1. 轿顶概述

轿厢顶（以下简称“轿顶”）是电梯主要的检修作业场地。如图 5 – 10 所示，轿顶是电梯检修人员进行电梯检修工作的地方，应保持整洁，不应存放非检修必需品。检修完成后应清理轿顶上的物品，防止电梯在运行中由于振动使轿顶物品坠落而发生意外。

图 5 – 10　轿顶

电梯的轿顶作为作业人员进行维护和检修的主要工作区域，其作业空间必须能够保证作业人员能够在轿顶上正常操作，但是由于轿顶设备相对较多，如轿顶返绳轮、轿架上梁、导靴、轿顶检修盒、接线箱等，导致轿顶的作业空间十分紧凑，根据 GB/T 7588—2020 的要求：“轿顶应有一块不小于 0.12 m^2 的站人用的净面积，其短边不应小于 0.25 m”，主要就是为了给在轿顶的工作人员提供必要的空间；同时，由于人员身体尺寸的限制，这个面积应具有合理的边长以满足人员工作需求。

同时，轿顶应有足够的强度以支撑条款5.2.5.7.1所述的最多人数。然而，轿顶应至少能承受作用于其任何位置且均匀分布在0.30 m×0.30 m面积上的2 000 N的静力，并且永久变形不大于1 mm。

2. 轿顶防护栏

（1）应采取下列保护措施：

①轿顶应具有最小高度为0.10 m的踢脚板，且设置在：

a）轿顶的外边缘；或

b）轿顶的外边缘与护栏之间（如果具有满足条款5.4.7.4要求的护栏）。

②在水平方向上轿顶外边缘与井道壁之间的净距离大于0.30 m时，轿顶应设置符合条款5.4.7.4规定的护栏。

净距离应测量至井道壁，井道壁上有宽度或高度小于0.30 m的凹坑时，允许在凹坑处有稍大一点的距离。

（2）位于轿顶外边缘与井道壁之间的电梯部件可以防止坠落的风险（见图5－11和图5－12），符合下列条件的位置可不设置条款5.4.7.4要求的护栏：

a）当轿顶外边缘与井道壁之间的距离大于0.30 m时，在轿顶外边缘与相关部件之间、部件之间或护栏的端部与部件之间应不能放下直径大于0.30 m的水平圆；

b）在该部件任意点垂直施加300 N的水平静力，仍应满足a）；

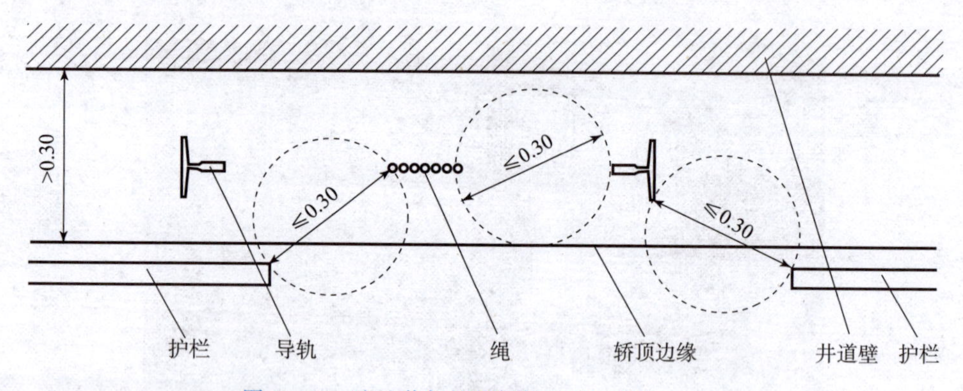

图5－11　防坠落保护的部件示例（单位：m）

c）在轿厢运行的整个行程中，该部件应能延伸到轿顶以上，以便构成与条款5.4.7.4规定的护栏相同的保护。

（3）护栏应符合下列要求：

①护栏应由扶手和位于护栏高度一半处的横杆组成。

②考虑护栏扶手内侧边缘与井道壁之间的水平净距离（见图5－12），护栏的高度应至少为：

a）当该距离不大于0.50 m时，0.70 m；

b）当该距离大于0.50 m时，1.10 m。

③护栏应设置在距轿顶边缘最大为0.15 m的位置。

④扶手外侧边缘与井道中的任何部件［如对重（或平衡重）、开关、导轨、支架等］之

间的水平距离不应小于0.10 m。

在护栏顶部的任意点垂直施加1 000 N的水平静力，弹性变形不应大于50 mm。

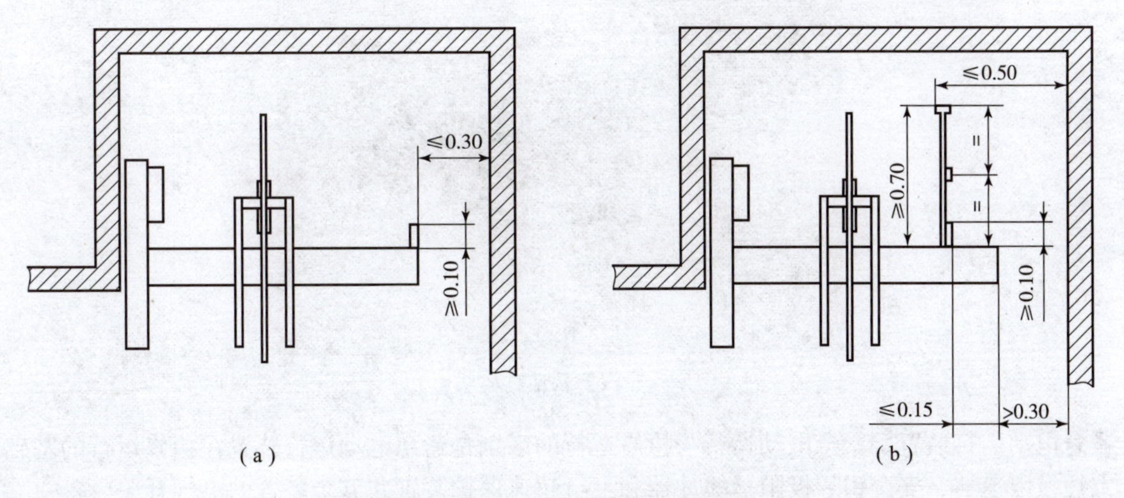

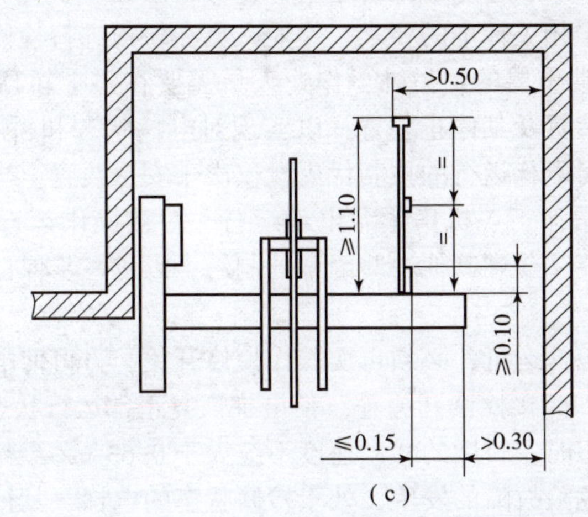

图5－12　轿顶护栏高度示意图（单位：m）

（a）无护栏，但具有最小高度0.10 m的踢脚板；（b）具有最小高度0.70 m的护栏和最小高度0.10 m的踢脚板；（c）具有最小高度1.10 m的护栏和最小高度0.10 m的踢脚板

3. 轿顶检修装置

（1）轿顶检修装置的组成。

为保证作业人员实现检修运行，在轿顶易于接近的位置设置有检修装置，如图5－13所示。该装置必须设置有停止开关、检修状态转换开关（双稳态）、检修上下运行持续揿压按钮（防止误操作）和电源插座等。

（2）检修装置功能与要求。

轿顶开始检修运行时，机房以及轿厢的检修运行与正常运行等应取消，轿顶优先；轿顶上下行按钮点动运行；轿厢速度不应大于0.63 m/s，检修运行应仍依靠安全装置，防止事故的发生。

在轿顶必须设置检修运行装置，而轿厢和机房并没有强制要求设置，相当多的电梯在轿厢内和机房没有设置检修运行装置。部分电梯由于手动盘车力大于400 N，而在机房设置有

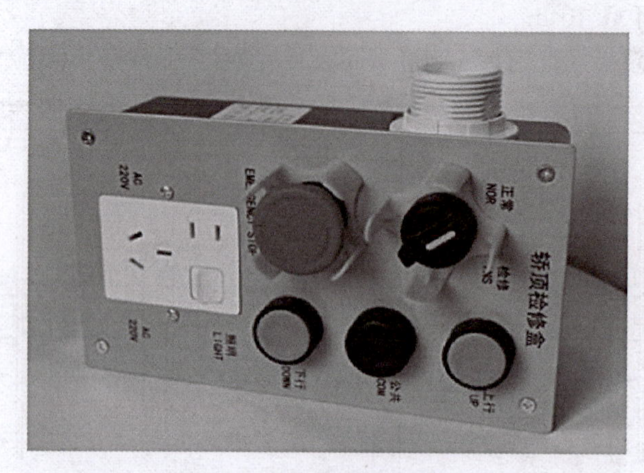

图 5 – 13　轿顶检修装置

紧急电动运行装置。紧急电动运行与检修运行的区别是紧急电动运行装置在检修运行的基础上短接限速器、安全钳、极限、缓冲器和上行超速保护装置共五个装置的电气开关。

根据 GB/T 7588—2020 中相关标准的要求，作业人员在轿顶进行检修作业时，有效控制电梯并保护自身的安全是非常重要的。另外，作业人员需要在整个轿顶作业过程中，一方面，通过操作检修运行控制装置及其停止装置，以实现对电梯状态和轿厢位置的绝对控制，因此轿顶检修运行控制装置对电梯运行的控制优先权仅次于安全装置。当轿顶检修装置处于检修状态时，电梯将取消正常运行、机房紧急电动运行、对接操作运行等所有其他运行控制。另一方面，检修运行功能又受到其他一些因素的制约，以进一步保证轿顶作业人员的作业安全，例如：

①从检修运行状态恢复正常运行，必须再次操作检修开关，方可使电梯切换到正常运行状态。禁止采用其他方式（如旁接检修开关等）使电梯恢复正常运行状态。

②电梯处于检修运行状态时，轿厢的移动速度不应大于 0. 63 m/s。

③防止出现脱出导轨等危险故障的发生，处于检修状态的电梯，其行程也不能超过轿厢的正常行程范围，即电梯的行程不能超越极限开关。

④检修运行过程中电梯运行应仍依靠安全装置，即在电梯检修运行电梯过程中，一旦电气安全装置动作（如安全钳、停止装置等），电梯应立即停止运行，但此时其仍应处于检修状态。

（3）轿厢检修控制装置的特点。

根据上述针对电梯检修运行控制功能的要求，电梯的正常运行状态和检修运行状态是由一个控制装置进行切换的，这个控制装置在通常情况下称为轿顶检修盒，其上设置有检修状态切换开关、检修运行按钮、停止装置、电源插座、照明灯等。此外，轿顶检修控制装置应至少满足如下要求：

①安装在轿顶上，且必须易于接近，通常情况下，轿顶检修盒的安装位置应当在靠近层门 1 m 以内，以便作业人员在层门站外即可对检修装置和停止装置的功能进行验证，并能够在检修装置和停止装置动作后进入轿顶。图 5 – 14 所示为轿顶检修控制装置的安装位置。

②检修运行开关应是双稳态的，且应带有防止误动作的防护装置。所谓双稳态开关，是

图 5-14 轿顶检修控制装置的安装位置

指这种开关有两个稳定的状态；如果没有外界操作，这种开关可以稳定地保持在一种状态下。在检修运行开关的旁边应标有“检修”“正常”字样以明显区别这两种状态。另外，通常会在检修开关旁边设置防护圈，如图 5-15 所示，该防护圈的高度与开关旋钮的高度大致相等，能够防止作业人员或其他运动物体钩挂、擦碰检修运行开关，导致其意外复位。

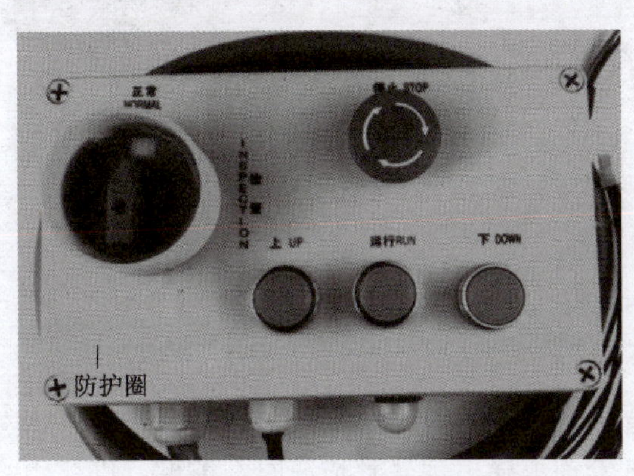

图 5-15 检修运行开关

③在检修运行状态下，控制轿厢运行应依靠持续揿压按钮（点动按钮）实现，此按钮必须标明轿厢的运行方向。

为防止误动作的发生，通常会在设置有上下行按钮的情况下单独设置“运行”（或称“公共”）按钮。在同时按下上行按钮（或下行按钮）与运行按钮的情况下，电梯轿厢才能检修上行（或下行）。

三个运行按钮的设计可以有效防止单个按钮被意外触动时，电梯意外启动与运行；或者在检修运行中发生按钮卡阻无法复位时，电梯无法停止检修运行，导致事故发生。此外，检修装置还会采取以下方法防止作业人员或其他运动物体意外压住按钮：

a）各控制按钮通常带有防护圈，防护圈紧贴按钮外缘且与按钮同高度，如图 5-16 所示；

防护圈

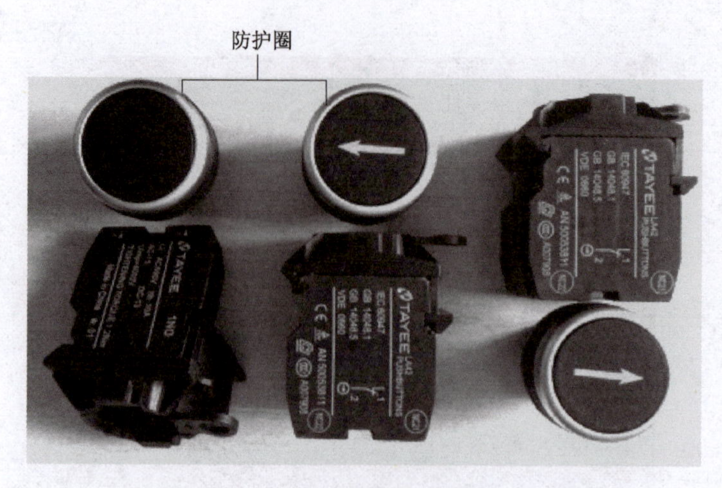

图 5－16　外缘带有防护圈的检修运行按钮

b）按钮嵌入轿顶检修盒壳体安装，使按钮的端面与检修盒壳体平面持平，如图 5－17 所示。

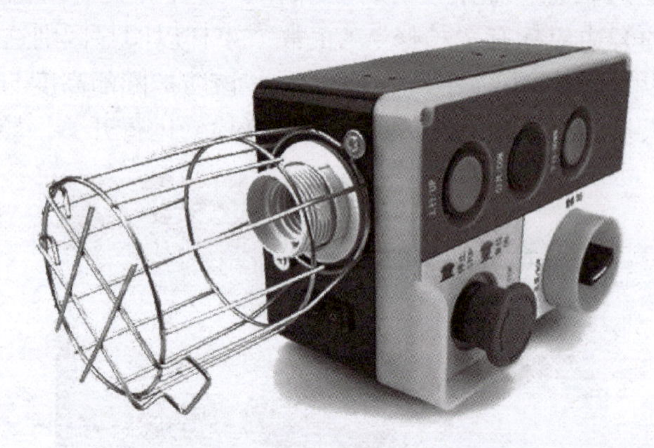

图 5－17　嵌入轿顶检修盒的检修运行按钮

④控制装置上应带有一个符合 GB/T 7588—2020 规定的停止装置（安全装置），当检修运行过程中轿顶作业人员发现电梯出现异常情况时，能够立即将电梯停止运行，以避免事故的发生。允许提供一个能够从轿顶控制门机构（主要是轿门）的开关。

4. 轿顶停止装置

在电梯出现异常情况时，为保护电梯上以及附近的作业人员，应当设置可由作业人员自行触发及时使电梯停止运行的停止装置。停止装置应当设置在每一处作业人员有可能到达和工作的位置，应设置在距离作业人员的工作场所不大于 1 m 的位置，并且确保作业人员和可能执行操作的人员在操作时没有危险。GB/T 7588—2020 中对其停止位置提出以下要求：

①底坑。

②滑轮间。

③轿顶，距检修或维护人员入口不大于 1 m 的易接近位置。该装置也可设在紧邻距入口不大于 1 m 的检修运行控制装置位置。

④检修控制装置上。

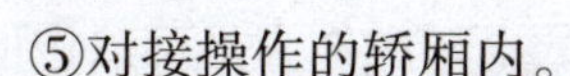

⑤对接操作的轿厢内。

上述几个停止装置中，设置在轿顶的和设置在检修控制装置上的停止开关可以合并成一个，前提是停止装置处于距离入口不大于 1 m 的易接近且不会出现误操作危险的地方。停止装置上或其附近应标出“停止”字样。

停止装置应是双稳态的，其状态应能够稳定地保持在“动作”和“复位”两种状态上，除非有外力操作强制其改变状态，否则直到停止功能被复位以前，任何起动指令（预定的、非预定的或意外的）都应是无效的。停止装置同时也应具有防止误动作的措施，在作业人员或其他运动物体意外钩挂、触动按钮的情况下，使开关仍然保持在动作位置，使电梯不能意外启动。

常见的停止装置防止误动作的设计是在蘑菇形按钮旋转一定角度后，停止装置才可复位，如图 5－18（a）所示。一部分停止装置在旋转复位的基础上，参照检修装置的防止误动作设计，在蘑菇形开关按钮外增设一个防护圈，该防护圈的高度与复位状态下的按钮高度相仿，能够有效防止作业人员的服装和背包上的绳状物与蘑菇形开关发生钩挂，如图 5－18（b）所示。

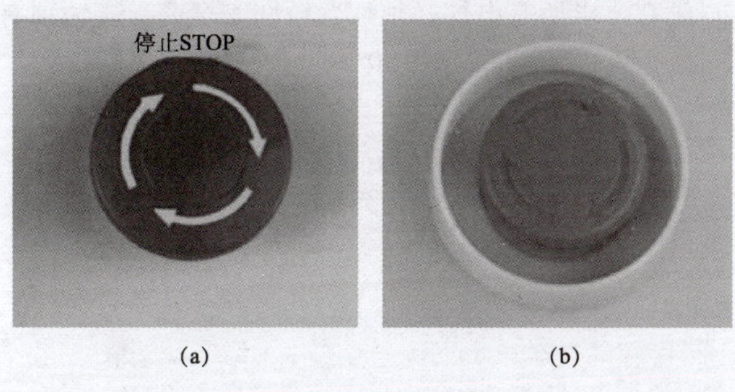

图 5－18　停止开关

（a）旋转后复位的停止装置；（b）带有防护圈的停止装置

停止装置与安全触点相同，必须采用强制机械作用原则，（接触元件的）肯定断开操作是通过非弹性元件（如不依靠弹簧）开关操纵器的特定运动直接结果实现接触和分离的。操作停止装置产生停止电梯运行的指令后，该指令必须通过驱动装置的啮合（锁定）而保持，直到停止装置复位（脱开）。在没有产生停止指令时停止装置应不可能啮合。停止装置的复位（脱开）应只可能在停止装置上通过手动进行。复位停止装置时不应由其自身产生再启动指令。在所有已操作过的停止装置被复位之前，电梯应不可能重新启动。

5. 轿顶反绳轮

反绳轮亦称过桥轮，是用于轿厢和对重顶上的动滑轮。在采用永磁同步无齿曳引机的电梯上，通常都会在轿顶或轿底的轿厢架上设置反绳轮，其作用是减小曳引机的输出功率和力矩。

如果在轿顶或轿厢底上固定有反绳轮，那么应设置防护装置，以避免伤害人体、防止悬挂绳因松弛而脱离绳槽；同时，还能防止绳与绳槽之间进入杂物。轿顶反绳轮的防护设计，除了满足安全防护的要求外，应不妨碍对反绳轮的正常检查。

6. 轿顶安全窗

GB/T 7588—2020 中规定了援救轿厢内乘客的指导原则：援救轿厢内乘客应从轿外进行，尤其应遵守 GB/T 7588—2020 中紧急操作的规定。

当电梯因为故障停止运行时，若轿厢停在平层区域，则专业的电梯操作人员可以按照安全规程使用三角钥匙打开层门，放出轿厢内被困的乘客，但是，当轿厢因故障停在楼房两层中间时，乘客和司机均无法走出轿厢，这时乘客和司机需要在轿厢中等待救援。一般的救援程序是专业的电梯操作人员按照机房的紧急救援说明指示，采用机房紧急操作（如手动盘车操作）或紧急电动运行。将电梯开往平层区域，再使用三角钥匙进行放人操作，但在某些特殊情况下，若曳引轮轴承机械卡死，则轿厢安全窗为救援人员提供了另一种可行的救援方式。专业操作人员可以从外部打开安全窗，将乘客救出轿厢。

为方便被困人员撤离，安全窗安装在轿厢顶部，尺寸不应小于0.35 m×0.50 m，并且只能向外打开。如果电梯设置了安全窗，那么安全窗应设置有验证安全窗锁紧的电气开关，保证当安全窗打开时，安全窗开关（安全窗开关必须为安全触点）有效断开，切断电梯的安全回路，使其不能运行，这样可以避免人员出入轿厢安全窗时因电梯突然启动而发生人身伤害事故。验证安全窗锁紧的电气开关还有一层含义是当安全窗打开时，不应能用手动等简单的动作就将电气开关处于接通闭合的位置，电气开关应在安全窗完全关闭后，才能处于接通闭合的位置上。

GB/T 7588—2020没有要求所有电梯必须配置轿厢安全窗，若轿顶有援救和撤离乘客的轿厢安全窗，则其尺寸不应小于0.40 m×0.50 m。

学习任务5.4　轿厢超载保护装置

知识储备

1. 轿厢超载保护装置

电梯的制动器对电梯的制动能力是有一定范围的，若轿厢超载运行，超过电梯制动器的制动能力，就容易造成电梯的坠落和蹲底事故的发生，严重时甚至出现轿厢意外移动的情形，导致电梯门剪切人员事故的发生。当轿厢超载严重时甚至会破坏曳引能力，也会导致上述事故的发生。

因此，电梯使用时，轿厢实际的载重应保持在符合额定载重设计的许可范围内，应对电梯轿厢的载荷予以控制，这个控制包括人的超载和货物的超载。GB/T 7588—2020要求设置轿厢超载保护装置，对轿厢的载重控制有以下安全要求：

（1）轿厢超载时，电梯上的一个装置应防止电梯正常启动及再平层。对于液压电梯，该装置不应妨碍再平层运行。

（2）应最迟在载荷超过额定载重量的110%时检测出超载。

（3）在超载情况下：

①轿厢内应有听觉和视觉信号通知使用者；

②动力驱动自动门应保持在完全开启位置；

③手动门应保持在未锁紧状态；

④条款5.12.1.4所述的预备操作应取消。

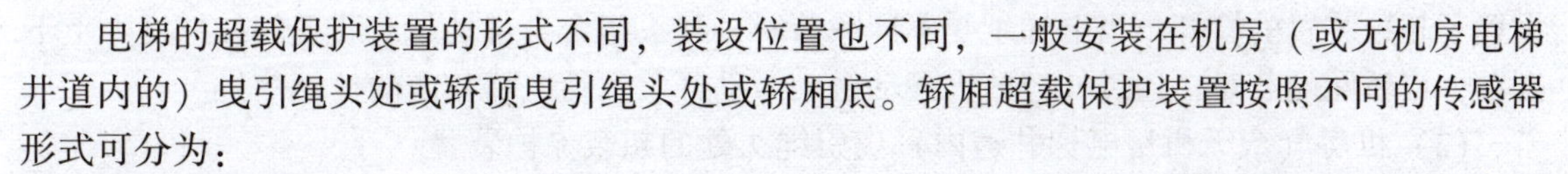

电梯的超载保护装置的形式不同，装设位置也不同，一般安装在机房（或无机房电梯井道内的）曳引绳头处或轿顶曳引绳头处或轿厢底。轿厢超载保护装置按照不同的传感器形式可分为：

（1）微动开关式。

通过微动开关或差动变压器开关、磁感应开关，测量电梯不同部位由于载荷的重力产生的位移或变形量，通常还配合机械杠杆放大该位移或变形量，以提高精度，使得超载保护开关动作。机房曳引绳头处采用微动开关的超载保护装置，如图 5－19（a）所示。

（2）压力传感器式。

通过压力传感器测量电梯不同部位由于载荷产生的压力，将压力信号转换为电信号，得到轿厢的准确载荷量。机房曳引绳头处采用压力传感器的超载保护装置，如图 5－19（b）所示。

(a)

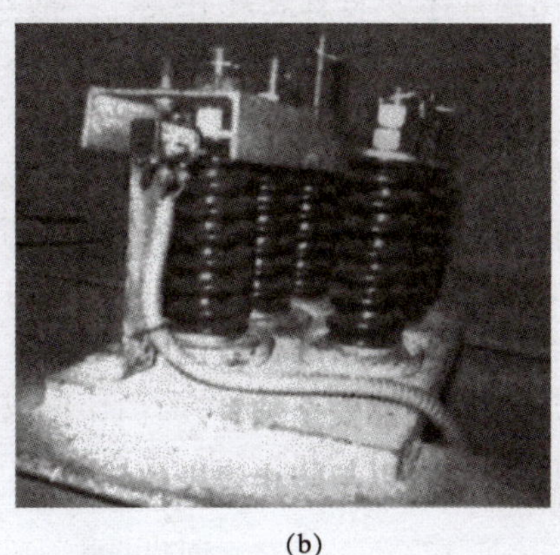

(b)

图 5－19　超载保护装置不同的传感器形式

（a）微动开关式；（b）压力传感器式

2. 轿底超载保护装置

（1）活动轿厢。

这种超载保护装置应用非常广泛，价格低而且安全可靠，但更换维修较烦琐。通常采用橡胶垫为称重变形组件，将其固定在轿厢底盘与轿厢架之间。当轿厢超载时，轿厢底盘受到载重的压力向下运动使橡胶垫变形，触动微动开关，切断电梯相应的控制功能。一般设置两个微动开关：一个微动开关在电梯载重达到 80% 时动作，电梯确认为满载运行，电梯只响应轿厢内的呼叫，直驶至呼叫站点；而另一个微动开关则在电梯载重达到 110% 时发生动作，电梯确认为超载，电梯停止运行，保持开门状态，并给出警示信号。微动开关通过螺钉固定在活动厢底盘上，调节螺钉就可以调节载重的控制范围。

（2）活动轿厢地板。

这是装在轿厢上的超载装置，活动地板四周与轿壁之间保持一定间隙，轿底支撑在超载保护装置上，随着轿底承受载荷的不同，轿底会微微的上下移动。当电梯超载时，活动轿厢地板会下陷并将开关接通，给出电梯的控制信号。

3. 曳引绳头处的超载保护装置

（1）轿顶曳引绳头处的超载保护装置。

轿顶曳引绳头超载保护装置是以压缩弹簧组作为称重组件，在轿厢架上梁的绳头组合处设置了超载装置的杠杆，当电梯承受不同载荷时，绳头组合会带动超载装置的杠杆发生上下摆动；当轿厢超载时，通过杠杆放大摆动触动微动开关，给电梯相应的控制信号。

（2）机房（或无机房电梯井道内）曳引绳头处的超载保护装置。

当电梯采用2∶1的悬挂比时，可以将超载装置装设在机房中。超载装置的结构与原理和轿顶称重装置类似，将其安装在机房的绳头板上，利用机房绳头组合随着电梯载荷的不同产生的上下摆动带动称重装置杠杆的上下摆动。

在底坑中检查超载保护开关是否有效时，若电梯必须在自动状态下，则此时轿内必须安排配合人员，以保证电梯门保持足够的安全开门距离并防止电梯意外起动。底坑最好也配置监护人员，检查人员要随时保持警惕，发现电梯异常移动时，能立即撤离并动作停止开关或缓冲器开关。

乘客电梯常常还安装有满载开关，一般达到80%额定载重时，满载开关动作。此时，即便是与运行方向一致的厅外召唤信号也可不予应答。

4. 轿厢护脚板

当轿厢处于非平层位置，轿厢地面（地坎）的位置高于层站地面时，在轿厢地坎与层门地坎之间存在一个间隙。当电梯在层站附近（当轿厢地板面高于层站地面时）发生故障而无法运行时，轿厢内人员扒开轿厢门并开启层门自救。如图5-20所示，轿厢内人员由轿内跳出时，脚踏入此空隙，就有可能发生坠落井道的人身伤亡事故，因此，当被困人员由轿内跳出时，护脚板可以起到一定的遮挡作用以防止人员坠入井道。为此，GB/T 7588—2020对轿厢护脚板提出了以下安全要求：

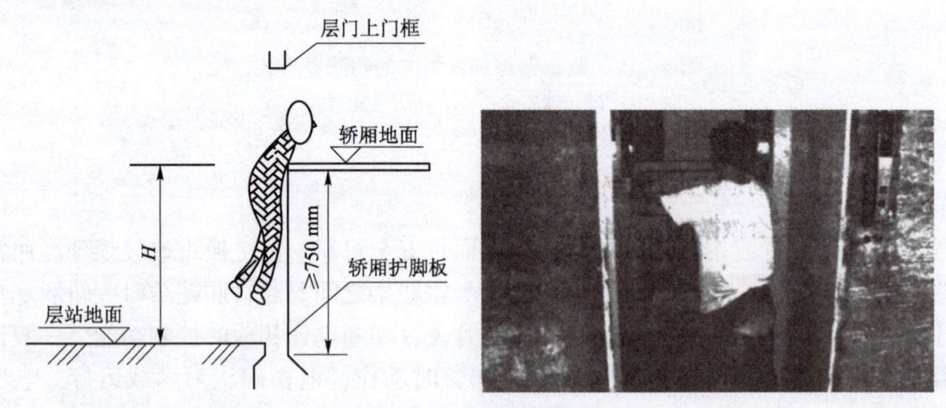

图5-20　轿厢护脚板

（1）每个轿厢地坎上均需装设护脚板，其宽度应等于相应层站入口的整个净宽度。护脚板的垂直部分以下应成斜面向下延伸，斜面与水平面的夹角应大于60°。该斜面在水平面上的投影深度不应小于20 mm。

（2）护脚板垂直部分的高度不应小于0.75 m。

对于采用对接操作的电梯，其护脚板垂直部分的高度应是在轿厢处于最高装卸位置时，延伸到层门地坎线以下不小于0.10 m。

由于轿厢护脚板只能起到一定的遮挡作用，因此，电梯故障时，首先，轿厢内的乘客在使用紧急报警装置向外报警后，应在轿厢内等待救援；其次，进行电梯救援的人员应按照机

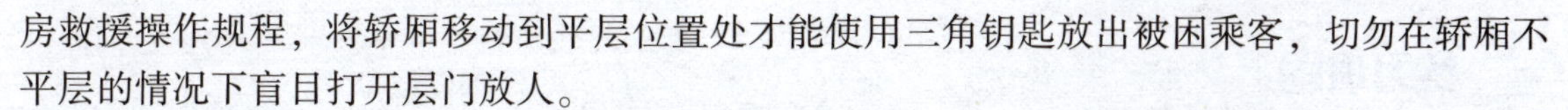

房救援操作规程，将轿厢移动到平层位置处才能使用三角钥匙放出被困乘客，切勿在轿厢不平层的情况下盲目打开层门放人。

此外，轿厢护脚板安装时应保证垂直和固定可靠，以保证其在受力时不产生严重空隙和变形，避免事故的发生。

知识梳理

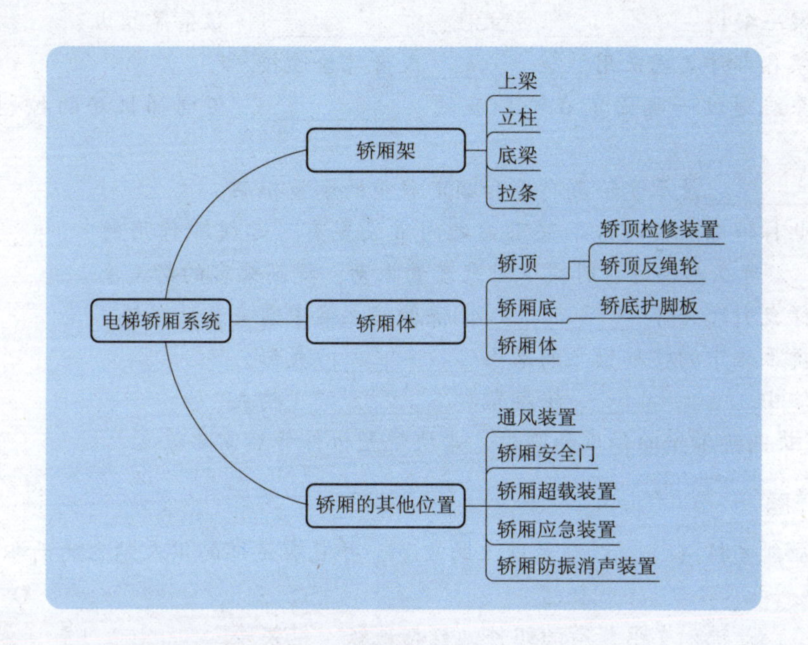

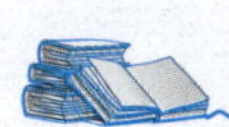

哎呀，电梯这么多人，我要挤进去吗？

生活当中，上班一族早晚高峰经常要面临乘梯高峰，而很多人却“奋不顾身，勇往直前”。作为未来电梯行业从业者，你知道电梯超载的危害吗？你会劝说身边的朋友，碰到这种情况要等一等吗？

乘梯安全关乎行业发展和个人职业发展，所以，不要小看电梯乘梯安全小知识的普及，来吧，利用你们的电梯“知识库”来告诉他们该怎样乘坐电梯吧！

系统思维——擅于思

2020 年，面对突如其来的疫情，除了艰苦奋战在一线的医护人员，电梯行业也参与到紧张的支援行动中，制作电梯轿厢杀菌设备，并及时送到武汉各医院，贡献出自己的一份力量。

中国在抗疫过程中取得的成功，充分显示了全国一盘棋、全民齐心协力的社会制度优势，体现了“系统思维——擅于思”。

练习巩固

学习任务 5.1　电梯轿厢的基本结构

一、填空题

1. 轿厢系统由____________、轿厢体和设置在轿厢上的部件与装置构成。

2. 轿厢架一般由____________、立柱、____________、拉条等组成。

3. 轿厢架各部件之间采用____________或者螺栓连接。

4. 轿厢系统通过一端固定在轿厢底的____________，与电梯机房的控制柜进行电气连接。

5. ____________是承受轿厢自重和额定载重的承重框架。

6. 乘客电梯轿厢底盘与轿厢架下梁之间常设置有可起缓冲作用的____________，组成____________，可在电梯运行时减少对乘客的振动，提高乘客的舒适感。

7. 当电梯曳引比为非____________，轿厢架上梁中需安装反绳轮。

8. 电梯轿厢体中的轿厢壁之间采用____________成形。

9. 轿厢体由____________、轿厢壁和____________构成。

10. 为了提高轿厢壁的强度和刚度，每块轿壁板件背后需要设置____________。

二、选择题

1. 轿顶应能支撑（　　）个人以上的重量，并且有足够的供人站立的面积。

A. 1　　B. 2　　C. 3　　D. 4

2. （　　）是轿厢支承载荷的组件，包括地板、框架等。

A. 轿厢底　　B. 轿厢壁

C. 轿厢顶　　D. 轿厢门

3. 设置（　　）的作用是增强轿厢架的刚度，防止因轿厢载荷偏心而造成轿厢底倾斜，同时可以固定轿厢底，调节轿厢底的水平度。

A. 上梁　　B. 立柱　　C. 底梁　　D. 拉条

4. 轿厢壁的拼装次序一般是先拼后壁，再拼侧壁，最后拼前壁；轿壁之间的连接要求螺栓齐全、紧固。

A. 前壁、侧壁、后壁　　B. 侧壁、前壁、后壁

C. 后壁、侧壁、前壁　　D. 后壁、前壁、侧壁

5. 电梯轿厢的承重结构是（　　）。

A. 轿厢体　　B. 轿厢架　　C. 轿顶　　D. 导靴

6. 请看下图轿厢架结构，自上而下由红线标识的几个部件分别是（　　）。

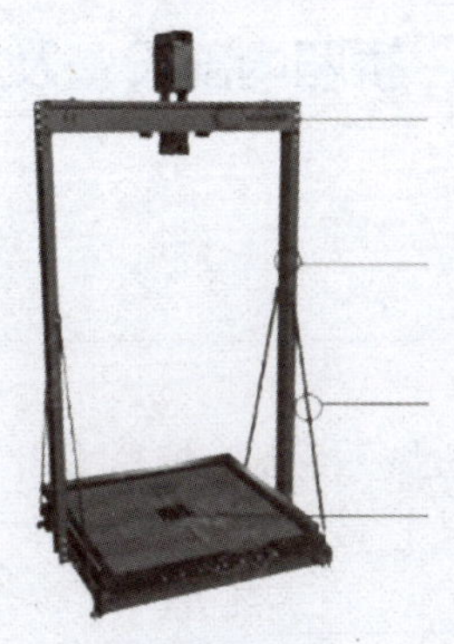

选择题6图

A. 横梁、立梁、拉条、通风孔　　B. 上梁、立柱、底梁、拉条

B. 上梁、立柱、拉条、底梁　　D. 横梁、拉条、直梁、平台

7. 关于电梯轿厢系统，以下描述错误的是（　　）。

A. 电梯轿厢架和轿厢先螺栓直接连接，再进行焊接

B. 两相邻轿厢之间的水平距离不超过0.75 m是设置轿厢安全门的条件之一

C. 轿厢照明包括正常照明和紧急照明

D. 轿厢内、轿顶和机房内的轿厢运行以轿顶的检修运行优先

三、判断题

1. 载货电梯轿厢底盘与轿厢架下梁之间一般采用刚性连接，无减振装置。（　　）
2. 对角形轿厢架适用于具有一面或对面设置轿厢门的电梯。（　　）
3. 电梯轿厢壁由多块钢板拼接，采用螺栓连接成形。（　　）
4. 轿厢架各个部分之间采用粘接或螺栓紧固连接。（　　）
5. 轿厢顶应能支撑三个人以上重量，并且有合适的供人站立的面积。（　　）

四、简答题

1. 简述轿厢架、轿厢体各有什么作用。

2. 轿厢架的结构有哪些形式，各种形式的特点是什么？

学习任务 5.2　轿厢内部设备及相关标准要求

一、填空题

1. 轿厢内部设备一般由____________、____________、____________、____________、____________等部件组成。

2. ____________是电梯重要的产品标志，按照 GB/T 7588—2020 的要求，应标出电梯的额定载重和乘客数量以及电梯制造厂名称或商标。

3. 轿厢应设置正常照明和____________装置。

4. 司机操纵部分包括____________、____________、____________、____________、____________、延时关门按钮、轿厢照明开关、轿厢风扇开关等。

二、选择题

1. 根据 GB/T 7588—2020《电梯制造与安装安全规范》，轿厢应设置永久性的电气照明装置，确保在控制装置上和在轿厢地板以上 1.0 m 且距轿壁至少（　　）mm 的任一点的照度不小于（　　）lx。

A. 50，100　　B. 100，50　　C. 100，100　　D. 50，50

2. 位于轿厢上部及下部通风孔的有效面积均不应小于轿厢有效面积的（　　）。

A. 1%　　B. 2%　　C. 3%　　D. 4%

3. 轿厢内部净高度不应小于（　　）m。

A. 1　　B. 2　　C. 3　　D. 4

4. 轿壁应具有这样的机械强度：即用（　　）N 的力，均匀地分布在 5 cm^2 的圆形或方形面积上，沿轿厢内向轿厢外方向垂直作用于轿壁的任何位置上，轿壁应无永久变形，且弹性变形不大于 15 mm。

A. 300　　B. 400　　C. 500　　D. 600

5. 在有相邻轿厢的情况下，如果轿厢之间的水平距离不大于（　　）m，那么可使用安全门。

A. 0.65　　B. 0.75　　C. 0.85　　D. 0.95

6. 根据标准要求，额定载重为 1 000 kg 的电梯，轿厢最大有效面积不应大于（　　）m^2。

A. 2.0　　B. 4.2　　C. 2.52　　D. 5.0

7. 轿厢内部的部件，以下不包括的有（　　）。

A. 轿厢铭牌、轿厢安全门　　B. 轿厢操纵箱、轿厢照明装置

C. 轿厢显示器、轿厢通风装置　　D. 轿厢随行电缆、轿厢扶手

8. 轿厢应急照明应在以下几个位置起作用，其中不是作用位置的是（　　）。

A. 轿厢中心，地板以上 1 m 处　　B. 轿顶中心，轿顶以上 1 m 处

C. 每个报警触发装置　　D. 轿厢架底梁

9. 轿厢照明应具有（　　）只并联的灯。

A. 1　　B. 2　　C. 3　　D. 4

10. 轿厢安全门的高度不应小于（　　），宽度不应小于（　　）。

A. 1.5，0.4　　B. 1.6，0.5　　C. 1.8，0.4　　D. 2.0，0.5

三、判断题

1. 为了防止不可避免的人员乘用可能发生的超载，轿厢面积应予以限制。（　　）

2. 轿厢操纵箱的司机操纵部分是提供给电梯司机、安全管理人员和检修人员使用的，但乘客也能直接使用。（　　）

3. 无孔门轿厢应在其上部设通风孔。（　　）

4. 电梯安全门手动上锁装置的锁紧应通过一个国标规定的电气安全装置验证，如果锁紧失效，该装置应使电梯停止运行。（　　）

5. 为了保障轿厢内乘客不会过分拥挤，标准规定了轿厢的最小有效面积。（　　）

6. 轿厢安全门不应向轿厢内开启。（　　）

7. 采用玻璃的轿厢壁必须是夹层玻璃。（　　）

8. 若轿厢壁采用玻璃材质，那么就必须要安装扶手。（　　）

四、简答题

1. 简述轿内轿厢铭牌、轿厢操纵箱、轿厢显示器、轿厢照明和通风装置、轿厢安全门等设备的主要作用。

2. 简述轿厢的相关标准要求。

3. 轿厢壁如果采用玻璃材质，则必须使用扶手，同时扶手应该固定在轿厢地，请简述具体原因。

学习任务 5.3　轿顶部件和设备

一、填空题

1. ____________是电梯主要的检修作业场地。

2. ____________的作用是防止轿顶工作的人员坠落或者受到井道内其他设备的伤害。

3. 轿顶检修装置必须设置停止开关，检修状态转换开关，检修上、下运行持续揿压按钮和电源插座等。

4. 反绳轮用于轿厢和对重顶的动滑轮上。导轨是为轿厢和对重提供____________的构件，在井道中确定轿厢和对重的相互____________。

5. 轿顶所用的玻璃为____________。

6. 轿顶检修运行开关是____________，且应带有防止误动作的装置。

二、选择题

1. 轿顶应有一块不小于（　　）m^2的站人用的净面积，其短边不应小于0.25 m。

A. 0.12　　B. 0.22　　C. 0.32　　D. 0.42

2. 当轿顶外侧边缘有水平方向超过（　　）m的自由距离时，轿顶应装设护栏，对轿顶作业人员进行防坠落保护。

A. 0.1　　B. 0.2　　C. 0.3　　D. 0.4

3. 轿厢检修运行速度不应大于（　　）m/s。

A. 0.43　　B. 0.53　　C. 0.63　　D. 0.73

4. 轿顶护栏至少应由扶手、（　　）m高的护脚板和位于护栏高度一半处的中间栏杆组成。

A. 0.10　　B. 0.20　　C. 0.30　　D. 0.40

5. 轿顶检修盒上，哪些部件有双稳态且防误操作要求？（　　）

A. 急停开关　检修按钮　　B. 检修按钮　检修转换开关

C. 急停开关　检修转换开关　　D. 检修开关　检修转换开关　急停开关

6. 轿顶边缘与井道壁之间的距离为0.8 m，则护栏的高度至少为（　　）m。

A. 0.8　　B. 0.9　　C. 1.0　　D. 1.1

7. 在护栏顶部的任意点垂直施加1 000 N的水平静力，则弹性变形不应大于（　　）mm。

A. 30　　B. 40　　C. 50　　D. 60

8. 轿顶护栏的护脚板高度至少为（　　）m。

A. 0.1　　B. 0.2　　C. 0.3　　D. 0.4

9. 当电梯处于检修状态运行时，以下的轿厢运行速度正确的是（　　）m/s。

A. 0.5　　B. 0.8　　C. 1.0　　D. 1.1

三、判断题

1. 电梯检修运行时安全装置应能正常工作，防止事故的发生。（　　）

2. 为保证检修人员实现检修运行，在轿顶易于接近的位置设置有检修装置。（　　）

3. 检修运行开关应是双稳态的，且应带有防止误动作的防护装置。（　　）

4. 轿厢顶是检修人员检修工作的地方，应保持整洁，特别不应存放非检修使用的物品，检修完成后应清理轿顶上的物品。（　　）

5. 轿顶进入检修运行，机房以及轿厢的检修运行与正常运行等应取消，机房优先。（　　）

6. 检修运行开关应是双稳态的，且应带有防止误动作的防护装置。（　　）

7. 机房和轿顶同时置于检修状态时，取消正常运行，机房检修优先。（　）

8. 检修运行有上行、下行和公共三个按钮，三个按钮的设计目的是防止单个按钮被意外触碰，电梯意外启动运行。（　）

四、简答题

1. 简述轿顶有哪些部件与设备。

2. 简述检修装置的功能、要求及其特点。

3. 手动紧急操作装置中，什么情况下需要设置紧急电动运行装置？紧急电动运行可以短接哪些电气安全开关？紧急电动运行与轿顶检修哪个优先？

学习任务5.4　轿厢超载保护装置

一、填空题

1. ____________是指超过额定载重量的10%，并至少为75 kg。

2. 电梯的超载保护装置形式不同，装设位置也不同，一般安装在________________、____________或____________。

3. 护脚板的垂直部分以下应成斜面向下延伸，斜面与水平面的夹角应大于________°，该斜面在水平面上的投影深度不得小于________mm。

二、选择题

1. 当电梯达到（　）%额定载重时，满载开关动作，此时，即使是与运行方向一致的厅外召唤信号也可不予应答。

A. 60　　B. 70　　C. 80　　D. 90

2. 护脚板垂直部分的高度不应小于（　　）m。

A. 1　　B. 0. 85　　C. 0. 75　　D. 0. 65

3. 一台电梯额定载重量为 600 kg，则以下载重量属于超载的是（　　）。

A. 640 kg　　B. 650 kg　　C. 660 kg　　D. 680 kg

4. 一台电梯为 800 kg，以下载重量属于超载的是（　　）。

A. 850 kg　　B. 875 kg　　C. 890 kg　　D. 860 kg

5. 当轿厢实际载重量达到（　　）额定载重量时，电梯处于满载状态。

A. 70%　　B. 80%　　C. 90%　　D. 60%

三、判断题

1. 在超载情况下，轿厢内应有音响和（或）发光信号通知使用人员。（　　）

2. 一般设置两个微动开关，一个微动开关在电梯达到 100% 负载时动作，电梯确认为满载运行，电梯只响应轿厢内的呼叫，直驶至呼叫站点。（　　）

3. 电梯使用时轿厢实际的载重应保持在符合额定载重设计的许可范围内。（　　）

4. 护脚板可以起到一定的遮挡作用，以防止人员坠入井道。（　　）

四、简答题

1. 轿厢超载保护装置的作用是什么？

2. 护脚板的作用是什么？

项目五　电梯轿厢系统的结构与原理实训表

一、基本信息

学员姓名：______________________　所属小组：__________

梯号：__________班级：__________　分数：__________

实训时间：15 min　开始时间：__________　结束时间：__________

二、考查信息

<table>
<tr><th colspan="6">电梯轿厢系统</th></tr>
<tr><td>什么情况需设置轿顶护栏</td><td colspan="2"></td><td>扶手外缘水平自由距离</td><td colspan="2"></td></tr>
<tr><td>护栏高度</td><td colspan="2"></td><td>护栏离轿顶外缘距离</td><td colspan="2"></td></tr>
<tr><td>GB 7588 对护栏的要求</td><td colspan="5"></td></tr>
<tr><td>选项</td><td>防护圈</td><td>旋转复位</td><td>选项</td><td>护圈</td><td>按钮内嵌</td></tr>
<tr><td>急停放误操作方式</td><td></td><td></td><td>检修防误操作的方式</td><td></td><td></td></tr>
<tr><td>急停和检修开关防误操作设置原因</td><td colspan="5"></td></tr>
<tr><td>轿顶检装置上有哪些元器件</td><td colspan="5"></td></tr>
<tr><td>急停装置设置要求</td><td colspan="5"></td></tr>
<tr><td>轿顶检修与机房紧急电动的区别</td><td colspan="5"></td></tr>
<tr><td>额定载重</td><td></td><td>轿厢面积</td><td></td><td>轿厢面积是否符合要求</td><td></td></tr>
<tr><td colspan="3">额定载重 1 000 kg，乘坐人数为 13 人，轿厢面积的要求</td><td colspan="3"></td></tr>
<tr><td>超载装置的要求</td><td colspan="5"></td></tr>
</table>

备注：1. 根据电梯的情况进行判定，在每个项目下正确的选项下面打“√”；

2. 判定依据请结合书中的内容用简短的词语描述原因；

3. 问题请结合所学知识进行回答；

4. 未穿戴安全防护用品不得参与该实训。

项目六

电梯门系统的结构与原理

项目分析

通过本项目的学习，认识电梯门系统的结构与分类，熟悉层门、轿门主要部件的结构与原理以及门机的调速和控制方式。

学习目标

应知

1. 认识电梯门系统的结构与分类。
2. 理解层门、轿门主要部件的结构与原理以及门机的调速和控制方式。

应会

1. 认识电梯门系统主要部件的功能和原理。
2. 能结合国标条例了解电梯门机构的设计意图。

学习任务 6.1　门系统的结构与分类

电梯门系统的作用和分类 SCORM 课件

知识储备

1. 电梯门系统的机械结构

电梯门分为层门和轿门。层门又称厅门，是设置在层站入口的门；轿门又称轿厢门，是设置在轿厢入口的门。

电梯门系统由开关门机构、门锁装置、层门紧急开锁装置、层门自闭装置、门入口保护装置组成。电梯门是乘客或货物的出入口，电梯门系统不仅具有开关门的功能，同时还提供防止人员坠落和剪切的保护。只有当所有层门和轿门关闭，层门（和需要上锁的轿门）锁紧后，电梯才能运行。

层门和轿门由各自的门扇、门导轨、门滑轮、门地坎、门滑块等组成。电梯门的结构如图6－1所示。

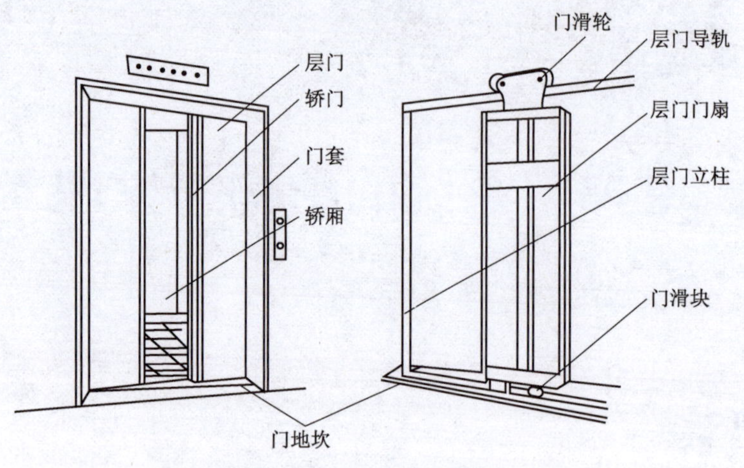

图6－1　电梯门的结构

（1）门扇。

门扇应是无孔的（载货电梯作为特殊情况除外）。载货电梯包括非商用汽车电梯，可以采用向上开启的垂直滑动轿门，这种垂直滑动轿门可以是网状的或带孔板型的，但其网孔或板孔的尺寸需符合GB/T 7588—2020的要求，即水平方向不得超过10 mm，垂直方向不得超过60 mm。

电梯门扇由位于上方的门挂板和下方的门扇面板组成，门扇面板就是电梯日常使用时乘客正常可见的电梯门部分。门挂板与门扇面板一般采用螺栓连接，门挂板与门扇之间垫有金属垫片，用以调整门扇面板的高低和水平，以保证门扇在门滑轮的作用下正常滑动和门扇上下部分的导向。门挂板是悬挂和调整门扇面板，安装门滑轮、门锁等门工作部件的一块金属板面总成。

门扇面板的材料一般用厚度为1～1.5 mm的钢板制成，背部设有加强筋。为了隔音和减振，部分电梯会在门扇背部涂以隔音泥或贴有阻尼材料。

电梯门扇应具有足够的机械强度，即当施加一个垂直作用于门的任何位置的300 N的力，并使该力均匀分布在面积为5 cm^2圆形或方形截面上时，门能够承受住以下变形范围且试验后，门的安全功能不受影响。

①永久变形不大于1 mm。

②弹性变形不大于15 mm。

（2）门导轨。

门导轨安装在门扇的上方，用以承受所悬挂门扇的重量和对门扇起导向作用，多用扁钢制成。

(3) 门滑轮。

门滑轮安装在门扇上方的门挂板上。每个门扇装有两个门滑轮，门滑轮在门导轨上运行，用于门扇的悬挂和门扇上部分的导向。滑轮采用金属轴承，轮体可由金属或非金属制成，金属滑轮承重性能好而且防火，非金属滑轮耐磨性好而且噪声小，因此，这两种滑轮都被广泛采用。非金属滑轮一般采用尼龙，或聚四氟乙烯。聚四氟乙烯也称铁氟龙，具有耐高温、耐磨、耐腐蚀、耐老化、能防火、摩擦系数小、有自润滑作用、磨损较少等优点。部分金属滑轮为改善耐磨性能和减小噪声，也会在轮体表面包覆非金属材料。

(4) 门地坎。

地坎是电梯乘客或货物进出电梯轿厢的踏板，在开、关门时对门扇的下部分起导向作用。轿门地坎安装在轿厢底前沿处；层门地坎安装在井道层门牛腿处，用铝、钢型材或铸铁等制成。

(5) 门滑块。

门滑块固定在门扇的下底端，每个门扇上装有两只滑块，在门扇运动时，门滑块卡在门地坎槽中，起下端导向和防止门扇翻倾的作用。门扇正常运行时，门滑块底部与地坎门滑槽底部是保持一定间隙的。常见的门滑块通常是由钢板外面浇铸上耐磨性好、噪声小的尼龙制成。

2. 电梯门系统的分类

(1) 按安装位置分类。

按安装位置，电梯门可分为层门和轿门。

(2) 按开门方式分类。

按开门方式，电梯门可分为水平滑动门、垂直滑动门、铰链门、折叠门。

①水平滑动门是指沿门导轨和地坎槽水平滑动开启的门。为了方便通行和开关门速度快，电梯门一般使用的都是水平滑动门。

②垂直滑动门是指沿门两侧垂直门导轨滑动向上或下开启的层门或轿门。由于垂直滑动门不增加井道宽度和轿厢宽度，因此被使用在要求开门宽度较大的货梯上。除此之外，垂直滑动门很少被用到，在 GB/T 7588—2020 中仅允许用于载货电梯中。垂直滑动门与水平滑动门不同，在关闭时常见是由上面关闭下来的，如果发生撞击，撞击位置通常是人员的头部，因此，垂直滑动门比水平滑动门对人的危险性更大。

常见的单方向垂直滑动门如图 6－2 所示，此外垂直滑动门还有垂直双扇门和直分双扇门。

a) 垂直双扇门为层门或轿门的两扇门，由门口中间以相同速度各自向上、下开关，多用于大吨位的货梯。杂物电梯常采用手动垂直双扇门。

b) 直分双扇门为层门或轿门的四扇门，由门口中间各自两扇向上、两扇向下以相同速度开关，用于大吨位的货梯上。

③铰链门（外敞开式）的一侧为铰链连接，是由井道向候梯厅方向开启的层门。“铰链”即通常所说的“合页”，铰链门与家庭房门的启闭方式类似。

④折叠门的开门方式：门扇在开门状态是折叠起来的，关门时重叠收回的门扇会相对伸展开。

(3) 按开门方向分类。

水平滑动的电梯门按门扇的开门运动方向可分为中分门和旁开门。

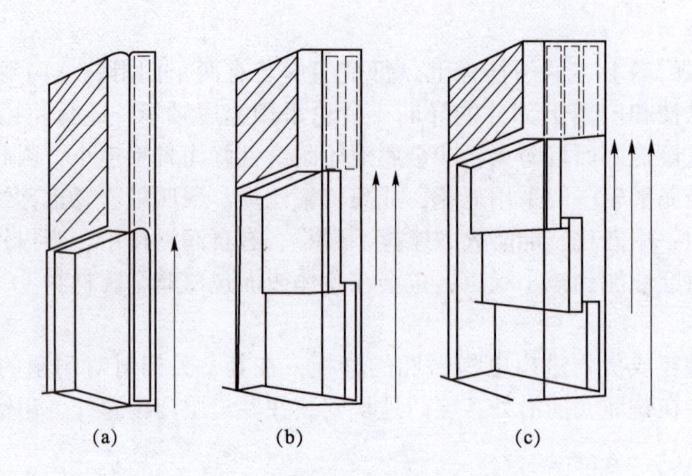

图6-2　常见的单方向垂直滑动门

（a）单扇垂直滑动门；（b）双扇垂直滑动门；（c）三扇垂直滑动门

①中分门是指层门或轿门门扇由门口中间分别向左、右开启的层门或轿门。

根据门扇的数量不同，又称中分多折门。中分多折门是指层门或轿门门扇由门口中间分别向左、右两侧开启，每侧有数量相同的多个门扇的层门或轿门，门扇打开后成折叠状态。例如，中分四扇，中分六扇等。

②旁开门是指层门或轿门的门扇向同一侧开启的层门或轿门。

（4）按与驱动机构的连接分类。

电梯门按与驱动机构的连接可分为主动门、被动门。主动门是指与门机的驱动机构或门刀直接机械连接的轿门或层门。被动门是指与门机的驱动机构或门刀间接机械连接的轿门或层门，即被主动门用钢丝绳等非刚性的部件带动运行的电梯门。

（5）按运行速度分类。

在旁开多扇门或者中分多折门中，电梯门按运行速度的快慢，可通俗地分为快门和慢门。

（6）手动门和自动门。

手动门包含两种含义，一种是靠人力开关，一种是手动操作控制，因此容易混淆，其具体含义要根据其相对的对象来确定。

从控制方式的区别来说，动力驱动的门和自动门的关系：自动门都是由动力驱动的。但动力驱动的不一定都是自动门，也可以是手动门。比如由动力驱动的但需要人员连续揿压按钮操作的门就是属于动力驱动的手动门。此时动力驱动本身只是作为手动操作门，使门按照使用者的需要而动作的工具。目前，广泛应用的是自动门。

2. 开门尺寸的要求

GB/T 7588—2020对电梯门的高度和宽度提出了以下要求。开门尺寸平面图如图6-3所示。

（1）层门入口的最小净高度为2 m。

（2）层门净入口宽度比轿厢净入口宽度在任一侧的超出部分均不应大于50 mm。

普通层门的尺寸要求与井道安全门不同，层门的高度要求最小净高度为2 m，而井道安全门最小高度为1.8 m。这是由于使用层门的乘客是没有专业人员指导和陪伴的，而通过井道安全门被专业人员解救的乘客则是处于专业人员的指导或陪伴之下的，因此，层门要比井道安全门更高。

由于轿门的宽度可以和轿厢等宽，因此如果允许层门比轿门的宽度大很多，层门的门框与轿厢的外轮廓之间存在较大间隙，这个间隙可能会卡住人员而发生危险。一提到开门宽度，首先想到的是层、轿门联动的自动水平滑动门，其实除此之外，还有垂直滑动门、手动铰链门和折叠门等，对于这些不常见的开门方式，出现层门与轿门净开门宽度不同的可能性更大一些。

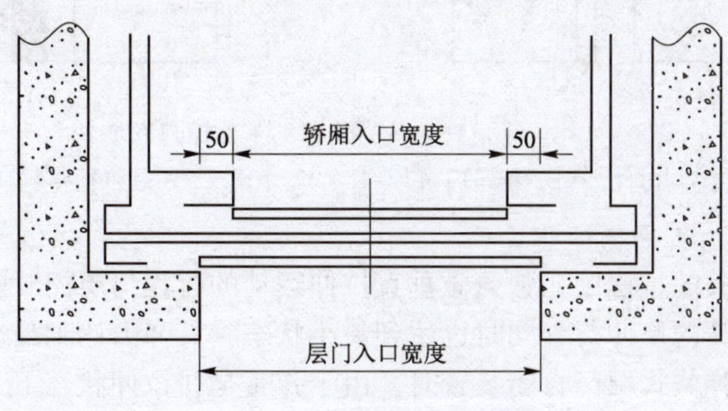

图6－3　开门尺寸平面图

学习任务6.2　层门自动关闭装置的结构与分类

知识储备

当轿厢不处于某一层站时，如果该楼层的层门处于打开状态，层站外乘客在注意力不集中的情况下，容易由于错误踏入层门而坠落井道内，发生事故。

对此，GB/T 7588—2020 提出了相关的要求：在轿门驱动层门的情况下，当轿厢在开锁区域之外时，若层门无论因为何种原因而开启，则应有一种装置（重块或弹簧）能确保该层门自动关闭。

根据上述要求，层门的自动关闭装置可以采用重块的重力或弹簧的弹力两种方式驱动，目前常用的层门自动关闭装置从工作原理上可以分为重锤式、拉伸弹簧式和压缩弹簧式三种。

1. 重锤式层门自动关闭装置

重锤式层门自动关闭装置，依靠重锤连接细钢丝绳绕过固定在门扇上的定滑轮，再固定到层门门扇悬挂机构上，依靠定滑轮将重锤垂直方向的重力转换为水平的拉力，通过门扇之间的联动机构形成层门自闭力。其工作原理和实物如图6－4所示。

层门门扇水平开关的过程中，重锤做垂直运动的行程与层门开闭的行程相同，且不论层门开闭的实际位置如何变化，其自动关闭力始终保持不变，与重锤的重力相同。

采用重锤式层门自闭装置时，重锤导向装置下端的高度不宜过高，应有相应防止重锤意外坠入井道的措施，以防重锤脱落时脱离导向装置坠落井道，造成事故。

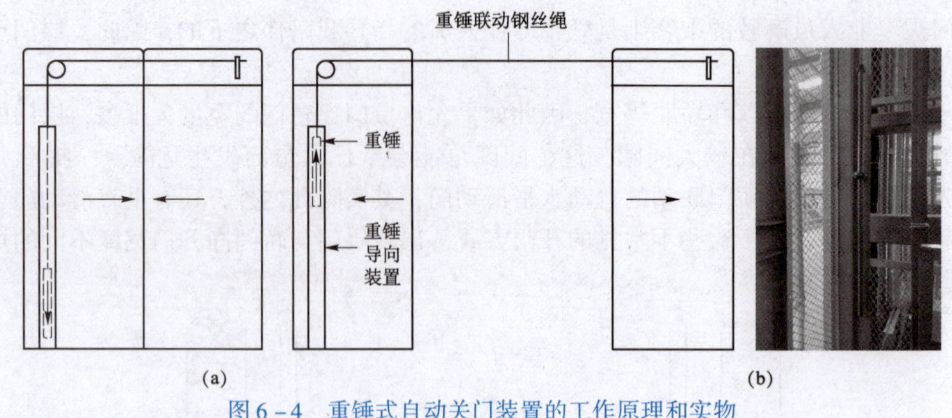

图6－4 重锤式自动关门装置的工作原理和实物

（a）重锤式层门自动关闭装置的工作原理；（b）重锤式层门自动关闭装置的实物

2. 拉伸弹簧式层门自动关闭装置

层门门扇水平开关的过程中，弹簧做垂直拉伸运动的行程与层门开闭的行程相同，但当层门接近关闭时，弹簧的拉伸行程同时也达到最小状态，其弹力达到最小值。

另外，采用拉伸弹簧式层门自闭装置时，由于弹簧是在拉伸状态下工作的，因此长期拉伸容易导致拉力减弱和层门自闭力不足。

拉伸式层门自动关闭装置同样适用于中分门，根据其可拉伸弹簧布置的形式，又可分为水平拉伸弹簧式和垂直拉伸弹簧式：

（1）水平拉伸弹簧式层门自动关闭装置，拉伸弹簧呈水平状态设置于层门上坎中，拉伸弹簧无须联动钢丝绳的连接，其两端直接与门扇和上坎相连接，驱动门扇产生自动关闭力。图6－5和图6－6分别为水平拉伸弹簧式层门自动关闭装置的工作原理和某型号水平拉伸弹簧式层门自动关闭装置实物。

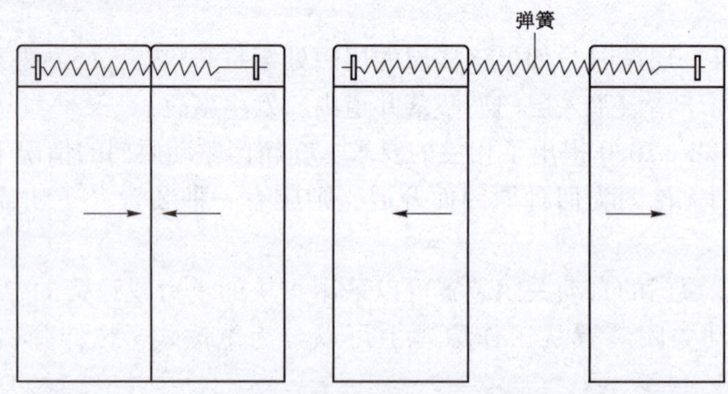

图6－5 水平拉伸弹簧式层门自动关闭装置的工作原理

拉伸弹簧水平布置可以简化层门上坎的结构，但是会使层门上坎的高度和体积增加；同时，由于拉伸弹簧布置在上坎中的位置较为紧凑，在其水平运动过程中线缆等部件容易发生擦碰。

（2）垂直拉伸弹簧式层门自动关闭装置，拉伸弹簧通常呈垂直状态设置于门扇上，依靠联动钢丝绳绕过门扇上的定滑轮，再与另一侧门扇或者上坎相连接，依靠定滑轮将弹簧垂直方向的拉力转换为水平拉力，通过门扇之间的联动机构产生自动关闭力。拉伸弹簧垂直布置可以缩小层门上坎的体积，减小上坎的高度。图6－7和图6－8分别为垂直拉伸弹簧式层门自动关闭装置的工作原理和某型号垂直拉伸弹簧式层门自动关闭装置实物。

图 6－6　某型号水平拉伸弹簧式层门自动关闭装置实物

（a）某型号水平拉伸弹簧式层门自动关闭装置（一）；（b）某型号水平拉伸弹簧的端接装置（一）；（c）某型号水平拉伸弹簧式层门自动关闭装置（二）；（d）某型号水平拉伸弹簧的端接装置（二）

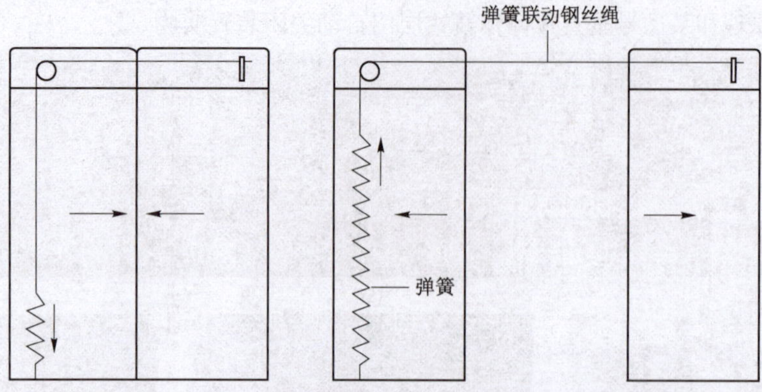

图6-7　垂直拉伸弹簧式层门自动关闭装置的工作原理

(a)

(b)

图6-8　垂直拉伸弹簧式层门自动关闭装置实物

（a）某型号垂直拉伸弹簧式层门自动关闭装置；（b）某型号垂直拉伸弹簧的端接装置

3. 压缩弹簧式层门自动关闭装置

压缩弹簧式自动关闭装置，其压缩弹簧往往设计在直接连接的层门联动机构上，也即常说的摆杆上，通过门扇之间的摆杆联动机构，将弹簧的弹力转换为水平关闭力作用到所有门扇上，使层门自动关闭。某型号压缩弹簧式层门自动关闭装置如图 6－9 所示。

层门门扇水平开关的过程中，在层门联动摆杆的传动下利用各摆杆之间传动比的杠杆放大效应，使压缩弹簧的工作行程大幅度小于开关门的总行程；而压缩弹簧的弹力经过同比例缩小，成为最终作用在门扇上的自动关闭力。压缩弹簧式层门自动关闭装置也因此更适合应用在开门宽度较大的水平滑动折叠门上。

采用压缩式层门自动关闭装置时，由于弹簧是在压缩状态下工作，因此弹簧自身不容易失效，但当层门接近关闭时，压缩弹簧的压缩行程也达到最小状态，其弹力为最小值。

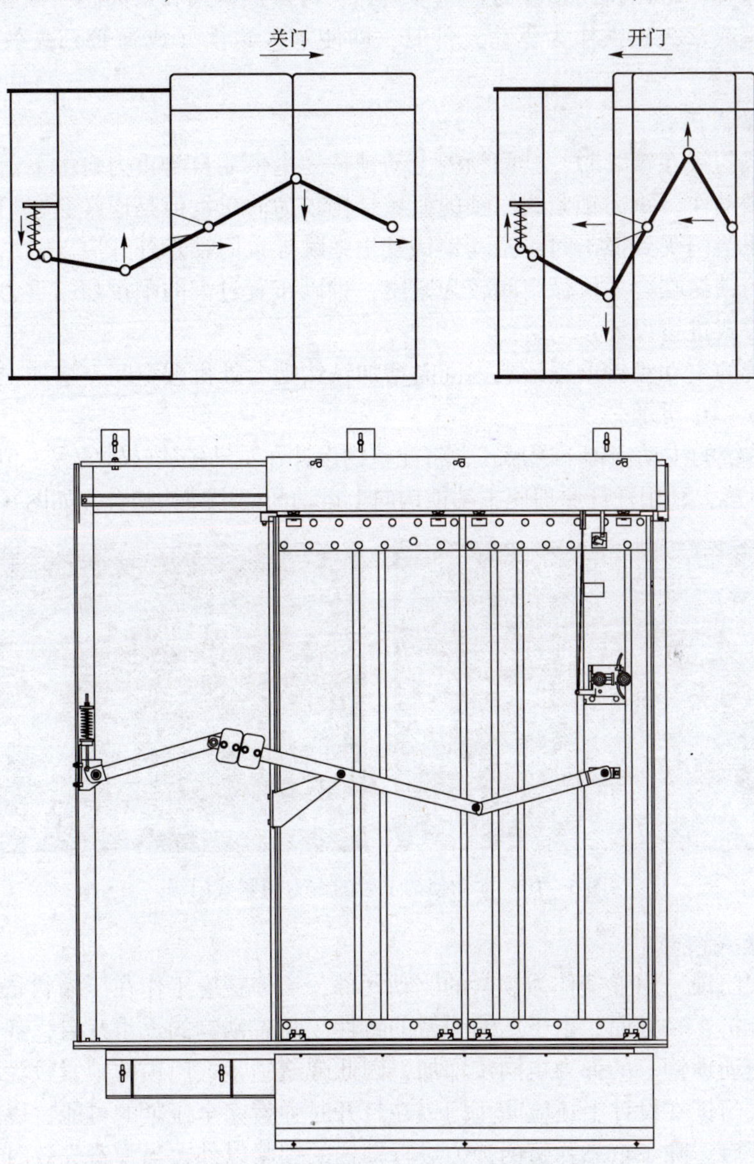

图 6－9　某型号压缩弹簧式层门自动关闭装置

学习任务6.3　层门门锁装置的结构与原理

门锁闭装置的结构和原理SCORM课件

知识储备

电梯水平滑动层门的门锁，其锁紧的过程可以由门锁自身的重力驱动，也可以由弹簧的弹力或永久磁铁的磁力来驱动，并能够在这些驱动力的作用下使门锁保持锁紧状态。根据门锁锁紧的驱动原理，可以将门锁分为重力锁紧式、弹簧锁紧式和永久磁铁锁紧式。需要注意的是，采用弹簧或永久磁铁作为驱动元件时，即使永久磁铁（或弹簧）失效，重力亦不应导致开锁。

1. 重力锁紧式门锁

重力锁紧式门锁在锁紧时，其门锁的主动锁钩完全依靠自身重力自由下落，与固定锁钩啮合，完成锁紧动作。重力锁紧式门锁的机械结构较为简单，但是通常会在门锁上配置较大的配重物以防止层门受到撞击时，主动锁钩发生弹跳导致门锁意外开启。

由于门锁的锁钩啮合处机械空间较为紧凑，难以布置过大的配重物，重力锁紧门锁通常采用以下两种方式进行设计：

①采用传统的主动锁钩上置形式，同时增加锁钩啮合处机械空间，增加主动锁钩的体积和重量，如图6－10所示。

②采用非传统的主动锁钩下置形式，将配重物设计在主动锁钩转轴的另一侧，配重物在重力作用下自由下落，利用杠杆原理使主动锁钩向上运动与固定锁钩啮合，如图6－11所示。

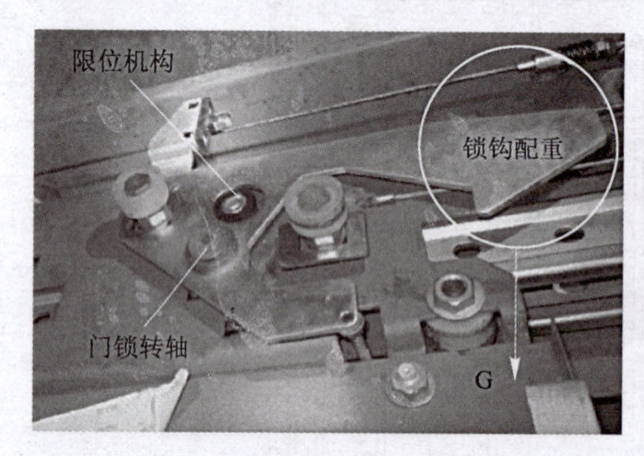

图6－10　主动锁钩上置的重力锁紧式门锁

2. 弹簧锁紧式门锁

弹簧锁紧式门锁采用弹簧作为锁紧的驱动元件，该弹簧应工作在压缩状态下，且应有导向。从结构上分析，一方面，由于压缩弹簧的特性，随着锁钩的逐步开启，弹簧的压缩行程增大，施加在主动锁钩上的弹力也同步增加，因此弹簧锁紧式门锁的锁紧较为稳定；另一方面，弹簧锁紧式门锁在设计上还应防止门锁在打开时弹簧完全压紧的可能，以避免弹簧并圈导致门锁无法开启。除了依靠弹簧的弹力进行锁钩的锁紧以外，当弹簧失效时，门锁应当依靠自身重力保持在锁紧状态，因此，为了不增加额外的配重物，简化结构，弹簧锁紧式门锁多采用主动锁钩上置形式，如图 6－12 所示。

图 6－11　主动锁钩下置的重力锁紧式门锁

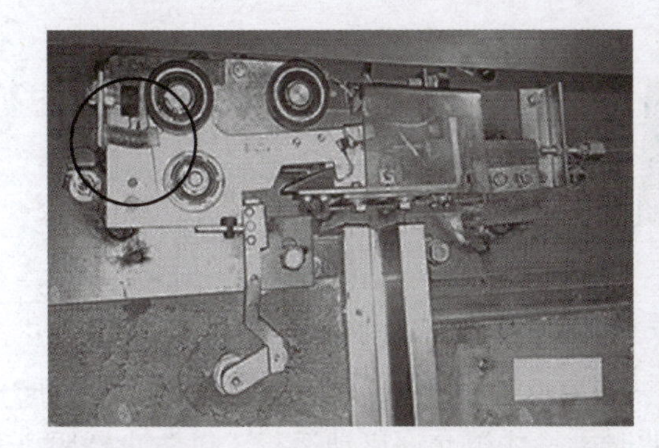

图 6－12　各种型号的弹簧锁紧式门锁

3. 永久磁铁锁紧式门锁

对于采用永久磁铁作为锁紧驱动元件的门锁，GB/T 7588—2020 要求“如果锁紧元件是通过永久磁铁的作用保持其锁紧位置，则一种简单的方法（如加热或冲击）不应使其失效”。

①在设计上，应有相应的防护措施，防止磁铁在受热（如火灾）时，其温度超过自身材料的居里温度点，引起退磁。

②与压缩弹簧不同，当门锁开启超过一定程度时，会超出磁铁磁力的作用范围，因此，当层门在受到撞击时，有可能出现门锁意外开启，且不再受磁力作用自行锁紧，对此需要在

设计中进行相应的防护。

磁铁锁紧式门锁目前在电梯上的应用较少，在此不再赘述。

4. 层门门锁的锁紧

（1）层门锁紧元件（图6－13）的啮合深度。

根据GB/T 7588—2020的要求，“轿厢应在锁紧元件啮合不小于7 mm时才能启动”。

轿厢运动前应将层门有效地锁紧在闭合位置上，但层门锁紧前可以进行轿厢运行的预备操作，层门锁紧必须由一个符合要求的电气安全装置来证实。

为防止轿厢离开层站后，层门尚未锁紧甚至尚未完全关闭而导致人员坠入井道发生危险，要求轿厢运行以前层门必须被有效锁紧在闭合位置上。这里强调的“有效锁紧”是指满足以下各条关于门锁的型式、强度、结构等方面的要求，而且强调必须在层门闭合位置上锁紧。当门锁紧以前轿厢不应发生运动，但由于轿厢运行的预备操作，比如内选、关门等操作不会导致任何危险发生，同时可以提高电梯的运行效率，因此，这些操作是被允许的。

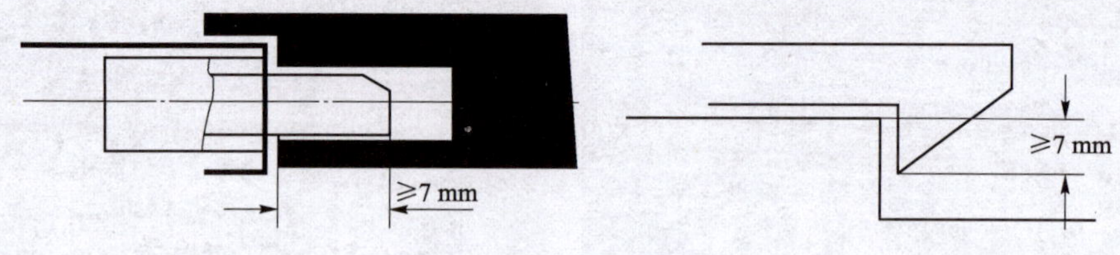

图6－13 层门锁紧元件

即在电梯关门、门锁自动锁紧的过程中，只有在主动锁钩与固定锁钩的啮合长度达到7 mm时，层门的电气联锁才可以接通，此时电梯才被允许启动运行，以防止轿厢离开层站后，门锁尚未完全锁紧导致人员坠入井道发生危险。此时门锁啮合元件（锁钩）与门锁电气安全触点的状态如图6－14所示。

①当锁钩落下至门锁电气安全触点的动静触片恰好接触的位置时，主动锁钩与固定锁钩相互重叠，啮合长度D即为锁紧元件的啮合长度。

②当锁钩完全落下，门锁完成锁紧之后，主动锁钩与固定锁钩相互重叠，啮合元件的重叠长度L实际上等于门锁电气安全触点的接触行程d与锁紧元件啮合长度D之和，即：

$$L = D + d$$

根据GB/T 7588—2020中关于“啮合长度”不小于7 mm的定义，所指的是尺寸D而非L。

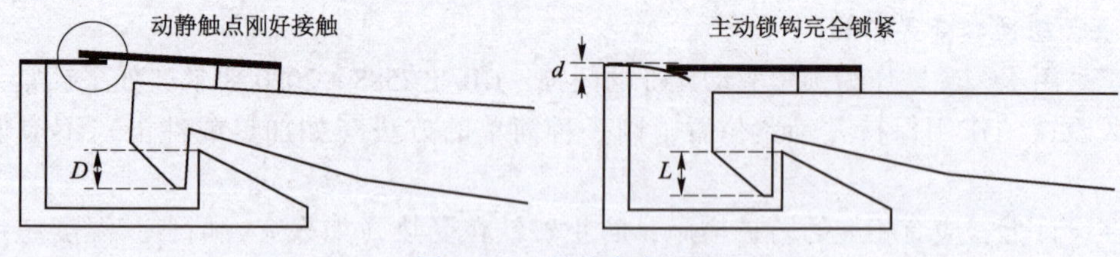

图6－14 锁钩完全锁紧

分析图6－14不难发现，在门锁完全锁紧后，如果啮合元件的重叠长度L调整合适，不再发生变化，那么调整门锁电气安全触点的接触行程d，即可直接改变锁紧元件的啮合长度D。

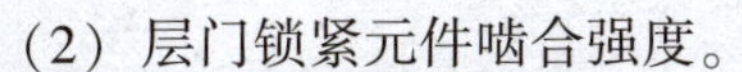

（2）层门锁紧元件啮合强度。

根据 GB/T 7588—2020 中的要求“锁紧元件及其附件应是耐冲击的，应用金属制造或金属加固。锁紧元件的啮合应能满足在沿着开门方向作用 300N 力的情况下，不降低锁紧的效能”。

GB/T 7588.2—2020 中 5.2 规定的试验期间，门锁应能承受一个沿开门方向并作用在锁高度处的最小为下述规定值的力，而无永久变形。

a）在滑动门的情况下为 1 000 N；

b）在铰链门的情况下，在锁销上为 3 000 N。

需要注意的是，依据上述要求，当人员在层门的任意位置，施加 300 N 的力试图打开层门时（一个正常人能够施加的力），如果 300 N 的开门力作用在最不利位置（如层门的最下端），由于杠杆原理，开门力产生的力矩会在门锁锁紧元件上施加一个远大于 300 N 的作用力，因此，还要求层门门锁在试验中能够承受在同一高度下，不小于 1 000 N 的开门力（滑动门）。

不论是 300 N 开门力作用在最不利处，还是 1 000 N 开门力作用在门锁同一高度上，都要求层门门锁能够保持在正常位置，且其状态不应发生不利的变化。

5. 层门锁紧与闭合的验证

（1）层门的闭合和防剪切的标准要求。

电梯层门保证关闭是防止剪切危险的保护，GB/T 7588—2020 对层门的闭合和防剪切有以下安全要求：

1）闭合与防剪切。

在层门未关闭或未锁紧的情况下，从人员正常可接近的位置，用单一的不属于正常操作程序的动作不能启动电梯。

门区是电梯事故发生概率比较高的位置，目的是防止轿厢开门运行时剪切人员，或者轿厢驶离开锁区域时人员坠入井道发生伤亡事故。层门或轿门正常打开是指以下两种情况：其一，轿厢在相应楼层的开锁区域内，进行平层和再平层；其二，应满足 GB/T 7588.1—2020 规定的提前开门和在平层以及装卸货物操作要求。

为了保证电梯的运行效率，在门开启的情况下进行轿厢运行的预备操作，比如轿内的选层登录、候梯厅侧的呼梯等。这些预备操作并不包含启动轿厢或使轿厢继续运行的动作，因此被认为即使是在门开启状态下实施也是安全的。

2）开门运行的区域。

在下列情况下，允许层门和轿门未关闭和未锁紧时，进行轿厢的平层和再平层运行与预备操作：

①通过符合条款 5.11.2 规定的电气安全装置，限制在开锁区域内（见条款 5.3.8.1）运行。在预备操作期间，轿厢应保持在距层站 20 mm 的范围内（见条款 5.12.1.1.4 和 5.4.2.2.1）。

②平层运行期间，只有在已给出停站信号之后才能使门电气安全装置不起作用。

③平层速度不大于 0.8 m/s。对于手动控制层门的电梯，应检查：

a）对于由电源频率决定最高转速的驱动主机，仅用于低速运行的控制电路已通电；

b）对于其他驱动主机，到达开锁区域的瞬时速度不大于 0.8 m/s。

④再平层速度不大于0.3 m/s。

无论轿厢在此区域内的任何位置，必须有可能不经专门的操作使层门完全闭合。

“平层和再平层”包括自动再平层和手动再平层。在一部分电梯上，为了缩短开门时间，增加电梯的有效交通流量，采取了轿厢一边平层，一边开启轿门、层门的开法（就是所谓“提前开门”）的方法。此外，电梯在层站上停靠以后，由于上下乘客或装卸货物的原因，轿厢内的人员的总重可能发生变化。当轿内载重变化较大时，由于绳头弹簧、轿底橡胶等弹性部件的压缩量将发生变化，同时钢丝绳的伸长量也会改变，将导致轿厢地坎与层门地坎不再平齐，如果两者之间的高度差较大，将会造成乘客进出电梯时被绊倒，或是装卸货物的不便，此时电梯可以在门开启的情况下再次进行平层动作，使轿厢地坎和层门地坎再次平齐，但是在这两种情况下，门在开启的状态却要求电梯能够运行（尽管速度很慢），为了保护人员不发生挤压的危险，在GB/T 7588—2020中规定了许多条件，以保证在这种“开门运行”的状态下电梯仍能保证使用者的安全。由于门锁触点（层门和轿门）是串联在电气安全回路中，因此平层（提前开门）和再平层时，必须通过某种手段桥接或旁接轿门和相应的层门触点，必须保证这种桥接或旁接是安全的，同时，保证平层和再平层的速度不超过某个最大值。

保证桥接或旁接安全性的要求：至少有一个装于门及桥接或旁接式电路中的开关，用这个开关防止轿厢在开锁区域外的所有运行。开关应满足安全触点或安全电路的要求。当这个开关的动作不与轿厢机械连接时，要能切断电梯驱动主机运转。同时只有已给出停站信号之后桥接或旁接电路才能使门电气安全装置不起作用。

根据GB/T 7588—2020中的相关定义和要求，电气安全装置可以分为验证层门锁紧的电气安全装置和验证层门闭合的电气安全装置两种。

（2）层门锁紧的电气验证。

根据GB/T 7588.1—2020的要求，当层门门锁锁紧时，电梯应当设置专门的电气安全触点，对锁紧元件的锁紧状态进行电气验证，“轿厢运动前应将层门有效地锁紧在闭合位置上，但层门锁紧前，可以进行轿厢运行的预备操作，层门锁紧必须由一个符合条款5.11.2要求的电气安全装置来证实”。

验证层门锁紧的电气安全装置通常安装于主动门扇的门锁锁紧元件上，与门锁装置锁紧元件是机械－电气联锁装置，而不应由各自独立的机械和电气机构通过中间传动构成。

与其他电气安全装置上的安全触点不同，“证实门扇锁闭状态的电气安全装置的元件，应由锁紧元件强制操作而没有任何中间机构，应能防止误动作，必要时可以调节”，也即验证门锁锁紧的安全触点应当由门锁的锁紧元件直接进行操作，常见的方式就是将安全触点的动静触点分别固定在主动锁钩和固定锁钩上，而不允许采用其他机械连接方式进行传动，以防止中间传动机构出现损坏时安全触点不能被锁紧元件正常驱动并断开。各种形式的层门锁紧的电气验证如图6－15所示。

在安全钳和限速器等安全部件的电气安全装置上，仅要求安全触点由机械装置将其可靠断开即可，允许安全部件采用连杆和凸轮等机械传动方式，驱动安全触点使之断开。

特殊情况：若安装在潮湿或易爆环境中，则需要对上述危险做特殊保护的门锁装置，其连接只能是刚性的，机械锁和电气安全装置元件之间的连接只能通过故意损坏门锁装置才能被断开。

图 6－15　各种形式的层门锁紧的电气验证

(3) 层门闭合的电气验证。

根据 GB/T 7588.1—2020 中的要求，电梯的层门应当同时设置一个符合条款 5.11.2 要求的电气安全装置，未对层门的各门扇是否处于闭合状态进行电气验证。

验证层门关闭的电气安全装置通常安装在采用间接连接（如联动钢丝绳）的被动门扇上，与主动门扇采用直接连接（如联动摆杆）的门扇可以不设置电气安全装置对该门扇的关闭进行验证。

另外，在与轿门联动的水平滑动层门中，如果用于验证层门锁紧的安全触点必须在层门有效关闭的状态下才能够有相互接触，则该装置同时可作为验证层门闭合的电气安全装置。分析前述数个有关于门锁结构的案例可以发现，在绝大多数情况下，只有当门扇实际关闭后，锁紧元件才能有效啮合，同时验证层门锁紧的电气安全装置才能接通，因此，在这种情况下，验证层门锁紧的电气安全装置也可以用于验证层门的闭合。

需要注意的是，验证层门关闭的电气安全装置与验证层门锁紧的电气安全装置不同，无须由层门直接操作。即验证层门关闭的安全触点可以由门扇直接操作，也可以通过凸轮、连杆等机构的传动间接操作，因此，根据验证层门关闭的电气安全装置的驱动形式，可以分为直接操作和间接操作两种类型，见图 6－16 和图 6－17。

(4) 门锁装置的防护。

①门锁装置应有防护，以避免可能妨碍正常功能的积尘危险。

由于门锁的工作环境不可能是无尘的、洁净的，因此，要求门锁装置能够耐受一定程度的恶劣环境而不会影响其正常功能。

②工作部件应易于检查，例如，采用一块透明板以便观察。

由于门锁的重要性以及门锁工作环境相对来说有较多灰尘，因此，在日常维保中门锁一般应被经常检查，为方便检查门锁的工作部件，作了相应的要求。要注意的是，这里描述的

图 6－16　间接操作的验证层门关闭电气安全装置

图 6－17　直接操作的验证层门关闭电气安全装置

“采用一块透明板”只是一个例子，要达到“以便观察”的效果，不应认为门锁上必须带有一块透明的板。

③当门锁触点放在盒中时，盒盖的螺钉应为不可脱落式的。在打开盒盖时，它们应仍留在盒或盖的孔中。

当门锁安装完毕后，在以后的维修、检查中不可能每次都将门锁整体拆下来。工作人员一般也不容易在门锁安装位置附近作业，尤其类似螺钉这样的细小部件很容易在人员拆开锁盒时落入井道，而且一旦落入井道很不容易找到。当锁盒螺钉丢失后，如果不及时补配，那么盒盖将无法安装，使门锁触点暴露在外面，将可能造成因触点覆盖灰尘导致接触不良而使电梯产生故障。更重要的是，门锁触点是带电的，而且是串联在电气安全回路中的，由于电气安全回路串联了多个触点，因此，为了保证电气安全回路清晰地（电压足够）向系统反馈信号，一般情况下电气安全回路的电压通常较高（高于安全电压），如果触点暴露在外面，那么很容易对维修保养人员造成电击伤害。因此为防止门锁触点盒上的螺钉丢失，应将这些螺钉设计成不可脱落式的。

学习任务 6.4　紧急开锁装置的结构与原理

知识储备

根据 GB/T 7588—2020 中的要求：“每个层门均应能从外面借助于一个如图 6－18 所示的开锁三角孔相配的钥匙将门开启。

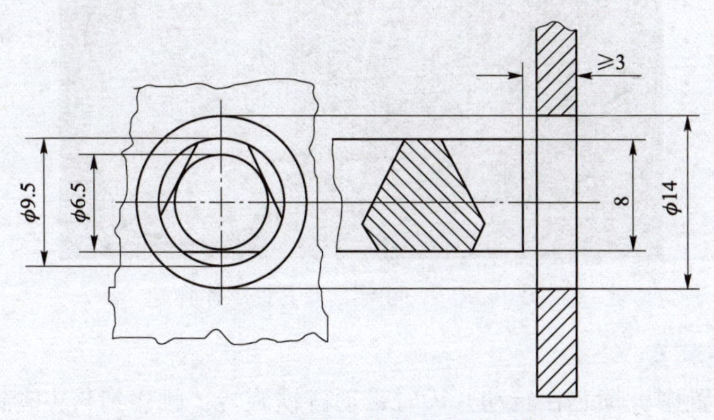

图 6－18　开锁三角形钥匙的结构

这样的钥匙应只交给一个负责人员。钥匙应带有书面说明，详述必须采取的预防措施，以防止开锁后因未能有效地重新锁上而可能引起的事故。

在一次紧急开锁以后，门锁装置在层门闭合下，不应保持开锁位置。

在轿门驱动层门的情况下，当轿厢在开锁区域之外时，若层门无论因为何种原因而开启，则应有一种装置（重块或弹簧）能确保该层门自动关闭。”

紧急开锁装置应用于实现层门从外通过三角钥匙（图 6－19）开启层门门锁装置。这个装置通过锁孔与一定的开锁机构和层门门锁连接，仅允许规定形状与尺寸的三角钥匙插入其中进行开锁操作。

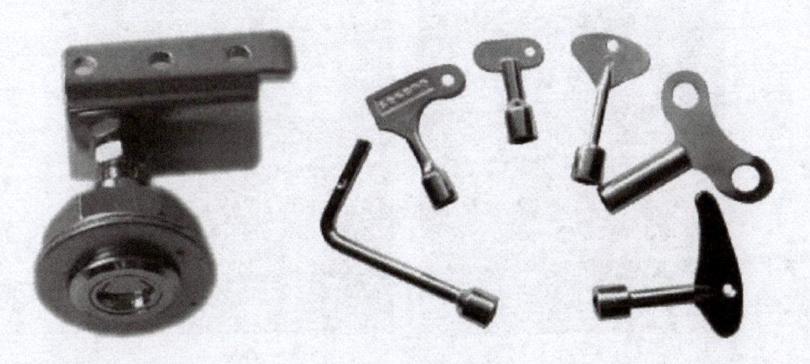

图 6－19　三角形钥匙

根据其结构和原理，紧急开锁装置的开锁机构可以分为摆杆式和顶杆式两种。

1. 三角钥匙

三角钥匙的存在是为援救、安装、检修等提供操作条件。三角钥匙应附带有类似“注意使用此钥匙可能引起的危险，并在层门关闭后应注意确认已锁住”内容的提示标牌，如图6-20所示。对三角钥匙的管理应有效保证只有“经过批准的人员”才能进行紧急开锁；同时，三角钥匙上应附带有相关说明，可以在其使用过程中提示使用人员应注意的事项。

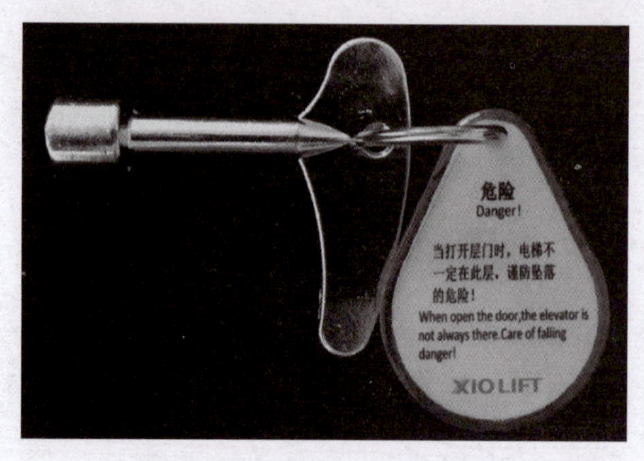

图6-20　三角钥匙及其提示标牌

2. 摆杆式开锁装置

摆杆式开锁装置中，锁芯在转动开锁时带动碰铁旋转，触碰到与主动锁钩刚性连接的摆杆后，推动摆杆和锁钩向开锁方向旋转，开启层门门锁。

根据碰铁运动的平面，又可以将摆杆式开锁装置分为水平碰铁和垂直碰铁两种，垂直碰铁的紧急开锁装置锁孔通常布置在层站一侧层门的上端，如图6-21（a）所示，其内部的开锁机构位于井道一侧的层门上端；而水平碰铁的紧急开锁装置锁孔通常布置在层站一侧的门楣上，如图6-21（b）所示，而其内部的开锁机构则位于井道一侧门楣内部。

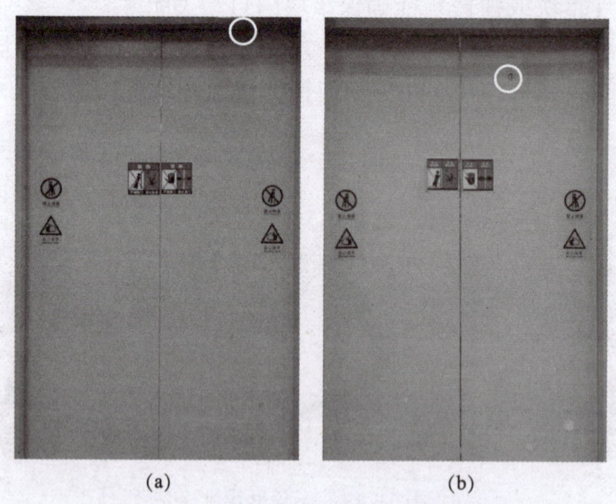

(a)　　(b)

图6-21　摆杆式开锁装置的锁孔位置

（a）垂直碰铁的紧急开锁装置锁孔位置；（b）水平碰铁的紧急开锁装置锁孔位置

垂直碰铁的摆杆式开锁装置如图 6－22 所示，其锁孔多布置在层站一侧层门的上端，由于碰铁在垂直面上旋转运动，因此，在一次开锁后，碰铁能够依靠自身重力作用自动落下使开锁机构释放门锁，让门锁再次锁紧，无须额外设置复位机构。

图 6－22 垂直碰铁的摆杆式开锁装置

水平碰铁的摆杆式开锁装置如图 6－23 所示，其锁孔多布置在层站一侧的门楣上，由于碰铁在水平面上旋转运动，在一次开锁后，碰铁无法在自身的重力下自动复位，因此，需要额外设置复位机构，如螺旋弹簧等，使开锁机构释放门锁，让其再次锁紧。

图 6－23 水平碰铁的摆杆式开锁装置

3. 顶杆式开锁装置

顶杆式开锁装置中，锁芯在转动开锁时带动碰铁旋转，触碰到安装于门扇上的顶杆机构，使顶杆在其导向装置中向上运行，向上顶住主动锁钩后，推动锁钩向开锁方向旋转，开启层门门锁。各种型号的顶杆式开锁装置如图6－24所示。

图6－24　各种型号的顶杆式开锁装置

相对于摆杆式开锁装置，顶杆式开锁装置由于驱动门锁时的力臂比较短，加之顶杆在导向装置中存在一定的运动阻力，因此，需要用较大的力量才能开锁，而且当一次开锁结束后，门锁在复位过程中也会遇到更大的阻力，锁钩容易出现无法锁紧的情况。目前，顶杆式开锁装置的使用量正在逐步减少。

学习任务 6.5　门联动机构的结构与特性

门联动机构的结构与原理 SCORM 课件

知识储备

1. 层门联动机构的作用与分类

门联动机构的作用是连接层门或轿门上的各门扇，使各门扇在开关门运动过程中相互联动，让多个门扇以相互匹配的运行速度和方向执行开关门操作。

从机械连接的形式角度分析，门扇之间的联动机构可以分为直接连接和间接连接两种。

（1）门扇的直接连接是指在两个门扇之间采用刚性连接件进行传动，如在门联动机构中，门扇与门扇之间采用机械摆杆等刚性装置连接的称为直接连接。

（2）门扇的间接连接是指在两个门扇之间加入了柔性或半柔性传动件，如采用钢丝绳或传动带等其他非刚性装置连接的则称为间接连接。

在由开门机驱动的水平滑动门中，通过传动机构（如传动带、摆杆等）直接由门电机驱动的轿门称为主动门；而通过轿门门机的联动机构，在主动门带动下运行的轿门称为被动门。在开关门过程中，门电机通过传动机构直接驱动一个或多个轿门主动门，再通过轿门的联动机构带动被动门，实现轿门的开关运行。

门机通过安装在轿门主动门上的门刀驱动层门主动门上的门锁滚轮，使门锁开启后驱动层门主动门开启；同时，层门主动门通过层门的联动机构带动被动门，控制主、被层门同步进行开关门运行。

常见的层门联动机构中多采用钢丝绳作为联动机构部件形成间接连接，而在开门距离较大的旁开门上，也会采用摆杆作为联动机构，形成直接连接。不论是门机还是层门的联动机构，钢丝绳联动机构由于制造成本上的优势，近年来有逐步取代摆杆联动机构的趋势。图 6－25和图 6－26 分别是间接连接和直接连接层门的联动机构。

2. 轿门门机联动机构的作用与分类

常见的轿门门机的联动机构中，较早的直流电阻门机，多采用摆杆作为联动机构，形成直接连接。而近年来应用日趋广泛的交流变频门机上，越来越多地开始采用钢丝绳或者传动带作为联动机构部件形成间接连接。

需要注意的是，常见的轿门联动机构与层门联动机构不同，除了连接主、被动门外，还会与门电机相连，即这类轿门的联动机构同时又是门机的传动机构，如图 6－27 所示。

3. 门联动机构的标准与特性

GB/T 7588—2020 中明确对直接连接和间接连接的两类门联动机构做出如下要求：

5. 3. 11 机械连接的多扇滑动层门

5. 3. 11. 1 如果滑动门是由数个直接机械连接的门扇组成，允许：

a）将 5. 3. 9. 4. 1 或 5. 3. 9. 4. 2 规定的装置设置在一个门扇上；

b）如果仅锁紧一个门扇，则应在多折门门扇关闭位置钩住其他门扇，使该单一门扇的

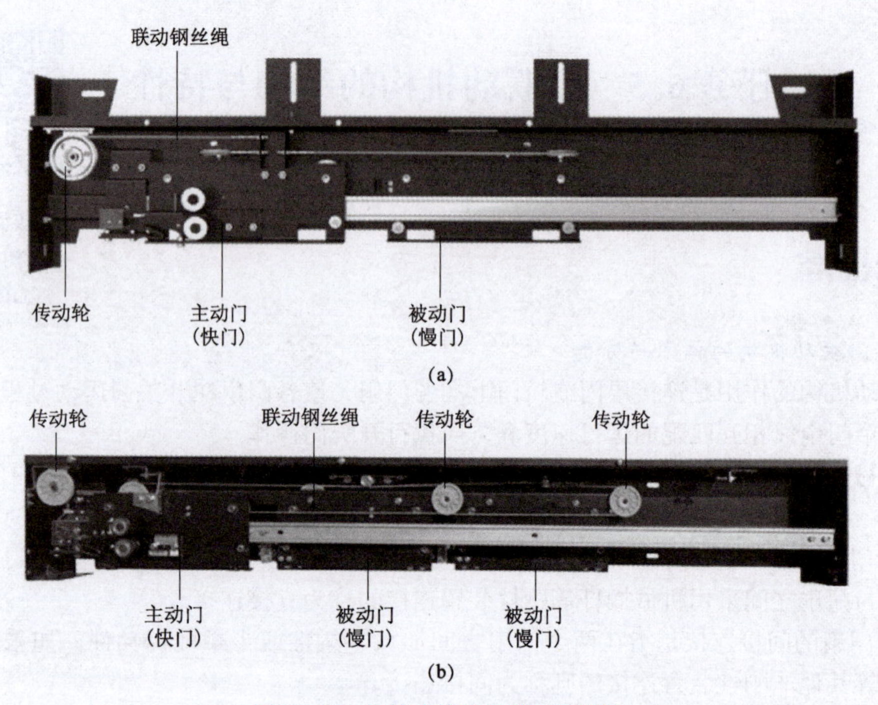

图6-25　间接连接层门的联动机构

（a）间接连接的旁开式层门；（b）间接连接的旁开三折式层门

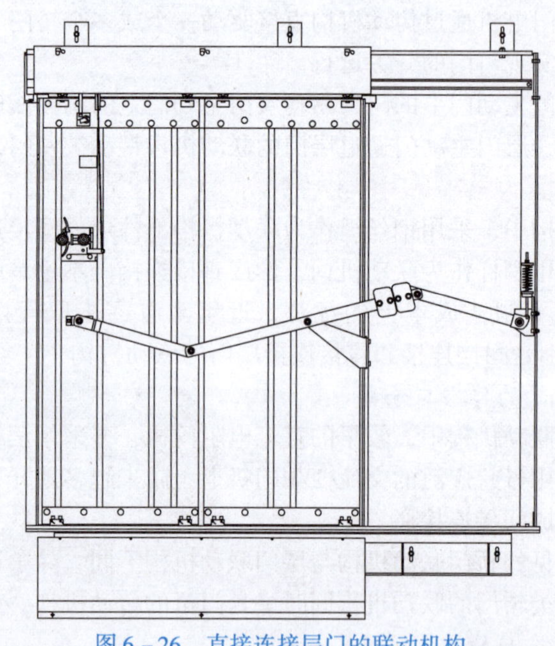

图6-26　直接连接层门的联动机构

锁紧能防止其他门扇的开启。

门在关闭位置时，多折门每个门扇的回折结构使快门钩住慢门，或者通过悬挂板上的钩达到相同的连接，认为是直接机械连接。因此，不要求在所有门扇上均设置5.3.9.4.1或5.3.9.4.2规定的装置。即使在门导向装置损坏的情况下，该连接也应确保有效。不需要考

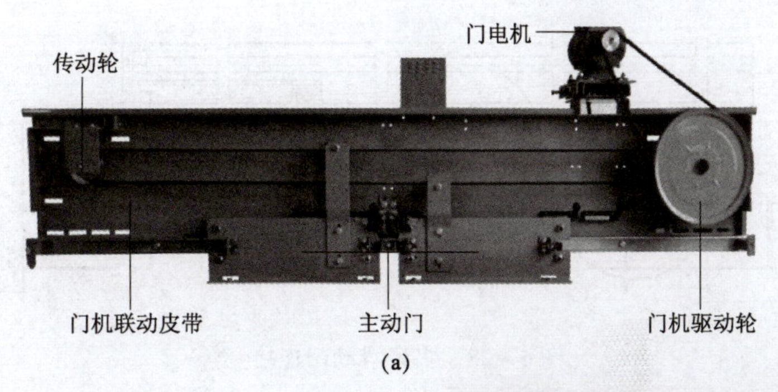

(a)

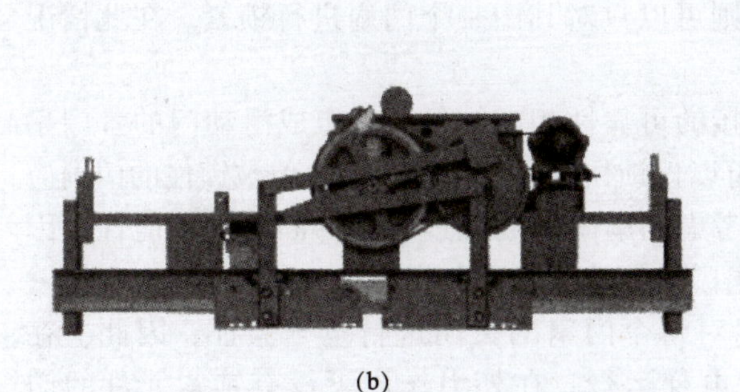

(b)

(c)

图 6-27　轿门门机联动机构

(a) 间接连接的中分式门机（传动带同时作为联动机构）；(b) 直接连接的中分式门机（传动链/摆杆同时作为联动机构）；(c) 直接连接的旁开式门机

虑上下导向装置同时损坏的情况。应验证门扇的钩住部件在所设计的最小啮合深度时符合5.3.11.3的强度要求。

注：门悬挂板不是导向装置的组成部分。

5.3.11.2 如果滑动门是由数个间接机械连接（如采用绳、带或链条）的门扇组成，允许只锁紧一个门扇，条件是：该门扇的单一锁紧能防止其他门扇的打开，且这些门扇均未设置手柄。未被锁住的其他门扇的关闭位置应由符合5.11.2规定的电气安全装置来证实。

5.3.11.3 符合5.3.11.1规定的门扇间的直接机械连接或符合5.3.11.2规定的间接机械连接装置是门锁装置的组成部分。

它们应能够承受5.3.9.1.7 a）所述的1 000 N的力，即使与5.3.5.3.1所述的300 N的力同时作用。

结合两类联动机构的机械结构特点，对上述要求进行分析可知：

(1) 直接连接的多扇滑动门，由于其门扇之间是采用机械机构进行刚性连接（图6-28），一个门扇的开启或闭合的状态就可以反映整个层门的开启和闭合状态；同时，这种设计也可以保证层门开启或闭合是可靠的。在这里，一个门扇的机械锁紧状态就可以反映整个层门是否锁紧，因此，验证层门关闭的电气安全装置可以只安装在一个门扇上。需要注意的是，此时，这个唯一的验证层门关闭的电气安全装置，同时也应能够验证层门锁紧的状态。

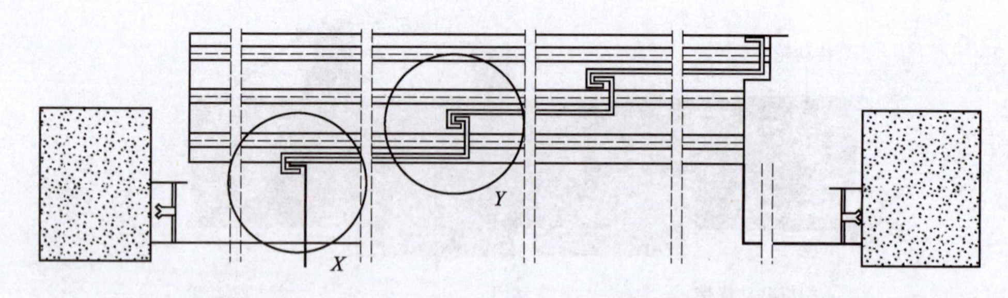

图6－28　多扇滑动门连接

当多扇滑动门采用机械连接方式时，若采用钩住重叠式门的其他闭合门扇的方法，即折叠式门在关闭时各个门扇的首尾互相钩锁，则可以只对其中一个门扇进行锁紧。在此情况下，其他门扇也将不能被打开。

（2）相对于直接机械连接，间接机械连接的可靠性相对较低。当组成滑动门的各门扇之间采用钢丝绳、皮带、链条等连接时，也可以仅锁住多扇门中的一扇，但被锁住的门扇应可以防止其他门扇的打开。与此同时，还应考虑门扇间非刚性连接部件断裂的可能性，因此，要求对于未被直接锁住的门扇增加验证扇门关闭的电气安全装置。

但需要注意的是，采用间接连接的门扇对每个门扇的关闭进行电气验证，因此，在联动钢丝绳等联动机构断裂时，将不再允许电梯运行，在外力作用下没有锁紧元件的门扇可能会被打开，从而造成人员坠落井道的事故发生。

学习任务6.6　门悬挂装置和导向装置的结构与功能

门悬挂装置和导向装置的结构与功能SCORM课件

知识储备

1. 门悬挂装置的结构与功能

水平滑动层门的顶部和底部都应设有导向装置，垂直滑动层门两边都应设有导向装置。

水平滑动层门的结构特点决定了如果只在顶部或底部设置导向装置，当门受到垂直于门扇方向的水平力的作用时，若力的作用点正好靠近没有导向的一侧，则水平滑动层门无法保持在正常位置上。

门悬挂装置是用于对层轿门的门扇进行悬挂、固定并约束其运动自由度的机械机构，通常由上坎滑轨、门悬挂构件、门导向轮、门限位轮以及应急导向装置相互配合进行工作，以实现门扇的悬挂与导向功能，其结构组成如图6－29所示。

悬挂构件的底部与门扇的上端部相互连接，门导向轮安装于门悬挂构件上部的两端（图6－30），通过其轮槽在滑轨上运行并与滑轨相互约束产生导向作用，门扇悬挂在层门上坎上，并在上坎滑轨上实现开关门运行。

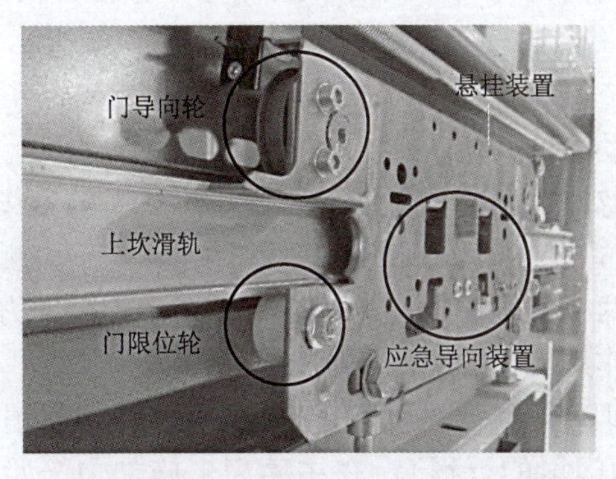

图 6－29　门悬挂装置的结构组成

图 6－30　门导向轮

门限位轮则安装在悬挂构件的下端，当层轿门门扇通过门导向轮悬挂于上坎滑轨上，并在滑轨上往复运行时，门限位轮与上坎滑轨的下沿保持十分小的运行间隙，但不与滑轨直接接触；其作用是在门扇受到外力撞击或试图扒开门扇时限制门导向轮不能使之向上运动，以防止门导向轮脱离滑轨和引起层门脱落。其工作原理如图 6－31 所示。

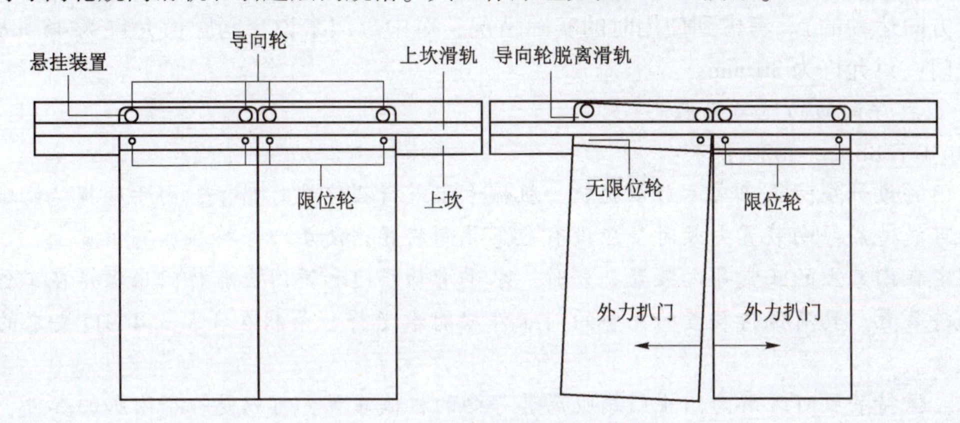

图 6－31　门限位轮的工作原理

根据 GB/T 7588.1—2020 的要求：

对于水平滑动层门和折叠层门，在最快门扇的开启方向上最不利的点徒手施加 150 N 的力（不用工具），条款 5.3.1 中规定的间隙可以大于 6 mm，但不得大于下列值：

a）对旁开门，间隙为 30 mm；

b）对中分门，间隙的总和为 45 mm。

应注意，标准要求是“在水平滑动门和折叠门主动门扇的开启方向施加在一个最不利的点上”。这个标准要求的是主动门扇，测试时若有多扇主动门，应在每个门扇上均施加 150 N 的力；不应向被动门扇施加力。

主动门扇可按下列方式分辨：

（1）自身带有开门机的层门。

主动门是指所有的由开门机直接驱动的门扇。其他由钢丝绳、皮带或链条等带动的门扇则属于被动门扇。

（2）由轿门开门机带动的层门。

主动门是指所有的由轿门开门机驱动层门的部件（如门刀、连杆等）直接带动的门扇，其他则为被动门。

(3) 手动层门。

主动门是指操作人员直接在其上施加手动力的门扇。

以上条件在测试双扇中分门时有时会被忽略，正确的做法应是使用150 N的力作用在一个门扇（主动门）上，而不能用两个150 N的力同时分别作用在两个门扇上，即测试时只扒一扇门而不同时扒两扇门，因为中分门的两个门扇是联动的。若将两个150 N的力同时分别作用在两个门扇上，则对整个门系统的总作用力为300 N。

规定要在主动门上施加力来检验各项间隙是因为主动门扇是直接受力的门扇，同时也是行程较大的门扇（至少行程不小于被动门扇的行程）。在主动门上施加力来验证间隙是比较严格的做法。标准所指的“间隙”，在旁开门（侧开式伸缩门）关闭的情况下，间隙值为门扇与门框之间的间隙；中分门情况下，是指分别向两边分开的门扇之间的间隙总和。

旁开门和中分门的间隙要求有所差异是由于中分门两个层门是联动的，受力时，两个层门分别向两侧运动，这样势必造成两扇门之间的间隙较折叠门大些（折叠门的两个门扇是朝一个方向运动的）。考虑到使用时的实际情况，对中分门来说，间隙值允许为45 mm，而对折叠门，只允许为30 mm。

2. 应急导向的功能与要求

GB/T 7588.1—2020要求：

层门的设计应防止正常运行中脱轨、机械卡阻或行程终端时错位。由于磨损、锈蚀或火灾原因可能造成导向装置失效时，应设有应急导向装置，使层门保持在原有位置上。

固定在门扇上的正常导向装置失效时，水平滑动层门和轿门应有将门扇保持在工作位置上的保持装置。具有保持装置的完整的门组件应能承受符合条款5.3.5.3.4 a）要求的摆锤冲击试验。

注：保持装置可理解为阻止门扇脱离其导向的机械装置，可以是一个附加的部件，也可以是门扇或悬挂装置的一部分。

部分采用非金属材质的门导向轮（图6-32）和门限位轮，在遭遇火灾、过度磨损甚至发生破裂时，会导致门扇由于失去正常的导向和悬挂，从上坎上脱落，因此，应在门扇或悬挂构件上设置应急导向装置，当导向轮和限位轮失效时，将悬挂装置始终保持悬挂在滑轨上。

图6-32 采用非金属材质的门导向轮

电梯层门导向装置应能防止层门在正常运行中出现脱轨、卡阻或行程终端时错位的情况。这样就要求导向装置在层门正常运行的整个过程中都应提供顺畅、有效的导向。门地坎和门靴是门的辅助导向组件，与门导轨和门滑轮配合，使门的上、下两端（对于垂直滑动门而言是左、右两边）均受导向和限位。当门运动时，门靴沿着地坎槽滑动。有了门靴，门扇在正常外力作用下就不会倒向井道。

若磨损、锈蚀或火灾原因可能导致导向装置失效，则应设有应急的导向装置使层门在上述情况下保持在原有位置上；但若磨损、锈蚀或火灾不会造成正常导向失效，那么就不需要应急导向。通常，确定是否需要设置应急导向装置，应分析在上述情况下是否能导致层门脱离其原有位置（如火灾通常会使非金属导向材料失效）。如果有金属衬片能使门保持在其原有位置上，则不需要额外设置应急导向装置。

“应急导向装置”可以是原导向装置的一部分，只要在导向装置（一般是门导靴）失效时，层门能够保持在原有位置上即可，不要求层门在导向装置失效的情况下依然可以正常动作。“应急导向装置”的要求并不仅是针对层门，同时，也是针对悬挂和支承层门的部件，如层门门机、地坎等的要求。当发生磨损、锈蚀或火灾时，若这些部件无法继续支持层门并使其保持在原有位置上，则也是不符合标准要求的。

根据其工作原理，常见的层门应急导向装置可以分为上端钩挂机构和下端限位机构两部分，如图 6－33 所示。

上端钩挂机构是在门悬挂构件上通过冲压折板形成的弯钩形状金属构件。当导向轮因火灾或者磨损而损毁时，替代其作为导向装置，利用钩形金属件将悬挂构件钩挂在门滑轨上，在应急状态下悬挂门扇，并约束门扇防止其脱落并坠入井道。

下端限位机构是在悬挂构件上通过冲压折板形成的弯钩形状金属构件。当限位轮因火灾或者磨损而损毁时，将悬挂构件的下端约束在滑轨下沿上，当出现外力冲击或者试图扒门时，限制导向轮或上端钩挂机构向上运动，将其保持在滑轨上沿，防止其从滑轨上脱落。

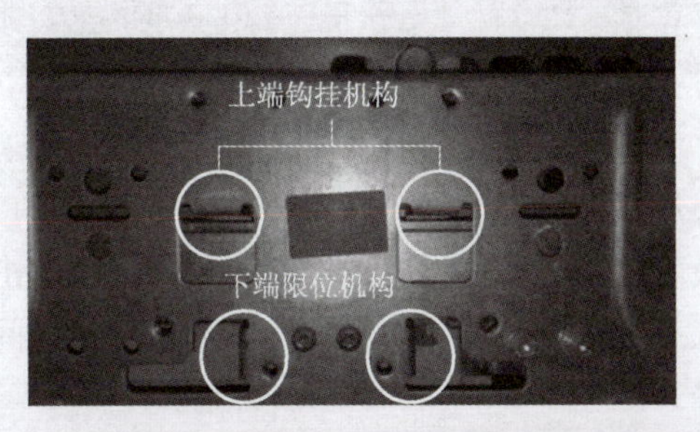

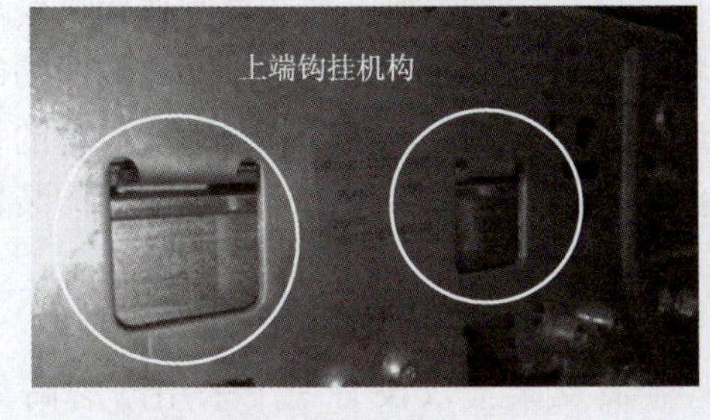

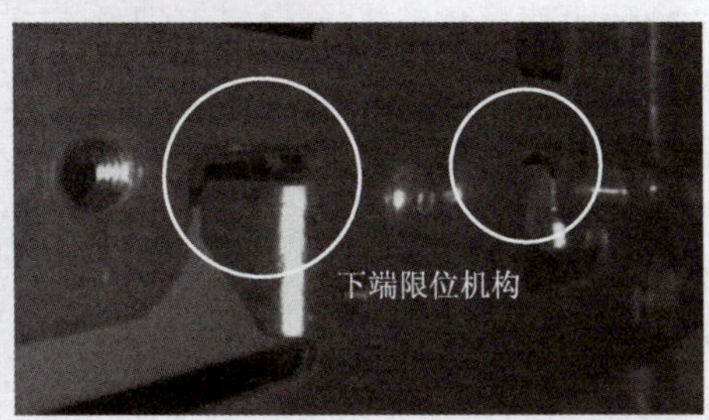

图 6－33　上端钩挂机构和下端限位机构

当滑轨的上沿和下沿均为轨道构型时，上端钩挂机构和下端限位机构，可同时采用钩挂形式作用在滑轨的上沿和下沿，如图 6－34 所示。对于部分滑轨，由于其下沿为平面构型，没有可用于钩挂的轨道，因此通常会在悬挂构件上通过冲压折板形成平板形状的金属构件（图 6－35），在应急状态下作用在平面构型的滑轨下沿，限制导向轮或应急导向装置向上运动。

图6-34　滑轨的上沿和下沿构型

图6-35　平板形状的下端限位机构

需要注意的是，采用金属材质的导向轮和限位轮，其本身也可以视为实现应急导向功能的一种方法，但应当能够在最不利状态下通过标准中所要求的摆锤冲击试验。针对常见悬挂装置的设计方案，所谓最不利状态，可以理解为将限位轮与滑轨的运行间隙调整至最大状态。

3. 门导靴的结构与功能

门导靴的主要功能是约束门扇下端的运动自由度，防止门扇上端在外力作用下脱离层门地坎坠入井道，通常情况下地坎滑槽和门导靴相互配合工作，实现门扇下端的导向功能。

门导靴安装在门扇下端，导靴的靴衬嵌入地坎滑槽中，通过门导靴与地坎滑槽的相互啮合约束门扇下端的运动自由度，使其在地坎滑槽的导向下进行开关门运行。下导向装置的结构与工作原理如图6-36所示。

根据结构，常见的门导靴可以分为分体式和一体式两种。

（1）分体式门导靴尺寸小、结构简单，其金属支架上仅设有一个采用耐磨高分子材料（如橡胶、聚氨酯、塑料等）制成的靴衬，靴衬与金属支架不可拆卸。当靴衬磨损时，需将门导靴整个更换。一般每个门扇的下端需要安装两个分体式门导靴，如图6-37所示。

（2）一体式门导靴尺寸相对较大，门导靴的金属支架两端设有两个靴衬，且靴衬通常情况下被设计为可拆卸式，当靴衬磨损时，单独更换靴衬即可，如图6-38（a）所示。部分型号的一体式门导靴的金属支架固定在门扇下端不可更换，如图6-38（b）所示。

图 6－36　下导向装置的结构与工作原理

图 6－37　分体式门导靴

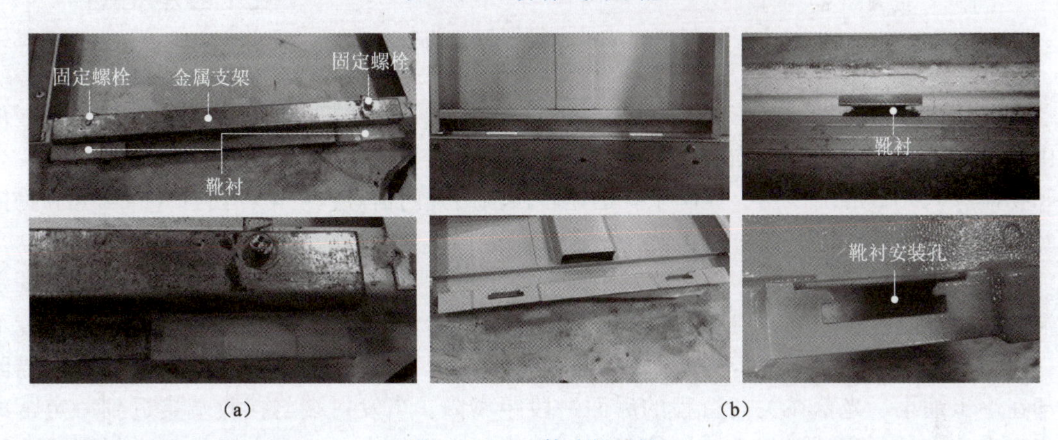

图 6－38　一体式门导靴

（a）支架可更换的一体式门导靴；（b）支架不可更换的一体式门导靴

学习任务 6.7　防止门夹人的保护装置的类型和原理

知识储备

轿门防撞击保护装置的类型和原理 SCORM 课件

根据 GB/T 7588—2020 中相关标准的要求，当乘客在层门和轿门的关闭过程中，通过入口被门扇撞击或将被撞击时，一个保护装置应自动地使门重新开启。根据其工作原理，目前常见的轿门防撞击保护装置可以分为非接触式和复合式两种。

1. 非接触式防止门夹人的保护装置

非接触式保护可以是安全触板上增加光幕或光电开关，也可以是单独的光电式保护装置等。

光幕运用红外线光电传感器作为检测元件，其控制系统包括控制装置、发射装置、接收装置、信号电缆、电源电缆等。发射装置和接收装置安装于电梯门两侧，主控装置通过传输电缆，分别对发射装置和接收装置进行数字过程控制。光幕的结构及原理如图6－39所示。

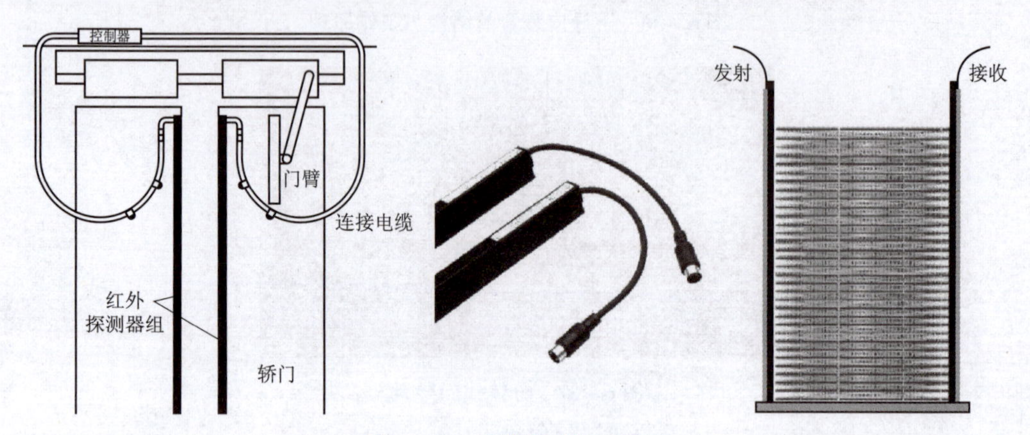

图6－39　光幕的结构及原理

在关门过程中，发射管依次发射红外线光束，接收管依次打开接收光束，在轿厢门区形成由多束红外线密集交叉扫描的保护光幕，不停地进行扫描，形成红外线光幕警戒屏障，当人和物体进入光幕屏障区内，控制系统迅速转换输出开门信号，使电梯门打开；当人和物体离开光幕警戒区域，电梯门方可正常关闭，从而达到安全保护的目的。

常用的光幕在关门过程中随着相对距离的减小，有效光束的数量也在减少。当光幕的发射端和接收端随着轿门的开启和关闭相对运动时，虽然发射端射出的红外光束的发射角度不变，但随着接收端的距离逐步接近（如图6－40中从C位置移动至A位置），光束的扫描区域却在逐步缩小。光幕在关门行程的后面一段距离内，当发射端与接收端接近到一定距离时，光束的有效范围已经很少，保护不到的盲区却变得较大，这时光幕就无法起到保护作用。光幕的检测原理如图6－40所示。

部分厂家电梯的光幕被设计为固定安装在轿厢两侧（图6－41），不随门扇的开启和关闭一起运动，其中一个目的就是解决光幕相对距离缩小时有效光束数量减少的问题。

此外，光幕也无法检测玻璃、细绳等透明、纤细的物体。当轿门被这些物体遮挡时，光幕无法有效识别检测。这个性能上的缺陷往往会引起轿门继续关闭直至夹住这些物体而引发危险。

2. 复合式防止门夹人的保护装置

光幕反应灵敏，可以在层轿门未触碰乘客或物体前停止关门，但可靠性较低，容易受强光干扰而误动作；对于透明、半透明材料以及直径较细的绳状物体也有不起作用的问题。从可靠性角度看，虽然安全触板需要通过接触物体才能触发重开门信号，但其动作相对可靠，不容易出现盲区和死角。

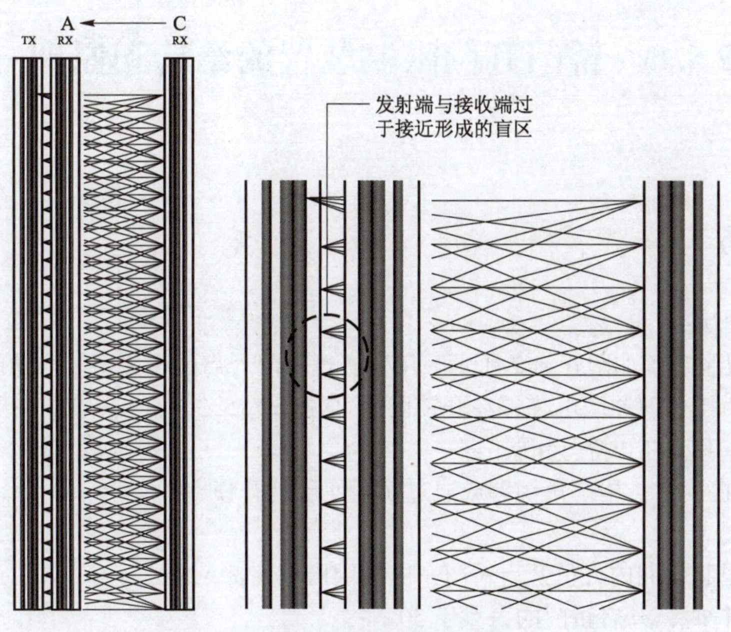

图 6-40　光幕的检测原理

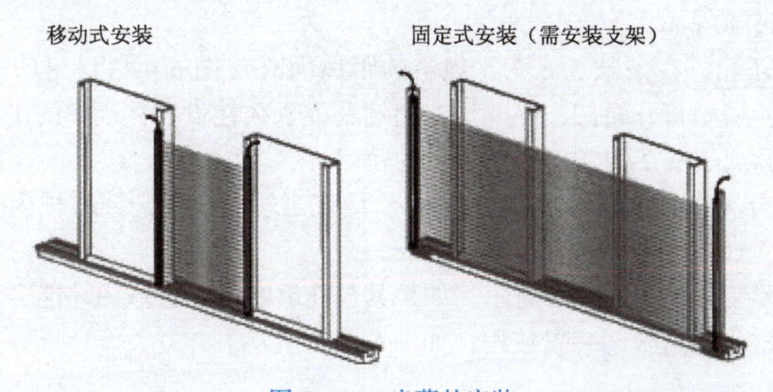

图 6-41　光幕的安装

为了弥补接触式和非接触式防止门夹人保护装置的不足并发挥各自的优点，出现了光幕和安全触板复合式的轿门防撞击保护装置，其原理是在安全触板机构的触板上安装光幕。当乘客和货物经过轿门时，通过光幕对障碍物进行检测并重开门，但当轿门处出现玻璃、钢丝等物体时，障碍物无法有效阻挡光幕的红外光线，此时轿门将继续关闭直至触及障碍物使安全触板提起，触发重开门信号，轿门才停止关门并执行重开门信号，把门打开。

另外，早期部分电梯为了提高安全触板的自动化程度，实现一定程度上的非接触保护，也曾采取过在安全触板上增加对射式红外光电的方案。这种方案在两侧安全触板的后方，距离地面 600 mm 左右位置安装一对红外对射光电；同时，在触板上开设通光孔，使其对射式光电的发射端发射的红外光能够通过该通光孔被接收端传感器接收，当人员通过轿门时，其腿部遮挡使接收端无法接收到红外光，触发电梯中断关门并重开门。这种方案能够较为有效地识别进出轿厢的乘客，但对高度较矮或倾斜状态的货物仍然无法有效检测，需要通过安全触板进行接触式保护。

学习任务6.8　轿门开门限制装置的结构和原理

轿门开门限制装置的结构和原理SCORM课件

知识储备

1. 轿门的开启

轿门开门限制装置如图6－42所示，用于实现轿门开启的相关要求与功能。

（1）如果由于任何原因电梯停在开锁区域（见条款5.3.8.1），应能在下列位置用不超过300 N的力，手动打开轿门和层门：

a）轿厢所在层站，用三角钥匙或通过轿门使层门开锁后；

b）轿厢内。

（2）为了限制轿厢内人员开启轿门，应提供措施使：

a）轿厢运行时，开启轿门的力大于50 N；

b）轿厢在条款5.3.8.1中规定的区域之外时，在开门限制装置处施加1 000 N的力，轿门开启不能超过50 mm。

（3）至少当轿厢停在条款5.6.7.5规定的距离内时（图6－43），打开对应的层门后，应能够不用工具从层站打开轿门，除非用三角钥匙或永久性设置在现场的工具。本要求也适用于具有符合条款5.3.9.2的轿门锁紧装置的轿门。

（4）对于符合5.2.5.3.1 c）规定的电梯，应仅当轿厢位于开锁区域内时才能从轿厢内打开轿门。

轿门机械锁紧装置如图6－44所示，如果其仅能够在开锁区域内才能开启轿门，则该装置同样可以作为轿门开门限制装置使用，如图6－45所示。

图6－42　轿门开门限制装置

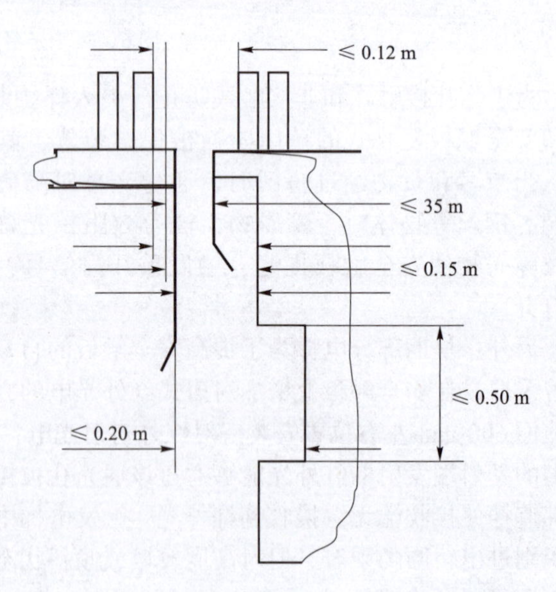

图6－43　轿厢与面对轿厢入口的井道壁的间距

图 6-44　轿门机械锁紧装置

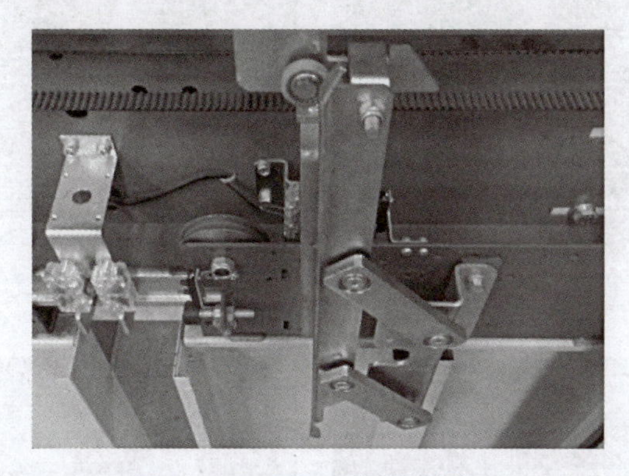

图 6-45　轿门开门限制装置

2. 轿门开门限制装置的类型与原理

轿门开门限制装置，根据轿门门锁与层门门锁开启过程是否联动，可以分为独立开启和联动开启两种类型。

（1）独立开启的轿门开门限制装置。

轿门开门限制装置在独立开启方式下，层门门锁及其开启机构（门刀）和轿门门锁及其开启机构分别独立设置。门机在开启过程中，门电机通过传动机构带动主动门开启，轿门门锁通过设置在层门和轿门上的开启机构相互联动，开启轿门门锁；与此同时，层门门锁则通过主动门上的轿门门刀夹住层门门锁滚轮开启层门主动锁钩。

常见的轿门门锁独立开启机构会在门机上坎上设置独立的轿门锁紧机构，并在层门的上坎设置相应的轿门门锁开启装置。例如，固定式的轿门开锁门刀、随层门悬挂装置移动的滚轮等。

- **独立开启的轿门开门限制装置案例（一）**

如图 6-46 所示为某型号独立开启式轿门开门限制装置，在层门上坎安装有固定式的轿门开锁门刀，门刀的长度与开锁区域相匹配，当轿厢运行至开锁区域内开门时，轿门门锁能够在门机传动机构的驱动下，与轿门开锁门刀联动，使轿门门锁开启。

安装于门机上的轿门门锁上设置有主动锁钩、被动锁钩、门锁滚轮和电气安全装置，并且通过独立设置的驱动弹簧和驱动摆臂，在开锁过程中提供驱动力，而不与层门门锁的开锁机构存在任何形式的连接。独立设置和驱动的轿门门锁如图 6-47 所示。

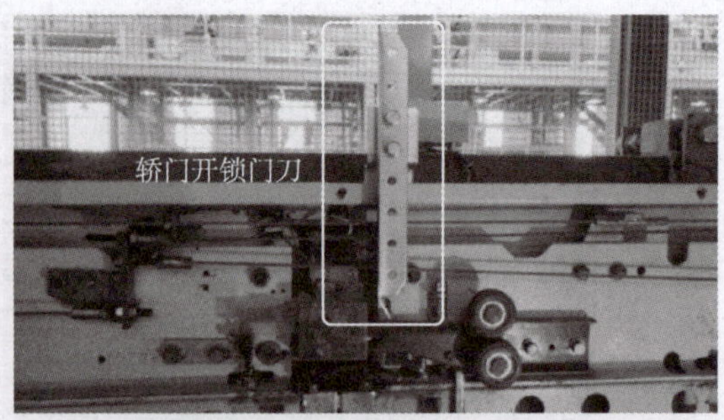

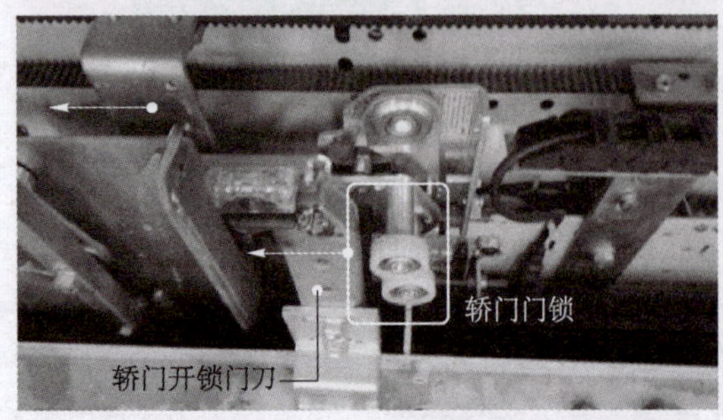

图 6－46　某型号独立开启式轿门开门限制装置

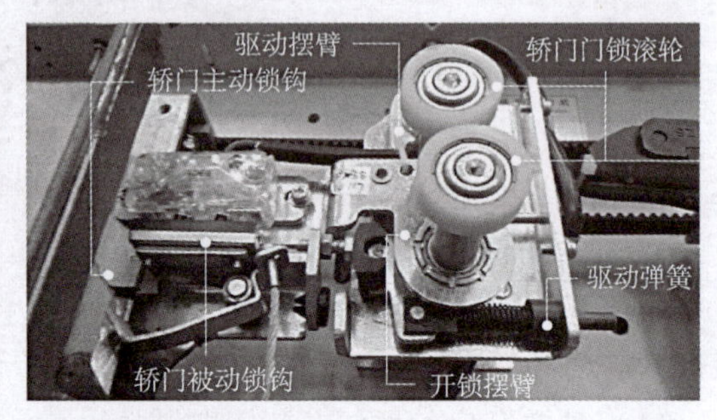

图 6－47　独立设置和驱动的轿门门锁

①当轿厢不处于开锁区域内，轿门在门电机或轿厢内乘客驱动下向开启方向运动时：

a）安装在主动门的门悬挂装置上的轿门被动锁钩与轿门同步运动，随之被动锁钩上的顶杆螺栓将逐步释放限位胶块，使驱动弹簧的弹力逐步推动轿门门锁的驱动摆臂向轿门开启方向转动，带动主动锁钩和门锁滚轮向轿门开启方向移动，其移动速度与轿门开启速度相等。

b）当轿门开启达到一定程度，驱动弹簧到达释放行程的末端后，主动锁钩和门锁滚轮不再继续向前运动，顶杆螺栓与限位胶块分离。

c）轿门随同被动锁钩继续向前开启运动，由于主动锁钩在全过程中未能开启，被动锁钩最终会与主动锁钩相互锁紧，使轿门无法继续开启，此时轿门开启的距离不应大于50 mm。

轿门在非开锁区域的开启过程如图 6－48 所示。

②当轿厢处于开锁区域内，轿门在门电机或轿厢内乘客驱动下向开启方向运动时：

a）安装在主动门的门悬挂装置上的轿门被动锁钩与轿门同步运动，随之被动锁钩上的

图 6－48　轿门在非开锁区域的开启过程

顶杆螺栓将逐步释放限位胶块，使驱动弹簧的弹力逐步推动轿门门锁的驱动摆臂向轿门开启方向转动，带动主动锁钩和门锁滚轮向轿门开启方向移动，其移动速度与轿门开启速度相同。

b）主动锁钩和门锁滚轮向轿门开启方向移动一定距离后，上端的门锁滚轮会首先与层门上坎上的轿门开锁门刀接触。此时，在轿门开锁门刀的阻碍下，上端门锁滚轮不再向前运动，而下端的门锁滚轮仍然在驱动摆臂的带动下向前运动，驱动开锁摆臂发生偏转，使主动锁钩向上逐步开启。

c）下端门锁滚轮进一步向前运动，直至与轿门开锁门刀接触停止运动，此时主动锁钩向上完全开启，并与被动锁钩完成解锁，轿门可以在门电机或轿内乘客的驱动下完全打开。

轿门在开锁区域内的开启过程如图 6－49 所示。

开锁摆臂　驱动摆臂

开锁摆臂　驱动摆臂

开锁摆臂　驱动摆臂

图 6－49　轿门在开锁区域内的开启过程

③当轿厢处于开锁区域外，需要从层站外手动开启轿门时：

在层站外手动拉拽轿门手动开锁钢丝绳，钢丝绳向下运动的过程中，驱动手动开锁摆臂发生偏转，摆臂的开锁端将主动锁钩向上顶起，使轿门门锁开启。撤除外力后，主动锁钩在自身重力作用下再次锁紧。轿门在开锁区域外通过层门开启的过程如图 6－50 所示。

图 6－50　轿门在开锁区域外通过层门开启的过程

- **独立开启的轿门开门限制装置案例（二）**

如图 6－51 所示为某型号独立开启式轿门开门限制装置，在层门上安装有随悬挂装置同步运动的滚轮，而在轿门被动门上安装有随轿门同步运动的活动式门刀，门刀的长度与开锁区域相匹配，当轿厢运行至开锁区域内开门时，轿门门刀能够在层门悬挂装置上的滚轮驱动下，保持轿门门锁处于开启状态。

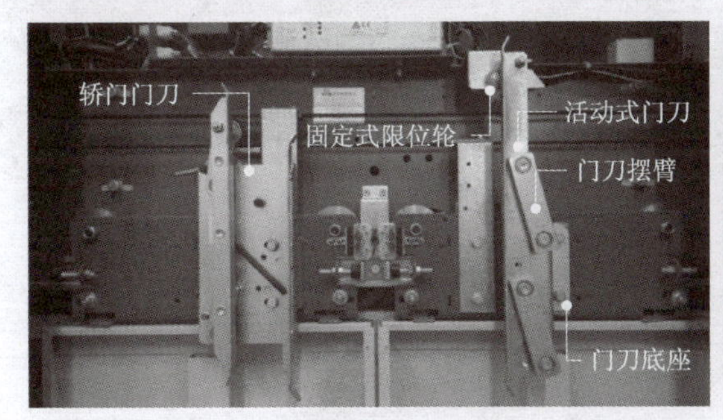

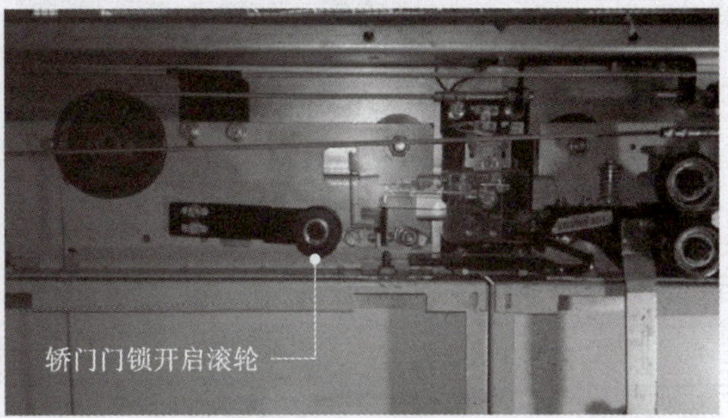

图 6－51　某型号独立开启式轿门开门限制装置

①当轿厢不处于开锁区域内，轿门在门电机或轿厢内乘客驱动下向开启方向运动时：

a）安装在轿门被动门上的活动式门刀底座随轿门一同开启，当门刀底座向轿门开启方向运动时，活动门刀仅受到安装在门机上坎的固定式限位轮的支撑，在自身重力作用下，门刀摆臂向下偏转，使门刀向下运动，活动式门刀上端的主动锁钩也同步下落。

b）当轿门开启到一定位置时，活动式门刀上端的主动锁钩逐步下落，最终将与被动锁钩啮合锁紧，使轿门无法继续开启，此时，轿门开启的距离不应大于 50 mm。

轿门在非开锁区域内的开启过程如图 6－52 所示。

②当轿厢处于开锁区域内，轿门在门电机或轿厢内乘客驱动下向开启方向运动时：

a）安装在轿门被动门上的活动式门刀底座随轿门一同开启，同时，轿门主动门上的轿门门刀同步夹住层门门锁滚轮，使层门与轿门同步开启。

b）安装在层门被动门上的轿门门锁开启滚轮与活动门刀接触，若带动活动门刀一同向轿门开启方向运动，使活动门刀不能自由下落，则此时活动门刀上端的主动锁钩将一直保持在开启状态，不会下落与被动锁钩啮合锁紧，轿门与层门可以完全开启。

轿门在开锁区域内的开启过程如图 6－53 所示。

（2）联动开启的轿门开门限制装置。

轿门开门限制装置在联动开启方式下，层门门锁与轿门门锁的开启的机构相互联动，均设置在轿门门刀上。门机在开启过程中，门电机通过传动机构带动主动门开启，主动门上的

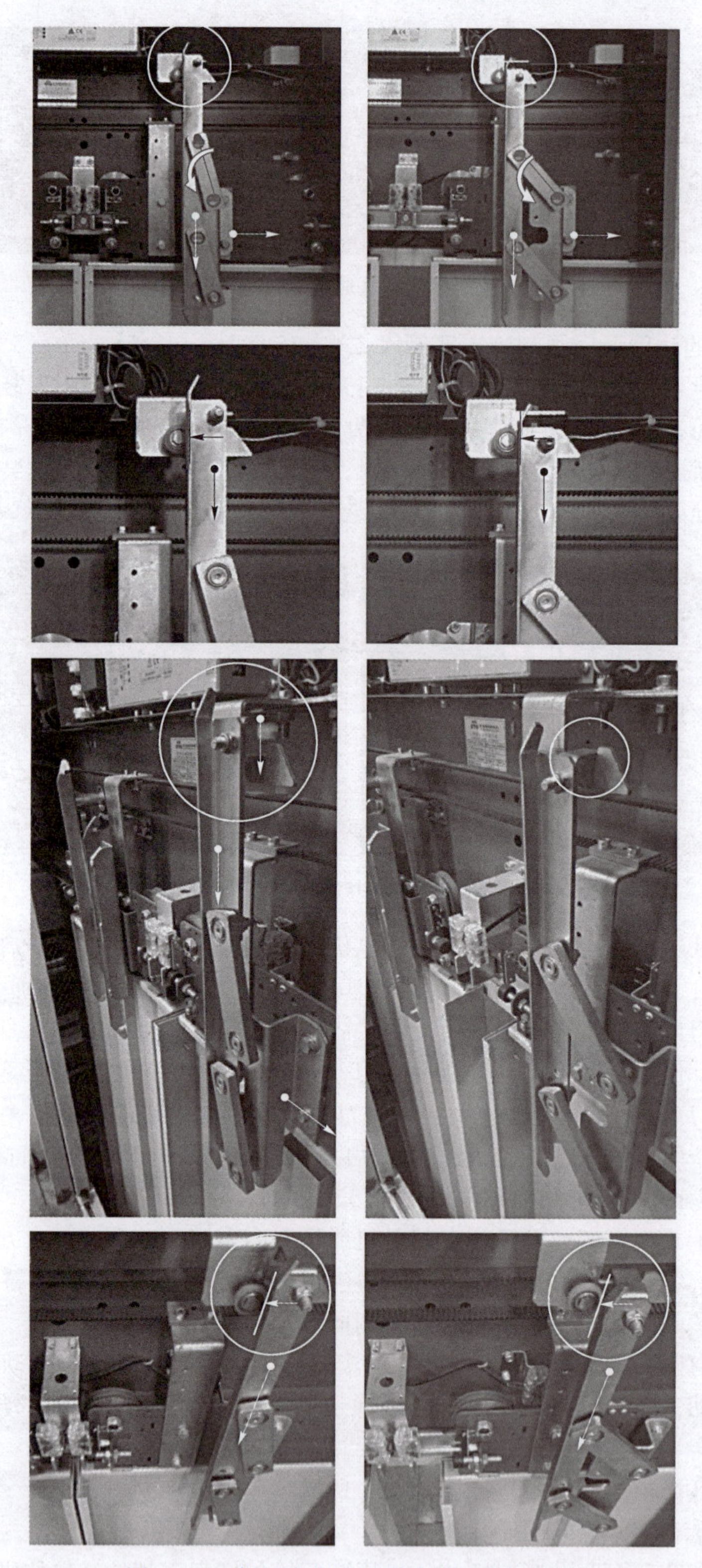

图6－52　轿门在非开锁区域内的开启过程

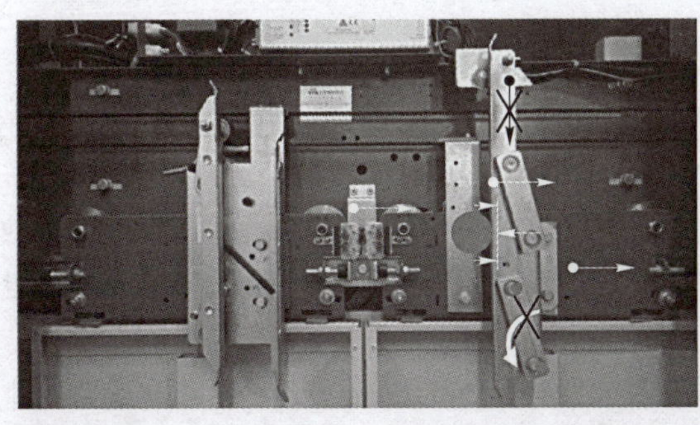
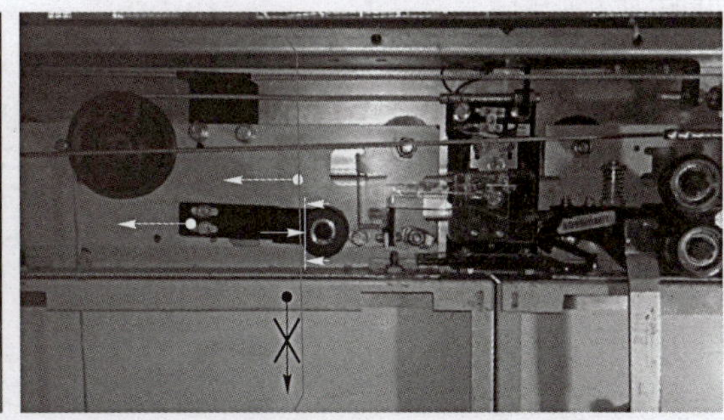

图 6-53 轿门在开锁区域内的开启过程

门刀在传动机构驱动下，夹住层门门锁滚轮后将层门打开；与此同时，层门门锁滚轮对门刀施加反作用力，触动设置在门刀上的轿门门锁开启机构动作，使轿门开启。

常见的轿门门锁联动开启机构，会选择轿门门刀上的刀片作为轿门门锁的开启机构，两侧门刀刀片之间设置有两套摆臂机构，其中一套摆臂机构用于使两侧刀片联动收缩或张开，开启层门门锁；另一套摆臂机构仅设置在某一侧刀片上，使该侧刀片在层门门锁滚轮触动下运动，并驱动联动机构使轿门门锁开启。

- **联动开启的轿门开门限制装置案例**

联动开启的轿门开门限制装置如图 6-54 所示。轿门门锁的联动机构和锁紧机构均设置在轿门门刀上，轿门锁上有主动锁钩、被动锁钩、锁钩摆臂和电气安全装置，并且通过集成在门刀上设置的层门开锁摆臂和轿门开锁摆臂，分别在开门过程中驱动层门门锁和轿门门锁同时开启。

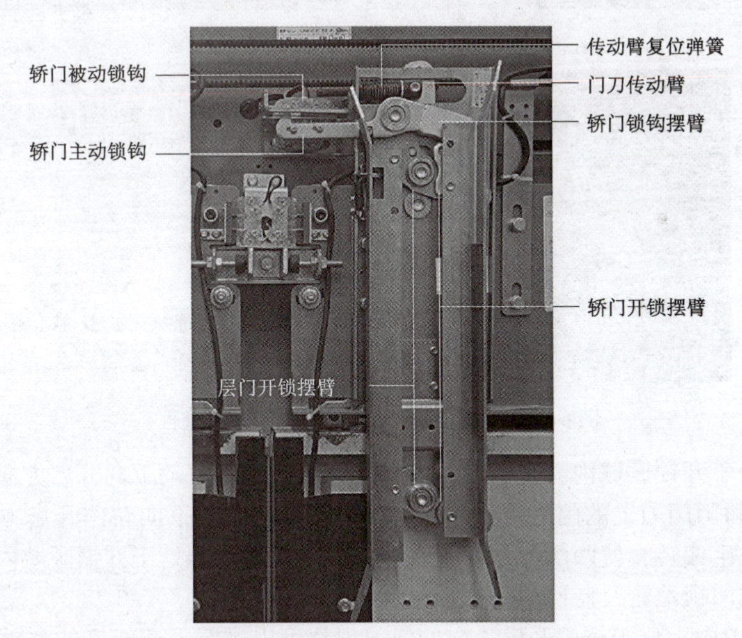

图 6-54 联动开启的轿门开门限制装置

当门刀夹住或张开门锁滚轮使层门门锁开启时，轿门门刀同样会受到门锁滚轮的反作用力，使某一侧门刀刀片在门锁滚轮反作用力下发生运动。此时，轿门开锁摆臂发生偏转，驱动轿门门锁开启。

①当轿厢不处于开锁区域内，轿门在门电机或轿厢内乘客驱动下向开启方向运动时：

a）安装在轿门门刀上的门刀传动臂在门机传动带的驱动下，向轿门开启方向运动，驱动层门开锁摆臂发生偏转，使两侧刀片发生收缩。

b）由于此时轿厢不在开锁区域，门刀刀片在收缩运动过程中无法夹住层门的门锁滚轮，门刀刀片的收缩运动不会受到阻碍，因此轿门开锁摆臂不会被触动，使轿门门锁始终处于啮合锁紧状态。

c）随着轿门继续向前开启，由于主动锁钩在全过程中未能开启，被动锁钩最终会与主动锁钩相互锁紧，使轿门无法继续开启，此时轿门开启的距离不应大于 50 mm。

轿门在非开锁区域内的开启过程如图 6－55 所示。

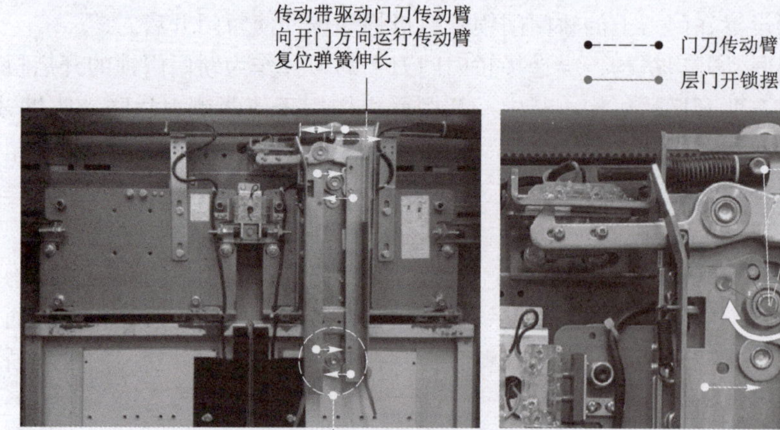

图 6－55　轿门在非开锁区域内的开启过程

②当轿厢处于开锁区域内，轿门在门电机或轿厢内乘客驱动下向开启方向运动时：

a）安装在轿门门刀上的门刀传动臂在门机传动带的驱动下向轿门开启方向运动，驱动层门开锁摆臂发生偏转，使两侧刀片发生收缩。由于此时轿厢处于开锁区域内，因此当门刀收缩后夹住层门门锁滚轮，使层门门锁开启。

b）轿门门刀中，位于轿门开启方向的门刀刀片可以进行一定幅度的移动。当门刀夹住门锁滚轮时，两门刀刀片之间的间距与门锁开启状态下两门锁滚轮的宽度基本一致；当门刀未夹住门锁滚轮时，轿门开启方向的门刀刀片受重力作用落下，两门刀刀片之间的间距缩小。轿门门刀在夹住层门门锁滚轮后，刀片自身受到来自门锁滚轮的反作用力，驱动轿门开锁摆臂发生偏转，使轿门锁钩摆臂在开锁摆臂的作用下向上偏转，使轿门主动锁钩向下开启。

c）在门机传动带的驱动下，轿门继续开启，直至轿门完全打开。

轿门在开锁区域内的开启过程如图 6－56 所示。

传动带驱动门刀传动臂
向开门方向运行
传动臂复位弹簧伸长

门刀在传动臂的驱动下收缩
夹住层门门锁滚轮

传动臂运行至长孔末端
驱动门刀并带动轿门向
开门方向运动

门刀夹住层门门锁滚轮
开启锁紧元件
驱动层门开启

主动锁钩
向下开启

锁钩驱动臂
向上运动

运动门刀
受力张开

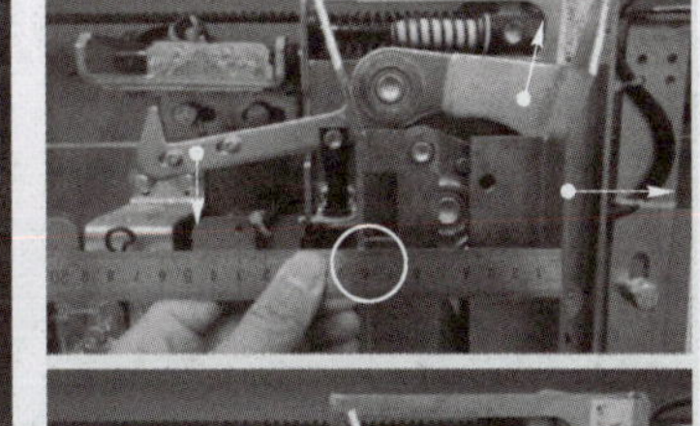

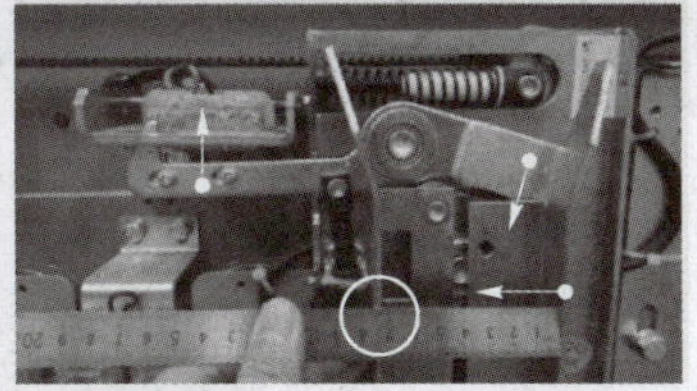

门锁开启状态下两门锁滚轮的宽度

图 6－56　轿门在开锁区域内的开启过程

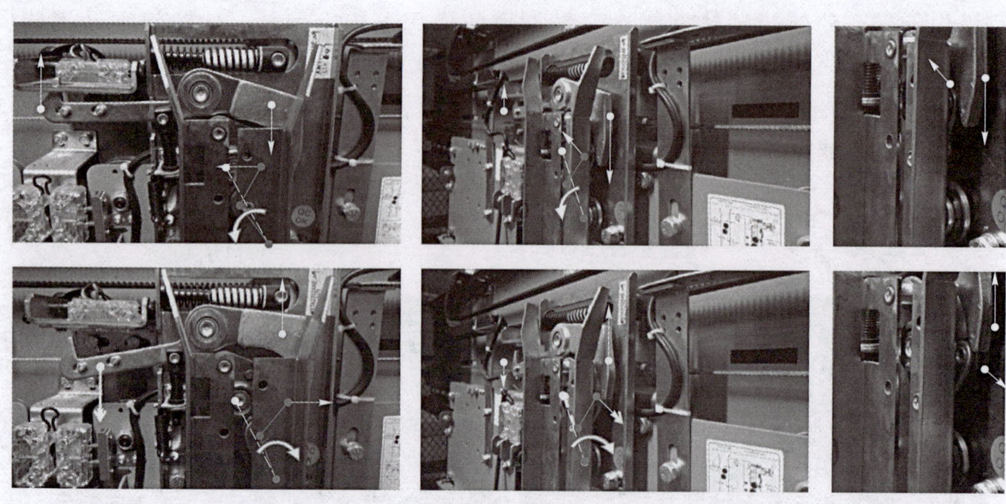

图6－56　轿门在开锁区域内的开启过程（续）

③当轿厢处于开锁区域外，需要从层站外手动开启轿门时：

在层站外，手动拉拽轿门手动开锁钢丝绳，钢丝绳向下运动，驱动轿门主动锁钩向下偏转，使轿门门锁开启。撤除外力后，主动锁钩在复位弹簧的弹力和锁钩摆臂重力作用下再次锁紧。轿门在开锁区域外通过层门开启的过程如图6－57所示。

图6－57　轿门在开锁区域外通过层门开启的过程

- **联动开启的轿门开门限制装置的其他案例**

如图6－58和图6－59所示，某型号联动开启的轿门开门限制装置，轿门门刀上设置有主动锁钩、被动锁钩、锁钩摆臂等，但未设置电气安全装置。该轿门开门限制装置通过层门开锁摆臂和轿门开锁摆臂，分别在开门过程中驱动层门门锁和轿门门锁同时开启。

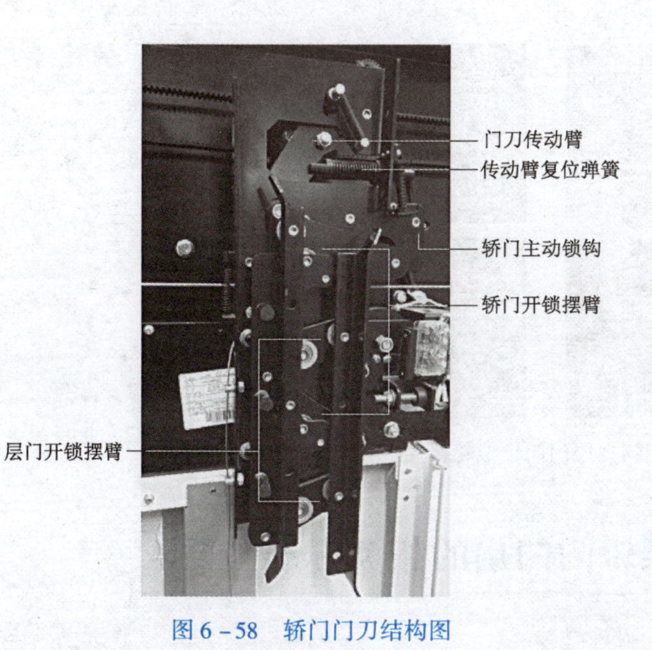

图 6-58　轿门门刀结构图

图 6-59　层门开锁摆臂动作原理

当门刀夹住或张开门锁滚轮使层门门锁开启时，某一侧门刀刀片在门锁滚轮的反作用力下发生运动，此时轿门开锁摆臂发生偏转，驱动轿门门锁开启，如图 6-60 所示。

图 6-60　轿门门锁在层门门锁滚轮作用下开启

图6－60　轿门门锁在层门门锁滚轮作用下开启（续）

学习任务6.9　层轿门门扇的相关标准与要求

知识储备

1. 层轿门各部位间隙

GB/T 7588—2020对于门扇的要求如下：

（1）进入轿厢的井道开口处应装设无孔的层门，门关闭后，门扇之间及门扇与立柱、门楣和地坎之间的间隙应尽可能小。

（2）此运动间隙不得大于6 mm。由于磨损，间隙值最大允许达到10 mm，如果有凹进部分，上述间隙从凹底处测量。

这明确表明了带孔的电梯层门是不允许使用的，排除了使用如图6－61所示的栅栏门的可能性。这种层门时常夹伤乘客和司机的手臂，非常不安全。

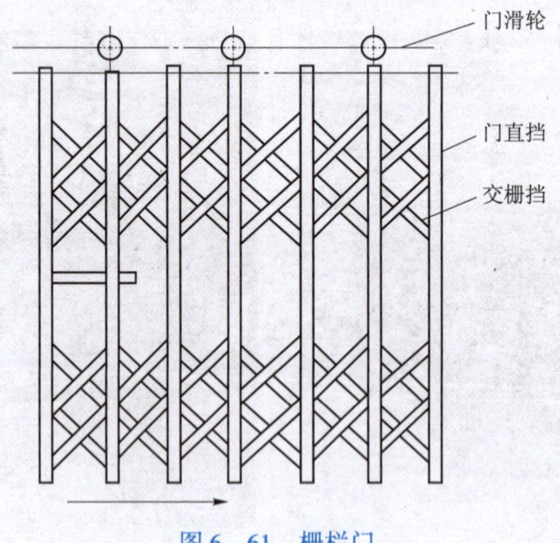

图6－61　栅栏门

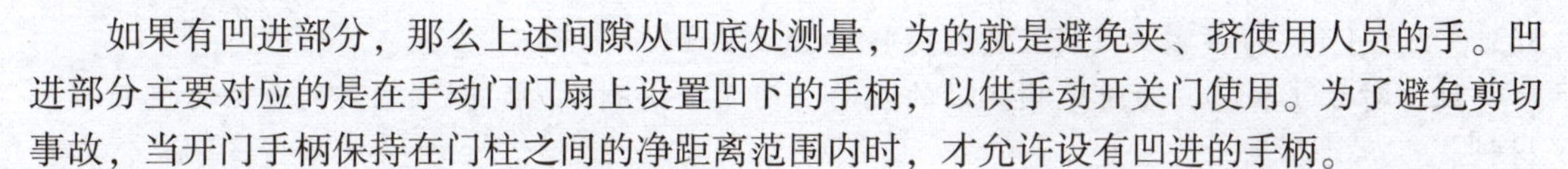

如果有凹进部分，那么上述间隙从凹底处测量，为的就是避免夹、挤使用人员的手。凹进部分主要对应的是在手动门门扇上设置凹下的手柄，以供手动开关门使用。为了避免剪切事故，当开门手柄保持在门柱之间的净距离范围内时，才允许设有凹进的手柄。

2. 层轿门表面的要求

（1）层门及其周围的设计应尽可能减少由于人员、衣服或其他对象被夹住而造成损坏或伤害的危险。

（2）为了避免运行期间发生剪切的危险，动力驱动的自动滑动门外表面不应有大于 3 mm 的凹进或凸出部分，这些凹进或凸出部分的边缘应在开门运行方向上倒角。

层门及其周围的设计要求应尽可能减少由于人员、衣物被夹住而造成损坏或伤害危险，可以采取尽量减小门与其周围部件间隙的方法，也可以在这些间隙的位置设置保护，如织物保护条（一般是毛毡条）等。大于 3 mm 的凹进或凸出部分的边缘应在开门运行方向上倒角是为了在门关闭时，如果有夹入的危险发生时，那么倒角可以使将被夹入的物体更容易脱离间隙，从而减少人员、衣物被夹入门与其周围的间隙的可能性。这里只要求了在“开门运行方向上倒角”，是由于在关门方向上不存在人员、异物被夹入的危险，因此没有必要进行倒角保护。

（3）这些要求不适用于 GB/T 7588—2020 所规定的开锁三角钥匙入口处。

这些要求不适用于开锁三角钥匙入口处，是因为开锁三角钥匙的入口处的外表面较层门表面一般来说不小于 3 mm，而其内部又凹入层门，一般大于 3 mm。这与上述规定显然不符，但由于凹进部分的直径固定为 14 mm，而且开口位置又一般位于层门的上方甚至顶门框上，因此不存在发生剪切的危险。

3. 层轿门及其框架的强度

（1）结构材料。

门及其框架的结构应在经过一定时间的使用后不产生变形，为此，宜采用金属制造。

这里并没有强制规定门及其框架的制造一定要用金属的，单指满足“门及其框架的结构应在经过一定时间的使用后不产生变形”的标准要求来说，使用其他材料也是允许，如玻璃门扇，甚至经处理的木质层门，只要求其符合设计使用寿命期内，不应因使用时间的长短、正常的气候环境变化而产生妨害其功能的尺寸或形状上的改变的要求。至于层门是否最终可以使用其他材料，还要看其能否同时符合标准对层门的其他安全要求，才能综合确定。

（2）机械强度。

5.3.5.3.1 层门在锁住位置和轿门在关闭位置时，所有层门及其门锁和轿门的机械强度应满足下列要求：

①能承受从门扇或门框的任一面垂直作用于任何位置且均匀地分布在 $5cm^2$ 的圆形（或正方形）面积上的 300 N 的静力，并且：

a）永久变形不大于 1 mm；

b）弹性变形不大于 15 mm。

试验后，门的安全功能不受影响。

②能承受从层站方向垂直作用于层门门扇或门框上或者从轿厢内侧垂直作用于轿门门扇或门框上的任何位置，且均匀地分布在 100 cm^2 的圆形（或正方形）面积上的 1 000 N 的静力，而且没有影响功能和安全的明显的永久变形［见条款 5.3.1.4（最大 10 mm 的间隙）、

5.3.6.2.2.1 i) 3)（最大5 mm的间隙）和5.3.9.1]。

注：对于①和②，为避免损坏门的表面，用于提供测试力的测试装置的表面可使用软质材料。

5.3.5.3.2 固定在门扇上的正常导向装置失效时，水平滑动层门和轿门应有将门扇保持在工作位置上的保持装置。具有保持装置的完整的门组件应能承受符合条款5.3.5.3.4 a)要求的摆锤冲击试验，并且应在正常导向装置最可能失效条件下，按表5和图11中的撞击点进行试验。在底部保持装置上或者其附近应设置识别最小啮合深度的标志或标记。

保持装置可理解为阻止门扇脱离其导向的机械装置，可以是一个附加的部件也可以是门扇或悬挂装置的一部分。

5.3.5.3.3 对于水平滑动层门和折叠层门，在最快门扇的开启方向上最不利的点徒手施加150 N的力，5.3.1规定的间隙可大于6 mm，但不应大于下列值：

a）对旁开门，30 mm；

b）对中分门，总和为45 mm。

5.3.5.3.4 另外，对于：

——具有玻璃面板的层门，

——具有玻璃面板的轿门，

——宽度大于0.15 m的层门侧门框，

注1：门外侧用来封闭井道的附加面板视为侧门框。

应满足下列要求（见图11）：

a）从层站侧或轿厢内侧，用相当于跌落高度为800 mm冲击能量的软摆锤冲击装置（见GB/T 7588.2—2020中的5.14），从面板或侧门框的宽度方向的中部以符合表5所规定的撞击点，撞击面板或侧门框后：

1）可以有永久变形；

2）门组件不应丧失完整性，并保持在原有位置，且凸进井道后的间隙不应大于0.12 m；

3）在摆锤试验后，不要求门能够运行；

4）对于玻璃部分，应无裂纹。

b）从层站侧或轿厢内侧，用相当于跌落高度为500 mm冲击能量的硬摆锤冲击装置（见GB/T 7588.2—2020中的5.14），从玻璃面板的宽度方向的中部以符合表5所规定的撞击点，

撞击大于5.3.7.2.1 a）所述的玻璃面板时：

1）应无裂纹；

2）除直径不大于2 mm的剥落外，面板表面应无其他损坏。

注2：在多个玻璃面板的情况下，考虑最薄弱的面板。

4. 轿门的标准要求

（1）轿门的特殊结构要求。

①对于铰链门，为防止其摆动到轿厢外面，应设撞击限位挡块。

②如果层门有视窗，则轿门也应设视窗。若轿门是自动门且当轿厢停在层站平层位置时，轿门保持在开启位置，则轿门可不设视窗。

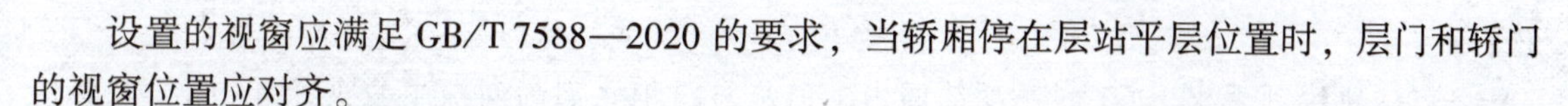

设置的视窗应满足 GB/T 7588—2020 的要求，当轿厢停在层站平层位置时，层门和轿门的视窗位置应对齐。

（2）轿门的其他结构要求。

标准对轿门的地坎、导向装置和门悬挂机构的要求和对玻璃轿门的要求等与层门对应部分完全相同，其相关安全要求见层门。

5. 玻璃门的有关规定

（1）对玻璃门的固定要求。

a）玻璃门扇的固定方式应能承受本标准规定的作用力，而不损伤玻璃的固定件。

b）玻璃门的固定件，即使在玻璃下沉的情况下，也应保证玻璃不会滑出。

（2）玻璃强度要求［条款 5.3.5.3.4 a)］。

a）从层站侧或轿厢内侧，用相当于跌落高度为 800 mm 冲击能量的软摆锤冲击装置（见 GB/T 7588.2—2020 中的 5.14），从面板或侧门框的宽度方向的中部以符合表 5 所规定的撞击点，撞击面板或侧门框后：

1）可以有永久变形；

2）门组件不应丧失完整性，并保持在原有位置，且凸进井道后的间隙不应大于 0.12 m；

3）在摆锤试验后，不要求门能够运行；

4）对于玻璃部分，应无裂纹。

b）从层站侧或轿厢内侧，用相当于跌落高度为 500 mm 冲击能量的硬摆锤冲击装置（见 GB/T 7588.2—2020 中的 5.14），从玻璃面板的宽度方向的中部以符合表 5 所规定的撞击点，撞击大于 5.3.7.2.1a）所述的玻璃面板时：

1）应无裂纹；

2）除直径不大于 2 mm 的剥落外，面板表面应无其他损坏。

（3）玻璃标记。

玻璃门扇上应有永久性的标记：

a）供应商名称或高标；

b）玻璃的型式；

c）厚度［如：（8 +0.76 +8）mm］。

这里的永久标记应是不可擦除和撕毁的。要求玻璃上应标记供应商名称或商标，这是因为在上述情况下，玻璃被作为涉及电梯安全的部件使用，与其他涉及安全的部件一样要求标记厂商的名称或商标。此外玻璃的形式（是否钢化等）和厚度在电梯安装完毕后不易被检查，为保证在今后的检查、使用或维修保养中有需要的时候可以迅速有效地获取玻璃的参数，应将这些必要信息标记在玻璃上。应注意的是，这些标记在玻璃安装完成后应该是可以被看到的。

（4）对儿童手的保护。

GB/T 7588—2020 中明确要求：

1）使用磨砂玻璃或磨砂材料，使面向使用者一侧的玻璃不透明部分的高度至少达到 1.10 m；或

2）从地坎到至少 1.60 m 高度范围内，能感知手指的出现，并能停止门在开门方向的运

行；或

3）从地坎到至少1.60 m高度范围内，门扇与门框之间的间隙不应大于4 mm。因磨损该间隙值可达到5 mm。任何凹进（如具有框的玻璃等）不应超过1 mm，并应包含在4 mm的间隙中。与门扇相邻的框架的外边缘的圆角半径不应大于4 mm。

为避免拖曳儿童的手，对动力驱动的自动水平滑动玻璃门，若玻璃尺寸大于条款5.3.7.2的规定，应采取下列减小该风险的措施：

为了防止层门夹伤孩子的手，对于玻璃门本标准给出了一系列规定来“避免拖曳孩子的手。”“拖曳孩子的手”并不会出现危险，其危险在于被拖曳的孩子的手，尤其是手指可能被夹在门扇和门框的间隙中，这才是真正的危险。这里尤其应注意，标准中要求的并不是“为避免孩子的手被夹在门扇和门框或其他与门扇相关的缝隙中”而是“避免拖曳孩子的手”，是将保护点提前，在可能导致出现危险事故时便加以控制。因此，除了能够真正做到“避免拖曳孩子的手”的方法外，在使用其他方法（如减小门扇和门套的间隙、使用织物保护间隙、控制门的速度以及力和开门时间，等等）时，这些方法均不应单独被使用。为了保证安全，这些措施可以与（至少一个）能够避免拖曳孩子的手的措施联合使用。

图6－62　玻璃层门易引起儿童好奇观望

标准中“不透明部分高度达1.1 m”是这样的：玻璃层门之所以会拖曳孩子的手，是因为孩子会趴到玻璃层门上。孩子趴到玻璃层门上的原因无非是由于对透明的玻璃层门本身以及对井道内的情况好奇（图6－62）。1.1 m这个高度是一般“幼儿”的身高，如果在这个高度层门不透明，孩子就不会在好奇心的驱使下趴到层门上，也就不会造成层门拖曳孩子的手。

如图6－63所示即是一种“感知手指的出现”的装置。在门开启的过程中，如果手指被玻璃门扇拖曳，在即将夹入门扇与门框之间时，将触动“防夹手装置”使门停止。

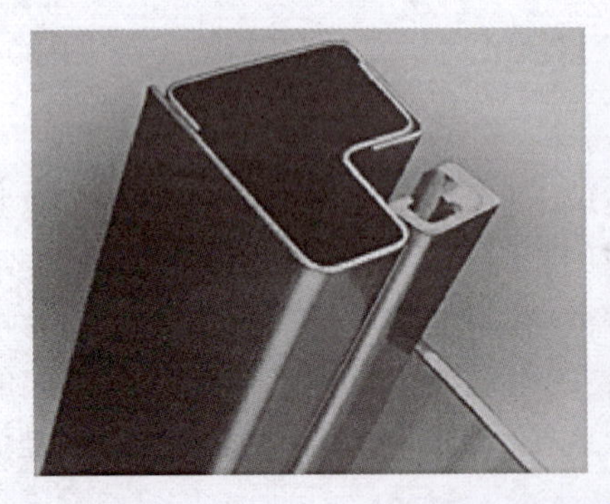

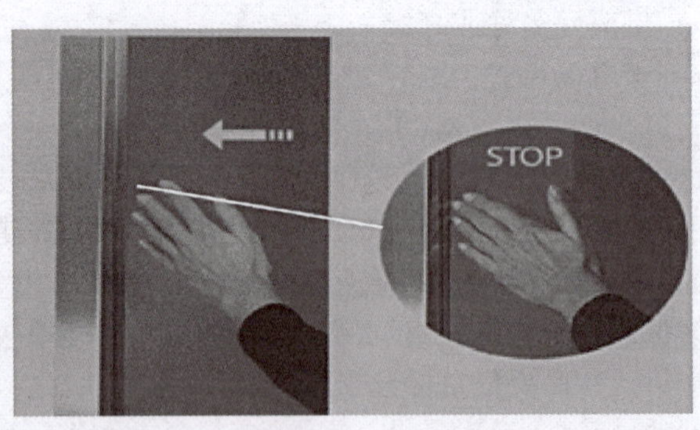

图6－63　玻璃门的一种“防夹手装置”

所谓“其他方法”，通常有以下几种：

①采用金属框架和玻璃板时，玻璃板两面都应是光滑平整的。

②与门扇框架相邻的金属板的折弯角度越小越好。

③对于新安装的门，门扇间以及门扇到门框的间隙应尽可能小。

④门扇和门框的抗变形能力应与拖曳孩子的手的过程中施加水平力可能扩大的间隙直接相关。

⑤门扇的导向系统在设计上应能有效地保证在电梯的使用期间可以调节间隙并保持间隙不变。

⑥门框反面的折弯的长度应是这样的，当被拖曳的孩子的手进入这个间隙时，孩子的手与移动的门扇之间的距离不会增加。

⑦金属刃边应被修整。

6. 层门耐火性能

(1) 耐火性能。

如果建筑物需要电梯层门具有防火性能，那么该层门则应按 GA 109—1995 进行试验。

本安全要求的“防火性能”应视为耐火性能，耐火层门能在一定时间内阻燃、隔热，在一定时间内阻挡火焰或炽热气体通过。不同建筑物要求电梯层门的耐火等级是不同的，所谓耐火等级就是建筑构件的耐火极限，耐火层门的耐火等级是由建筑设计的防火要求决定的。《高层民用建筑设计防火规范》将建筑构件的耐火等级分为 2 级；而《建筑设计防火规范》把建筑物构件的耐火等级分为 4 级。在有防火要求的情况下，电梯层门应具有与建筑物构件相适应的耐火等级。

使用耐火层门的目的不仅仅是对电梯自身的保护，更主要的是防止火灾层的火焰或灼热空气通过井道蔓延至其他楼层。这里并不是说使用了耐火层门之后，电梯就可以在火灾的情况下正常使用或被消防员使用；恰恰相反，《消防电梯制造与安装安全规范》(GB 26465—2011) 条款 1.7 中明确声明：“如果火灾最后侵入前室，则本标准不再适用。”

这里并没有强制规定究竟什么情况下电梯的层门需要具有防火性能，这不属于电梯制造厂商能够控制和决定的事情，而是由各国建筑和消防要求决定的，因此，标准只是笼统地讲“如果……层门需要耐火，那么应按照 GA 109—1995《电梯层门耐火试验方法》进行实验。”与 GB/T 7588—2020 不同，其分类是“中华人民共和国公共安全行业标准”（GB/T 7588—2020 是“中华人民共和国国家推荐标准”）。其是根据 GB/T 7633《门和卷帘的耐火试验方法》和 GB/T 7588. 2—2020 制定的。

(2) 关门待机。

正常操作中，若电梯轿厢没有运行指令，电梯则在根据在用电梯客流量所确定的必要的一段时间后，自动关闭动力驱动的自动层门。

在暂时不运行时，电梯应关闭层门等候召唤，而不应长时间敞开层门等候召唤。这是由于层门都是具有一定耐火性能的。当火灾发生时，关闭的层门在客观上都能减缓火灾通过井道向相邻层站蔓延，尤其是当根据要求设置了耐火层门时，减缓火灾蔓延的作用就更加明显，如果层门处于开启状态等候召唤（此时轿门必然在开启的位置），那么由于层门和轿厢之间存在间隙，井道在火灾发生时是一个“抽气筒”，形成“烟囱效应”，更容易使火灾向其他楼层蔓延。

所谓“烟囱效应”，就是指室内外温差引起空气沿着垂直空间向上流动，造成建筑物内空气产生强对流的现象。当高层建筑室内温度较高时，热空气因密度小而上升，从建筑物上部风口排除，此时在建筑物底部楼层形成负压区，引起室外温度比较低而密度大的新鲜空气从建筑物的底部被吸入。室外冷空气源源不断从底层吸入建筑物，而室内热空气不停从建筑物顶部排除，最终形成了空气在建筑物内部不断上升的流动，如图 6－64 所示。

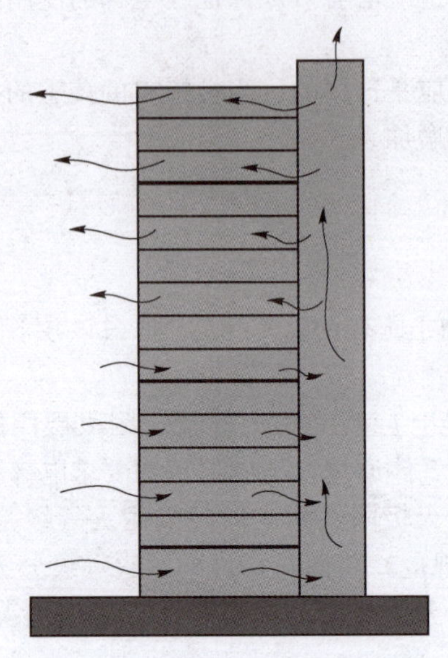

图 6－64　高层建筑内冷热空气对流

“烟囱效应”的强度与垂直井道（烟囱、电气井道、电梯井道等）高度、户内外温差以及户内外空气流通（建筑物与外界通风面积，如门、窗等的大小和数量）程度有关。

知识梳理

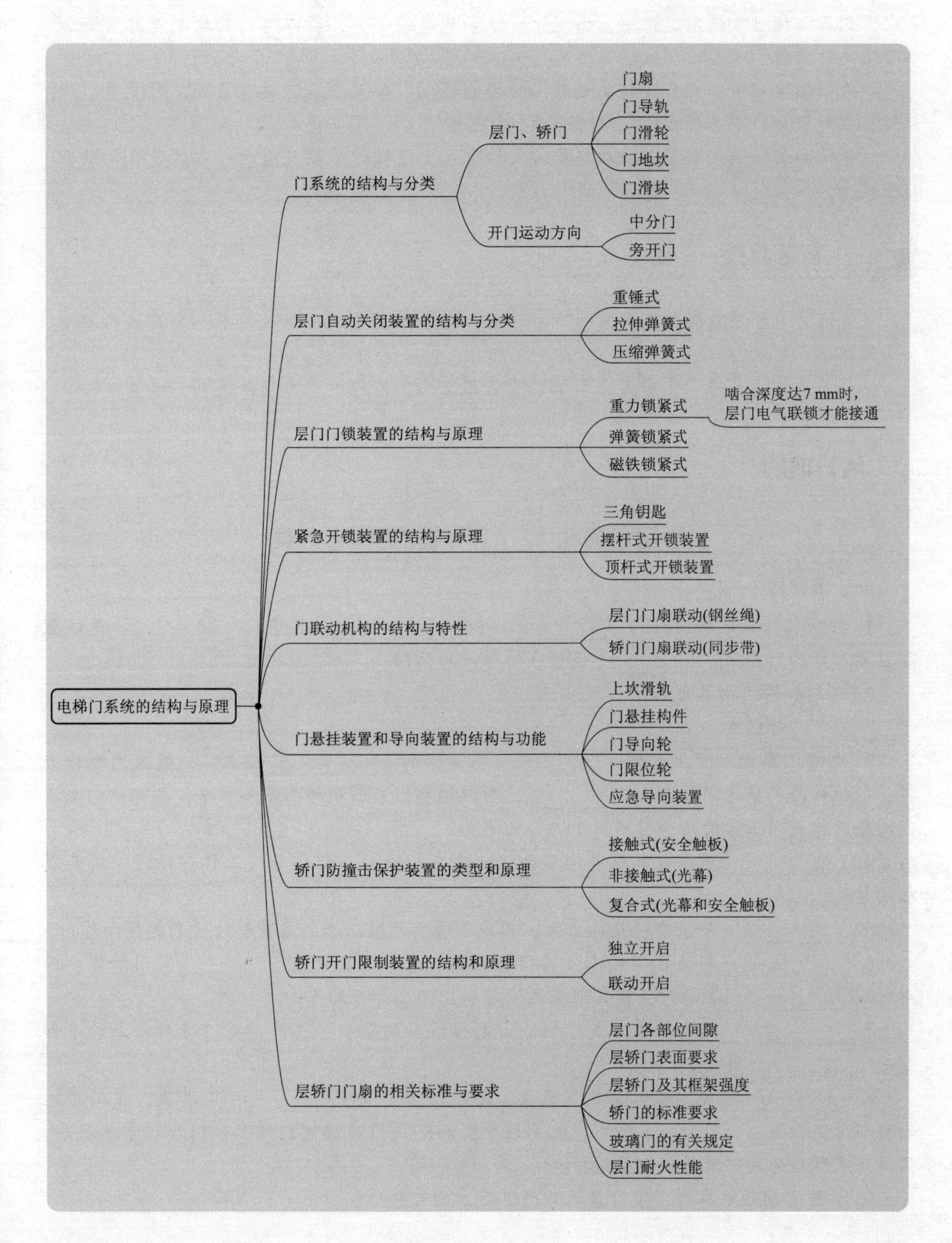
电梯门系统的结构与原理
门系统的结构与分类
层门、轿门
门扇
门导轨
门滑轮
门地坎
门滑块
开门运动方向
中分门
旁开门
层门自动关闭装置的结构与分类
重锤式
拉伸弹簧式
压缩弹簧式
层门门锁装置的结构与原理
重力锁紧式
啮合深度达7 mm时，
层门电气联锁才能接通
弹簧锁紧式
磁铁锁紧式
紧急开锁装置的结构与原理
三角钥匙
摆杆式开锁装置
顶杆式开锁装置
门联动机构的结构与特性
层门门扇联动(钢丝绳)
轿门门扇联动(同步带)
门悬挂装置和导向装置的结构与功能
上坎滑轨
门悬挂构件
门导向轮
门限位轮
应急导向装置
轿门防撞击保护装置的类型和原理
接触式(安全触板)
非接触式(光幕)
复合式(光幕和安全触板)
轿门开门限制装置的结构和原理
独立开启
联动开启
层轿门门扇的相关标准与要求
层门各部位间隙
层轿门表面要求
层轿门及其框架强度
轿门的标准要求
玻璃门的有关规定
层门耐火性能

爱岗敬业——匠于心

门是电梯日常使用过程中，出现故障概率最高的部件，所以对门的检测是非常高频且重要的工作。

在门锁检测中，尤其是超高层电梯的门锁检测，每层都需实施，检测工作重复、枯燥，但师父会经常告诉我们，放过一扇门，可能“坑”了一个人。

无论如何，我们要形成公众安危的大局意识，电梯的平稳安全运行永远是我们的职业追求。

应急救援——始于责

我国对电梯应急救援有严格的时间规定，充分体现了国家以人为本，为百姓的安全保驾护航。

我国“以人为本，生命至上”的社会价值理念，体现了“应急救援——始于责”。

练习巩固

学习任务6.1　门系统的结构与分类

一、填空题

1. 按安装位置电梯门分为________和________。其中，________是设置在层站入口的门；________是设置在轿厢入口的门。

2. 层门和轿门由各自的________、________、________、________、________等组成。

3. 电梯门扇由位于上方的________与下方的________组成，一般采用螺栓连接；门挂板与门扇之间垫有________，用以调整门扇面板的高低和水平，以保证门扇在门滑轮的作用下正常滑动和门扇上下部分的导向。

4. ________是悬挂和调整门扇面板，安装门滑轮、门锁等门工作部件的一块金属板面总成。

5. ________安装在门扇的上方，用以承受所悬挂门扇的重量和对门扇起导向作用。

6. ________安装在门扇上方的门挂板上，每个门扇装有________门滑轮，门滑轮在________上运行，用作门扇的悬挂和门扇上部分的导向。

7. ________是电梯乘客或货物进出电梯轿厢的踏板，在开、关门时对门扇的下部分起________作用。

8. ________固定在门扇的下底端，每个门扇上装有________滑块，在门扇运动时门滑块卡在________槽中，起下端导向和防止门扇翻倾的作用。门扇正常运行时，门滑块底部与地坎门滑槽底部是保持________的。

9. 水平滑动的电梯门，按门扇的开门运动方向可分为________和________。

(1) 中分门是指层门或轿门门扇由＿＿＿＿＿＿分别向＿＿＿＿＿＿开启的层门或轿门，多用于＿＿＿＿＿＿。

(2) 旁开门是指层门或轿门的门扇向＿＿＿＿＿＿开启的层门或轿门，多用于＿＿＿＿＿＿。

10. 国标规定层门的高度要求最小净高度为＿＿＿＿＿＿m。

二、选择题

1. 国家标准规定，层门的最小净高度为（　　）m。

A. 1.0　　B. 1.5　　C. 2.0　　D. 2.5

2. 层门净入口宽度比轿厢净入口宽度任一侧的超出部分均不应大于（　　）mm。

A. 10　　B. 30　　C. 40　　D. 50

3. 电梯门扇的机械强度，用＿＿＿＿N的力，均匀分布在＿＿＿＿cm^2圆形或方形面积上。

A. 200　30　　B. 300　50　　C. 400　60　　D. 500　60

4. 层门悬挂装置中，限制门悬挂板向上的自由度，防止门悬挂板脱轨引起层门脱落的部件是（　　）。

A. 门导轨　　B. 门限位轮　　C. 门滑轮　　D. 门滑块

三、判断题

1. 层门地坎安装在井道层门牛腿处，用铝、钢型材或铸铁等制成。（　　）
2. 门滑块底部与地坎门滑槽底部一定要有接触。（　　）
3. 中分六扇门又叫中分双折门。（　　）
4. 动力驱动的门又叫自动门。（　　）
5. 层门净入口宽度比轿厢净入口宽度在任一侧的超出部分均不应大于50 mm。（　　）
6. 垂直滑动门电梯既可以用于乘客电梯，也可以用于载货电梯。（　　）

四、简答题

1. 请写出电梯门结构中各序号所代表的部件名称

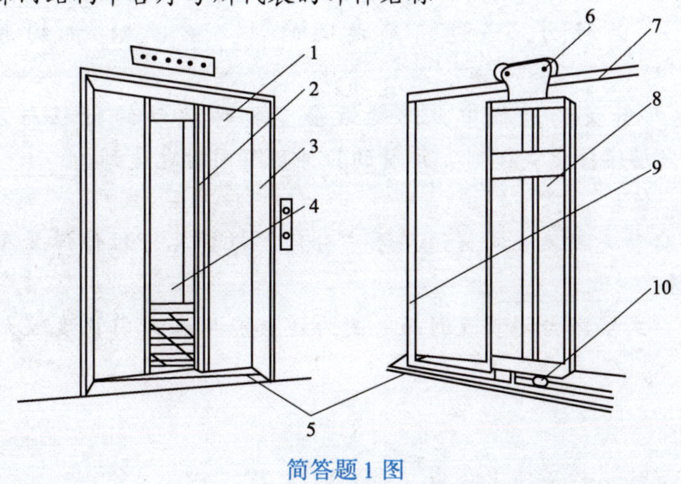

简答题1图

2. 请写出下图中每个数字所代表的门系统部件。

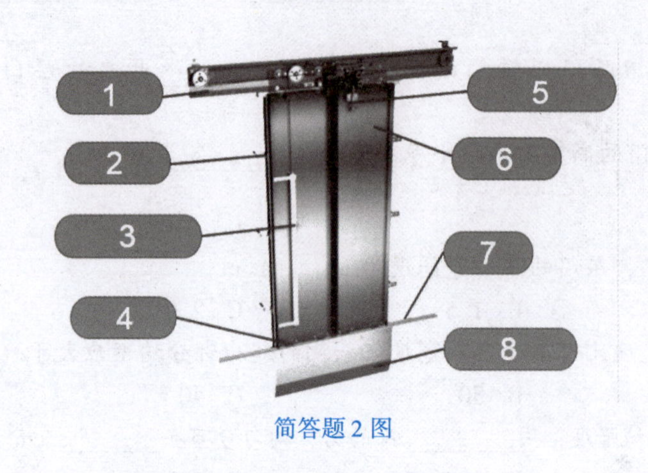

简答题2图

学习任务6.2　层门自动关闭装置的结构与分类

一、填空题

1. 在轿门驱动层门的情况下，当轿厢在开锁区域之外时，若层门无论因何种原因而开启，则应有一种装置（重块或弹簧）能确保__________。

2. 层门的自动关闭装置可以采用重块的__________或弹簧的__________两种方式进行驱动，目前常用的层门自动关闭装置，从其工作原理上可以分为__________、__________和__________三种。

3. 重锤式层门自动关闭装置依靠__________连接细钢丝绳绕过固定在门扇上的__________，再固定到层门门扇悬挂机构上，依靠定滑轮将重锤__________方向的重力转换为__________的拉力，通过门扇之间的__________机构形成了一个层门__________。

4. 层门门扇水平开关的过程中，弹簧做垂直拉伸运动的行程与层门开闭的行程__________，但当层门接近关闭时，弹簧的拉伸行程同时也达到__________状态，其弹力达到__________值。

5. 拉伸式层门自动关闭装置同样适用于中分门，根据其可拉伸弹簧布置的形式，又可分为__________和__________。

6. __________式层门自闭装置因而也更为适合应用在开门宽度较大的水平滑动折叠门上。

二、选择题

1. 层门自闭装置从工作原理上分为（　　）。

A. 重锤式、弹簧式、开关式　　B. 重锤式、焊接式、开关式

C. 焊接式、开关式、弹簧式　　D. 重锤式、拉伸弹簧式、压缩弹簧式

2. 关于电梯自动关闭装置的描述，以下错误的是（　　）。

A. 重锤式必须配备重锤导向装置　　B. 拉簧式要求具有较宽的上坎

C. 压簧式多用于旁开门电梯　　D. 拉簧式只可以横置

三、判断题

1. 层门门扇水平开关的过程中，重锤做垂直运动的行程与层门开闭的行程相同。（　　）

2. 垂直拉伸弹簧式层门自闭装置中，拉伸弹簧通常呈水平状态设置于门扇上。（　　）

3. 采用重锤式层门自闭装置时，应有相应防止重锤意外坠入井道的措施，以防重锤脱落时脱离导向装置坠落井道而造成事故。（　　）

4. 拉伸式层门自动关闭装置不适用于中分门。（　　）

5. 拉伸弹簧式水平布置和垂直布置都可以简化层门上坎的结构，但会使层门上坎的高度和体积增加。（　　）

6. 层门自闭装置就是强迫关门。（　　）

7. 层门自闭装置可以防止人员坠入井道。（　　）

8. 压缩弹簧式层门自闭装置通常布置在层门的左侧或者右侧。（　　）

9. 压缩弹簧式层门自闭装置通过摆杆来实现传动。（　　）

四、简答题

根据下图分析重锤式层门自闭装置工作原理。

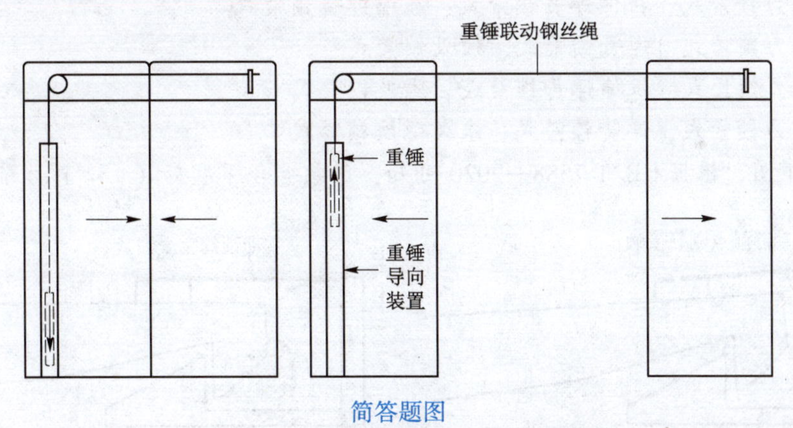

简答题图

学习任务6.3　层门门锁装置的结构与原理

一、填空题

1. 电梯水平滑动层门的门锁，其锁紧的过程可以由门锁自身的重力驱动，也可以由__________的弹力或__________的磁力来驱动，并能够在这些驱动力的作用下使门锁保持__________状态。

2. 弹簧锁紧式门锁采用__________作为锁紧的驱动元件，该弹簧应工作在压缩状态下，且应有__________。

3. 在电梯关门、门锁自动锁紧的过程中，只有在主动锁钩与固定锁钩的啮合长度达到__________mm时，层门的电气联锁才可以接通，此时电梯才被允许启动运行。

4. 为防止轿厢离开层站后，层门尚未锁紧甚至尚未完全关闭而导致人员坠入井道发生危险，要求轿厢运行以前层门必须被__________位置上。

5. 锁紧元件的啮合应能满足在沿着开门方向作用__________N力的情况下，不降低锁紧的效能。

6. 门扇在关闭后，__________才能够有效啮合，同时验证层门锁紧的电气安全装置才能__________。

7. 有些门锁的工作部件，采用透明板是为了__________。

8. 为防止门锁触点盒上的螺丝丢失，这些螺丝应设计成__________式的。

二、选择题

1. 层门门锁根据锁紧的原理，分为（　　）三种类型。

A. 重力锁紧式、拉伸弹簧锁紧式、压缩弹簧锁紧式

B. 重力锁紧式、弹簧锁紧式、磁吸锁紧式

C. 重力锁紧式、拉伸弹簧锁紧式、磁吸锁紧式

D. 重力锁紧式、弹簧锁紧式、永久磁铁锁紧式

2. 分析下图，根据GB/T 7588—2020可知，门锁啮合深度应（　　）才能启动电梯。

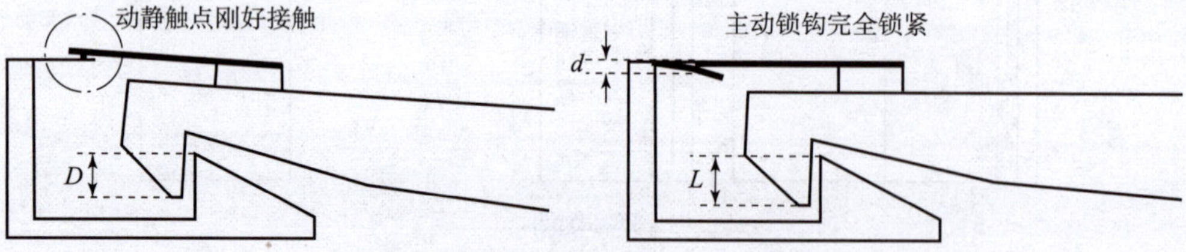

A. $L \geqslant 7$ mm　　B. $D \geqslant 7$ mm　　C. $L \leqslant 7$ mm　　D. $D \leqslant 7$ mm

3. 当轿厢不在层站时，层门无论什么原因开启时，必须有强迫关门装置使该层门（　　）。

A. 人为关闭　　B. 自动关闭

C. 发出警示灯光　　D. 发出警示声响

4. 层门闭合后，以下关于主触点和副触点的描述正确的是（　　）。

A. 主触点主要验证层门锁紧，副触点主要验证层门闭合

B. 主触点主要验证层门闭合，副触点主要验证层门锁紧

C. 主触点主要验证层门锁紧，副触点主要验证层门锁紧

D. 主触点主要验证层门闭合，副触点主要验证层门闭合

5. 为防止发生坠落和剪切事故，层门（　　）锁住，使人在层站外不用开锁装置无法将层门打开。

A. 层门自动关闭装置　B. 门挂板　C. 门锁　D. 门刀

三、判断题

1. 电梯层门门锁必须能够在驱动力的作用下使门锁保持锁紧状态。（　　）

2. 弹簧锁紧式门锁，当弹簧失效时，门锁应当依靠额外的配重物，使其保持在锁紧状态。（　　）

3. 轿厢应在锁紧元件啮合小于 7 mm 时才能启动。（　　）

4. 当锁钩落下至门锁电气安全触点的动静触片恰好接触的位置时，主动锁钩与固定锁钩相互重叠、咬合的长度，即为锁紧元件的啮合长度。（　　）

5. 任何情况，门在开启的状态，电梯都不能运行。（　　）

6. 重力锁紧式门锁通常按照主动锁钩设置方式为，锁钩上置式和锁钩下置式。（　　）

7. 在层门的主动锁钩的触点既验证锁钩有没有锁紧，又验证层门有没有闭合。（　　）

8. 层门上有锁钩的一侧为主动门扇。（　　）

9. 验证层门闭合的电气装置必须在层门有效关闭的状态下才能有互相接触。（　　）

10. 层门锁紧触点和验证层门闭合的触点主要不同是验证层门关闭安全触点可以由门扇直接操作，也可以由凸轮、连杆等机够传动的间接操作，而验证层门锁紧的触点必须由锁紧元件强制操作，中间不能有传动机构。（　　）

四、简答题

1. 根据下图写出弹簧锁紧式门锁的锁紧工作原理。

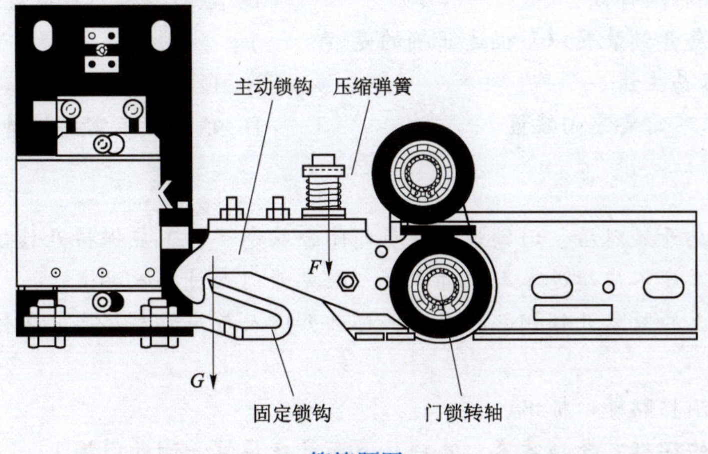

简答题图

2. 请分析门锁锁钩啮合尺寸过大或过小会有什么影响。

学习任务6.4　紧急开锁装置的结构与原理

一、填空题

1. 每个层门均应能从外面借助于一个与__________相配的钥匙将门开启。

2. 根据其结构和原理，紧急开锁装置的开锁机构可以分为__________和__________开锁装置。

3. 根据碰铁运动的平面，又可以将摆杆式开锁装置分为__________和__________两种。

4. 用三角钥匙打开层门是非常危险的，必须经过培训的__________才能进行这项作业。

5. __________的摆杆式开锁装置，其锁孔多布置在层站一侧层门的上端。

6. __________的摆杆式开锁装置需要额外设置复位机构。

7. ____________中，锁芯在转动开锁时，带动碰铁旋转，触碰到安装于门扇上的__________，使顶杆在其导向装置中向上运行，向上顶住主动锁钩后，推动锁钩向开锁方向旋转，开启层门门锁。

8. __________，即用于实现层门从外，通过三角钥匙开启层门门锁装置。

二、选择题

1. 紧急开锁装置根据开锁机构可以分为（　　）两种类型。

A. 垂直式和水平式　　B. 垂直式和摆杆式

C. 摆杆式和顶杆式　　D. 顶杆式和水平式

2. 顶杆式紧急开锁装置以下描述正确的是（　　）。

A. 顶杆容易生锈　　B. 顶杆式更加好用

C. 顶杆式不需要导向装置　　D. 顶杆式不需要弹簧

三、判断题

1. 在一次紧急开锁以后，门锁装置在层门闭合状态下，不应保持开锁位置。（　　）

2. 层门开启宽度不应超过本人肩部宽度，避免开门人员坠入井道。（　　）

3. 如果层门上的紧急开锁钥匙孔太高，那么开门人员应站在垫高的物体上进行开锁。（　　）

4. 锁孔处必须粘贴警示标识。（　　）

5. 水平碰铁的摆杆式开锁装置，其锁孔多布置在层站一侧的门楣上。（　　）

6. 紧急开锁装置就是三角钥匙。（　　）

7. 电梯的三角钥匙可以交给任何人保管。（　）

8. 层门被三角钥匙打开后，拿开三角钥匙，层门锁钩不需要自动落锁。（　）

9. 国家标准对三角钥匙开锁的锁孔的尺寸有要求，对三角钥匙的形状没有要求。（　）

10. 根据碰铁运动的平面，又可以将摆杆式开锁装置分为水平碰铁和垂直碰铁两种类型。（　）

四、简答题

操作三角钥匙开启层门的过程中，应注意哪些方面？

学习任务6.5　门联动机构的结构与特性

一、填空题

1. 在门联动机构中，门扇与门扇之间采用机械摆杆等刚性装置连接的称为________连接。

2. 采用钢丝绳或传动带等其他非刚性装置连接的称为________连接。

3. 直接由门电机驱动的轿门称为________，而通过轿门门机的联动机构，在主动门带动下运行的轿门称为________。

4. 门机通过安装在轿门主动门上的________，驱动层门主动门上的________，使门锁开启后驱动________开启。

5. 层门主动门同时通过层门的________带动被动门，控制主、被层门同步进行开关门运行。

6. 在开关门过程中，门电机通过传动机构，直接驱动一个或多个轿门主动门，再通过轿门的联动机构带动________，实现轿门的________运行。

7. 常见的层门联动机构多采用________作为联动机构部件形成间接连接。

二、选择题

1. 轿门带动层门开启的过程，顺序正确的是（　）。

A. 门机皮带轮轿门开启（门刀）层门开启

B. 门机皮带轮轿门开启（门刀）层门锁打开层门开启

C. 门机皮带轮带动门刀夹紧门锁滚轮层门锁打开轿门和层门同步开启

D. 门机轿门打开皮带轮带动门刀夹紧门锁滚轮层门锁打开层门同步开启

2. 下图示所示轿门门扇是由皮带轮进行传动，门机联动机构为（　）。

A. 带传动中分门　　　　B. 直接连接中分门

C. 直接连接旁开门　　　D. 间接连接中分门

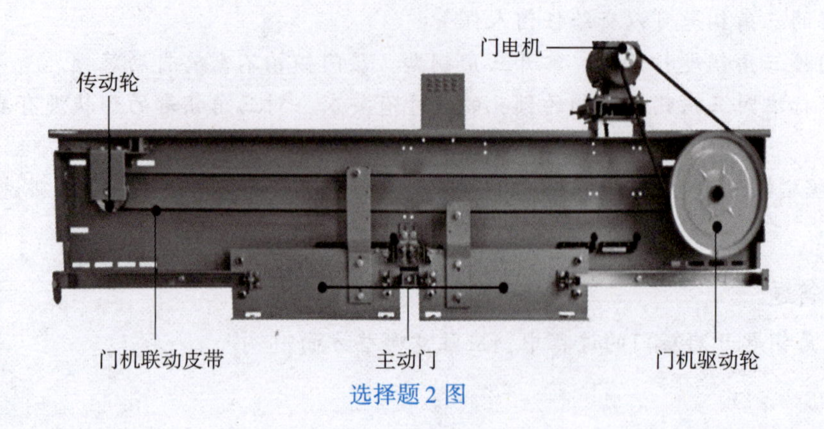

选择题 2 图

三、判断题

1. 门联动机构的作用是连接层门或轿门上的各门扇，使各门扇在开关门运动过程中相互联动，让多个门扇以相互匹配的运行速度和方向执行开关门操作。（　）
2. 轿门主动门通过联动机构带动被动门，实现轿门的开关运行。（　）
3. 常见的层门联动机构中，多采用钢丝绳作为联动机构部件形成间接连接。（　）
4. 验证层门关闭的电气安全装置可以只安装在一个门扇上。（　）
5. 交流变频门机上都采用摆杆联动机构，形成间接连接。（　）
6. 轿门联动机构中，直流电阻门机多采用摆杆机构，并形成直接连接。（　）
7. 相对于直接机械连接，门联动间接连接可靠性高。（　）

四、简答题

根据下图简述厅门联动的工作原理。

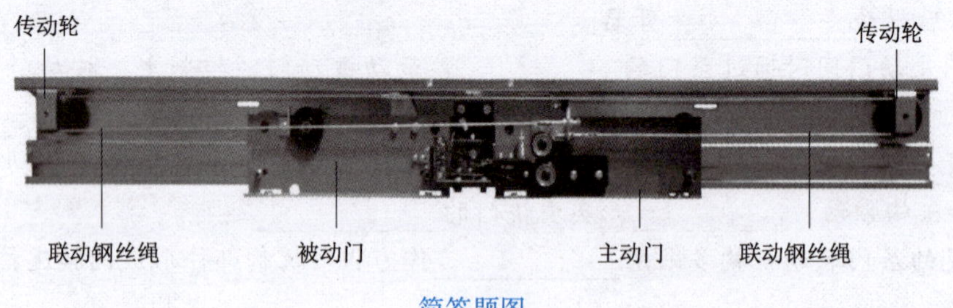

简答题图

学习任务6.6　门悬挂装置和导向装置的结构与原理

一、填空题

1. 平滑动层门的__________部和__________部都应设有导向装置。

2. __________是指所有的由开门机直接驱动的门扇。其他由钢丝绳、皮带或链条等带动的门扇则属于__________。

3. 门限位轮则安装在悬挂构件的__________端，当层轿门门扇通过门导向轮悬挂于上坎滑轨上，并在滑轨上往复运行时，门限位轮与上坎滑轨的下沿保持十分小的运行间隙，与滑轨__________接触。

4. __________其作用是在门扇受到外力撞击，或试图扒开门扇时，限制门导向轮使之不能向上运动，防止门导向轮脱离滑轨，引起层门脱落。

5. 因为中分门的两个门扇是联动的，如果用两个150 N的力同时分别作用在两个门扇上，则对整个门系统的总的力为__________。

6. 中分门两个层门是联动的，在受力时两个层门分别向两侧运动，对中分门来说间隙允许到__________。

7. __________应能防止层门在正常运行中出现脱轨、卡阻或行程终端时错位的情况。

8. 门导靴安装在门扇下端，导靴的靴衬嵌入__________中。

二、选择题

1. 请指出下列数字所代表的符号。（　　）

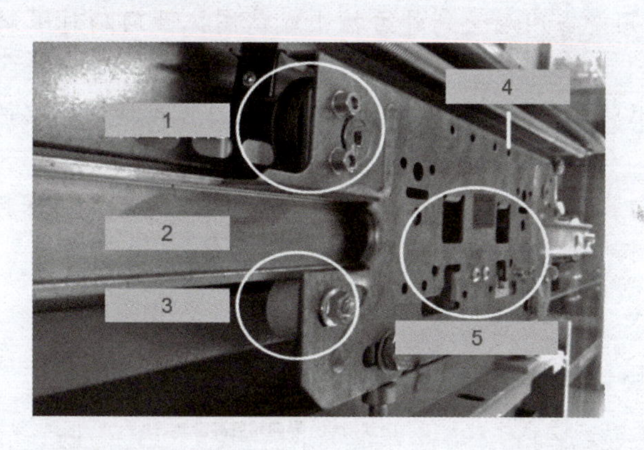

A. 1—门限位轮　2—门滑轨　3—门导向轮　4—门挂板　5—门挂钩

B. 1—门限位轮　2—门滑轨　3—门导向轮　4—门挂钩　5—门挂板

C. 1—门导向轮　2—门滑轨　3—门限位轮　4—门挂板　5—应急导向装置

D. 1—门导向轮　2—门滑轨　3—门挂板　4—门限位轮　5—应急导向装置

2. 下列为应急导向装置的是（　　）。

A. 门滑轨（上坎滑轨）　　B. 金属门导向轮

C. 非金属的门导向轮　　D. 门限位轮

3. 应急导向装置的作用是（　　）。

A. 防止层门出现脱轨、卡阻

B. 防止层门出现脱轨、卡阻或行程终端错位

C. 防止磨损、锈蚀或火灾导致导向装置失效

D. 防止层门被非正常开启

4. 层门悬挂装置中，能够限制门悬挂板向上的自由度，防止门悬挂板脱轨引起层门脱落的部件是（　　）。

A. 门导轨　　B. 门限位轮　　C. 门滑轮　　D. 门滑块

三、判断题

1. 门导靴的主要功能是约束门扇下端的运动自由度。（　　）

2. 通过门导靴与地坎滑槽的相互啮合，约束门扇下端的运动自由度，使其在地坎滑槽的导向下进行开关门运行。（　　）

3. 一般每个门扇的下端需要安装两个分体式门导靴。（　　）

4. 可拆卸式靴衬在靴衬磨损时，单独更换靴衬即可。（　　）

5. 门地坎和门靴是门的辅助导向组件，与门导轨和门滑轮配合，使门的上、下两端均受导向和限位。（　　）

6. 水平滑动的层门在顶部和底部都有导向装置。（　　）

7. 门悬挂装置主要由上坎滑轨、门导向轮、门限位轮、门挂板、应急导向装置和门导靴构成。（　　）

8. 在层门打开的过程中，门限位轮可以和门滑轨的下部接触。（　　）

9. 门限位轮的作用是当门扇受到外力撞击或试图扒开门扇时限制导向轮不能使其向上运动。（　　）

10. 由门机直接驱动打开的轿门门扇和由轿门门刀直接带动开启的层门门扇都为主动门扇。（　　）

11. 门的应急导向装置在磨损、锈死或火灾时只需要使得层门保持原有位置即可，不要求层门依然可以正常水平开关运行。（　　）

四、简答题

根据下图简述门限位轮的工作原理。

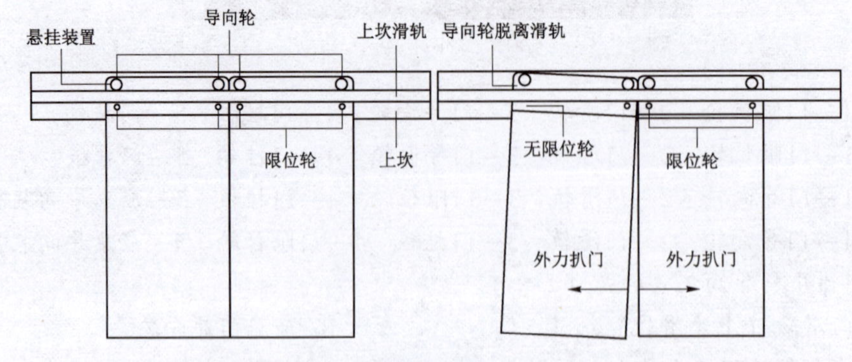

简答题图

学习任务 6.7　防止门夹人的保护装置的类型和原理

一、填空题

1. 常见的防止门夹人的保护装置，根据其工作原理可以分为__________、__________和__________三种。

2. 安全触板是常见的__________式关门保护装置，布置在中分式轿门的两侧__________上。

3. 正常情况下，两侧触板受自身重力作用而落下，通过摆臂的联动旋转，使触板突出轿门门扇约__________mm。

4. 当轿门在关闭过程中与乘客、货物发生__________时，安全触板会在被撞击物体的作用下向上提起，在摆臂的旋转联动下向轿门门扇内侧运行，同时摆臂会在旋转过程中触发__________开关，通过该开关控制门机进行重开门，保护乘客不受撞击。

5. GB/T 7588—2020 中允许主动门扇上的保护装置在最后__________mm 的行程中被取消。

6. 光幕运用__________传感器作为检测元件，其控制系统包括控制装置、发射装置、接收装置、信号电缆、电源电缆等几部分。

7. 当乘客在层门和轿门的关闭过程中，通过入口被门扇撞击或将被撞击时，一个保护装置应自动地使门__________。

8. 为了弥补接触式和非接触式防夹人保护装置的不足并发挥各自的优点，出现了__________和__________复合式的轿门防撞击保护装置。

二、选择题

1. 根据下图回答：左图和右图分别代表光幕的（　　）安装方式类型。

移动式安装

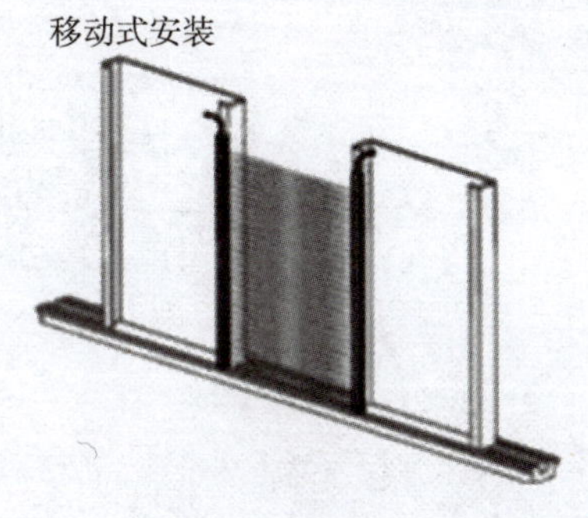

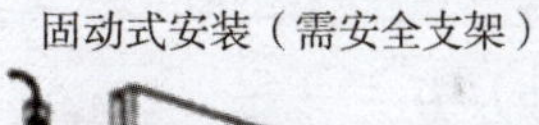

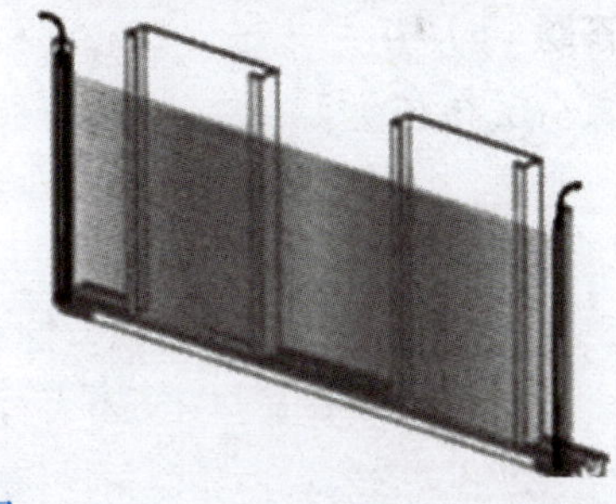

选择题 1 图

A. 左边为移动安装，右边为固定安装　　B. 右边为移动安装，左边为固定安装

C. 两个都是移动式安装　　D. 两个都是固定式安装

2. 根据 GB/T 7588—2020 规定，安装时，光幕下端距离轿厢地坎表面最大（　　），光幕上端距离轿厢地坎表面最小（　　）。

A. 50 mm，1 300 mm　　B. 50 mm，1 400 mm

C. 25 mm，1 500 mm　　D. 25 mm，1 600 mm

3. 根据 GB/T 7588—2020 规定，直径至少（　　）mm 的障碍物都能够检测出。

A. 20　　B. 40　　C. 50　　D. 10

4. 防止门夹人的保护装置安装在轿厢架上，轿门关门时，距离越近，光幕之间的盲区越（　　）。

A. 大　　B. 小

C. 相同　　D. 既可以大也可以小

三、判断题

1. 当乘客在层门和轿门的关闭过程中，通过入口被门扇撞击或将被撞击时，一个保护装置应自动地使门重新开启。（　　）

2. 电梯主动门扇上的保护装置应作用在整个关门行程中。（　　）

3. 光幕的发射装置和接收装置安装于电梯厅门两侧。（　　）

4. 光幕在关门行程的后面一段距离内，可能就无法起到保护作用。（　　）

5. 光幕必须要可靠，必须对强光，对于透明、半透明材料以及直径较细的绳状物体也起作用。（　　）

6. 光幕在强光环境下，对透明、半透明材料以及直径较细的绳状物体也能起到作用。（　　）

7. 防止门夹人保护装置根据其工作原理分为接触式、非接触式和复合式三种类型。（　　）

8. 光幕可以安装在门扇上并随着门扇开关进行运动，也可以固定安装在轿厢两侧，不随着门扇的开关一起运动。（　　）

9. 光幕固定安装在轿厢两侧，主要目的是解决光幕相对距离变小时有效光束减少的问题。（　　）

10. 根据 GB/T 7588—2020 规定，防止门夹人的保护装置触发后应持续动作。（　　）

四、简答题

简述光幕的工作原理。

任务 6.8　轿门开门限制装置的结构和原理

一、填空题

1. 当电梯停在＿＿＿＿＿＿时，应能在轿厢所在层站，通过三角钥匙开锁或开启轿门，用不超过 300 N 的力，手动打开轿门和层门。

2. 但是当轿厢在开锁区域以外时，在开门限制装置处施加＿＿＿＿＿＿的力，轿门开启应不能超过____________mm，以防止乘客的手臂伸出轿门外发生事故。

3. 当轿厢位于____________内时才能从轿厢内打开轿门。

4. 轿门开门限制装置，根据轿门门锁与层门门锁开启过程是否联动，可以分为__________开启和____________开启两种类型轿门开门限制装置。

5. 层门门锁的开启则通过主动门上的____________夹住层门____________，使层门主动锁钩开启。

6. 电梯井道内表面与轿厢地坎、轿厢门框架或滑动门的最近门口边缘的水平距离不应大于____________m。

二、判断题

1. 电梯停止运行时，在轿厢内都可以手动打开轿门和层门。（　）

2. 轿厢装有机械锁紧的门只能在层门的开锁区内打开。（　）

3. 当轿厢运行至开锁区域内开门时，轿门门锁能够在门机传动机构的驱动下，与轿门开锁门刀联动，使轿门门锁开启。（　）

4. 固定式的轿门开锁门刀安装在每层的层门上坎。（　）

5. 门刀的长度与开锁区域相匹配，当轿厢运行至开锁区域内开门时，轿门门锁能够在门机传动机构的驱动下，与轿门开锁门刀联动，使轿门门锁开启。（　）

三、简答题

简述独立开启式轿门开门限制装置的工作原理。

学习任务6.9　层轿门门扇的相关标准与要求

一、填空题

1. 门关闭后，门扇之间及门扇与立柱、门楣和地坎之间的间隙应尽可能小，对于乘客电梯，此运动间隙不得大于____________mm。

2. 层门及其门锁在锁住位置时应有这样的机械强度，即用____________的力垂直作用于该层门的任何一个面上的任何位置，且均匀地分布在5 cm^2的圆形或方形面积上时，应能：

a. ____；

b. ____。

3. 在水平滑动门和折叠门主动门扇的开启方向，以____________的人力（不用工具）施加在一个最不利的点上时，规定的间隙可以大于6 mm，但不得大于下列值：

a. 对旁开门，____________mm；

b. 对中分门，总和为____________mm。

二、选择题

1. 国家标准规定，门关闭后，门扇之间、门扇与立柱之间、门楣和地坎之间的间隙应尽可能小，对于乘客电梯，此运动间隙不得大于（　　）mm。

A. 4　　B. 5　　C. 6　　D. 8

2. 在水平滑动的主动门扇门开启方向，以（　　）N的力施加在一个最不利点上时，门扇间隙可以大于6 mm，但不得大于（　　）mm。

A. 150，中分门30　　B. 300，中分门30

C. 150，中分门45　　D. 300，旁开门45

3. 对于玻璃门，为了防止层门夹伤儿童的手，可以在玻璃上贴磨砂膜，且高度应超过（　　）m。

A. 0.75　　B. 1.0　　C. 1.75　　D. 1.1

4. 玻璃轿门采用的玻璃为（　　）层夹胶玻璃。

A. 单　　B. 双　　C. 三　　D. 四

三、判断题

1. 门关闭后，门扇与地坎之间的间隙应尽可能小。（　　）

2. 门在锁闭状态的情况下，门扇应能承受300 N的垂直作用于层门任何一个面上的任何位置的力。这个力应视为静止力。（　　）

3. 当静力300 N或者撞击力1 000 N作用在最不利的点时，玻璃门扇的固定方式应能够承受。（　　）

4. 玻璃门扇上应有可擦除和撕毁的永久性的标记。（　　）

5. 在有防火要求的情况下，电梯层门应具有与建筑物构件相适应的耐火等级。（　　）

四、简答题

简述层门各部位之间的间隙。

项目六　电梯门系统的结构与原理实训表

一、基本信息

学员姓名：________________　所属小组：________

梯号：________ 班级：________　分数：________

实训时间：15 min　开始时间：________　结束时间：________

二、考查信息

<table>
<tr><td>选项</td><td colspan="3">中分式层门</td><td colspan="3">旁开式层门</td><td>选项</td><td colspan="3">层门入口高度</td><td colspan="3">层门入口宽度</td></tr>
<tr><td>开门方向分类</td><td colspan="3"></td><td colspan="3"></td><td>数值</td><td colspan="3"></td><td colspan="3"></td></tr>
<tr><td>选项</td><td colspan="2">重锤</td><td colspan="2">拉伸弹簧</td><td colspan="2">压缩弹簧</td><td>选项</td><td colspan="3">重力锁紧</td><td colspan="3">重力与弹力锁紧</td></tr>
<tr><td>层门自闭装置类型</td><td colspan="2"></td><td colspan="2"></td><td colspan="2"></td><td>层门锁钩锁紧形式</td><td colspan="3"></td><td colspan="3"></td></tr>
<tr><td>门锁啮合距离</td><td colspan="2"></td><td colspan="4">门锁啮合距离测量要求</td><td colspan="7"></td></tr>
<tr><td>选项</td><td colspan="2">羊角</td><td colspan="2">插针</td><td colspan="2">凸轮</td><td>选项</td><td colspan="2">垂直摆杆</td><td colspan="2">水平摆杆</td><td colspan="2">垂直顶杆</td></tr>
<tr><td>验证层门闭合触点类型</td><td colspan="2"></td><td colspan="2"></td><td colspan="2"></td><td>紧急开锁装置类型</td><td colspan="2"></td><td colspan="2"></td><td colspan="2"></td></tr>
<tr><td>选项</td><td colspan="3">直接联动机构</td><td colspan="3">间接联动结构</td><td>选项</td><td colspan="3">间接连接</td><td colspan="3">直接连接</td></tr>
<tr><td>轿门门机联动结构</td><td colspan="3"></td><td colspan="3"></td><td>层门门机联动结构</td><td colspan="3"></td><td colspan="3"></td></tr>
<tr><td>门限位轮（偏心轮）的作用</td><td colspan="13"></td></tr>
<tr><td>层门如何实现火灾等情况下的应急导向</td><td colspan="13"></td></tr>
<tr><td>选项</td><td colspan="2">安全触板</td><td colspan="2">光幕</td><td colspan="2">复合形式</td><td>选项</td><td colspan="3">YES</td><td colspan="3">NO</td></tr>
<tr><td>防门夹人保护形式</td><td colspan="2"></td><td colspan="2"></td><td colspan="2"></td><td>是否有轿门开门限制装置</td><td colspan="3"></td><td colspan="3"></td></tr>
<tr><td>轿门如何带动层门开启</td><td colspan="13"></td></tr>
<tr><td>门上哪些间隙需要测量</td><td colspan="13"></td></tr>
</table>

备注：1. 根据电梯的情况进行判定，在每个项目下正确的选项下面打“√”；

2. 判定依据请结合书中的内容用简短的词语描述原因；

3. 问题请结合所学知识进行回答；

4. 未穿戴安全防护用品不得参与该实训。

项目七

安全保护系统的结构与原理

项目分析

本项目主要介绍限速器和安全钳保护装置联动结构与原理，限速器及其张紧装置的结构与原理，缓冲器的类型与结构，安全钳的结构与分类，防止超越行程保护装置，轿厢上行超速保护装置，轿厢意外移动保护装置等。每个子项目都是安全保护系统重要组成部分，是学习者可尽快了解并掌握电梯安全保护系统的整体结构及运行原理的基础。

学习目标

应知

1. 了解电梯安全保护系统的结构组成。
2. 掌握限速器和安全钳保护装置联动工作的原理。
3. 掌握限速器及其张紧装置的结构与原理。
4. 了解限速器、张紧装置、缓冲器、安全钳、超速保护装置、轿厢意外移动保护装置的基本结构。

应会

1. 会操作限速器－安全钳联动实验。
2. 能够调试轿厢意外移动保护装置。

学习任务7.1　限速器－安全钳装置联动结构与原理

限速器－安全钳
介绍SCORM课件

知识储备

为电梯安全保护系统提供较为综合的安全保障装置的是限速器、安全钳和缓冲器。当电梯向下运行时，在无论何种原因导致轿厢发生超速甚至坠落的危险状况，而其他安全保护装置均未起作用的情况下，则靠限速器、安全钳（轿厢在运行途中起作用）和缓冲器（轿厢到达终端位置起作用）的作用使轿厢停止运行以保护乘客和设备不受伤害。

限速器和安全钳是不可分割的，它们共同担负电梯失控和超速时的保护任务。操纵安全钳动作只能使用机械操纵的方式。一般发生电梯轿厢坠落事故的可能性很小，但也有可能因为以下几种原因导致事故的发生。

①曳引钢丝绳因各种原因折断。

②钢丝绳绳头断裂或绳头板与轿厢横梁或对重架焊接处开焊。

③蜗轮蜗杆的轮齿、轴、键、销等传动部件折断失效。

④由于曳引轮绳槽磨损严重，同时轿厢超载，造成钢丝绳和曳引轮打滑。

⑤制动器失效。

1. 限速器和安全钳保护装置的组成和作用

限速器和安全钳保护装置包括限速器、安全钳、限速器钢丝绳、张紧轮和断绳开关。

限速器的作用：在轿厢超速达到设定值时及时发出动作信号，并使用机械装置动作拉动限速器的钢丝绳。

安全钳的作用：限速器的钢丝绳被拉动而引起其动作，迫使轿厢或对重制停在导轨上，同时，切断电梯安全回路电源。安全钳是在限速器操纵下强制使轿厢停住的执行机构。

限速器钢丝绳的作用：当限速器发生机械动作时，通过限速器钢丝绳拉动安全钳。

张紧轮的作用：为了保证限速器能够直接反映出轿厢的实际速度，在限速器钢丝绳的下端，安装有张紧轮。

断绳开关的作用：为了防止限速器上的钢丝绳断裂或钢丝绳张紧装置失效，在张紧轮上装有断绳开关，一旦限速器绳断裂或张紧装置失效，断绳开关动作，切断控制电路。

2. 限速器和安全钳联动的动作过程

当轿厢超速下行时，轿厢的速度立即反映到限速器上，使限速器的转速加快，当轿厢的运行速度超过电梯额定速度的115%时，达到限速器的电气设定速度和机械设定速度后，限速器开始动作。当限速器机械动作时，由于轿厢继续下行的相对运动，限速器绳头通过杠杆将右侧安全钳楔块拉住，使右侧安全钳动作。与此同时，限速器绳头的动作通过连杆机构提起左侧安全钳楔块，使左侧安全钳动作。在连杆的动作过程中，杠杆上的凸轮或打板，使电气安全装置动作，同时，切断电气安全回路使电机停止运行。

限速器和安全钳动作后，必须经电梯专业人员调整才能恢复使用，一般短接相关安全电气装置，轿厢检修向上运行复位限速器，再向上运行一段距离，复位安全钳。

学习任务 7.2　限速器及其张紧装置的结构与原理

限速器张紧装置的结构和原理 SCORM 课件

知识储备

在电梯的安全保护系统中，提供较为综合的安全保障装置的是限速器、安全钳和缓冲器。限速器需要张紧装置与其有效配合并给予限速器钢丝绳足够的张力，才能进行有效工作。知道不同类型限速器的结构是掌握其工作原理的基础。

1. 限速器触发机构的类型和原理

依据电梯超速时，限速器触发机构的工作方式，可将限速器分为摆锤式和离心式两类。

依据限速器触发机构动作后限速器钢丝绳制动机构的工作方式，可将其分为摩擦式和夹持式两种。

（1）摆锤式限速器，如图 7－1 所示。

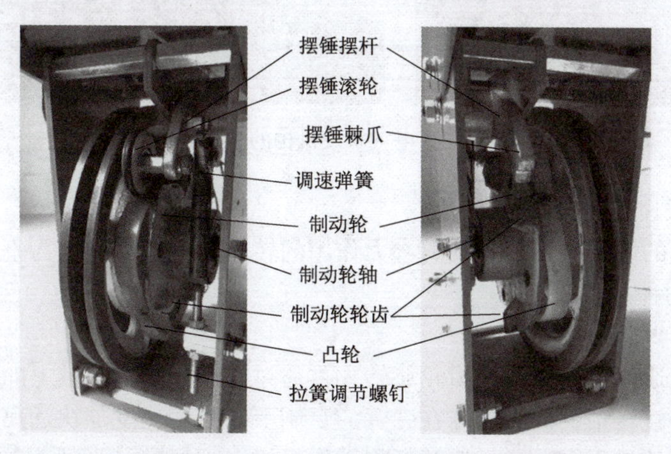

图 7－1　摆锤式限速器

摆锤式限速器的触发机构是利用绳轮上的凸轮在旋转过程中与摆锤一端的滚轮接触动作的，摆锤摆动的频率与绳轮的转速有关，当摆锤的振动频率超过某一预定值时，摆锤的棘爪进入制动轮的轮齿内，从而使限速器停止运转。在触发装置动作之前，限速器或其他装置上的一个电气安全保护装置被触发机构触发，使电梯驱动主机停止运转（对于额定速度不大于1 m/s的电梯，主机最迟可与机械触发装置同时动作）。机械触发机构的动作状态如图7-2所示。电气触发机构的工作状态如图7-3所示。

图7-2　机械触发机构的动作状态

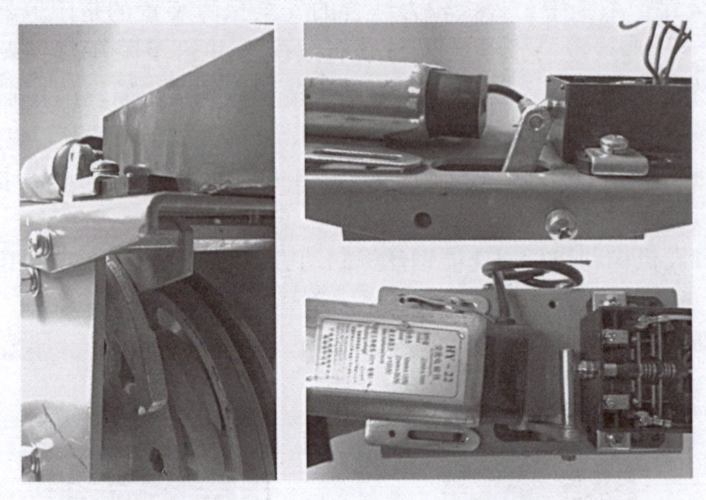

图7-3　电气触发机构的工作状态

（2）离心式限速器。

离心式限速器的触发机构根据其离心力作用的转轴和平面，可分为垂直轴甩球式和水平轴甩块（片）式两种。

1）垂直轴甩球式触发机构。

限速器钢丝绳通过绳轮带动伞齿轮旋转，再通过伞齿轮将水平轴上的旋转转换为垂直轴上的旋转，驱动垂直转轴；离心甩球在弹簧的牵制下，随着速度加快远离旋转中心；离心甩球在远离垂直转轴的过程中，通过连接杆将动作机构向上提升，当到达电气开关触板后使电气触点断开，切断电气安全回路。

因断绳等严重故障，制动器无法使轿厢停止运行，因此，轿厢的速度进一步加快，限速器的甩球继续甩开，动作机构进一步向上提升，驱动杠杆使夹绳块掉下，在限速器绳与夹绳块摩擦自锁作用下，可靠地夹住钢丝绳。为了使钢丝绳不被夹扁，夹紧力由一根压缩弹簧调节。

2）水平轴甩块（片）式触发机构。

水平轴甩块（片）式触发机构目前应用比较广，结构也比较多样化。常见的中低速乘客电梯中使用的绝大多数为水平甩块（片）式限速器。

水平轴甩块式限速器的结构如图 7－4 所示。触发机构（电气验证开关）如图 7－5 所示。

当轿厢超速达到限速器的机械动作速度时，限速器钢丝绳带动绳轮旋转，离心甩块在旋转中克服弹簧的牵制，随着速度加快远离旋转中心；在离开旋转中心的过程中，离心甩块通过其自身连杆触动棘爪释放机构的螺柱顶杆将棘爪释放。

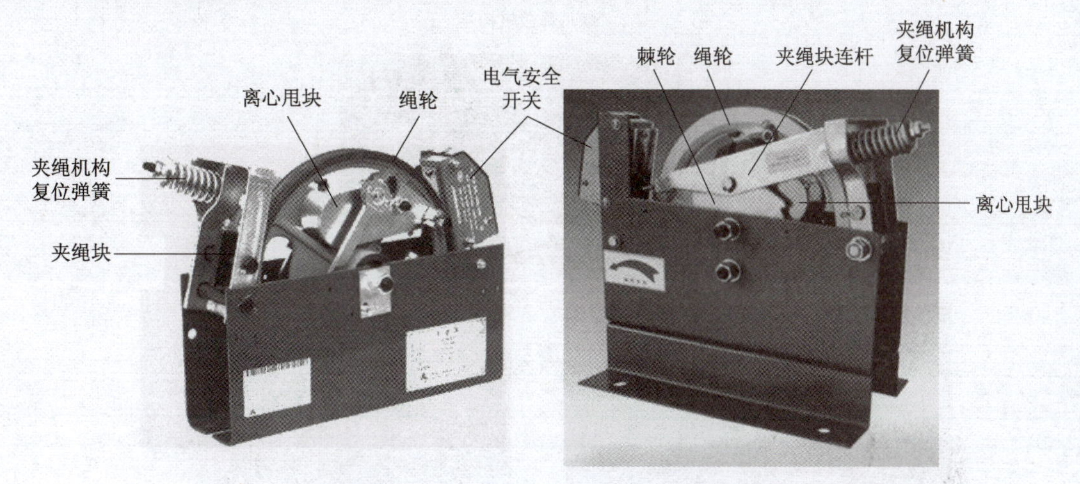

图 7－4　水平轴甩块式限速器的结构

图 7－5　触发机构（电气验证开关）

棘爪释放后，离心甩块在自身弹簧力的作用下，进入制动轮轮齿；再通过钢丝绳驱动绳轮带动棘齿，将制动轮向逆时针方向转动；在棘齿的推动下，制动轮通过销轴将夹绳块连杆向前推动；夹绳机构在制动轮的驱动下使夹绳块压住限速器钢丝绳。限速器的机械动作过程如图 7－6 所示。

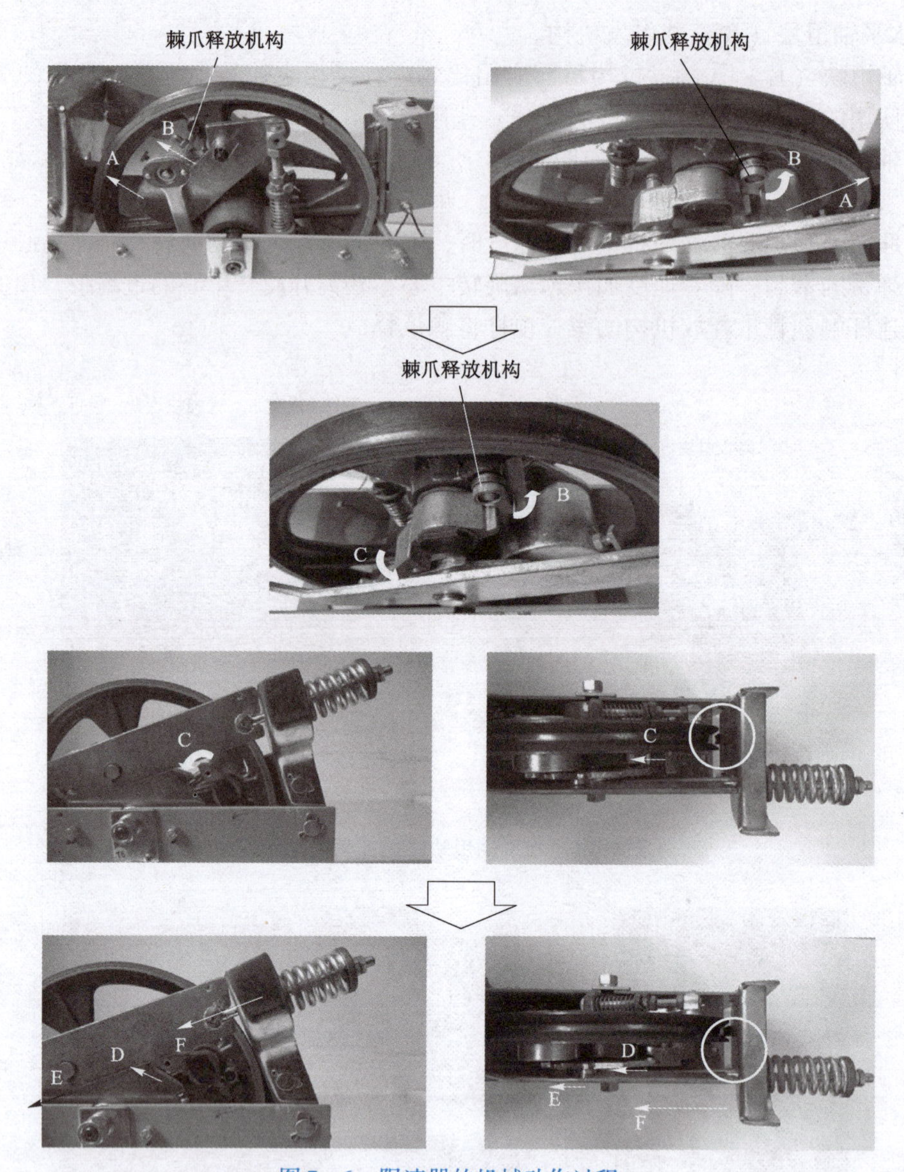

图7-6　限速器的机械动作过程

2. 限速器制动机构的类型和原理

按照限速器触发机构动作后限速器钢丝绳制动机构的工作方式，可将限速器分为摩擦式和夹持式两类。

（1）摩擦式限速器。

按照限速器钢丝绳制动机构的工作方式，可以将限速器分为摩擦（或曳引）式和夹持（或夹绳）式两种。摩擦式限速器在电梯超速并引起触发机构工作后，触发机构与制动机构联动，对绳轮进行制动。利用绳轮与钢丝绳之间的摩擦力，通过使绳轮停止旋转，实现限速器钢丝绳的制动，因此，这类限速器上没有直接对钢丝绳进行制动的夹绳机构。

①绝大多数摆锤式触发机构的摩擦式限速器，由于其触发机构较为简单，因此均不再另行设计夹绳机构，多为直接对绳轮进行制动，如图 7－7 所示。

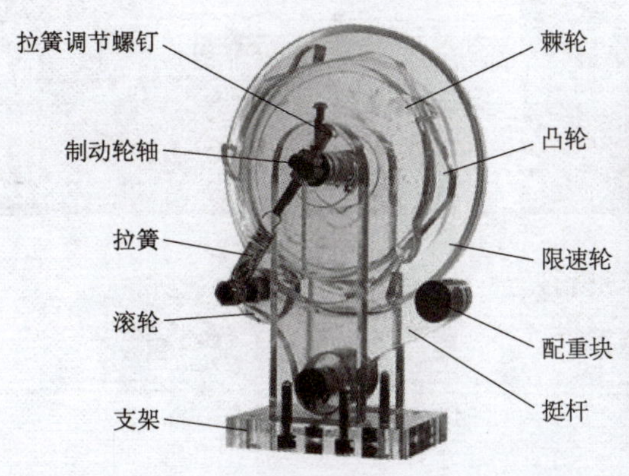

图 7－7　摆锤式触发机构的摩擦式限速器

②另一种较为常见的摩擦式限速器，其触发机构采用的是水平轴甩片设计，当轿厢超速达到限速器的机械动作速度时，将产生以下动作（见图 7－8 所示）。

a）限速器钢丝绳带动绳轮旋转，离心片在旋转中克服弹簧的牵制，随着速度加快而远离旋转中心。

b）离心甩片在旋转离开中心过程中，通过其自身连杆使摩擦轮运动进入圆弧形自锁槽内。

c）摩擦轮进入圆弧形自锁槽后，逐步与绳轮上的自锁槽和制动轮接触，由于绳轮和制动轮之间存在相对转动，因此自锁槽会对摩擦轮施加向心的压力，使之与制动轮之间产生摩擦力。

d）随着绳轮与制动轮之间的相对转角进一步变大，自锁楔块槽对摩擦轮向心方向上进一步施加压迫力。绳轮与制动轮之间的相对位移越大，摩擦轮与制动轮之间的摩擦力则越大，形成自锁效应，使绳轮停止转动。

（2）夹持式限速器。

与摩擦式限速器不同，夹持式限速器在绳轮达到机械动作速度后，其制动（夹持）机构直接压紧到限速器钢丝绳上，将限速器钢丝绳夹持在夹绳块和限速器绳轮之间，使钢丝绳停止运行。夹持式限速器上有非常明显的钢丝绳夹持机构。通常，加持机构上还设有压缩弹簧，用于对加持机构施加在钢丝绳上的压力进行调节或限速器的机械机构的自动复位。

根据夹绳机构压缩弹簧的机械功能，可将夹持式限速器的夹绳机构分为复位弹簧式和夹绳弹簧式两种。

①复位弹簧式夹绳机构。

当电梯超速运行使限速器动作时，夹持式限速器的夹绳机构触发机构通过各机械部件（如销轴、连杆、棘齿与制动轮等）并利用钢丝绳与绳轮的摩擦力进行驱动，夹绳机构上的压缩弹簧产生压缩；而当限速器进行复位时，夹绳机构则能够在压缩弹簧的弹力驱动下自动复位至初始位置。

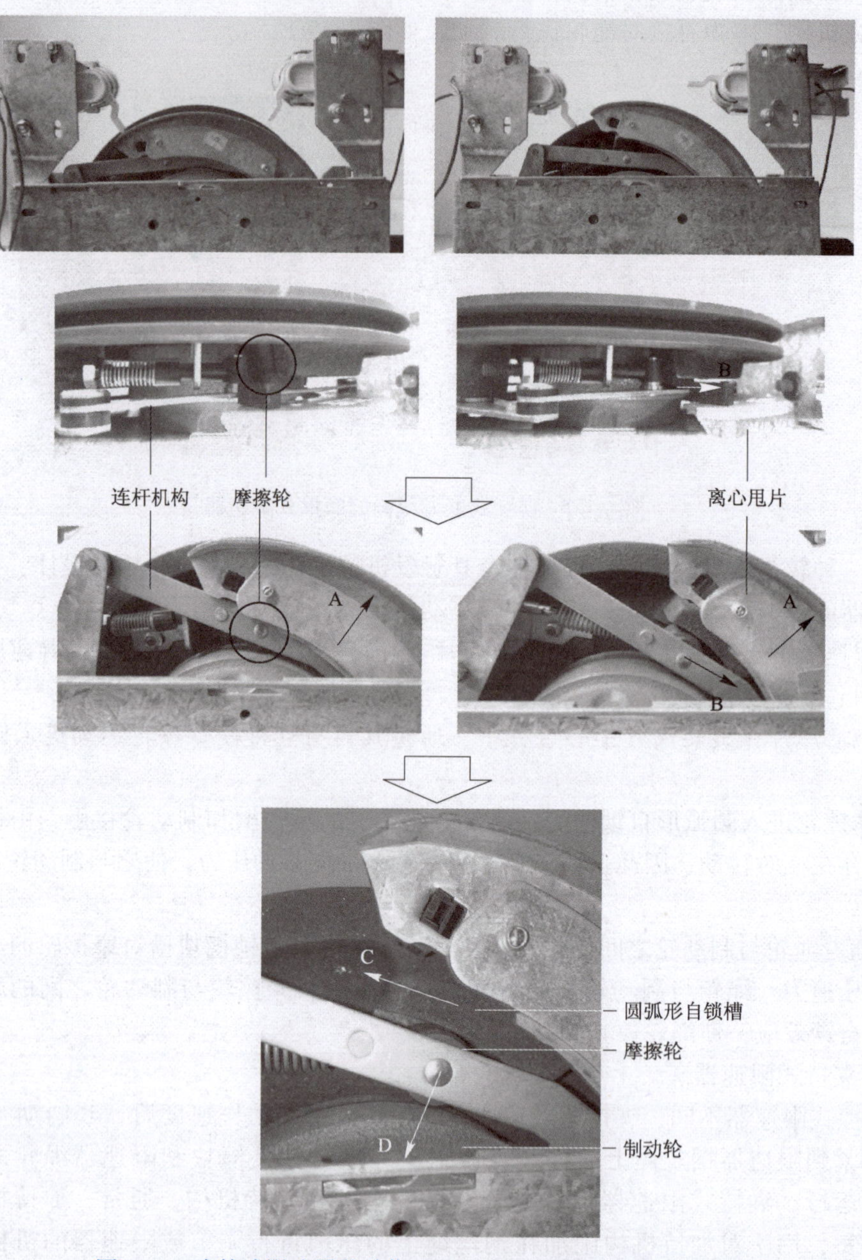

图7－8　摩擦式限速器的动作过程（水平轴甩片式触发机构）

如图7－9水平轴甩块式触发机构的夹绳机构所示，当触发机构的摆臂驱动夹绳块向下运动时（a方向），由于摆臂的驱动销轴与夹绳块销轴不同轴，对二者运动方向进行合成，可见此时，夹绳块销轴会沿a方向运动，对复位弹簧产生压缩。

如水平轴甩块式触发机构的夹绳器，当夹绳机构在制动轮销轴的驱动下，沿a方向产生位移时，由于夹绳机构销轴的自由度限制，夹绳块只能够绕该销轴进行圆周运动。此时连杆和摆臂在各自销轴的约束下，分别沿b方向和c方向运动，对夹绳机构连杆和摆臂交接处的运动进行分析可见，其合成运动方向为 d。如果连杆和摆臂交接处沿合成方向 d 运动，则连杆和摆臂连接处下方会形成反方向运动，导致间距 S 变大，引起复位弹簧压缩。

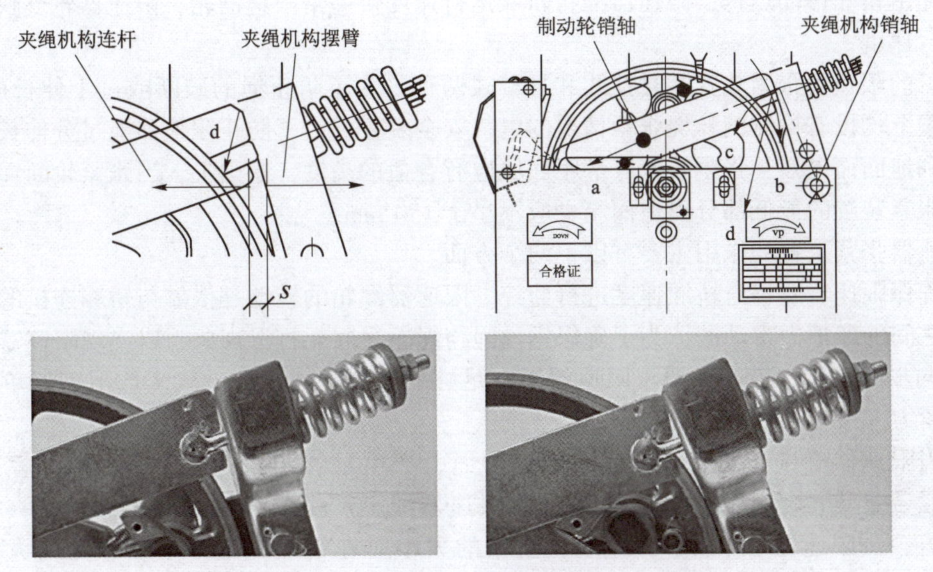

图 7－9 水平轴甩块式触发机构的夹绳机构

在复位弹簧式夹绳机构中，夹绳块必须在一定驱动力的作用下才能接触到限速器钢丝绳，能够在一定程度上防止夹绳块在遇到振动时被错误触发夹住钢丝绳；同时，当夹绳块完全压紧在钢丝绳上时，夹绳块对钢丝绳的压力大小由压缩弹簧的压缩行程决定。由于压缩弹簧的弹力不仅在夹绳块动作过程中用于提供夹绳块压紧钢丝绳时的压力，而且还在夹绳机构复位过程中起到复位力的作用，因此称为复位弹簧式夹绳机构。

需要注意的是，由于限速器机械触发机构动作时，夹绳块需要依靠钢丝绳与绳轮间的摩擦力拉动，克服复位弹簧的弹力（弹力会随着夹绳块的夹持运动逐步增加），驱动夹绳块压住限速器钢丝绳，因此，在夹绳机构动作过程中，限速器钢丝绳与绳轮间的摩擦力需要始终大于复位弹簧的弹力，方能使夹绳块持续下落，直至其触碰钢丝绳后产生自锁，最终使夹绳块完全压紧钢丝绳。

这类夹绳机构，其夹绳块能否成功动作与钢丝绳和绳槽间的摩擦力和夹持弹簧的弹力大小有直接关系；如果限速器机械触发机构动作过程中，限速器钢丝绳与绳轮的摩擦力不足，就会出现限速器触发机构的动作（棘齿卡入制动轮），但夹绳机构无法夹住钢丝绳，因此，限速器钢丝绳在停止旋转的绳轮上发生打滑的情况。

②夹绳弹簧式夹绳机构。

在限速器动作时，其夹绳机构的压缩弹簧并不与触发机构产生刚性连接，并且在夹绳机构动作过程中仅用于调节夹绳块压紧钢丝绳的压力，并不用于限速器夹绳机构的复位，因此，称为夹绳弹簧式夹绳机构。

在夹绳弹簧式夹绳机构动作过程中，钢丝绳和绳槽间的摩擦力无须克服夹持弹簧的弹力，夹绳块的动作与钢丝绳和绳槽间的摩擦力和夹持弹簧的弹力无关。

3. 限速器张紧装置的类型和原理

限速器张紧装置包括限速器绳、张紧轮、重锤和限速器断绳开关等。它安装在底坑内，限速器绳由轿厢带动运行，限速器绳将轿厢运行速度传递给限速器轮，限速器轮反映出电梯实际运行速度。

常见的限速器张紧装置有悬挂式和悬臂式两种。为了防止绳的破断或过于伸长而失效，张紧装置上均设有检测钢丝绳张紧情况的电气安全装置。为了防止限速器绳过分伸长使张紧装置碰到地面而失效，张紧装置底部距底坑应有合适的高度，原则上，当张紧轮断绳开关动作后，张紧装置的最低部分离地面至少应不小于150 mm。

限速器张紧装置的作用主要有以下两个方面。

①确保限速器能够对轿厢速度进行监控。限速器绳轮的转动是依靠与轿厢连接的钢丝绳与绳槽之间的摩擦力带动的，为了确保钢丝绳与绳轮之间无打滑现象，以实现限速器绳与绳轮的“同步”运转，就必须要求限速器绳有足够的张紧力。目前，大多数限速器单侧钢丝绳的张紧力一般为150 N左右。

②当限速器机械动作时，确保在限速器绳上产生足够的张力。尤其对于摩擦式限速器，张紧装置重量越大，则限速器动作时限速器绳上产生的张力越大，而对于夹持式限速器而言，当限速器动作时，张紧装置重量的大小对在钢丝绳上产生的张力的大小无明显影响。

张紧力是指限速器没有动作时，仅在张紧装置作用下钢丝绳所受到的张力，当限速器采用悬挂式张紧装置时，其单侧钢丝绳的张紧力的大小等于所有张紧装置（包括张紧轮与配重块）重力的一半；而限速器动作时，限速器绳的张力是指在限速器绳与安全钳提拉机构连接处，沿轿厢运行方向拉动限速器绳所产生张力增量，不包含因张紧装置的作用所产生的那部分限速器绳的张力。

4. 限速器及其张紧装置的其他安全要求

（1）操纵轿厢安全钳的限速器的动作应发生在速度至少等于额定速度的115%但小于下列各值时：

a）对于除了不可脱落滚柱式以外的瞬时式安全钳为0.8 m/s；

b）对于不可脱落滚柱式瞬时式安全钳为1 m/s；

c）对于额定速度小于或等于1 m/s的渐进式安全钳为1.5 m/s；

d）对于额定速度大于1 m/s的渐进式安全钳为$1.25v+0.25/v$（v为额定速度，m/s）。

注：对于额定速度大于1 m/s的电梯，建议选用接近d）规定的动作速度值。

不可脱落滚柱式瞬时安全钳动作时，因钳体、滚柱或导轨的变形而使制动过程相对较长，制动的剧烈程度（冲击）相对双楔块式要小一些，对轿内乘客或货物的冲击要相对弱一些，释放相对来说也容易些，因此，与其配套使用的限速器的动作速度可以略高些，允许限速器动作速度为1 m/s。其他形式的瞬时安全钳（楔块式、偏心轮式）动作后释放比起不可脱落滚柱式安全钳更加困难，因此，对这些形式的瞬时式安全钳，其配合使用的限速器的动作速度相比不可脱落滚柱式瞬时安全钳来说就要更加严格些，允许动作速度降低至0.8 m/s。

（2）对于额定载重大、额定速度低的电梯，应专门设计限速器。

注：建议尽可能选用接近下限值的动作速度。

一般情况下，额定载重大、额定速度低的电梯采用瞬时式安全钳，为了防止限速器动作时间滞后而造成轿厢动能超过瞬时式安全钳吸收能量的能力，对于这类电梯，应专门设计限速器，以保证限速器动作的滞后不会导致危险情况的发生。选用较低的动作速度能有效地减少安全钳所需吸收的能量。为了尽可能消除限速器的滞后性对安全钳的不利影响，其动作速度建议尽可能选用接近标准 GB/T 7588—2020 中所示下限值的动作速度，从而降低其危险程度。

（3）对重（或平衡重）安全钳的限速器动作速度应大于 GB/T 7588—2020 中规定的轿厢安全钳的限速器动作速度，但不得超过 10%。

要求轿厢限速器先动作，在悬挂轿厢、对重（或平衡重）的钢丝绳没有断裂的情况下，对重下行超速时，轿厢必然是向上运行并超速的，由于轿厢限速器上的电气开关是双向都起作用的，这种情况下，此开关就应先动作了，开关动作后会切断驱动主机的电源并使制动器制动。如果能够降低对重的速度或使对重停止，就避免使用对重安全钳的机械制动。毕竟释放对重安全钳较为困难。

（4）限速器动作时，限速器绳的张力不得小于以下两个值的较大值：安全钳起作用所需力的两倍或 300 N。

对于只靠摩擦力来产生张力的限速器，其槽口应经过附加的硬化处理或有一个符合绳槽类型要求的切口槽。

限速器动作时，限速器绳的张力是指限速器钢丝绳能够触发安全钳而提供的力，并不是为了保证限速器能与轿厢同步运行无相对速度差而必须使限速器钢丝绳保持适当张紧的力。

由于限速器动作时是通过绳轮与钢丝绳之间的摩擦阻力或通过夹紧装置使限速器钢丝绳制停的，因此，这里所要求的“限速器动作时，限速器绳的张力”，对于靠绳轮与钢丝绳之间的摩擦阻力制停钢丝绳的限速器来说，就是限速器钢丝绳在绳轮上的摩擦力；对于通过夹紧装置制动钢丝绳的限速器来说就是夹紧装置对钢丝绳的摩擦阻力。

为了保证只靠摩擦力来产生张力的限速器在使用一段时间后，动作的时候依然能够提供足够的张力，要求槽口经过硬化处理或附带下切口，避免由于磨损而造成当量摩擦系数的降低。

（5）限速器上应标明与安全钳动作相应的旋转方向。

许多限速器（尤其是靠摩擦力来产生张力的限速器）都是对称结构，其上也没有明显的夹绳装置，此时为避免安装错误以及试验操作时明确方向，应在限速器上标明与安全钳动作相应的旋转方向。

（6）限速器绳。

①限速器应由限速器钢丝绳驱动。

排除了限速器采用链、齿轮等方式驱动的形式。可能出于对以下原因的考虑：齿轮、链等驱动方式与钢丝绳与绳轮的配合形式不同，它们之间无法产生必要的相对滑动，在限速器动作时可能造成部件的破坏。

②限速器绳的最小破断载荷与限速器动作时产生的限速器绳的张力有关，其安全系数不应小于 8；对于摩擦型限速器，则应考虑摩擦系数 $\mu_{max}=0.2$ 时的情况。

由于限速器动作后限速器钢丝绳被制停，因此轿厢只有再继续下行一段距离后才能够被安全钳最终制停。尤其是渐进式安全钳，其制动距离比较长，在制停过程中限速器绳也必须跟随轿厢运行而在限速器上滑移一段距离。如果在滑移过程中所受到的摩擦力太大，就可能会造成钢丝绳拉断或表面损伤；如果由于某种原因制动距离大于正常范围，更加容易造成安全钳提拉系统或者限速器及其附件的损坏。

对于摩擦型限速器，在计算动作时限速器钢丝绳张力的关键是选取合适的摩擦系数。为了保证在限速器动作时钢丝绳有足够的安全系数，这里建议采用摩擦系数 $g=0.2$ 的情况。这个摩擦系数值是钢丝绳和绳槽之间可能达到的最大值再取一定的安全余量而给出的。

在选用限速器钢丝绳时必须有一定的安全裕量，本标准规定限速器钢丝绳的安全系数不小于8。在此应特别注意，为满足上述的安全裕量，限速器在动作时对限速器钢丝绳的制停不能过猛。对于带有夹绳机构的限速器，夹绳机构缓冲弹簧的设定是保证钢丝绳安全系数的关键；对于依靠钢丝绳与绳轮槽口之间的摩擦来提拉安全钳的限速器，限速器张紧装置的重量是影响限速器钢丝绳安全系数的关键。

③限速器绳的公称直径不应小于6 mm。

为保证限速器钢丝绳强度的稳定性，其直径不应过细，以免个别绳丝在断裂时对其总强度影响过大。

④限速器绳轮的节圆直径与绳的公称直径之比不应小于30。

与悬挂轿厢、对重（或平衡重）的钢丝绳类似，限速器钢丝绳运行在绳轮上时也存在疲劳失效的可能，因此要控制限速器绳轮的节圆直径与绳的公称直径的比值足够大，以减少钢丝绳的金属疲劳。

由于限速器钢丝绳两端所受到的拉力远小于悬挂轿厢、对重（或平衡重）的钢丝绳的拉力，拉力在钢丝绳的绳轮上弯曲时的附加应力也远小于悬挂轿、对重（或平衡重）的钢丝绳。因此，绳轮的节圆直径与绳的公称直径之比应不小于30。

⑤限速器绳应用张紧轮张紧，张紧轮（或其配重）应有导向装置。

为了使限速器钢丝绳运行的速度与轿厢一致，并保证限速器动作时能够可靠触发安全钳，钢丝绳应处于张紧状态。

对于靠绳槽与钢丝绳之间摩擦来制停钢丝绳的限速器，若没有良好而适当的张紧力，则限速器就不能提供所需的提拉力。只有钢丝绳两边的拉力相对于其差值来说足够大的情况下，这种限速器才能在动作时产生足够的触发安全钳的力，而钢丝绳两边的拉力就来自于限速器绳的张紧。对于这种限速器来说，钢丝绳的张紧是至关重要的，它决定着限速器动作是否有效。

⑥在安全钳作用期间，即使制动距离大于正常值，限速器绳及其附件也应保持完整无损。

在限速器动作并触发安全钳后，安全钳（尤其是渐进式安全钳）在制停轿厢、对重（或平衡重）的过程中要在导轨上有一段滑移距离。这段距离在安全钳设计时有所考虑，并对设计限速器有一定的影响。但是如果受到环境的影响，尤其是导轨和安全钳制动组件表面状态的影响，安全钳在动作时的滑移距离可能大于设计的预期值，即使发生这种情况，限速器绳及其附件也应完好无损。这个要求，一方面，规定了限速器钢丝绳及其附件应有足够的强度，在受到较大的拉力时不会损坏；另一方面，限定了钢丝绳在限速器动作后

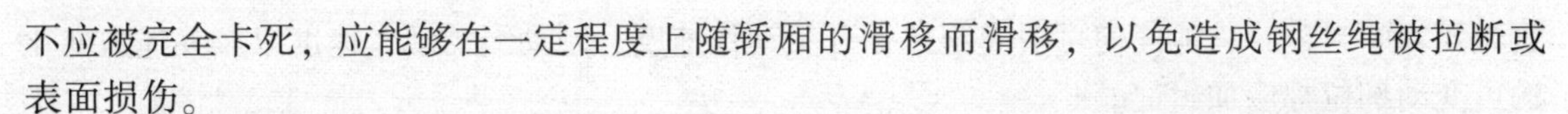

不应被完全卡死，应能够在一定程度上随轿厢的滑移而滑移，以免造成钢丝绳被拉断或表面损伤。

⑦限速器绳应易于从安全钳上取下，方便定期对限速器动作速度进行检测校验。

(7) 限速器动作前的响应时间应足够短，不允许在安全钳动作前达到危险的速度。

限速器从达到动作速度到其动作并通过钢丝绳、连杆装置触发安全钳这段时间应予以限制，通俗地讲就是：限速器到达动作速度后到制动钢丝绳的这段响应时间要尽可能短，不允许在安全钳动作前，电梯系统到达危险速度。

限速器的响应时间实际是由两个方面构成的：限速器对于超速是否能够及时捕捉，捕捉后是否能够及时制停钢丝绳。

(8) 可接近性。

①限速器应是可接近的，以便于检查和维修。

②若限速器装在井道内，则应能从井道外面接近它。

特殊情况下，限速器可以安装在井道内，但是其检查和维修应能够从井道外进行。这就要求在井道上开设检修门（检修门必须符合 GB/T 7588—2020 相关规定）。

③当下列条件都满足时，无须符合②的要求。

a) 能够从井道外用远程控制（除无线方式外）的方式来实现条款 5.6.2.2.1.5 所述的限速器动作，这种方式应不会造成限速器的意外动作，且未经授权的人不能接近远程控制的操纵装置。

b) 能够从轿顶或从底坑接近限速器进行检查和维护。

c) 限速器动作后，提升轿厢、对重（或平衡重）能使限速器自动复位。

如果从井道外用远程控制的方式使限速器的电气部分复位，应不会影响限速器的正常功能。

(9) 在检查或测试期间，应有可能在一个低于 GB/T 7588.1—2020 中条款 5.6.2.2.1.1 a) 规定的速度下通过某种安全的方式使限速器动作来使安全钳动作。

限速器动作的检查和测试目的是验证限速器 - 安全钳系统是否可靠，而对于安全钳本身，由于其动作时所能吸收的能量已经通过了型式试验的验证，交付使用前试验的目的是检查其是否被正确安装、调整；同时检查整个组装件，包括轿厢、安全钳、导轨及其和建筑物的连接件的坚固性。限速器和安全钳本身的性能没有必要在这里进行验证；而且，考虑到安全钳在额定速度下动作可能会给导轨带来较大的损伤（尤其是瞬时式安全钳，在额定速度下动作将对导轨及钳体造成一定的破坏），因此 GB/T 7588—2020 规定“瞬时式安全钳，轿厢装有额定载重，而且安全钳的动作在检修速度下进行”；“渐进式安全钳，轿厢装有 125% 额定载重，而且安全钳的动作可在额定速度或检修速度下进行”。这就要求在检修速度或更低速度时应有办法使限速器动作来提起安全钳。

(10) 可调部件在调整后应加封记。

为了防止其他人员调整限速器、改变动作速度，造成安全钳误动作或达到动作速度不动作，造成人员伤亡事故，可调部件在调整后应加封记。由于限速器是电梯安全部件，其动作速度应根据电梯额定速度在生产厂出厂前完成调整。测试后加上封记，安装施工时不允许再进行调整。这里指的“封记”可采用铅封或漆封，其条件是在对限速器动作速度整定并加以封记后，对影响动作速度的任何调整，都将明显地损毁原封记，不仅调整速度的部位应加这里要求的封记，其他任何可引起限速器开关动作速度、制动绳的动作速度以及夹绳力变化的可变动部位都应加封记。

（11）电气检查。

1）电气安全触点。

所谓电气安全触点，就是能够满足 GB/T 14048. 1—2023《低压开关设备和控制设备　第1部分：总则》中“肯定断开操作的要求”，即“按规定要求，当操动器位置与开关电器的断开位置相对应时，能保证全部主触头处于断开位置的断开操作”。

电梯的安全部件（如门锁、安全钳、限速器、限速器张紧装置、极限开关、缓冲器等）均要求通过电气安全装置对机械动作状态进行电气验证，而安全触点是构成电气安全装置的基本元件，是执行电气验证的检测装置。

安全触点为动断触点，在正常工作状态下处于闭合状态，只有当电梯处于有可能发生危险的状态时，才动作断开，而安全触点在动作时应由机械装置将其可靠地断开，甚至两触点发生烧蚀粘连时，只要安全部件的机械机构触发动作，就能够驱动安全触点强制断开。

通常情况下，安全触点由动触点、静触点和操控部件组成。静触点始终保持静止状态，动触点由驱动机构推动，当动、静触点在接触的初始状态时，两个触点间产生一个初始的接触力，随着驱动机构的推进，当动、静触点间产生最终接触力时，这个接触力保证触点在受压状态下具有良好的接触，直至推动到位。在这个过程中，触点始终在受压状态下工作。安全触点动作时，两点断路的桥式触点有一定行程余量，断开时应能可靠断开。驱动机构动作时，必须通过刚性元件迫使触点断开。此外，安全触点还应具备符合要求的电气间隙、爬电距离、分断距离、绝缘特性等。限速器电气安全开关上的安全触点如图 7－10 所示。

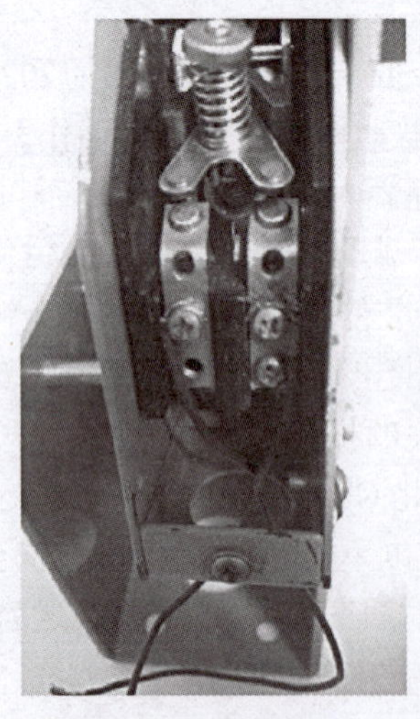

图 7－10　限速器电气安全开关上的安全触点

2）在轿厢上行或下行的速度达到限速器动作速度之前，限速器或其他装置上的一个符合 GB/T 7588. 1—2020 中条款 5. 11. 2 规定的电气安全装置使电梯驱动主机停止运转。

对于额定速度不大于 1 m/s 的电梯，此电气安全装置最迟可在限速器达到其动作速度时起作用。

电气安全装置在一般情况下就是一个可以肯定断开的电气开关，此开关专用于限速器上，不能与其他开关（如安全钳开关）混用。

触发轿厢安全钳动作的限速器只要求在轿厢下行超速时动作。若限速器还承担着触发上行超速保护装置的任务，则这样的限速器肯定是在轿厢上行或下行时都能够动作。虽然限速器没有要求是在轿厢上行或下行都能够动作，但其电气开关应在轿厢上行和下行超速时都能够起作用。

电气开关的动作速度应小于限速器的机械动作速度，这是因为在限速器机械动作之前，若能够利用使电气开关动作的方式利用驱动主机制动器使超速的轿厢停止（或降低速度）运行，则可以避免限速器机械动作以及安全钳动作。毕竟，安全钳动作会给导轨和安全钳钳体甚至轿厢本身带来一定的损害，而且释放安全钳是比较困难的事情。如果抱闸不能控制超速的电梯，限速器的机械动作装置将发挥作用，提起安全钳，将轿厢夹持在导轨上以实现安全保护。

对于额定速度不大于 1 m/s 的电梯，考虑到限速器动作速度的上限与额定速度之间的差值较小，电气开关可能来不及在限速器机械动作前发生动作，因此，允许其最迟在限速器达到其动作速度时起作用。

对于电气开关的动作速度，要求“达到限速器动作速度之前”，但提前多少没有明确规定。一般设计中，电气开关动作的速度下限应保证不低于 $1.15v$。

3）如果安全钳释放后，限速器未能自动复位，则在限速器未复位时，一个符合规定的电气安全装置应防止电梯的启动，但是，在紧急电动运行的情况下，此装置应不起作用。

当安全钳被释放后，限速器仍处于动作状态（限速器可以在释放安全钳时自动复位），限速器上应有一电气开关防止电梯启动。这个开关就是 GB/T 7588.1—2020 中所要求的开关，但为了在电梯发生故障时能够及时救援轿厢内的乘客，在紧急电动运行控制的情况下，这个电气开关应不起作用。

4）限速器绳断裂或过分伸长，应通过一个符合规定的电气安全装置的作用，使电动机停止运转。

限速器钢丝绳的断裂或过分伸长（松弛）都会使限速器不起作用或发生误动作，为防止上述故障影响到限速器的功能，应有一个电气开关监控以上两种故障状态。由于这两种故障都会引起限速器张紧装置位置的变化，因此，通常情况下这个电气开关安装在限速器钢丝绳的张紧轮上，通过监视限速器张紧轮的位置来确定是否发生了限速器绳断裂或过分伸长的故障。当发生上述两种故障时，由于这个开关被触发，因此驱动主机的电动机停止转动，以避免更严重的危险发生。

（12）限速器是安全部件，应根据要求进行型式试验验证。

限速器作为在下行超速时触发安全钳的部件，在电梯系统中也作为安全部件出现，并要求对其进行型式试验。限速器的主要参数是动作速度和钢丝绳提拉力。其中，动作速度又分为机械动作速度和电气动作速度。限速器的型式试验就是为了验证这些主要参数。此外，还应在型式试验中验证限速器钢丝绳、限速器绳轮轮槽以及复位开关。

学习任务7.3　缓冲器的类型与结构

缓冲器的结构原理与相关标准SCORM课件

知识储备

缓冲器是当电梯以受控范围内的速度运行，出现冲顶或蹲底时，对轿厢或者对重起到缓冲减振作用的安全装置。轿厢（或对重）以缓冲器设计速度撞击缓冲器不属于危险工况。

缓冲器是电梯极限位置的安全保护装置，其原理是使运动物体的动能转化为一种无害的或安全的能量形式。

当由于超载、钢丝绳与曳引轮之间打滑、制动器失效或极限开关失效等原因，电梯超越最顶层或最底层的正常平层位置时，轿厢或对重（平衡重）撞击缓冲器，由缓冲器吸收或消耗电梯的能量，减缓轿厢与底坑之间的冲击，最终使轿厢或对重（平衡重）安全减速并停止。

缓冲器有线性蓄能型（弹簧）、耗能型（液压）和非线性蓄能型三种。

1. 弹簧缓冲器

弹簧缓冲器即线性蓄能型缓冲器，由缓冲垫、缓冲座、压缩弹簧和弹簧座等组成。

弹簧缓冲器在受到冲击后，以自身的变形将电梯轿厢或对重下落时产生的动能转化为弹性势能，使电梯落下时得到缓冲。弹簧缓冲器在受力时会产生反作用力，反作用力使轿厢反弹并反复进行直到这个力消失，弹簧缓冲器的缺点是缓冲不平稳。此类缓冲器仅用于额定速度不大于1 m/s的电梯。

2. 耗能型缓冲器

耗能型缓冲器即液压缓冲器，与弹簧缓冲器相比，其具有缓冲效果好、行程短、没有反弹作用等优点，适用于各种速度的电梯。图7－11所示为耗能型缓冲器，由缓冲垫、柱塞、复位弹簧、油位检测孔、缓冲器开关及缸体等组成。

图7－11　耗能型缓冲器

结构：缓冲垫由橡胶制成，可避免与轿厢或对重的金属部分直接冲撞，柱塞和缸体均由钢管制成，复位弹簧位于柱塞内部或外部，它有足够的弹力使柱塞处于完全伸长位置。缸体装有油位计，用于观察油位。缸体底部有放油孔，平时油位计加油孔和底部放油孔均用油塞塞紧，防止漏油。耗能型缓冲器的整体和剖视结构如图 7－12 所示。

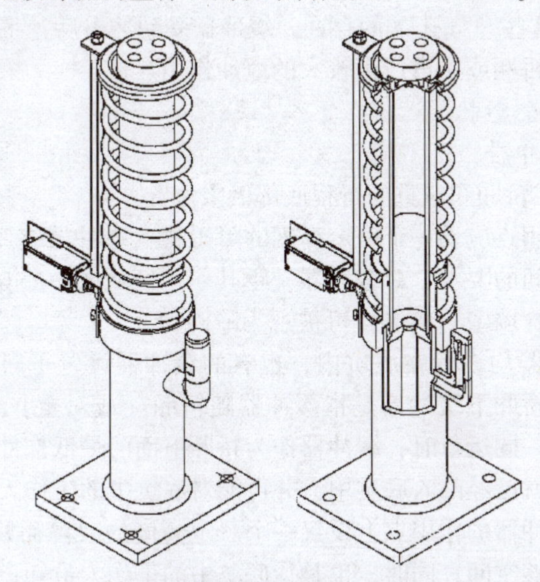

图 7－12　耗能型缓冲器的整体和剖视结构

轿厢或对重撞击缓冲器时，柱塞受力向下运动，压缩缓冲器油，油通过环形节流孔时，由于面积突然缩小，形成涡流，因此液体内的质点相互撞击、摩擦，将动能转化为热能，即消耗了能量，使轿厢（对重）以一定的减速度停止。当轿厢或对重离开缓冲器时，柱塞在复位弹簧反作用下，向上复位直到全伸长位置，油重新流回油缸内。就相同设计的缓冲器而言，轿厢或对重偏重的，选用黏度较高的缓冲器油；反之则应选用黏度较低的缓冲器油。

液压缓冲器复位开关：若柱塞发生故障，则有可能造成柱塞不能在规定时间内回复原伸长位置，或不能回复到原伸长位置。如果不装设复位开关，以保证缓冲器柱塞回复到原位置，那么下次缓冲器动作时，柱塞可能不在全伸长位置时动作，这样缓冲器将起不到缓冲作用。正常情况下，当缓冲器动作后，复位开关也随之动作而断开电梯控制电路，当轿厢或对重上升后，缓冲器柱塞逐渐恢复到原位时，使限位开关接通控制电路，电梯才能正常运行。若缓冲器的复位开关在电梯冲顶或蹲底后未能复位，则说明缓冲器工作不正常，复位开关断开电梯控制电路，使电梯停止运行。这样就保证了只要电梯在运行，缓冲器就能起到缓冲作用。复位开关可采用微动开关或行程开关，开关装置应动作可靠、反应灵活、反复性能好。

3. 非线性蓄能型缓冲器

非线性蓄能型缓冲器一般为聚氨酯类缓冲器，如图 7－13 所示。

图 7－13　聚氨酯类缓冲器

弹簧式缓冲器的制造和安装都要求较高，生产成本也高，并且在起缓冲作用时对轿厢的反弹冲击较大，对设备和使用者都不利。液压式缓冲器虽然可以克服弹簧式反弹冲击的缺点，

但造价太高，且液压管路易泄漏，易出故障，维修量大。

聚氨酯类缓冲器动作时对轿厢几乎没有反弹冲击，单位体积的冲击容量大，安装非常简单，不用维修，成本低廉，但抗老化性能较差。聚氨酯类缓冲器外形是一个圆柱状的聚氨酯材料，聚氨酯材料是典型的非线性材料，受力后其变形有滞后现象。聚氨酯材料内部有很多微小的“气孔”，由于这些“气孔”的存在，缓冲器受到冲击后，将轿厢的冲击动能转变成热能释放出去，从而对轿厢或对重产生较大的缓冲作用。

4. 缓冲器的其他安全要求

（1）轿厢与对重缓冲器。

1）缓冲器应设置在轿厢和对重的行程底部极限位置。

轿厢下缓冲器的作用点应设一个一定高度的障碍物（缓冲器支座），以便满足轿厢安全压缩缓冲器时，底坑空间的要求。对缓冲器，距其作用区域的中心0.15 m范围内（有导轨和类似的固定装置，不含墙壁）的装置可被视为障碍物。

一般情况下，缓冲器均设置在底坑内，也有的缓冲器设置于轿厢、对重（或平衡重）底部并随之一同运行。轿厢下缓冲器是指缓冲器随轿厢（或对重）一起移动。如果缓冲器设置于轿厢底部并随之一同运行时，缓冲器作为轿厢下面的最低部件，在轿厢蹲底甚至在下端层正常平层时缓冲器就已经凸入底坑中，并可能对底坑中的工作人员造成伤害。因此在这种情况下，应在轿厢缓冲器的作用点上设置一个一定高度的“障碍物”，使其在撞击缓冲器时能够在底坑中留有足够空间；同时，也是让底坑中的工作人员知道哪里是可能接触缓冲器的危险区域。

2）强制驱动电梯除满足GB/T 7588.1—2020条款5.8.1.1的要求外，还应在轿顶上设置能在行程上部极限位置起作用的缓冲器。

强制驱动电梯与曳引式电梯不同，由于强制驱动电梯在轿厢、对重（或平衡重）完全压在缓冲器上时，驱动主机仍然能够继续提升轿厢，因此，为了防止轿厢冲顶时给轿内人员带来伤害，要求安装在轿厢上部行程极限位置起作用的上部缓冲器。在轿厢到达井道上部极限位置时，由缓冲器吸收或消耗轿厢的能量，减缓轿厢与井道顶之间的冲击，最终使轿厢安全减速并停止。

强制驱动电梯轿顶上设置的缓冲器其目的不完全是将轿厢停止下来，同时，还是为了保证在撞击过程中轿厢的平均减速度被限定在人员能够承受的范围内。强制驱动电梯的轿顶缓冲器可以装在轿顶上随轿厢一起运行，也可以倒置安装在井道顶板下面。

强制驱动电梯没有要求设置平衡重缓冲器，即对于有平衡重的强制驱动式电梯，没有强制要求装设在平衡重行程下部末端起作用的缓冲器。

3）蓄能型缓冲器（包括线性和非线性）只能用于额定速度小于或等于1 m/s的电梯。

蓄能型缓冲器中弹簧缓冲器在受到冲击后，使轿厢或对重的动能和势能转化为弹簧的弹性变形能，由于弹簧的反作用力，因此轿厢或对重减速。当弹簧压缩到极限位置后，弹簧要释放缓冲过程中的弹性变形能，轿厢仍要反弹上升产生撞击。撞击速度越高反弹速度越大。因此，弹簧式缓冲器只能适用于额定速度不大于1.0 m/s的电梯。

非线性缓冲器受到撞击时其内部存在摩擦阻尼，其变形有一个滞后的过程，这在缓冲碰撞的初始瞬间可能对撞击它的电梯部件产生很大的制动力和制动减速度。因此也不能用于额定速度大于1 m/s的电梯上。

4）耗能型缓冲器可用于任何额定速度的电梯。

耗能型缓冲器的制动减速度可以设计为恒定值，且其在撞击过程中不会对轿厢产生反弹，因此耗能型缓冲器能够用于额定速度较大的场合。

5）缓冲器是安全部件，应根据要求进行型式试验验证。

缓冲器作为电梯不可缺少的安全保护装置，应根据要求进行型式试验。

（2）轿厢和对重缓冲器的行程。

1）线性蓄能型缓冲器。

缓冲器可能的总行程应至少等于相应115%额定速度的重力制停距离的两倍0.135 v^2(m)。无论如何，此行程不得小于65 mm。

2）耗能型缓冲器。

a）缓冲器可能的总行程应至少等于相应115%额定速度的重力制停距离，即0.0674 v^2(m)。

b）当按要求对电梯在其行程末端的减速进行监控时，对于按照规定计算的缓冲器行程，可采用轿厢（或对重）与缓冲器刚接触时的速度取代额定速度。

学习任务7.4　安全钳的结构与分类

安全钳的结构和原理SCORM课件

知识储备

安全钳可分为瞬时式安全钳和渐进式安全钳两种。

瞬时式安全钳具有以下主要特征：

a）产品结构上没有采取任何措施来限制制停力或加大制停距离；

b）制停距离较短，一般约为30 mm；

c）制停力瞬时持续增大到最大值；

d）制停后满足自锁条件。

渐进式安全钳具有以下主要特征：

a）产品结构上采取了限制制停力的措施；

b）制停距离较长；

c）制停力逐渐增大到最大值；

d）制停后满足自锁条件。

渐进式安全钳与瞬时式安全钳相比，在制动组件和钳体之间设置了弹性组件，有些安全钳甚至将钳体本身就作为弹性组件使用。在制动过程中靠弹性组件的作用，制动力是有控制地逐渐增大或恒定的。其制动距离与被制停的质量及安全钳开始动作时的速度有关。

1. 瞬时式安全钳

由于瞬时式安全钳在整个制动过程中，制动组件直接动作实施制停，直至轿厢制停为止，因此其制动力瞬时急剧增大，对轿厢造成很大的冲击。滚柱式瞬时式安全钳的制停时间在0.1 s左右，而楔块式瞬时式安全钳的瞬时制停力最高时的脉冲宽只有0.01 s左右。整个制停距离也只有几十毫米乃至几个毫米。轿厢的最大制停减速度为$5g \sim 10g$，甚至更大。因此，瞬时式安全钳只能适用于额定速度不超过0.63 m/s的电梯上，但对于速度不超过1 m/s电梯的对重侧，也允许使用瞬时式安全钳。

按照制动组件的不同形式，一般可将瞬时式安全钳分成以下三种：

（1）楔块式瞬时式安全钳。

楔块式瞬时式安全钳一般都有一个厚实的钳体，配有一套制动组件和提拉机构，钳体或者盖板上开有导向槽，钳体开有梯形内腔。每根导轨分别由两个楔块夹持（双楔型），也有单楔块的瞬时式安全钳。

（2）滚柱式瞬时式安全钳。

滚柱式瞬时式安全钳常用在低速重载的货梯上，当安全钳动作时，相对于钳体而言，淬硬的滚花钢制滚柱在钳体楔形槽内向上滚动，当滚柱贴上导轨时，钳体就在钳座内水平移动，这样就消除了另一侧的间隙。滚柱式安全钳与楔块式安全钳的结构原理如图7-14所示。

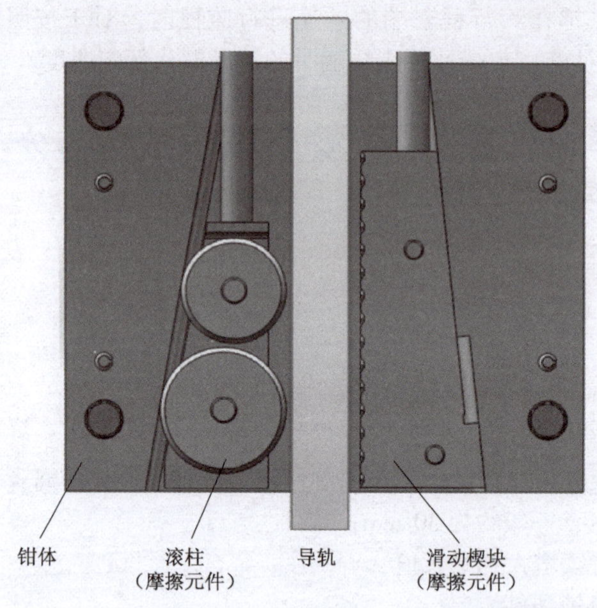

图7-14　滚柱式安全钳与楔块式安全钳的结构原理

目前国内市场上常见的瞬时式安全钳只有楔块式瞬时式安全钳和滚柱式瞬时式安全钳两种。所谓除不可脱落滚柱式以外的瞬时式安全钳一般是指楔块式瞬时式安全钳。楔块式和滚柱式安全钳的整体结构如图7-15所示。

（3）偏心块式瞬时式安全钳（图7-16）。

偏心块式瞬时式安全钳的制动组件由两个硬化钢制成的带有半齿的偏心块组成。它有两根联动的偏心块连接轴，轴的两端用键与偏心块相连。

当安全钳动作时，两个偏心块连接轴相对转动，并通过连杆使四个偏心块保持同步动作。偏心块的复位由一弹簧来实现，通常在偏心块上装有一根提拉杆。

应用这种类型的安全钳，其偏心块卡紧导轨的面积很小，接触面的压力很大，动作时往往使齿或导轨表面受到破坏。这种产品在国内已经很少生产。

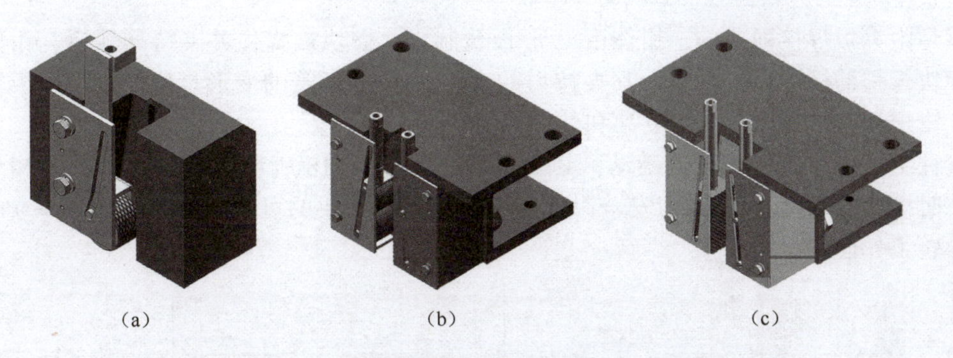

图 7－15　楔块式和滚柱式安全钳的整体结构

(a) 单滚柱瞬时式安全钳；(b) 双滚柱－单楔块瞬时式安全钳；(c) 双楔块瞬时式安全钳

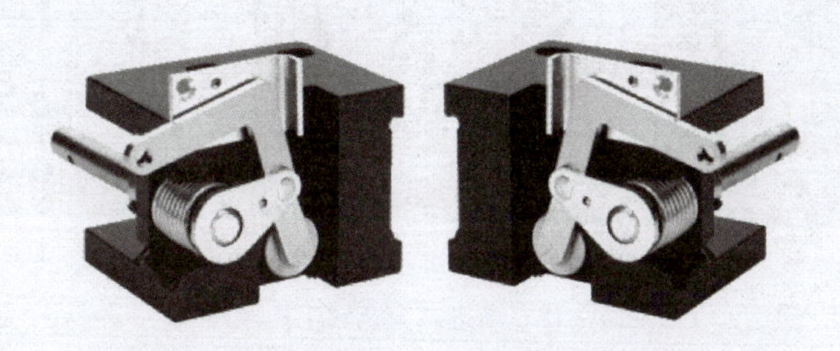

图 7－16　偏心块式瞬时式安全钳

2. 渐进式安全钳

渐进式安全钳根据其弹性元件的类型，一般分为 U 形板簧式、碟形弹簧式、π 形弹簧式、扁条板簧式、螺旋弹簧式等几种。

(1) U 形板簧式。

如图 7－17 所示，弹性组件为 U 形板簧，制动组件为两个楔块，楔块背面有滚柱排。

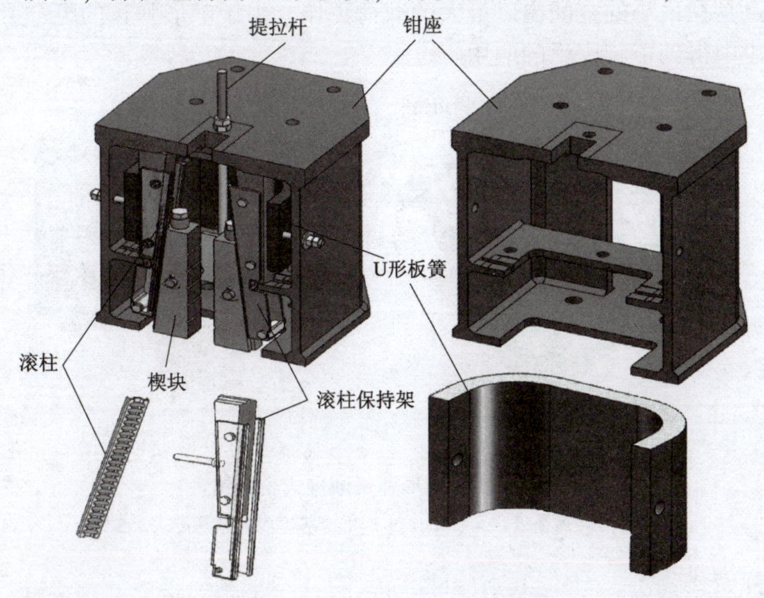

图 7－17　U 形板簧渐进式安全钳

其钳座是由钢板焊接而成的，钳体由 U 形板簧制成。楔块被提住并夹持导轨后，钳体张开直至楔块行程的极限位置为止，其夹持力的大小由 U 形板簧的变形量确定。U 形板簧渐进式安全钳根据其结构可分为内支架和外支架两种。

滚柱组可在钳体的钢槽内滚动，其工作原理如图 7－18 所示，图中 L_1 为安全钳处于释放状态时楔块的高度，而 L_3 为安全钳处于释放状态时楔块的可调节高度，当 $L_3=0$ 时，楔块与导轨工作面间隙为 0。

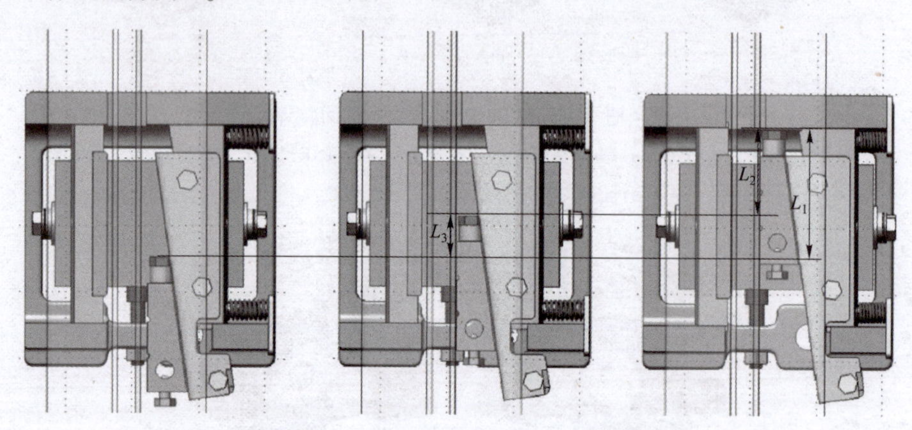

图 7－18　渐进式安全钳工作原理

当提拉杆提住楔块时，相对于钳体而言，楔块在滚柱组与导轨之间运动；当楔块与导轨面接触后，楔块继续上滑距离 L_2，直至限位板后停止。此时楔块夹紧力达到预定的最大值，形成一个不变的制动力，使轿厢以较低的减速度平滑制动。最大夹紧力可由钳臂尾部的碟形弹簧预定的行程设定。

（2）碟形弹簧式。

碟形弹簧渐进式安全钳（图 7－19）的截面为锥形，是可以承受静载荷或交变载荷的一种弹簧，其特点是在最小的空间内以最大的载荷工作。由于碟形弹簧的组合灵活多变，因此在渐进式安全钳中得到了较广泛的应用。

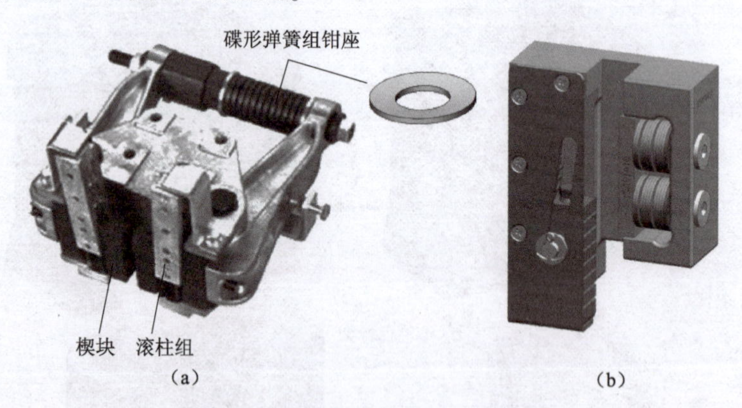

图 7－19　碟形弹簧渐进式安全钳

（a）碟形弹簧渐进式安全钳；（b）单楔块碟形弹簧渐进式安全钳

（3）π 形弹簧式。

如图 7－20 所示，π 形弹簧渐进式安全钳的钳体上开有数个贯通的孔，产品外形如一个

“π”形字母，钳体本身也就自然成了弹性组件。制动组件为楔块，左边的为固定楔块，右边的为动楔块。提拉杆提住右边的动楔块与导轨接触时，安全钳就会可靠地夹在导轨上。

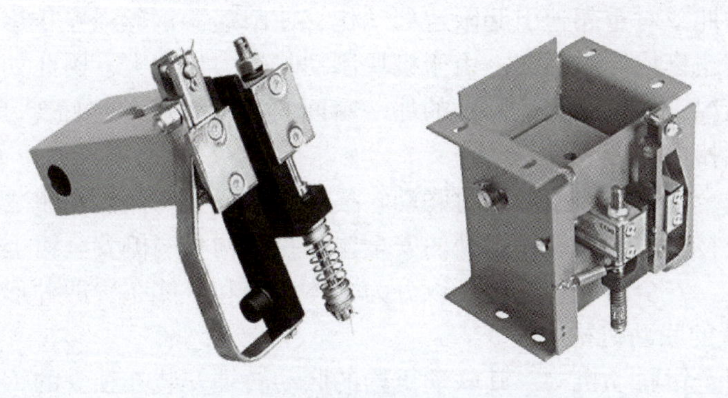

图 7－20　π 形弹簧渐进式安全钳

3. 制动元件的结构形式

根据楔块、滚柱等制动元件相对于导轨的布置方式，各类安全钳可分为对称式、非对称式和非对称浮动式三种，其结构形式如图 7－21 所示。

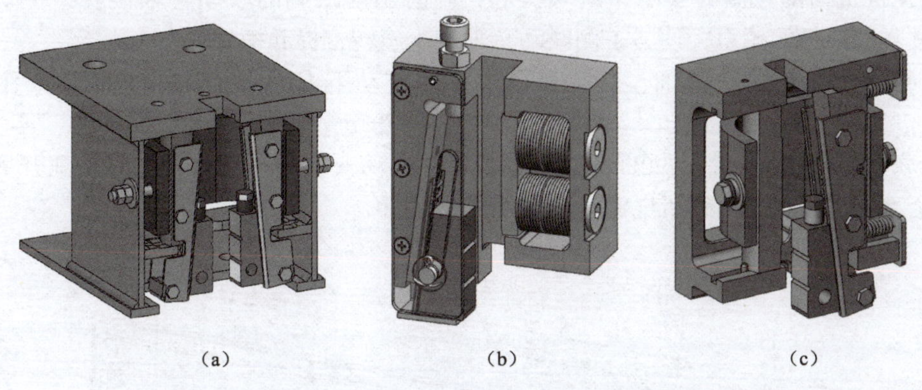

(a)　(b)　(c)

图 7－21　安全钳制动元件的结构形式

(a) 对称式安全钳；(b) 非对称式安全钳；(c) 非对称浮动式安全钳

(1) 对称式。通常安装于下梁下方，此类型渐进式安全钳的弹性元件一般采用 U 形板簧；其他零部件相对于导轨呈对称布设。

(2) 非对称式。通常安装于立梁内部或下梁下方，此类型渐进式安全钳的弹性元件一般采用碟形弹簧或扁条板簧，其他零部件相对于导轨呈非对称布设，但该类非对称安全钳动作时，导靴受到横向载荷，从而导致轿厢发生横向偏移，动作时对导靴有一定的影响，其性能也与导靴的刚度和轿厢偏载有关。

(3) 非对称浮动式。此类型的渐进式安全钳采用了第一类的 U 形板簧弹性元件，通过增加辅助结构（如图 7－21 中的压缩弹簧），促使安全钳动作时，U 形板簧能够带动楔块在钳座上产生一定的左右浮动，从而避免了对非对称式安全钳工作时使轿厢产生横向偏移的确定，导靴也不会受到明显横向载荷。

4. 安全钳联动机构的结构形式

为了确保安全钳制动过程中轿厢和对重的左右受力平衡，安全钳需要成对地安装在轿厢底部或对重底部，使两侧安全钳制动时轿架受力均衡，防止轿架和轿厢承受过大的偏载力。

同样地，当轿厢或对重超速引起限速器动作，使限速器钢丝绳停止运动后，限速器钢丝绳需要将两侧安全钳楔块同时提起。由于楔块制动时的力量很大，因此如果两侧安全钳楔块出现先后动作的情况，在楔块提前制动的那一瞬间，则将引起单侧轿架承受较大的偏载力，使轿架、轿厢发生扭曲变形。

为了使一对安全钳能够严格地同时联动、提起，需要在两侧安全钳之间设置专用的联动机构，联动机构连接了限速器钢丝绳处的安全钳提拉机构和两侧安全钳上的制动元件。

根据布置方式，安全钳联动机构可以分为分体布置和一体布置两种形式。

（1）分体布置的联动机构。

分体布置的安全钳联动机构，其联动机构的联动转轴安装在独立的钢梁上，联动机构与楔块之间通过楔块提拉杆连接传动，分体布置根据提拉机构安装的钢梁位置，又可以分为轿顶梁联动机构和轿底梁联动机构两种。图7－22所示为某型号轿底梁分体式联动机构，其工作过程如下：

a）当限速器钢丝绳停止运动时，安全钳提拉机构向上提起联动机构。

b）提拉机构使一侧的安全钳楔块提起，同时驱动该侧的联动转轴旋转，拉动联动拉杆，通过联动拉杆的拉力，使另一侧联动转轴发生旋转，提起楔块。

c）制动元件在联动转轴、摆臂和提拉杆的传动下，同步提起贴紧导轨工作面进行制动。

d）联动机构在提起制动元件的过程中，首先触动安全钳动作状态电气验证开关，在安全钳完全动作之前切断曳引机电源，使电梯停止运行。

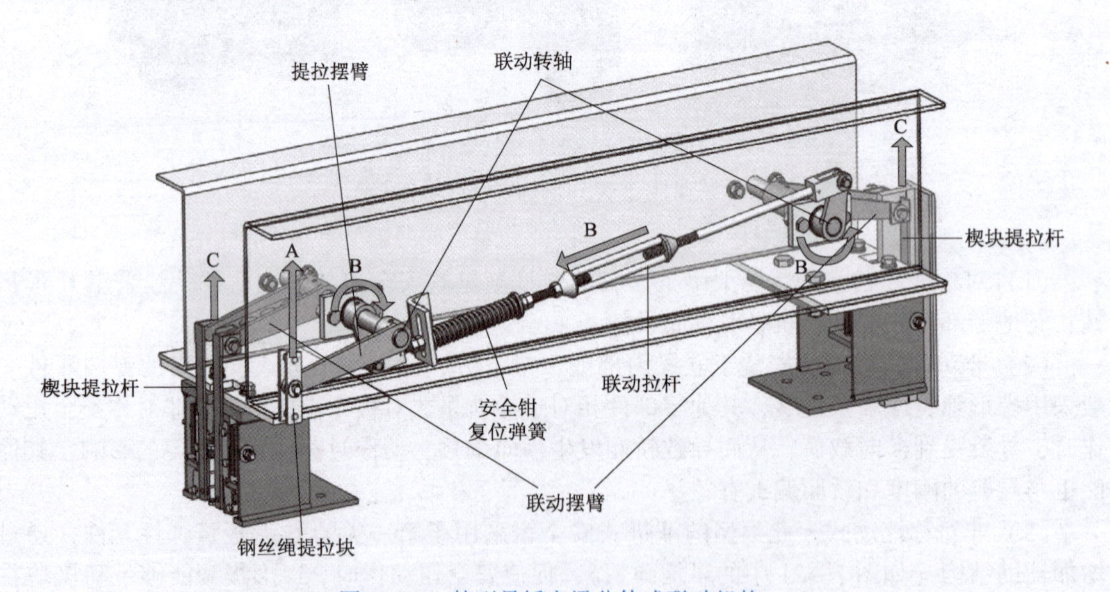

图7－22　某型号轿底梁分体式联动机构

（2）一体布置的联动机构。

一体布置的安全钳联动机构，其联动转轴直接安装在安全钳的钳座上，由于联动机构的联动摆臂直接与楔块连接进行传动，因此，一体式安全钳联动机构上往往没有楔块提拉杆，结构也相对简单，如图7－23所示。

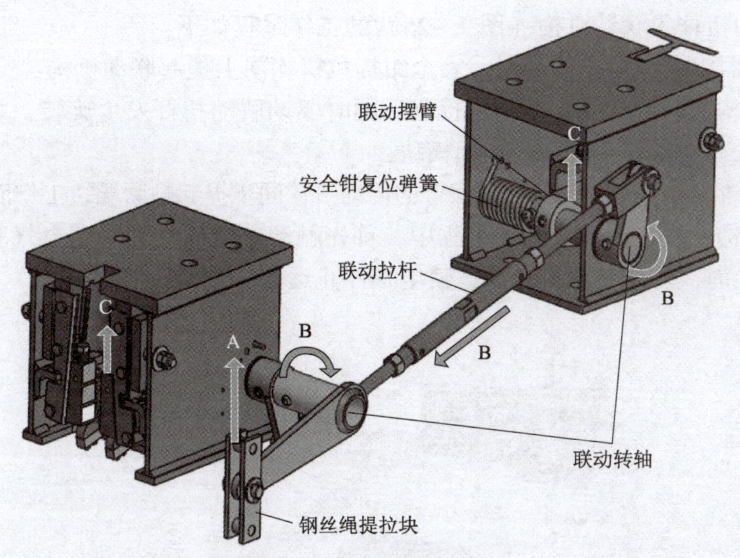

图7－23　某型号一体式联动机构

根据工作原理，安全钳联动拉杆可以分为拉杆式和扭杆式两种。

根据其工作时的传动原理，安全钳联动机构的连动杆可以分为联动拉杆和联动扭杆两种。

1）联动拉杆的工作原理。

如图7－24所示，当提拉机构被限速器钢丝绳提起，驱动联动转轴旋转，提拉机构使一侧的安全钳楔块提起，同时驱动该侧的联动转轴旋转，拉动联动拉杆，联动拉杆的拉力使另一侧联动转轴发生旋转并提起楔块。

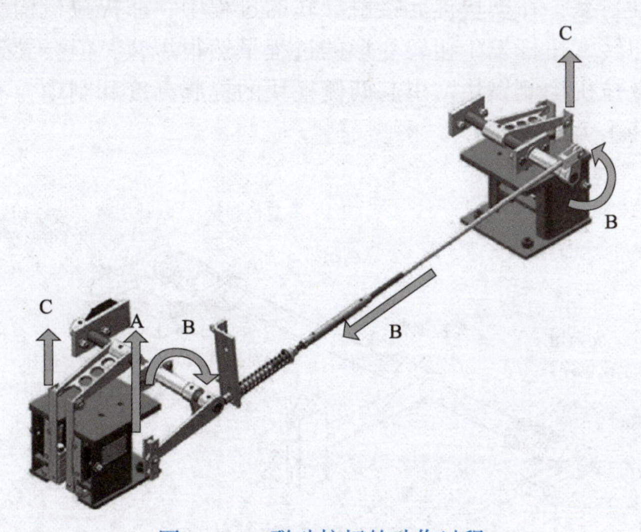

图7－24　联动拉杆的动作过程

为了使两侧安全钳同步提起，联动拉杆应工作在拉力状态下（而非推力状态下），以避免拉杆在推力状态下工作，两端受力挤压使拉杆发生形变，造成两侧安全钳动作不同步。

2）联动扭杆的工作原理。

一体布置的扭杆式联动机构（图7－25）的工作过程如下：

a）当限速器钢丝绳停止运动时，安全钳提拉机构向上提起联动机构；

b）提拉机构使一侧的安全钳楔块提起，同时驱动联动扭杆发生旋转，联动扭杆的扭力传动使另一侧联动摆臂发生旋转，提起楔块；

c）制动元件在各自的联动扭杆和摆臂的传动下，同步提起贴紧导轨工作面进行制动；

d）联动机构在提起制动元件的过程中，首先触动安全钳动作状态电气验证开关，在安全钳完全动作之前，切断曳引机电源，使电梯停止运行。

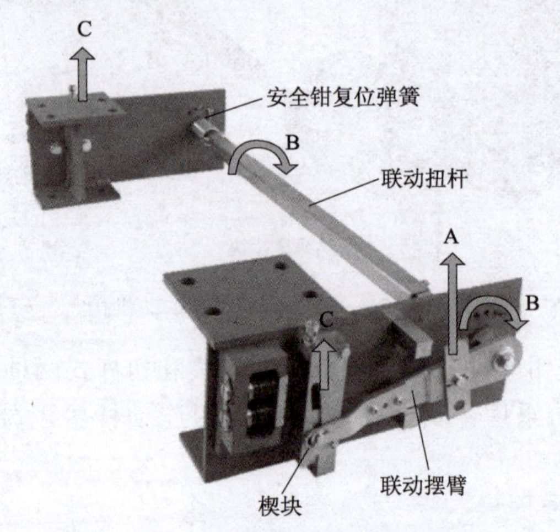

图7－25　一体布置的扭杆式联动机构

分体式扭杆式联动机构（图7－26）的机械结构相对简单，但对扭杆的刚性有一定的要求，如果扭杆的刚性较差，在楔块提起接触导轨的过程中，非提拉机构侧楔块的提拉阻力会使扭杆产生一定的扭转。扭杆发生扭转变形的过程虽然很短暂，但会导致非提拉机构侧楔块的提起速度略慢于提拉机构侧楔块，引起两侧楔块的提起高度和制动力不同，使轿架承受较大的偏载力甚至是冲击力。

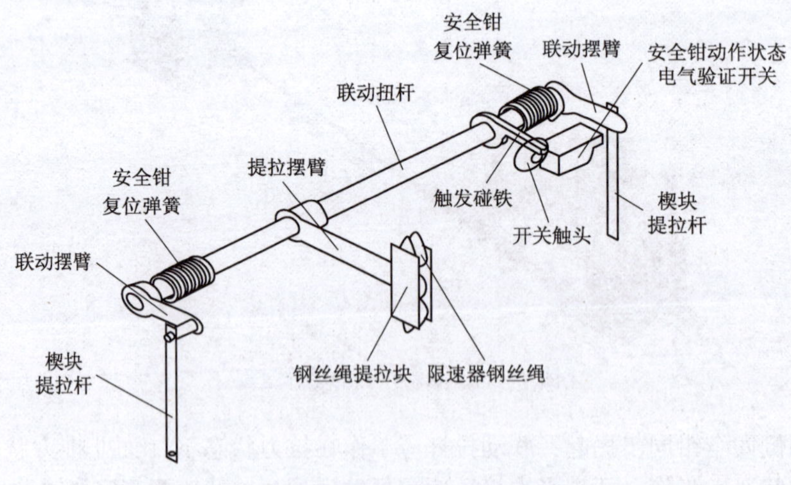

图7－26　分体式扭杆式联动机构

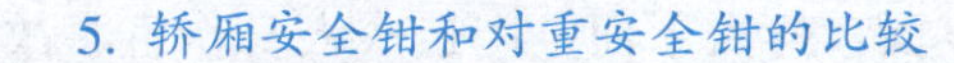

5. 轿厢安全钳和对重安全钳的比较

（1）相同之处。

1）动作条件相同：无论轿厢安全钳还是对重（或平衡重）安全钳，都要求只能在下行时动作。

2）动作后效果相同：应能通过夹紧导轨而使轿厢、对重（或平衡重）制停并保持静止状态。

3）都是安全部件，试验方法相同：尽管在标准正文中没有要求渐进式对重（或平衡重）安全钳的减速度，但标准中的型式试验过程中并没有区分轿厢安全钳和对重（或平衡重）安全钳在试验方法上的不同。

4）操纵方式要求相同：无论轿厢安全钳还是对重（或平衡重）安全钳，都不得用电气、液压或气动操纵的装置来操纵。

5）释放方法相同：只有将轿厢或对重（或平衡重）提起，才能使轿厢或对重（或平衡重）上的安全钳释放并自动复位。安全钳动作后的释放需由专职人员操作。

6）结构要求相同：无论轿厢安全钳还是对重（或平衡重）安全钳，都禁止将安全钳的夹爪或钳体充当导靴使用；同时，如果安全钳是可调节的，则其调整后应加封记。

（2）不同之处。

1）额定速度不同时选择的安全钳的型式不同：若电梯额定速度大于 0.63 m/s，则轿厢应采用渐进式安全钳，否则可以采用瞬时式安全钳。若额定速度大于 1 m/s，对重（或平衡重）安全钳应是渐进式的，在其他情况下，可以是瞬时式的。

2）控制方法不同：在大多数情况下，轿厢、对重（或平衡重）安全钳的控制方法是相同的，即轿厢和对重（或平衡重）安全钳的动作应由各自的限速器来控制。但若额定速度小于或等于 1 m/s，对重（或平衡重）安全钳可借助悬挂机构的断裂或借助一根安全绳来动作。

3）在电气验证方面要求不同：当轿厢安全钳作用时，装在轿厢上面的一个符合 GB/T 7588.1—2020 条款 5.11.2 要求的电气装置应在安全钳动作以前或同时使电梯驱动主机停转，但对于对重（或平衡重）安全钳则没有这个要求。

6. 安全钳的其他安全要求

（1）安全钳通则。

1）轿厢上应装有能在下行时动作的安全钳，在达到限速器动作速度时，甚至在悬挂装置断裂的情况下，安全钳应能夹紧导轨使装有额定载重的轿厢制停并保持其处于静止状态。

根据轿厢上行超速保护装置的要求，上行动作的安全钳也可以使用。

注：安全钳最好安装在轿厢的底部。

轿厢安全钳装置是当轿厢超速下行（包括钢丝绳全部断裂的极端情况）时，为防止对轿厢内的乘客造成伤害，能够将电梯轿厢紧急制停夹持在导轨上的安全保护装置。其动作是靠限速器的机械动作带动一系列相关的联动装置，最终使安全钳楔块与导轨接触、摩擦，并使电梯制停在导轨上。

2）在对重（或平衡重）上装设安全钳的情况下，对重（或平衡重）也应设置仅能在其下行时动作的安全钳。在达到限速器动作速度时，安全钳应能通过夹紧导轨而使对重（或平衡重）制停并保持静止状态。

当“轿厢与对重（或平衡重）之下确有人能够到达的空间”时，为了防止悬挂装置断裂后，对重（或平衡重）坠入底坑，击穿底坑底表面，落入下面空间造成人身伤害事故，需要在对重上设置安全钳，以避免此类事故的发生。对重安全钳的触发和动作条件与轿厢安全钳类似。

应注意，针对在对重上装设安全钳的要求所设置的对重安全钳，其保护目的与轿厢上行超速保护（设置在对重上的安全钳）是有一定区别的，它们所保护的对象和设置的目的要求是不相同的。对重安全钳是为了保护底坑下方空间内的人员安全而设置的；设置在对重上的上行超速保护装置（尽管可能与对重安全钳从结构上来看是完全一样的）是为了保护轿厢上行超速时轿内人员安全的。

3）安全钳是安全部件，应根据型式试验的要求进行验证。

安全钳是轿厢下行超速甚至自由坠落时，对乘客、电梯设备的重要保护装置，因此，安全钳的可靠性是非常重要的。需通过型式试验验证安全钳的设计和制造是否可靠。

（2）各类安全钳的使用条件。

1）瞬时式安全钳只能适用于额定速度≤0.63 m/s的电梯，渐进式安全钳则适用于所用额定速度。

2）若轿厢装有数套安全钳，则它们应全部为渐进式的。

对于速度较低但载重较大的电梯，如果采用一对安全钳无法满足制动要求时，轿厢可采用数套安全钳。在动作时，这几套安全钳同时动作，产生的合力制停轿厢。由于采用了多套安全钳，每套安全钳的拉杆安装、间隙调整等不可能完全一致，在技术上也难以确保这几套安全钳严格做到在同一时刻同时动作，数套安全钳在动作时必然会存在时间上的差异。利用渐进式安全钳在动作过程中的弹性组件的缓冲作用来缓解这种不利后果。

3）若额定速度大于1 m/s，对重（或平衡重）安全钳应是渐进式的，其他情况下，可以是瞬时式的。

由于对重或平衡重上不可能有人员，因此如果对重或平衡重上设置安全钳，其限制条件要比轿厢宽松一些。允许在额定速度不大于1 m/s的情况下使用瞬时式安全钳。

（3）动作方法。

1）轿厢和对重（或平衡重）安全钳的动作应由各自的限速器来控制。

若额定速度小于或等于1 m/s，对重（或平衡重）安全钳可借助悬挂机构的断裂或借助一根安全绳来动作。

轿厢和对重（或平衡重）的安全钳触发，应分别由各自的限速器来控制，这是由轿厢、对重或平衡重安全钳各自保护的危险本身的特点所决定的。轿厢、对重或平衡重的安全钳保护的最主要危险是当钢丝绳全部断裂后，轿厢和对重（或平衡重）在自由落体的情况下能够被各自的安全钳制停在导轨上。

安全绳装置是由机房（滑轮间）导向轮导向的一根辅助绳，平时并不承受载荷，其一端固定在轿厢上，另一端固定在对重安全钳拉杆上。当悬挂钢丝绳断裂后，轿厢和对重分别下坠，虽然对重安全钳并没有自己的限速器，但依托安全绳同样可以把安全钳提起来。安全绳的要求和规格与限速器钢丝绳相同。

考虑到当电梯额定速度较高时，如果靠轿厢坠落牵动安全绳而触发对重安全钳，给安全绳带来的冲击力会很大，可能造成安全绳的破坏；同时靠安全绳或悬挂机构失效来触发的安全钳，动作速度没有那么精确，所以标准规定只允许额定速度不超过1 m/s的对重或平衡重安全钳采用安全绳触发。借助于悬挂机构失效来触发安全钳的结构目前已经非常少见了。

2）不得用电气、液压或气动操纵的装置来操纵安全钳。

考虑到电气、液压或气动装置在动作时受到外界的限制较多，如电源情况、环境温度状况（主要会对气动和液压装置产生影响）等，而安全钳作为电梯坠落时的“终极保护”是不能出现任何问题的，否则将发生人身伤亡的重大事故，因此要将外界对整个安全钳系统，包括操纵系统的影响减小到最低限度。

（4）渐进式安全钳减速度。

在装有额定载重的轿厢自由下落的情况下，渐进式安全钳制动时的平均减速度应为 $0.2g \sim 1.0g$。

由于瞬时式安全钳制动减速度不能严格控制，因此其适用范围有严格限制。渐进式安全钳在制停轿厢的过程中也要防止制动减速度过大或过小的情况发生。

在实际使用中，轿厢中的载荷并不是在任何情况下都不变的，由空载到满载的情况都可能出现。在任何情况下发生轿厢坠落事故，安全钳制动的平均减速度值都不能太大，否则可能危及轿内乘客的人身安全，但也不应过小，以免在环境条件（如导轨表面的润滑情况等）发生变化时，制动力不足。将渐进式安全钳制动装入额定载荷的轿厢时，其提供的平均减速度限定为 $0.2g \sim 1.0g$。

（5）安全钳释放。

1）安全钳动作后的释放需经称职人员进行。

安全钳动作发生在轿厢下行超速甚至是坠落的故障情况下，这些故障本身容易导致重大人身伤害的发生，因此，如果安全钳动作，则必须查明原因并消除隐患，绝不能随意恢复电梯的运行。

2）只有将轿厢或对重（或平衡重）提起，才能使轿厢或对重（或平衡重）上的安全钳释放并自动复位。

由于安全钳动作时可能悬挂轿厢、对重（或平衡重）的钢丝绳已经断裂，因此，若不是在将轿厢、对重（或平衡重）提升的情况下释放安全钳，则将导致灾难性的后果。为了避免这种情况的发生，规定了只有在将轿厢、对重（或平衡重）提起的情况下才能释放动作了的安全钳，即安全钳动作后，除上述措施外，无论是减小限速器绳的拉力还是向下设法移动轿厢，都不能使安全钳解除自锁。同样地，也不应提供一直能够使安全钳在不提起轿厢、对重（或平衡重）的情况下释放的装置。

考虑到实际情况下使安全钳复位可能存在的困难，允许动作后的安全钳在轿厢、对重（或平衡重）被提起的情况下自动复位。

（6）结构要求。

1）禁止将安全钳的夹爪或钳体充当导靴使用。

所谓的“夹爪”就是安全钳的制动组件。安全钳作为防止轿厢（对重或平衡重）坠落的最终保护部件，必须避免在电梯的正常使用过程中损坏安全钳。如果将安全钳的钳体或制动组件兼作导靴使用，在电梯使用中，安全钳难免受到磨损，从而导致安全钳在动作时不能发挥其应有的作用。因此，安全钳只能专门用于防止坠落的安全保护，而不能兼作其他用途。

2）如果安全钳是可调节的，则其调整后应加封记。

加封记是为了防止其他人员调整安全钳，改变其额定速度、总允许质量，导致安全钳失去作用，造成人员伤亡事故。安全钳是电梯安全部件，如是可调节的，则其额定速度和总允许质量应根据电梯主参数在生产厂出厂前完成调整。由于安全钳的调整将涉及其动作特性，电梯生产厂家应在安全钳调节完成并测试合格后加上封记。封记可采用铅封或漆封，也可以定位销锁定，只要能够防止无关人员随意调整安全钳，或能够容易地检查出安全钳是否处于正常调整状态即可。

（7）轿厢空载或者载荷均匀分布的情况下，安全钳动作后，轿厢地板的倾斜度不应大于其正常位置的5%。

倾斜度的测量是指安全钳动作前后轿厢地板的相对倾斜，而不是相对水平位置的绝对倾斜。轿厢的倾斜主要是安全钳动作时的不同步造成的。

（8）安全钳电气安全装置的说明。

当轿厢安全钳作用时，装在轿厢上面的一个符合要求的电气安全装置应在安全钳动作以前或同时使电梯驱动主机停转。

1）要有一个电气安全装置使主机停转，不但要求切断电机的电源，而且曳引机的制动器也要同时动作；即主机不能仅仅是自由停转，而且要被强迫停转。

2）这个开关要验证的是安全钳是否动作，以及安全钳是否已经被复位。为保证正确检验安全钳的真实状态，开关要装在轿厢上，不能用限速器上的开关或其他开关替代。

3）开关的动作是当轿厢安全钳动作前或动作时及时反映安全钳的情况。

4）这个开关并没有要求必须是手动复位的。当提起轿厢使安全钳复位后，开关也被复位（在安全钳完全复位前，必须防止开关复位），不一定要专门复位这个开关。

5）为正确反映安全钳状态，这个开关在安全钳没有被复位时，不应被恢复至正常状态。从这个意义上讲，在释放安全钳后能够自动复位的开关更加符合要求。

6）这个开关仅在轿厢安全钳上有所要求，对重或平衡重安全钳没有要求安装类似的装置。

学习任务7.5　防止超越行程保护装置

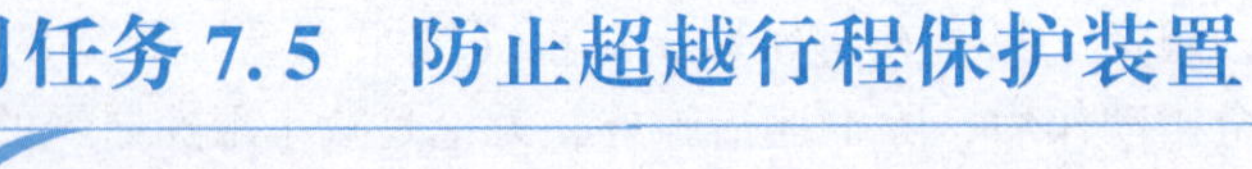

端站保护装置
的结构和原理
SCORM课件

知识储备

防止超越行程保护的装置主要设在井道的顶层和底层，以防止电气控制装置失灵和损坏导致电梯撞顶和蹲底事故的发生。电梯防止超越行程的保护装置一般是由设在井道内上下端站附近的强迫换速装置、限位开关和极限开关组成，如图7－27所示。这些开关或碰轮都安装在固定于导轨的支架上，由安装在轿厢上的撞弓触动而动作。

1. 强迫换速开关

强迫换速装置是防止轿厢超越行程的第一道保护，一般设在端站正常减速位置（或端

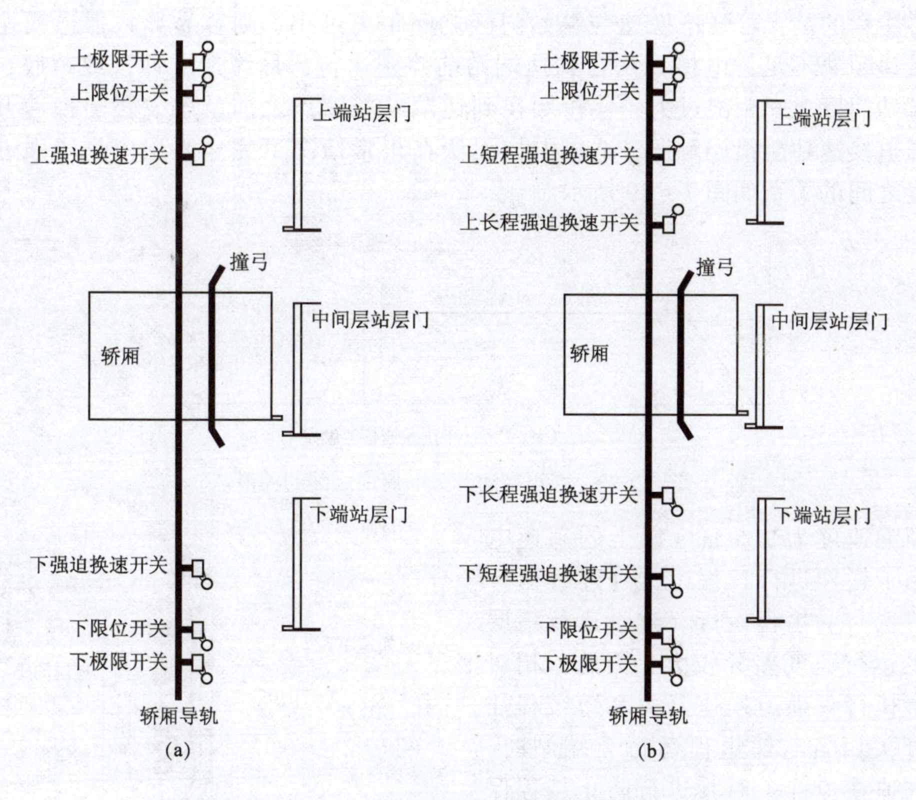

图 7－27 电梯防止超越行程的保护装置

（a）中低速电梯越程保护装置；（b）高速电梯越程保护装置

站的减速开关）之后。当强迫换速开关被撞弓触发时，若轿厢尚未开始减速或未能减速至设定的速度以下（该设定值应低于额定速度），则控制系统立即强制发指令控制驱动器将电梯转为低速运行。强迫换速功能触发时，电梯将控制轿厢以较大的减速度进行减速，使轿厢能够在到达端站前将速度降至爬行速度，随后在端站完成平层停靠，如图 7－28 所示。

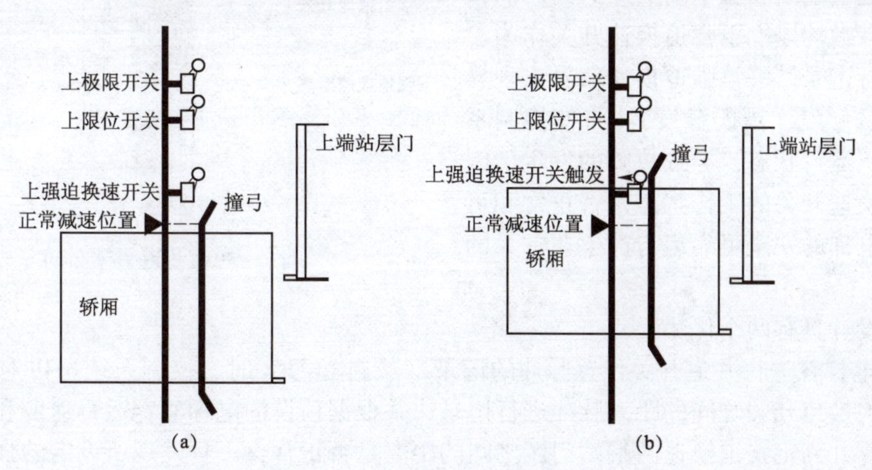

图 7－28 强迫换速开关动作过程

（a）轿厢到达正常减速位置——未能减速；（b）轿厢到达上强迫换速位置——触发强迫换速

需要注意的是，若强迫换速与端站门区之间距离过小，则容易导致强迫换速功能触发后的减速距离不足，电梯无法在到达端站前停止运行，最终造成冲顶或蹲底；而强迫换速与端站门区之间距离过大，使轿厢在到达端站减速点之前就触发强迫换速开关，又会导致强迫换速功能错误触发，造成电梯无法在正常情况下完成平层停靠。强迫换速开关与速度之间的关系如图7－29所示。

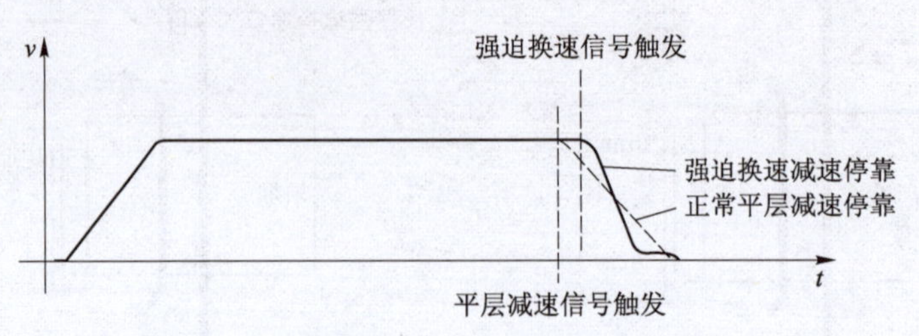

图7－29　强迫换速开关与速度之间的关系

在额定速度为2.5 m/s以上的高速电梯中，由于轿厢进行长程运行（连续运行四五层以上）和短程运行（连续运行三层以内）的运行速度差异较大，因此，相对应地设置长行程强迫换速开关和短行程强迫换速开关。当电梯短程运行至端站时，由短程强迫换速开关对其进行防止越程保护；而电梯长程运行至端站时，由长程强迫换速起效进行防止越程保护。

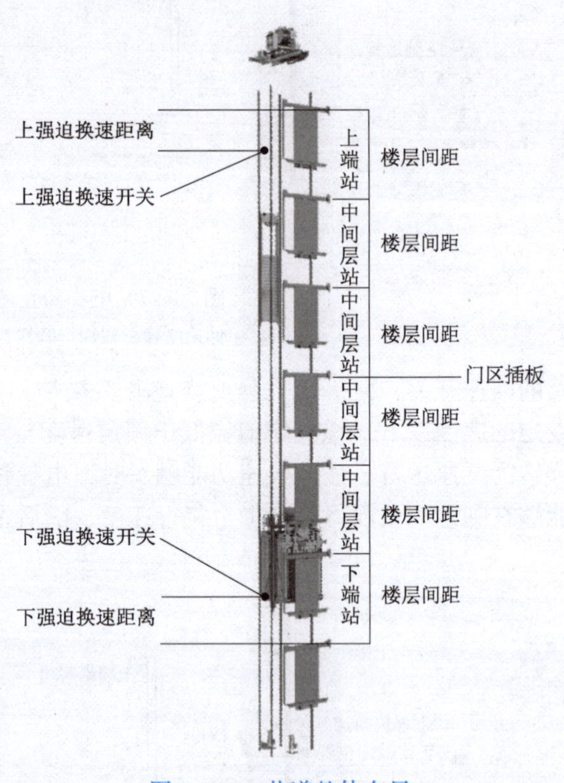

图7－30　井道整体布局

图7－30所示为井道整体布局。需要注意的是，目前常见的速度闭环控制系统中，强迫换速开关同时还被作为井道位置信号的校正点，上下端站和各中间层站的门区插板位置脉冲计数均以上下强迫换速开关作为参考位置进行记录。一旦强迫换速信号出现异常（如无法触发、错误触发），将使控制系统进入校正运行状态，导致故障的发生，因此，强迫换速开关的工作状态是否正常和可靠，会对电梯的安全可靠运行产生非常大的影响。

这种设计具有两个优势：

（1）电梯在进行井道开关位置脉冲的记录（或自学习）时，控制系统可以对端站门区与相应强迫换速开关之间的距离脉冲进行记录，并根据预设的电梯额定运行速度和减速度自动进行计算并判定强迫换速与端站门区之间的距离是否正常，一旦发现所设定的强迫换速距离脉冲数过大或过小，则不允许电梯正常运行。

（2）当轿厢在井道内上下运行时，控制系统会记录下轿厢触发各井道开关或门区插板时的实际位置脉冲数据（也即轿厢位置脉冲数据）并与设定记录数据进行实时的监测比较。

当二者不相符合时，控制系统即认为轿厢位置脉冲数据出现错误，若强迫换速、门区传感器等损坏，而此时控制系统无法正确判断轿厢在井道内的实际位置，则会立即终止其正常运行，转而以校正运行速度（一般情况下设定为额定速度的一半）控制轿厢向底坑运行；当轿厢撞弓触发下强迫换速开关时，完成轿厢位置信号的校正；如此时下强迫换速开关损坏无法触发，则转而控制轿厢向上运行至上强迫换速处进行校正。

2. 限位开关

限位开关是防止轿厢超越行程的第二道保护。当轿厢运行超出端站时，将触发限位开关，控制系统立即切断方向控制电路，使轿厢停止运行。此时，仅仅是防止轿厢继续向超越端站的危险方向运行，轿厢仍然能够反方向，即向着安全方向运行。限位开关的动作如图 7－31 所示。

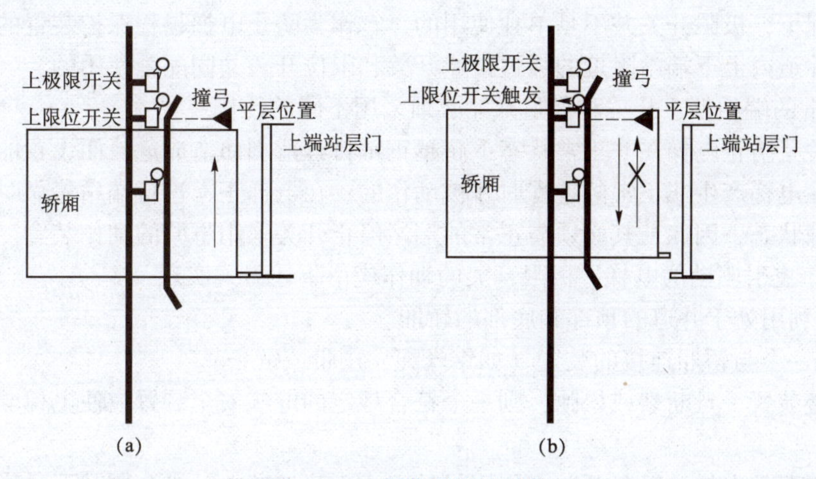

图 7－31　限位开关的动作

（a）轿厢到达平层位置——继续向上运行；（b）轿厢到达上限位位置——停止向上运行

3. 极限开关

极限开关是防止轿厢超越行程的第三道保护。如果限位开关动作后电梯仍不能停止运行，则会进一步触发极限开关，控制系统会立即切断主机驱动电路，使驱动主机迅速停止运转。对交流调压调速电梯和变频调速电梯极限开关动作后，应能使驱动器立即切断主机供电，使驱动主机迅速停止运转；对单速或双速电梯，应切断主电路或主接触器线圈电路。极限开关动作后，电梯应能防止电梯在两个方向的运行，而且不经过称职的人员调整，电梯不能自动恢复运行。极限开关的动作如图 7－32 所示。

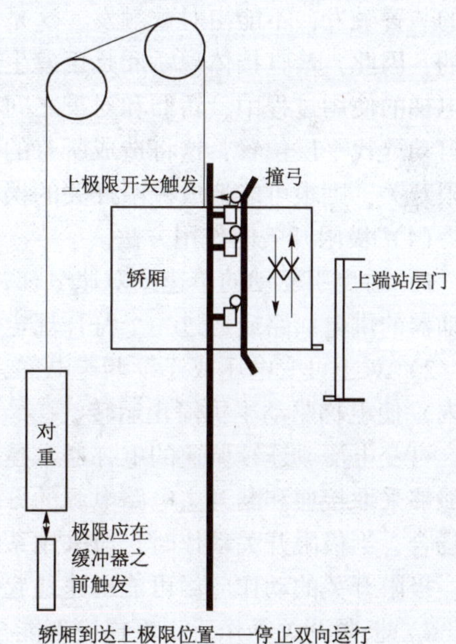

图 7－32　极限开关的动作

极限开关安装的位置应尽量接近端站，但必须确保与限位开关不联动，而且必须在对重（或轿厢）接触缓冲之前动作，并在缓冲器被压缩期间维持极限开关的保护作用。

根据GB/T 7588—2020的要求，限位开关和极限开关必须符合电气安全触点要求，不能使用普通的行程开关、磁开关和干簧管开关等传感装置。

4. 极限开关的其他安全要求

（1）电梯应设极限开关。

极限开关应设置在尽可能接近端站时起作用而无误动作危险的位置上。

极限开关应在轿厢或对重（如有）接触缓冲器之前起作用，并在缓冲器被压缩期间保持其动作状态。

当电梯运行到最高层或最低层时，为防止电梯由于控制方面的故障，轿厢超越顶层或底层端站继续运行（冲顶或撞击缓冲器事故），必须设置保护装置以防止发生严重的后果和结构损坏，这就是极限开关。

通常情况下，极限开关并不是单独使用的，它作为防止电梯越程保护装置的一部分，一般是与设在井道内上下端站附近的强迫减速开关和限位开关共同配合使用的。

（2）正常的端站停止开关和极限开关必须采用不同的动作装置。

极限开关是防止电梯在非正常状态下超越正常行程范围而造成危险而设置的，因此，极限开关应是在电梯产生非正常的越程时才被动作的；在电梯正常进行端站停靠时，极限开关并不处于故障状态，因此，其必须与正常的端站停止开关采用不同的动作装置。

（3）对于曳引驱动的电梯，极限开关的动作应由下述方式实现。

a）直接利用处于井道的顶部和底部的轿厢。

b）利用一个与轿厢连接的装置（如钢丝绳、皮带或链条）。

若该连接装置一旦断裂或松弛，则一个符合规定的电气安全装置应使电梯驱动主机停止运转。

对于曳引驱动电梯，极限开关应能用机械方式直接切断电动机和制动器的供电回路或直接通过轿厢触发。应注意的是：曳引驱动的电梯强调了极限开关的动作应由轿厢或与轿厢连接的装置触发，不能由对重触发，这是由于极限开关是为避免轿厢发生冲顶和蹲底事故而设置的，因此，最直接体现轿厢是否发生越程的方式就是直接利用轿厢位置反映其状态。由于在电梯的使用过程中，轿厢和对重之间的钢丝绳可能发生异常伸长，因此，轿厢每次停靠都会自动寻找平层位置，这将造成所有的钢丝绳伸长量全部累积到对重一侧，如果由对重触发极限开关，则很可能造成极限开关的误动作。

（4）极限开关的作用方法。

1）对曳引驱动的单速或双速电梯，极限开关应能用强制的机械方法直接切断电动机和制动器的供电回路或通过一个符合规定的电气安全装置。

2）对于可变电压或连续调速电梯，极限开关应能迅速地（即在与系统相适应的最短时间内）使电梯驱动主机停止运转。

可变电压或连续调速的电梯通常是采用变频器为驱动主机供电的。由于变频器通常要求不能够采取接通和断开主电路电源的方法来操作变频器的运行和停止，因此，在使用变频器的场合，当极限开关动作时，应采用系统能够适应的方法使电梯驱动主机停止转动，但应注意，极限开关的动作应尽可能迅速地起作用。

3）极限开关动作后，电梯应不能自动恢复运行。

极限开关动作本身就证明电梯系统存在控制方面的问题。当极限开关动作后，在没有解决这些问题前，为了防止电梯系统发生更大的危险，要求电梯不能自动恢复运行；只有经过人工干预后，电梯方能恢复运行。

学习任务 7.6　轿厢上行超速保护装置

轿厢上行超速保护装置的结构和原理 SCORM 课件

知识储备

轿厢上行超速保护装置是防止轿厢冲顶的安全保护装置，该装置有效地保护了轿内的人员、货物、电梯设备以及建筑物等。

造成冲顶的原因大致有以下几种：

①电磁制动器衔铁卡阻，导致制动器失效或制动力不足；

②曳引轮与制动器中间环节出现故障，多见于有齿曳引机的齿轮、轴、键、销等发生折断，造成曳引轮与制动器脱开；

③钢丝绳在曳引轮绳槽中打滑。

仅要求了曳引驱动电梯应设置上行超速保护装置，强制驱动电梯并不需要设置。这是因为：强制驱动电梯的平衡重只平衡轿厢或部分轿厢的重量，因此，无论强制驱动电梯是否带有平衡重，即使轿厢空载时，也绝不会比平衡重侧（如果有平衡重）轻；当驱动主机制动器失效时也不可能出现钢丝绳或链条带动绳鼓或链轮向上滑移的现象。

1. 轿厢上行超速保护装置的分类和结构

轿厢上行超速保护装置一般由钢丝绳制动器、轿厢上行安全钳装置、对重安全钳装置以及永磁同步无齿曳引机制动器等组成。

（1）钢丝绳制动器。

钢丝绳制动器多安装在主机曳引轮附近（图 7－33），由有上行超速动作机构的限速器控制。当轿厢上行超速时，限速器上行超速机构动作，传动到钢丝绳制动器装置，钢丝绳制动器动作，将曳引钢丝绳夹紧，使轿厢制停。钢丝绳制动器的工作原理简单，制作成本低，目前大部分电梯使用钢丝绳制动器作为轿厢上行超速保护装置。

图 7－33　安装在机房内的钢丝绳制动器

常见的钢丝绳制动器按照夹持钢丝绳的方式可分为直夹式钢丝绳制动器和自楔紧式钢丝绳制动器两种。

如图 7－34 所示，对于直夹式钢丝绳制动器，在常见的设计方式中，其制动板处于钢丝绳制动器外侧，动作时制动板在外部能量的驱动下，直接夹持在钢丝绳上，而与钢丝绳的运动状态无关。这种钢丝绳制动器的夹持力是可以“预先设定”的，但往往由于其预先设定的夹持力过大，其动作后对钢丝绳的损伤比较明显。如果这种钢丝绳制动器采用电气方式触发，当轿厢上行或下行超速时，就可以动作将钢丝绳拉住。

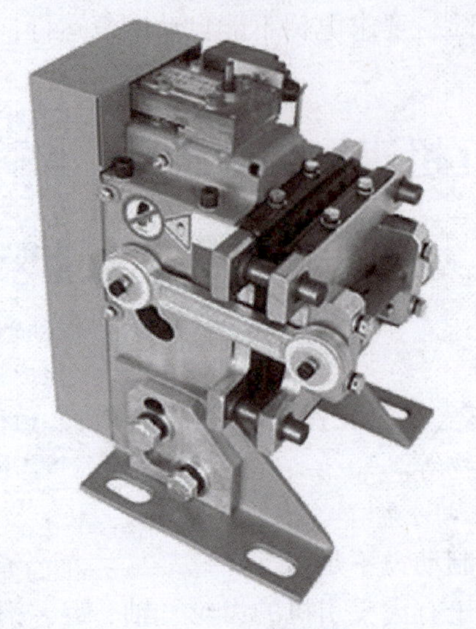

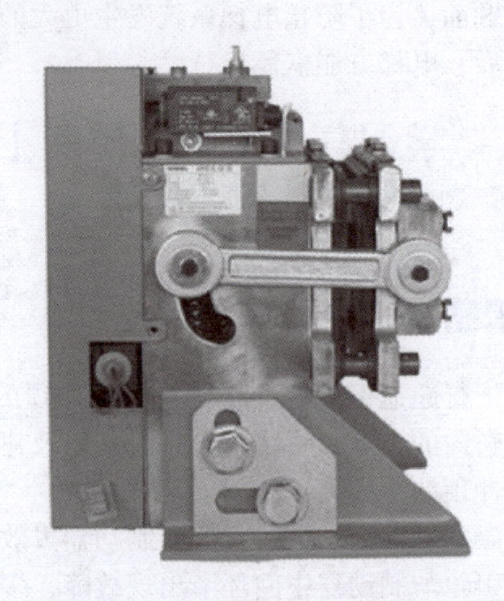

图7－34　直夹式钢丝绳制动器

如图7－35所示，对于自楔紧式钢丝绳制动器，制动板往往处于钢丝绳制动器内侧。钢丝绳制动器动作时制动板在外部能量驱动下夹紧钢丝绳的同时，在钢丝绳的带动下，可动制动板不断地往下楔紧，制动力不断增加，直至轿厢制停。

自楔紧式钢丝绳制动器的制动力的大小与轿厢的运行状态有关，轿厢超速时的冲击能量越大，钢丝绳制动器提供的制动力也就越大。钢丝绳制动器要求其制动后具有自锁性能。部分自楔紧式钢丝绳制动器在可动制动板向下楔紧到一定位置时，对其设置了限位。这样做的目的是对钢丝绳制动器的制动力进行限制，以免其动作后对钢丝绳产生较大的损伤。

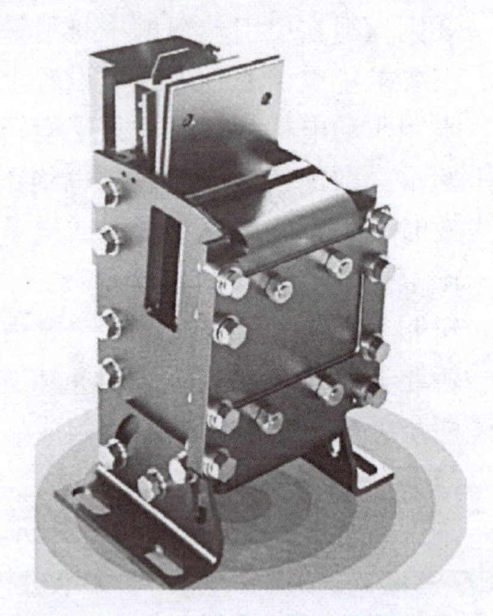

图7－35　自楔紧式钢丝绳制动器

（2）轿厢上行安全钳装置。

上行安全钳由有上行超速动作机构的限速器操纵，工作原理与限速器安全钳联动一致，即当轿厢上行超速时，限速器触动安全钳动作，将轿厢夹持在导轨上。

轿厢的上行安全钳和下行安全钳往往都通过同一个轿厢侧的双向限速器联动，因此构成了双向限速器安全钳联动装置。其中，双向安全钳又可分为分体式双向安全钳和一体式双向安全钳两种，较为常用的是分体式双向安全钳（图7－36）。

（3）对重安全钳装置。

对重安全钳装置一般安装在对重架下端，由上行超速动作触发机构操纵，可使用限速器进行触发。对重安全钳联动的工作原理与轿厢安全钳类同，当轿厢上行超速时，对重向下超速运行，限速器触动对重安全钳动作，将对重夹持在导轨上，使轿厢制停。

作用在对重上的轿厢上行超速保护装置与对重安全钳有以下几个区别：

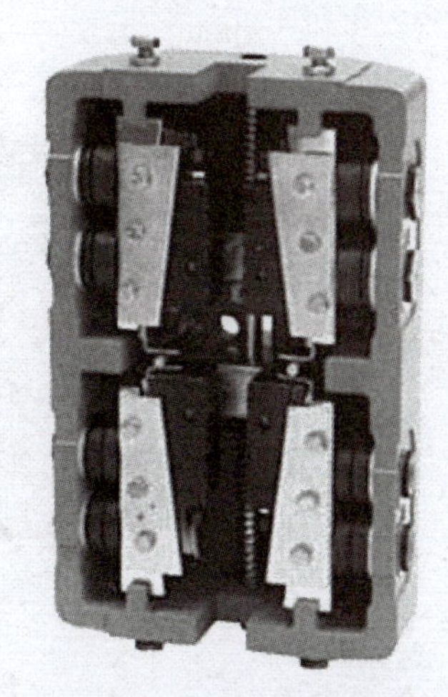
图 7-36　分体式双向安全钳

1）保护目的不同。

对重安全钳的保护目的是：当底坑下方有人员能够进入空间时，在对重自由坠落时保护底坑下方的人员；而作用在对重上的轿厢上行超速保护装置的目的则是防止轿厢上行超速而冲顶对人员造成伤害。

2）对速度监控装置的要求不同。

对重安全钳要求必须由专门的限速器控制，额定速度小于 1 m/s 的电梯其对重安全钳可以采用安全绳触发；而作用在对重上的轿厢上行超速保护装置则可以与轿厢安全钳共享限速器。

3）操纵装置的要求不同。

不得用电气、液压或气动操纵的装置操纵对重安全钳，但对轿厢上行超速保护则没有这个要求。

4）使用条件不同。

除额定速度不超过 1 m/s 的对重安全钳可以使用瞬时式安全钳外，其他情况必须使用渐进式安全钳，但是作用在对重上的轿厢上行超速保护装置则不受这个限制，只要保证轿厢的制动减速度不大于 1g 即可。

5）结构要求不同。

应为渐进式安全钳，不可采用瞬时式安全钳，因为采用瞬时式安全钳，其动作后对轿厢产生的减速度一般都会大于 1g。

6）电气检查方面要求不同。

对重安全钳动作时，不需要一个符合规定的电气装置，在安全钳动作以前或同时使电梯驱动主机停转，但作用在对重上的轿厢上行超速保护装置则需要上述装置。

（4）永磁同步无齿曳引机制动器。

由于永磁同步无齿曳引机没有中间减速机构，马达转速和曳引轮转速相同，因此通常将制动器直接作用于曳引轮或曳引轮轴（图 7-37），无论曳引机内部传动机构出现何种形式的断裂，制动器始终能够对曳引轮进行更有效的制动，可以认为其满足轿厢上行超速保护的要求，所以使用永磁同步无齿曳引机时不再需要额外增加上行超速保护装置，这也是永磁同步无齿曳引机目前使用量大增的原因之一。

3. 轿厢上行超速保护装置的其他安全要求

曳引驱动电梯上应装设符合下列条件的轿厢上行超速保护装置：

（1）该装置包括速度监控和减速组件，应能检测出上行轿厢的速度失控，其下限是电梯额定速度的 115%，该装置包括速度监测和减速部件，应能检测出上行轿厢的超速（见条款 5.6.6.10），并应能使轿厢制停或至少使其速度降低至对重缓冲器的设计范围内。

上行超速保护装置包括一套相同或类似于限速器的装置，以监测和判断轿厢是否上行超速；同时，还包括一套执行机构，使其在获得轿厢上行超速的信息时能够将轿厢制停或减速至安全速度范围以内。注意，这里并不是要求必须能够制停轿厢。

从目前的情况看，速度监控组件一般采用限速器来实现。根据所选用的减速组件的形式和设置位置的不同，可以采用两个限速器分别控制安全钳（用于下行超速保护）和上行超

图7－37　永磁同步无齿曳引机制动器

速保护装置，也可以使用在轿厢上行和下行都能够动作的限速器。

规定了轿厢上行超速保护装置的动作速度：大于等于1.15倍的额定速度且小于等于1.1倍的轿厢安全钳的动作速度。

（2）该装置应能在没有那些在电梯正常运行时控制速度、减速或停车的部件参与下，达到GB/T 7588.1—2020中条款5.6.6.1的要求，除非这些部件存在内部的冗余度。

该装置在动作时，可以由与轿厢连接的机械装置协助完成，无论此机械装置是否有其他用途。

轿厢上行超速保护装置应是独立的。在制停轿厢或对轿厢减速时，应完全依靠自身的制动能力完成，不应依赖于速度控制系统（如强迫减速开关）、减速或停止装置（如驱动主机制动器）；但若这些部件存在冗余，则可以利用这些部件帮助轿厢上行超速保护装置停止或减速轿厢。

由于在本标准中对驱动主机的制动器已经有了“所有参与向制动轮或盘施加制动力的制动器机械”，因此，部件应分两组装设。如果一组部件不起作用，那么应仍有足够的制动力使载有额定载荷以额定速度下行的“轿厢减速下行”因此，驱动主机的制动器是符合“存在内部的冗余度”的要求的。这就是有些曳引机（主要是无齿曳引机）使用制动器作为轿厢上行超速保护装置的依据。

（3）该装置制停空轿厢时，其减速度不得大于$1g$。

除了直接作用在轿厢上的轿厢上行超速保护装置在动作时可能使轿厢的制停减速度为$1g$，其他形式的轿厢上行超速保护装置均不可能导致轿厢的制动减速度大于$1g$。要求制动减速度不超过$1g$是考虑如果减速度过大，乘客将由于失重而在轿厢中被抛起来，可能造成头部撞击而引发安全事故。

要求的条件是“空轿厢制停时”，因为在这个时候轿厢系统的重量最小。当一个确定的制动力施加给轿厢时，轿厢系统重量最小的情况可导致最大减速度的出现，这是为了在最不利的情况下也能获得不至于伤害乘客人身安全的减速度。

轿厢上行超速保护装置的最大加速度不能超过$1g$，因此瞬时式安全钳不能用于此处。

（4）该装置应作用于：

a）轿厢；

b）对重；

c）钢丝绳系统（悬挂绳或补偿绳）；

d）曳引轮（例如直接作用在曳引轮，或作用于最靠近曳引轮的曳引轮轴上）。

明确说明了轿厢上行超速保护装置作用的位置只可能有6个：轿厢、对重、曳引钢丝绳、补偿绳、曳引轮或最靠近曳引轮的轮轴上。轿厢上行超速保护装置只有直接作用在上述部位才可能最大限度地直接保护轿厢内的人员。之所以允许其作用在钢丝绳上，是因为轿厢上行超速时，绝不可能是由于钢丝绳断裂造成的，此时钢丝绳及其连接装置必定是有效的。

（5）该装置动作时，应有一个符合规定的电气安全装置动作。

轿厢上行超速保护装置动作时，应有一个电气安全装置（一般采用安全开关）来验证其状态。验证轿厢上行超速保护装置状态的电气安全装置在动作后，应能防止电梯驱动主机启动或使其立即停止转动。此开关必须直接验证轿厢上行超速保护的状态，而不能使用速度监控部件上的电气安全装置代替，因为速度监控部件上也要求必须有电气安全装置验证其自身的状态。

（6）该装置动作后，应由称职人员使其释放。

轿厢上行超速保护装置一旦动作，必然是由于电梯系统出现故障（很可能是重大故障）而导致的。此时必须由称职人员进行检查，确认故障排除后方可释放轿厢上行超速保护装置并使电梯恢复正常运行。

（7）该装置释放时，应不需要接近轿厢或对重。

所谓的“释放”，应该主要是针对上行超速保护装置制动组件的机械部分。轿厢上行超速保护装置动作后的释放应容易进行。“不需要接近轿厢或对重”是因为当上行超速保护装置动作时，轿厢或对重并非在井道中某一固定位置，要接近它们也是比较困难的。

此要求其实并不难实现，对于曳引机制动器或安装在机房内的钢丝绳制动器，在机房里就可以释放；对于对重安全钳或轿厢上行安全钳（或双向安全钳），其机械部分的释放应该可以通过紧急电动运行或手动盘车上提对重而释放。

（8）释放后，该装置应处于正常工作状态。

所谓的“正常工作状态”是指当轿厢上行超速时能够正确响应速度监控组件的信号或动作，并能够将轿厢制停或减速到安全速度的状态。上行超速保护装置在动作以后，如果被释放，其能够立即投入工作状态，即上行超速保护装置要么处于动作状态，要么处于正常工作状态。

（9）如果该装置需要外部能量驱动，则当能量消失时，该装置应能使电梯制动并使其保持停止状态（带导向的压缩弹簧除外）。

如果轿厢上行超速保护装置是依靠外部能量来制停或减速轿厢的，那么在失去外部能量的情况下，轿厢上行超速保护装置应处于动作状态，即外部能量的作用只能保持轿厢上行超速保护装置处于释放状态，而不能作为上行超速保护装置在动作时提供制动力的来源。这一点与驱动主机制动器的要求极为相似。

轿厢上行超速保护装置动作时也并不需要必须将轿厢制停，只要将其速度降低至对重缓冲器能够承受的速度即可。此要求“应能使电梯制动并使其保持停止状态”。

（10）轿厢上行超速保护装置是安全部件，应根据要求进行型式试验验证。

轿厢上行超速保护装置作为防止轿厢由于上行超速而导致的冲顶事故的重要部件，其动作是否可靠关系到轿厢内的乘客是否安全。因此，本标准将其列入安全部件并要求根据要求进行型式试验。

学习任务7.7 轿厢意外移动保护装置

轿厢意外移动保护装置其他安全要求SCORM课件

知识储备

1. 轿厢意外移动保护装置概述

轿厢意外移动保护装置是指轿厢在层门未被锁住且轿门未关闭的情况下，由于轿厢安全运行所依赖的驱动主机或驱动控制系统的任何单一元件失效而引起轿厢离开层站的意外移动，电梯应具有防止该移动或使移动停止的装置，其作用是保护乘客不被意外移动的轿厢夹住和剪切。

需要注意的问题是悬挂绳、链条和曳引轮、滚筒、链轮的失效。其中曳引轮的失效包含曳引能力的突然丧失，不包含在轿厢意外移动保护装置的保护范围内。该装置应在下列距离内制停轿厢。轿厢意外移动的距离如图7－38所示。

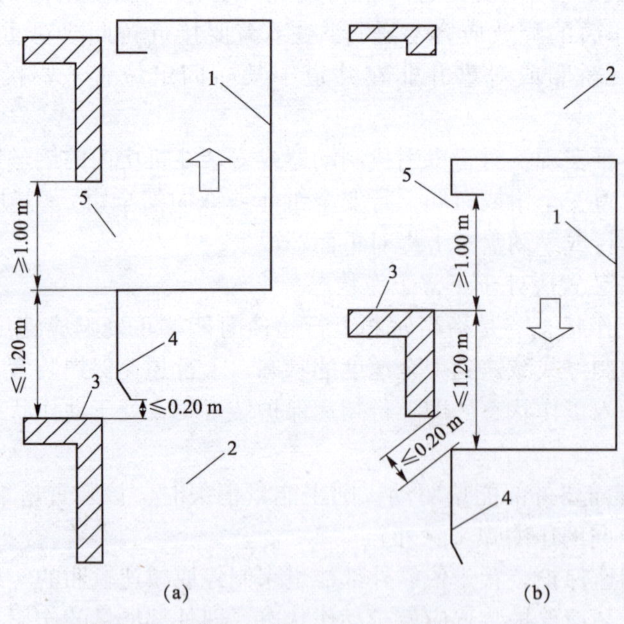

1—轿厢；2—井道；3—层站；4—轿厢护脚板；5—轿厢入口

图7－38 轿厢意外移动的距离

（a）向下移动；（b）向上移动

轿厢意外移动——轿厢意外向下或向上移动：

a）与检测到轿厢意外移动的层站的距离不大于1.20 m。

b）层门地坎与轿厢护脚板最低部分之间的垂直距离不大于0.20 m。

c）按条款5.2.5.2.3设置井道围壁时，轿厢地坎与面对轿厢入口的井道壁最低部件间的距离不大于0.20 m。

d）轿厢地坎与层门门楣之间或层门地坎与轿厢门楣间的垂直距离不小于1.00 m（图7-39）。

图7-39　轿厢与层门门楣间的距离

轿厢载有不超过100%额定载重的任何载荷在平层位置从静止开始移动的情况下，均应满足上述值。

2. 轿厢意外移动保护装置构成与原理

一套完整的轿厢意外移动保护装置通常分为检测子系统、操纵装置、制停子系统、自检测子系统四个子系统。轿厢意外移动保护装置的各子系统间的相互适配性及完整系统的适用范围需经型式试验机构审查确认并出具完整系统的型式实验报告。

（1）检测子系统。

检测子系统是用于检测轿厢意外移动并向制停子系统发出动作信号的装置，主要包括检测轿厢意外移动的传感器、对检测到的信号进行逻辑处理和运算电路等。检测子系统负责在发生意外移动时切断安全回路，通常由传感器、控制电路或控制器、输出回路组成，采用电气安全装置（安全触点、安全电路或可编程电气安全装置）实现。

（2）操纵装置。

操纵装置是指当检测子系统检测到轿厢的意外移动时，触发制停子系统动作的装置。

（3）制停子系统。

制停子系统由一套作用在轿厢/对重/钢丝绳系统/曳引轮/曳引轮轴上的制动机构组成，在接收到检测子系统的信号或被操纵装置触发后，停止轿厢的意外移动。常见的制停子系统根据制动机构的原理不同，常采用曳引机制动器、双向安全钳和对重安全钳、钢丝绳制动器、轿厢制动器和曳引轮制动器几种方案。

1）曳引机制动器。

采用曳引机的制动器或作用于曳引轮制动部件的方式作为上行超速保护和轿厢意外移动保护时，曳引机制动器担负工作制动器的同时，还担负着上行超速保护和轿厢意外移动保护功能。轿厢意外移动是由曳引主机失效和控制系统故障所造成的，曳引主机失效并不只是曳引主机制动器的制动力不足和提起释放状态问题，平衡系数破坏、曳引轮和钢丝绳磨损和黏油等也都会造成钢丝打滑发生轿厢意外移动。

目前，采用曳引机制动器加提起、释放检测和/或制动力检测作为轿厢意外移动保护时，曳引机制动器作为UCMP（轿厢意外移动装置）是建立在实时监测曳引机制动力满足且不发生曳引绳打滑和控制系统正常的前提下所采用的保护方式，一方面，这样的前提条件在现实中依然存在发生事故的风险；另一方面，曳引机制动器的制动力是通过维保人员调整来实现的，依赖于维护检测以及人员的能力和素质，且对无制动力检测的曳引机，现场无法验证其制动力的可靠性。

2）双向安全钳和对重安全钳。

采用双向安全钳作为上行超速保护和 UCMP 时，从安全钳角度来看，其正常工作需要可靠的限速器、提拉力、提拉行程和安装方式，若其中某个环节出问题必将造成安全钳失效。从检测控制的角度来看，轿厢意外移动的检测是通过离开门区位置电信号检测实现的，而在安全钳触发是将电气检测转化为机械提拉的过程，由于轿厢移动的速度很低，加之提拉行程，系统响应时间滞后性相对较大，系统能量增大，有效制动安全风险高；从检测、控制、触发系统的角度来看，触发机构动作的控制电路采用得电触发，必须提供足够的触发能源且不能缺失，需要对触发电路和能源进行侦测与管理，其检测控制的链路长、环节多，断链安全风险高；同时，由于双向安全钳下行是基于断绳保护和超速保护设置制动力的，同时满足断绳保护、上下超速保护和轿厢意外移动不同的制动能量状态，在规定距离内制停和超速保护时的最大减速度值不得大于 1g 的风险相对较高。

采用对重安全钳时，需安装对重限速器及提拉机构，其控制如双向安全钳所述，成本和安全风险将会增加。

3）钢丝绳制动器、轿厢制动器和曳引轮制动器。

钢丝绳制动器、轿厢制动器和曳引轮制动器（图 7－40）用于 UCMP 和超速保护时，分别作用于曳引钢丝绳、导轨和曳引轮，有常开式和常闭式两种形式。

图 7－40　曳引轮制动器

①常开式主要采用电磁、气动、液压等方式作为制动动力，其缺点是都需要外部能源来驱动，存在能源不足不能安全制动的风险，因此，需要对外部能源进行侦测监视管理，属于电气安全回路的一部分，系统必须进行安全认证。

②常闭式常采用压缩弹簧等提供制动力，其优点是不会因能源不足而发生不能触发的风险，监测控制易实现，安全可靠性高；缺点是需要实现自动复位。此外，常闭式还需区分得电触发和失电触发两种方式。其中，得电触发机构是电气安全回路的一部分，当发生轿厢意外移动或超速时，需要给制动装置提供触发或驱动能量，存在能源不足时不能触发的风险，同样需要对触发能源和线路进行侦测管理，也需要进行安全认证。

（4）自检测子系统。

在使用驱动主机制动器的情况下，轿厢意外移动保护装置还应设置有自检测子系统，如果自检测子系统检测到制动器失效，则应关闭轿门和层门，并防止电梯的正常启动。自监测包括对机械装置正确提起（或释放）的自监测以及对制动力的自监测两方面。

1）如果自监测子系统同时包括对机械装置正确提起（或释放）的验证和对制动力的验证，制动力自监测的周期不应大于15天。

2）如果自监测子系统仅对机械装置正确提起（或释放）进行验证，则在定期维护保养时应检测制动力。

3）如果自监测子系统仅对制动力进行验证，则制动力自监测周期不应大于24小时。

对于自监测子系统，同样应进行型式试验。

3. 轿厢意外移动保护装置的其他安全要求

（1）不具有符合条款5.12.1.4规定的开门情况下的平层、再平层和预备操作的电梯，并且其制停部件是符合条款5.6.7.3和5.6.7.4规定的驱动主机制动器，不需要检测轿厢的意外移动。

不具有符合条款5.12.1.4的开门情况下的平层、再平层和预备操作功能的电梯，从设计上不可能在层门没有锁住且轿门没有关闭的情况下发生轿厢的意外移动。因此这种情况下可以不需要检测轿厢的意外移动。需要注意以下几点：

1）本条要求的不仅是没有开门情况下的“平层”“再平层”功能，还要求不具有“预备操作”功能。其“预备操作”通常是指在开门平层（提前开门）时，层门虽然没有开启，但层门锁紧装置已经处于解锁状态，如果具有这种开门情况下的平层的“预备操作”，也必须检测轿厢的意外移动。

2）如果不是使用驱动主机制动器作为轿厢意外移动保护装置的制停部件，而是采用了诸如安全钳、钢丝绳制动器等部件，则无论是否有门开着情况下的平层、再平层和预备操作功能，都需要检测轿厢的意外移动。

本条之所以规定了使用制动器（符合条款5.6.7.3和5.6.7.4）作为制停部件且在没有开门情况下的平层、再平层和预备操作功能的电梯可以不需要检测轿厢的意外移动是因为：

➢ 没有开门情况下的平层、再平层和预备操作功能的电梯在设计上没有开门运行的情况，保证了不会由于驱动控制系统的任何单一元件失效而导致的轿厢意外移动；

➢ 层门没有关闭（包括没有锁紧）或轿门没有关闭，则不能启动电梯或保持电梯的自动运行，保证了门锁、验证轿门关闭的电气触点与制动器的关联，即只要是层、轿门的任一门扇没有关闭，则制动器将阻止轿厢移动。

上述规定已经在本标准的其他条款中有所体现，因此，如果使用制动器作为制停部件，且电梯没有门开着情况下的平层、再平层和预备操作功能，已经排除了轿厢意外移动的可能，则不需要检测轿厢意外移动。但如果使用其他类型的部件作为轿厢意外移动保护的制停元件（如钢丝绳制动器、双向安全钳等），当标准中没有规定在层、轿门没有关闭的情况时，它们必须能够防止轿厢移动，因此，使用这些部件作为轿厢意外移动保护的制停部件时，必须设置意外移动检测装置。

结合GB/T 7588—2020中条款5.12.1.1.4轿厢的平层准确度应为±10 mm。如果平层保持精度超过±20 mm（例如在装卸载期间），则应校正至±10 mm。平层保持精度只要有

超出 ±20 mm 的可能，就必须有再平层功能，则必须设置检测轿厢意外移动的装置。

3）“不需要检测轿厢的意外移动”不代表可以没有轿厢意外移动保护的制停部件。

虽然不具有门开着情况下的平层、再平层和预备操作功能的电梯避免了由于驱动控制系统的任何单一元件失效而导致的轿厢意外移动的可能性，但仍存在驱动主机失效（包括传动系统、马达）可能性，而如果在层站位置，层、轿门开启的情况下，驱动主机的失效也会引起轿厢意外移动，因此，无论何种情况，轿厢意外移动保护的制停部件都是必须设置的。

只不过，符合条款 5.6.7.3、5.6.7.4、5.6.7.5、5.6.7.6 和 5.9.2.2.2 要求的驱动主机制动器可以作为制停部件，可以不另行设置其他单独的制停部件。

（2）该装置的制停部件应作用在：

a）轿厢；

b）对重；

c）钢丝绳系统（悬挂绳或补偿绳）；

d）曳引轮；

e）只有两个支撑的曳引轮轴上。

该装置的制停部件或保持轿厢停止的装置可与用于下列功能的装置共用：

——下行超速保护；

——上行超速保护（条款 5.6.6）。

该装置用于上行和下行方向的制停部件可以不同。

轿厢意外移动保护装置与轿厢上行超速保护装置的制停部件作用位置要求类似，所不同的是本条中 e）的要求，即轿厢意外移动保护装置制停部件的作用位置如果是在曳引轮轴上，那么这个轮轴是“只有两个支撑”的。

曳引轮轮轴的支撑从力学角度分析仅需两个支撑点即可，也即两点支撑的曳引轮轴处于“静稳定”状态，成为静定系统。如果曳引轮轴不仅有两个支撑点，由于轮轴和数个轴承在制造装配时，不可能严格处于同一直线而不存在任何误差，当轮轴旋转时，多个支撑点在对轮轴形成支撑的同时，也会产生更多的约束作用，支撑点越多约束也越多，使曳引轮轴在旋转时的受力变得极其复杂，在力学上形成超静定系统。

由于多余约束的存在，使该类结构在部分约束或连接失效后仍可以承担外荷载，但需要注意的是，此时的超静定结构的受力状态与以前是大不一样的：在轴的转动过程中，这些约束给轴施加的扭转力也越大，同时，轴所受到的交替变化的应力也越剧烈，容易造成轴的疲劳损坏。

为了保证安全，同时也为了不加剧轮轴的损坏，多点支撑的曳引轮轴不可作为轿厢意外移动保护装置制停部件的作用位置。

轿厢意外移动保护装置可以采用与一些超速保护部件相同的结构，如：

——轿厢上行超速保护装置；

——轿厢安全钳；

——对重安全钳。

而且，由于轿厢意外移动可以有上行和下行两个方向，本条允许使用不同的部件制停轿厢的意外移动。例如，使用轿厢安全钳制停轿厢下行意外移动，使用对重安全钳制停轿厢上行意外移动或是以安全钳作为下行意外移动保护，使用钢丝绳制动器作为上行意外移动保护，但无论采用何种形式，均需符合条款5.6.7的其他要求。

(3) 在制停过程中，该装置的制停部件不应使轿厢减速度超过：

a) 空轿厢向上意外移动时为$1g$；

b) 向下意外移动时为自由坠落保护装置动作时允许的减速度。

对于轿厢向上意外移动，空载时由于系统质量最小（系统质量 = 轿厢质量 + 载荷 + 对重质量），这时制停部件产生的系统加速度最大，因此，选取这种工况进行要求，以避免减速度过大时对轿内人员产生冲击伤害。

而对于向下意外移动时，则无论是在哪种载荷的情况下，应不超过轿厢安全钳的允许减速度，除了保护轿内人员以外，进一步防止减速度过大引起对重上抛，导致次生事故和伤害。

(4) 最迟在轿厢离开开锁区域（条款5.3.8.1）时，应由符合条款5.11.2的电气安全装置检测到轿厢的意外移动。

(5) 该装置动作时，应使符合条款5.11.2要求的电气安全装置动作。

注：可与条款5.6.7.7中的开关装置共用。

轿厢意外移动保护装置与轿厢上行超速保护的电气安全装置要求有所不同，轿厢上行超速保护装置中，制停机构的电气验证不可以与其检测装置共用，而轿厢意外移动保护装置制停机构的电气验证可以与其检测装置共用。

(6) 当该装置被触发或当自监测显示该装置的制停部件失效时，应由称职人员使其释放或使电梯复位。

轿厢意外移动保护装置一旦动作，必然是由于电梯系统出现故障（很可能是重大故障）而导致的。此时必须由称职人员进行检查，确认排除故障后方可释放轿厢意外移动保护装置并使电梯恢复正常运行。

(7) 释放该装置应不需要接近轿厢、对重或平衡重。

所谓的“释放”，应该主要是针对轿厢意外移动保护装置制动组件的机械部分。轿厢意外移动保护装置动作后的释放应容易进行。“不需要接近轿厢或对重”是因为当轿厢意外移动保护装置动作时，轿厢或对重并非在井道中某一固定位置，要接近它们也是比较困难的。

此要求其实并不难实现，对于曳引机制动器或安装在机房内的钢丝绳制动器，在机房里就可以释放；对于对重安全钳或轿厢上行安全钳（或双向安全钳），其机械部分的释放应该可以通过紧急电动运行或手动盘车上提对重而释放。

(8) 释放后，该装置应处于工作状态。

所谓的“工作状态”指的是当轿厢意外移动保护时能够正确响应速度监控组件的信号或动作，并能够将轿厢制停的状态。轿厢意外移动保护装置在动作以后，如果被释放，其能够立即投入工作状态，即轿厢意外移动保护装置要么处于动作状态，要么处于正常工作状态。

(9) 若该装置需要外部能量来驱动，则当能量不足时应使电梯停止并保持在停止状态。此要求不适用于带导向的压缩弹簧。

若轿厢意外移动保护装置是依靠外部能量来制停或减速轿厢的，则在失去外部能量的情况下，轿厢意外移动保护装置应处于动作状态，即外部能量的作用只能是保持轿厢意外移动保护装置处于释放状态，而不能为轿厢意外移动保护装置在动作时提供制动力的来源。这一点与驱动主机制动器的要求极为相似。

轿厢上行超速保护装置动作时也并不需要必须将轿厢制停，只要将其速度降低至对重缓冲器能够承受的速度即可。此要求“应能使电梯制动并使其保持停止状态”。

（10）轿厢意外移动保护装置是安全部件，应按 GB/T 7588. 2—2020 中条款 5. 8 的规定进行验证。

轿厢意外移动保护装置作为防止轿厢由于意外移动而导致的剪切事故的重要部件，其动作是否可靠关系到轿内乘客是否安全，因此，本标准将其列入安全部件并要求根据要求进行型式试验是非常必要的。

知识梳理

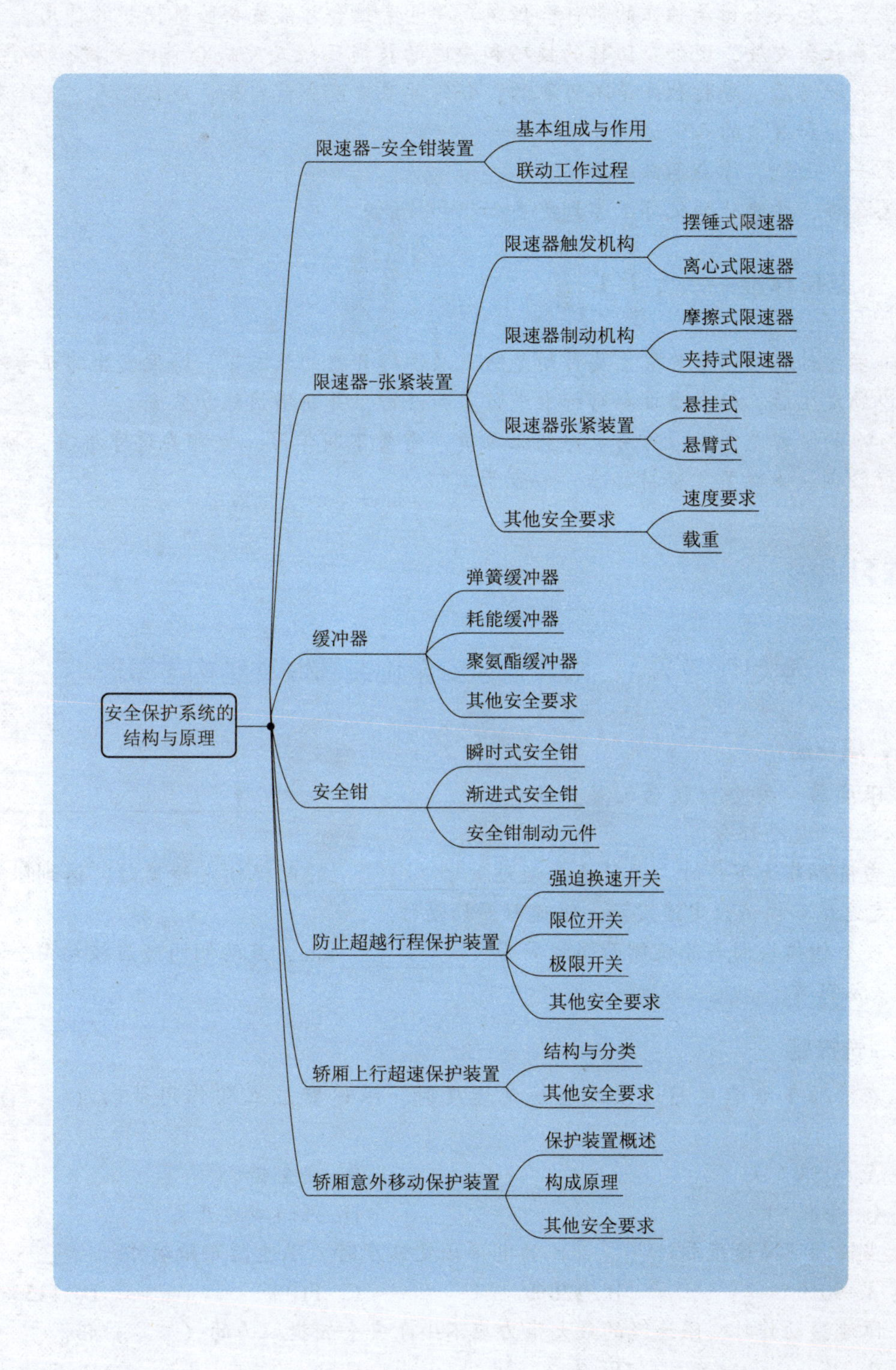

安全保护系统的结构与原理
限速器-安全钳装置
基本组成与作用
联动工作过程
限速器-张紧装置
限速器触发机构
摆锤式限速器
离心式限速器
限速器制动机构
摩擦式限速器
夹持式限速器
限速器张紧装置
悬挂式
悬臂式
其他安全要求
速度要求
载重
缓冲器
弹簧缓冲器
耗能缓冲器
聚氨酯缓冲器
其他安全要求
安全钳
瞬时式安全钳
渐进式安全钳
安全钳制动元件
防止超越行程保护装置
强迫换速开关
限位开关
极限开关
其他安全要求
轿厢上行超速保护装置
结构与分类
其他安全要求
轿厢意外移动保护装置
保护装置概述
构成原理
其他安全要求

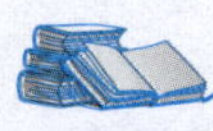

团结协作——源于合

限速器和安全钳是独立的部件，但是需要两者结合才能发挥坠落保护的作用。

随着社会发展，现如今协作的技巧和沟通的技能已经是完成合作的关键，尤其是从校园走入职场后，单打独斗是不可取的，合作共赢才能成就自我，成就他人。

你们会和身边的人沟通吗？

第一次面试，你会怎么准备？

怎么样，才能从师父那里学到更多知识和技能？

坚持标准——专于工

轿厢意外移动保护装置主要作用是防止层轿门开启的状态下，轿厢发生非正常移动。相关事故发生后，标准委员会对标准进行重新修订，并新增该保护装置。

标准的修订是常态，作为电梯从业人员，需要不断学习，更需要遵守标准，按照要求进行检测，体现了“坚持标准——专于工”。

练习巩固

学习任务 7.1　限速器－安全钳装置联动结构与原理

一、填空题

1. 限度器－安全钳联动装置主要包括__________、__________、__________、__________几个部分。

2. 当轿厢超速下行时，运行速度超过__________的电梯额定速度时，达到限速器的电气设定速度和机械设定速度后，限速器开始动作。

3. 安全钳楔块面与导轨侧面间隙应为__________mm，且两侧间隙应较均匀，安全钳动作应灵活可靠。

二、选择题

1. 在轿厢下降速度超过限速器规定速度时，限速器应立即作用带动（　　）制停轿厢。

A. 极限开关　　B. 安全钳

C. 导靴　　D. 强迫减速开关

2. 当轿厢下降速度超过（　　）的电梯额定速度时，限速器开始动作。

A. 90%　　B. 120%　　C. 110%　　D. 115%

3. 限速器动作时，限速绳的最大张力应不小于安全钳提拉力的（　　）倍。

A. 2　　B. 3　　C. 4　　D. 5

4. 瞬时式安全钳用于速度不大于（　　）m/s 的电梯。

A. 0.5　　B. 0.63　　C. 1.0　　D. 1.75

三、判断题

1. 限速器动作后，极限开关也会跟随一起动作。（　）
2. 对限速器钢丝绳的维护检查没有曳引钢丝绳的重要。（　）
3. 渐进式安全钳可以应用于任何速度的电梯。（　）
4. 安全钳楔块面与导轨侧面间隙不小于3 mm，且两侧间隙应较均匀，安全钳动作应灵活可靠。（　）
5. 轿厢被安全钳制停时不应产生过大的冲击力，同时，也不能产生太长的划痕。（　）

四、简答题

1. 简述限速器的作用。

2. 简述安全钳的作用。

3. 简述限速器钢丝绳的作用。

4. 简述断绳开关的作用。

5. 限速器－安全钳联动装置的工作原理是什么？

学习任务7.2　限速器及其张紧装置的结构与原理

一、填空题

1. 当限速器超速时，根据限速器触发机构的工作方式，可将限速器分为__________和__________两类。

2. 当限速器触发机构动作后，根据限速器钢丝绳制动机构的工作方式，可将限速器分为__________和__________两类。

3. 离心式限速器的触发机构，根据其离心力作用的转轴和平面，可分为__________和__________两类。

4. 限速器绳的最小破断载荷与限速器动作时产生的限速器绳的张力有关，其安全系数不应小于__________。

二、选择题

1. 限速器绳的公称直径不应小于（　　）mm。

A. 4　　B. 6　　C. 8　　D. 10

2. 限速器绳的节圆直径与绳的公称直径不应小于（　　）mm。

A. 10　　B. 20　　C. 30　　D. 40

3. 操纵轿厢安全钳的限速器的动作应发生在速度至少等于额定速度的（　　）。

A. 100%　　B. 105%　　C. 110%　　D. 115%

4. 轿厢空载或者载荷均匀分布的情况下，安全钳动作后轿厢地板的倾斜度不应大于其正常位置的（　　）。

A. 5%　　B. 10%　　C. 15%　　D. 20%

三、判断题

1. 限速器张紧装置是当限速器机械动作时，确保在限速器上产生足够的张力。（　　）
2. 张紧力是指限速器动作时，仅在张紧装置作用下钢丝绳受到的张力。（　　）
3. 限速器主要是对轿厢速度进行监控的。（　　）
4. 限速器绳的公称直径至少为6 mm。（　　）
5. 张紧装置的配重块和轿厢的对重块重量相同。（　　）

四、简答题

1. 简述限速器张紧装置的作用。

2. 什么是电气安全触点？

3. 张紧装置的基本结构由哪几部分组成？

学习任务7.3　缓冲器的类型与结构

一、填空题

1. 缓冲器有___________、___________和___________。

2. 弹簧缓冲器由___________、___________、___________和___________等组成。

3. 液压缓冲器由___________、___________、___________、___________、___________组成。

4. 缓冲器应设置在___________和___________的行程底部极限位置。

二、选择题

1. 弹簧缓冲器应用于额定速度不大于（　　）的电梯。

A. 0.5 m/s　　B. 0.63 m/s　　C. 1.0 m/s　　D. 任何速度

2. 蓄能型缓冲器应用于额定速度不大于（　　）的电梯。

A. 0.5 m/s　　B. 0.63 m/s　　C. 1.0 m/s　　D. 任何速度

3. 耗能型缓冲器应用于额定速度不大于（　　）的电梯。

A. 0.5 m/s　　B. 0.63 m/s　　C. 1.0 m/s　　D. 任何速度

4. 下列缓冲器属于非线性蓄能型缓冲器的是（　　）。

A. 聚氨酯缓冲器　　B. 液压缓冲器　　C. 弹簧缓冲器　　D. 耗能型缓冲器

三、判断题

1. 弹簧缓冲器属于耗能型缓冲器。（　　）

2. 非线性蓄能型缓冲器一般是指聚氨酯缓冲器。（　　）

3. 液压缓冲器可用于任何速度的电梯。（　　）

4. 缓冲器是电梯极限位置的安全保护装置。（　　）

5. 蓄能型缓冲器只能用于额定速度不大于0.5 m/s的电梯。（　　）

四、简答题

1. 简述缓冲器的作用。

2. 缓冲器的种类主要有哪几种？

3. 液压缓冲器的工作原理是什么？

学习任务7.4 安全钳的结构与分类

一、填空题

1. 安全钳可分为__________和__________。

2. 瞬时式安全钳只能适用于额定速度不超过__________的电梯上，但对于速度不超过__________电梯的对重侧，也允许使用瞬时式安全钳。

3. 按照制动组件的不同形式一般可将瞬时式安全钳分成__________、__________、__________。

4. 根据安全钳联动机构布置方式，可分为__________和__________两种。

二、选择题

1. 瞬时式安全钳制动距离一般为（　　）mm。
   A. 10　　B. 20　　C. 30　　D. 40

2. 若额定速度大于1 m/s，对重（或平衡重）安全钳应是（　　）的。
   A. 瞬时式安全钳　　B. 渐进式安全钳
   C. A和B都可　　D. 楔块式瞬时式安全钳

3. 滚珠式瞬时安全钳的制停时间约为（　　）s。
   A. 0.1　　B. 1　　C. 2　　D. 3

4. 无论轿厢安全钳还是对重（或平衡重）安全钳，都要求是只能其（　　）时动作。
   A. 上行　　B. 下行　　C. 左行　　D. 右行

5. 轿厢和对重（或平衡重）的安全钳触发，应由各自的（　　）来控制。
   A. 张紧装置　　B. 上极限　　C. 限速器　　D. 下极限

三、判断题

1. 当电梯额定速度大于0.63 m/s时，轿厢应采用渐进式安全钳。（　　）

2. 若额定速度大于1 m/s，则对重（或平衡重）安全钳是瞬时式的。（　　）

3. 瞬时式安全钳可应用于各种速度的电梯。（　　）

4. 渐进式安全钳制动距离较短。（　　）
5. 瞬时式安全钳制动距离较长。（　　）

四、简答题

1. 安全钳联动机构联动拉杆的工作原理是什么？

2. 安全钳联动机构联动扭杆的工作原理是什么？

学习任务7.5　防止超越行程保护装置

一、填空题

1. 防止超越行程保护的装置主要设在井道的__________和__________。

2. 防止超越行程的保护装置，由设在井道内上下端站附近的________、________和__________组成。

二、选择题

1. 限位开关是防止轿厢超越行程的（　　）保护。
   A. 第一道　　B. 第二道　　C. 第三道　　D. 第四道
2. 强迫换速开关是防止轿厢超越行程的（　　）保护。
   A. 第一道　　B. 第二道　　C. 第三道　　D. 第四道
3. 极限开关是防止轿厢超越行程的（　　）保护。
   A. 第一道　　B. 第二道　　C. 第三道　　D. 第四道

三、判断题

1. 防止超越行程保护的装置主要设置在底坑。（　　）
2. 极限开关是电梯所有安全保护开关的最后一道保护。（　　）
3. 极限开关动作后，限位开关也应动作。（　　）
4. 极限开关安装的位置应尽量接近端站，但必须确保与限位开关不联动，而且必须在对重（或轿厢）接触缓冲之前动作，并在缓冲器被压缩期间保持极限开关的保护作用。（　　）
5. 任何一台电梯都应该有限位开关。（　　）

四、简答题

防止超越行程保护的装置在底层的位置，自下而上的开关顺序分别是什么？

学习任务7.6　轿厢上行超速保护装置

一、填空题

1. 电梯常见的上行超速保护装置有____________、____________、____________和____________。

2. 钢丝绳制动器由上行超速动作机构的____________控制。

3. 上行安全钳动作是将轿厢夹持在____________上。

4. 上行超速保护装置动作后，就由____________使其释放。

5 上行超速保护装置制停轿厢时，其减速度不得大于________g。

二、判断题

1. 轿厢上行安全钳和下行安全钳往往都能过同一个轿厢侧的双向限速器。（　　）

2. 对重安全钳动作时，也必须需要一个符合规定的电气装置。（　　）

3. 轿厢上行超速保护装置不是安全部件，不需要根据要求进行型式试验验证。（　　）

三、简答题

1. 造成轿厢冲顶的原因大致有哪几种？

2. 轿厢安全钳与对重安全钳有哪些区别？

3. 轿厢上行超速保护装置作用的位置有哪些？

学习任务 7.7　轿厢意外移动保护装置

一、填空题

1. 一套完整的轿厢意外移动保护装置通常分为__________、__________、__________和__________四个子系统。

2. 检测子系统是用于检测__________并向__________发出动作信号的装置。

3. 轿厢意外移动保护装置可以采用与一些超速保护部件相同的结构，有__________、__________和__________。

4. 钢丝绳制动器、轿厢制动器和曳引轮制动器用于 UCMP 和超速保护时，有__________和__________两种形式。

二、选择题

1. 自监测子系统制动力自监测周期不应大于（　　）天。

A. 7　　B. 10　　C. 15　　D. 30

2. 自监测子系统仅对制动力进行验证的，则制动力自监测周期不应大于（　　）h。

A. 12　　B. 24　　C. 36　　D. 48

三、判断题

1. 释放意外移动保护装置需要接近轿厢、对重或平衡重。（　　）

2. 轿厢意外移动保护装置是安全部件，应进行形式试验。（　　）

四、简答题

1. 简述轿厢意外移动保护装置的构成与原理。

2. 简述轿厢意外移动装置制停距离要求。

项目七　安全保护系统的结构与原理实训表

一、基本信息

学员姓名：________________　所属小组：________

梯号：________　班级：________　分数：________

实训时间：15 min　开始时间：________　结束时间：________

二、考查信息

<table>
<tr><td colspan="10">限速器安全钳联动</td></tr>
<tr><td>选项</td><td colspan="3">离心式</td><td colspan="3">摆锤式</td><td>选项</td><td>悬挂式</td><td>悬臂式</td></tr>
<tr><td>限速器的类型</td><td colspan="3"></td><td colspan="3"></td><td>张紧装置类型</td><td></td><td></td></tr>
<tr><td>限速器动作速度</td><td colspan="6"></td><td>重砣离地高度</td><td colspan="2"></td></tr>
<tr><td>选项</td><td colspan="3">瞬时式</td><td colspan="3">渐近式</td><td>选项</td><td>分体式</td><td>一体式</td></tr>
<tr><td>安全钳的类型</td><td colspan="3"></td><td colspan="3"></td><td>联动机构类型</td><td></td><td></td></tr>
<tr><td>选型依据</td><td colspan="6"></td><td>电气开关位置</td><td colspan="2"></td></tr>
<tr><td>简述限速器安全钳联动过程</td><td colspan="9"></td></tr>
<tr><td>限速器动作速度要求</td><td colspan="9"></td></tr>
<tr><td>选项</td><td colspan="2">聚氨酯</td><td colspan="2">弹簧</td><td colspan="2">液压</td><td>选项</td><td>蓄能型</td><td>耗能型</td></tr>
<tr><td>缓冲器类型</td><td colspan="6"></td><td></td><td colspan="2"></td></tr>
<tr><td>选型原因</td><td colspan="6"></td><td>缓冲器行程</td><td colspan="2"></td></tr>
<tr><td>选项</td><td colspan="3">常闭式</td><td colspan="3">常开式</td><td>选项</td><td>减速极限限位</td><td>减速限位极限</td></tr>
<tr><td>极限开关触点</td><td colspan="3"></td><td colspan="3"></td><td>保护动作顺序</td><td></td><td></td></tr>
<tr><td>极限开关和限位开关的区别</td><td colspan="9"></td></tr>
<tr><td>选项</td><td colspan="3">夹绳器</td><td colspan="3">轿厢上行安全钳</td><td>对重安全钳</td><td colspan="2">永磁同步曳引机制动器</td></tr>
<tr><td>上行超速保护类型</td><td colspan="3"></td><td colspan="3"></td><td></td><td colspan="2"></td></tr>
<tr><td>意外移动保护装置的构成与实际的方案</td><td colspan="9"></td></tr>
</table>

备注：1. 根据实训基地电梯情况，判定结构，在每个项目下面的空格打“√”；

2. 根据题目要求，在空白处填写答案。

项目八

自动扶梯与自动人行道的结构与原理

项目分析

本项目主要介绍自动扶梯的结构与原理，自动扶梯的驱动方式、分类；自动扶梯的安全保护系统；自动扶梯的梯路系统、扶手带系统等，包括为确保自动扶梯的安全正常运行的部件功能要求、重要的技术标准等知识。考虑到自动人行道的结构特点基本能够包含自动扶梯的特点，本项目主要针对自动扶梯进行讲解。

学习目标

应知

1. 了解自动扶梯的基本结构。
2. 了解自动扶梯的驱动系统结构及驱动原理。
3. 了解自动扶梯驱动电力系统及基本原理。
4. 了解梯路系统结构及驱动原理。
5. 了解扶手系统结构及驱动原理。
6. 了解安全保护系统功能及原理。

应会

1. 能启动、停止自动扶梯，能打开机舱盖板。
2. 能安全检测检修手柄。
3. 能准确完成日常保养的安全操作流程。
4. 能清理上下机舱卫生，检查及手动加油润滑。
5. 能拆除和安装自动扶梯梯级。

学习任务8.1　自动扶梯和自动人行道的概述

知识储备

在20世纪初，随着商业的发展，国外逐步出现对大流量人员运输的电梯需求，出现了自动扶梯。早先发明使用的自动扶梯是无水平段的，后来发明了出入口具有水平段的自动扶梯，再后来发展出旋转自动扶梯、变速自动扶梯、多段速度的自动扶梯。

随着大商场的出现，又发明了同时用于运输乘客及购物车的自动人行道。

自动扶梯是由链式或胶带输送，带有循环运行梯级，用于向上或向下倾斜运输乘客的固定电力驱动设备。自动扶梯由梯路系统、扶手系统和两旁的扶手等组成。其特点是连续运行、连续运输，运输量大。

自动人行道是指带有循环运行（板式或带式）走道，用于水平或倾斜角度不大于12°，运送乘客或购物车的固定电力驱动设备。自动人行道适用于车站、码头、商场、机场、展览馆和体育馆等人流集中的地方。自动人行道结构与自动扶梯相似，主要由活动路面和扶手两部分组成。其活动路面在倾斜情况下是平滑的，不会形成阶梯状。

由于自动扶梯的结构特点基本能够包含自动人行道的特点，因此，以下仅就自动扶梯进行讲解。

自动扶梯与自动人行道如图8－1所示。

(a)

(b)

图8－1　自动扶梯与自动人行道

(a) 自动扶梯；(b) 自动人行道

自动扶梯与自动人行道各部件安装于桁架（图8－2）上。目前，桁架主要有方管型和角钢型两种。

图 8－2　自动扶梯桁架

自动扶梯及自动人行道是机器，即使在非运行状态下，也不能当作固定通道使用。

自动扶梯和自动人行道分公共交通型和商用型两类，适用于下列情况之一的都应是公共交通型自动扶梯或自动人行道：

（a）是公共交通系统，包括出口和入口处的组成部分；

（b）能适应高强度的使用，即每周运行时间约为 140 h，且在任何 3 h 的间隔内，其载荷达 100% 制动载荷的持续时间不小于 0. 5 h。

除了公共交通型自动扶梯及人行道，其他都是商用型自动扶梯或人行道。

公共交通型自动扶梯及人行道的设计应考虑其大载荷及连续长时间的可靠运行，因此，公共交通型自动扶梯应有较高的强度和功率，主驱动电动机有较好的散热能力，有较好的润滑系统等要求，一般用于地铁、高铁、车站、码头、机场、体育馆、人行天桥等人流量可能较大的场合；商用扶梯一般用于商场、会所等场合。

自动扶梯及人行道的术语和定义如表 8－1 所示。

表 8－1　自动扶梯及人行道术语和定义

序号	术语	定义
1	倾斜角	梯级、踏板或胶带与水平面构成的最大角度
2	扶手装置	在自动扶梯或人行道两侧，对乘客起安全防护作用，也便于乘客站立扶握的部件
3	扶手盖板	扶手装置中，与扶手带导轨相接并形成扶手装置顶部覆盖面的横向部件
4	制动载荷	梯级、踏板或胶带上的载荷，并以此载荷设计制动系统制停自动扶梯或人行道
5	梳齿板	位于运行的梯级或踏板出入口，为方便乘客上下过渡，与梯级或踏板相啮合的部件
6	外装饰板	从外侧盖板起，将自动扶梯及人行道衔架封闭起来的装饰板
7	安全电路	具有确定失效模式的电气和（或）电子安全相关系统
8	扶手带	供人员使用自动扶梯或人行道时握住的，动力驱动的运动扶手
9	护壁板	位于围裙板（或内盖板）与扶手盖板（或扶手导轨）之间的板
10	内盖板	当围裙板和护壁板不相交时，连接围裙板和护壁板的部件

续表

序号	术语	定义
11	外盖板	连接外装饰板和护壁板的部件
12	最大运输能力	在运行条件下，可达到的最大人员流量
13	扶手转向端	扶手装置端部
14	名义速度	由制造商设计确定的，自动扶梯及人行道的梯级、踏板或胶带在空载情况下的运行速度
15	额定载荷	设备的设计输送载荷
16	提升高度	自动扶梯或人行道出入口两层楼板之间的垂直距离
17	围裙板	与梯级、踏板或胶带相邻的垂直部分
18	围裙板防夹装置	降低梯级和围裙板之间挤夹风险的装置
19	待机运行	自动扶梯和人行道在无负荷的情况下停止或以低于名义速度运行的一种模式

自动扶梯如图8－3所示，自动扶梯运行段由水平段、R段、直线段（倾斜段）几部分组成。

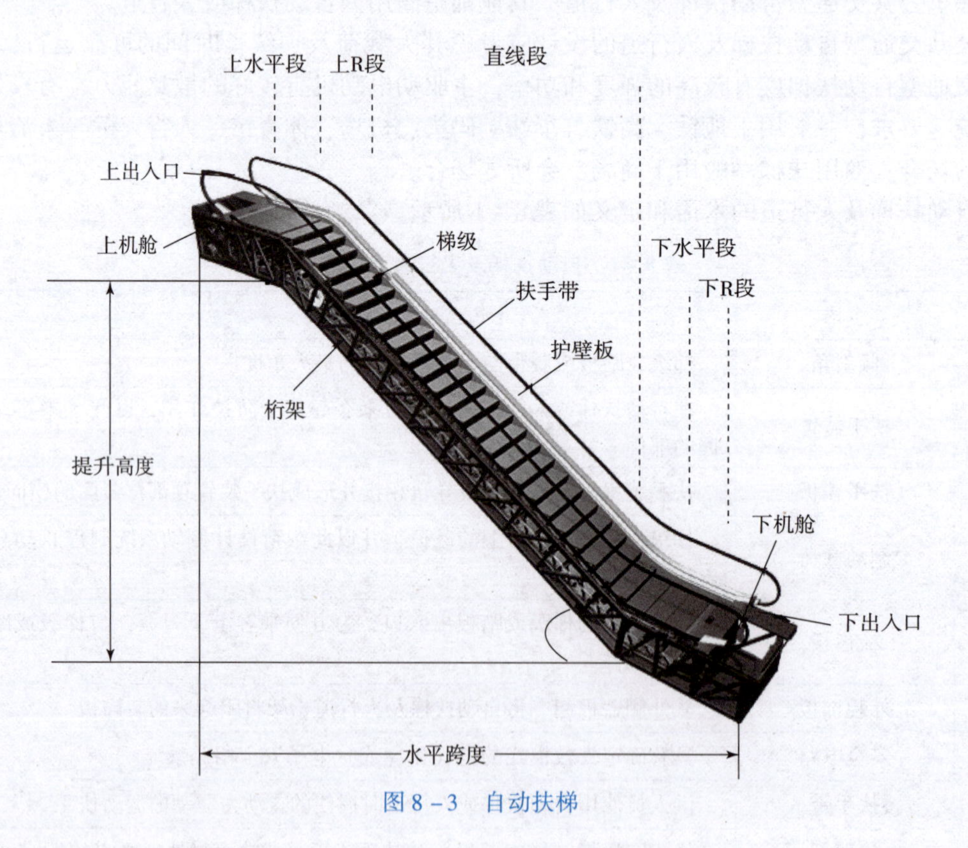

图8－3　自动扶梯

自动扶梯的名义速度不应大于：

—自动扶梯倾斜角不大于30°时，为0.75 m/s；

—自动扶梯倾斜角大于30°，但不大于35°时，为0.5 m/s。

自动人行道的速度不大于0.75 m/s，如果踏板或胶带进入梳齿板前的水平距离不小于1.6 m，且宽度不大于1.1 m，则最大速度允许达到0.9 m/s。

自动扶梯或人行道出入口外应有足够的人员疏散空间，梯级或踏板上方应有不小于2.3 m的净空距离。

自动扶梯或人行道的梳齿板、护壁板、围裙板、装饰板等如图8－4所示。

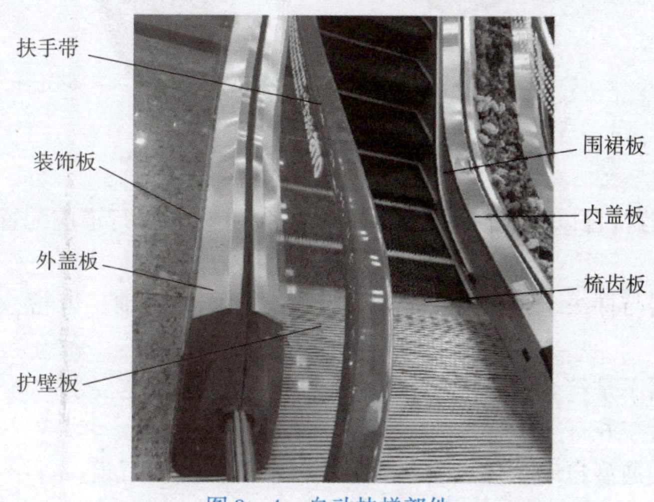

图8－4　自动扶梯部件

乘坐自动扶梯或人行道时，应面向运行方向，至少单手握住扶手带，双脚踏在梯级黄线内，双脚踩在同一梯级上。

学习任务8.2　自动扶梯和自动人行道的驱动系统

知识储备

自动扶梯和自动人行道是电力驱动的运输设备，自动扶梯或人行道主机上的电动机将电能转换为机械能，通过减速箱上的链轮经链条驱动主驱动轴，主驱动轴上的梯级链轮驱动梯级链，梯级安装于梯级链轴上，使梯级运行。自动扶梯的动力驱动机械系统如图8－5所示。

主机上的制动器为工作制动器，该制动系统使自动扶梯和人行道有一个接近匀速的制停过程直至停机，并使其保持停止状态。

从自动扶梯的驱动系统可见，对于自动扶梯，当扶梯载荷超过动力输出极限、主驱动链条断裂，主机移位、停机状态时主机上的工作制动器失效等意外发生时，自动扶梯梯级会无阻碍地加速向下滑移，从而导致严重的安全事故。为防止梯级向下滑移，部分自动扶梯要求

图 8－5　自动扶梯的动力驱动机械系统

配置附加制动器，若符合以下任何一个条件，则自动扶梯和人行道应配置一个或多个附加制动器：

1）工作制动器与梯级、踏板或胶带驱动装置之间不是用轴、齿轮、多排链条或多根单排链条连接的；

2）工作制动器不是符合用于电梯、自动扶梯或人行道规定要求的机－电式制动器；

3）提升高度大于 6 m；

4）所有公共交通型自动扶梯和公共交通型倾斜式自动人行道。

当然，如果销售合同中规定需设置附加制动器时，应该设置附加制动器。附加制动器一般作用于主驱动轴上，由主驱动轴上的制动轮和制动部件两大部分组成。常用的附加制动器有两种：块式附加制动器和盘式附加制动器。

块式附加制动器如图 8－6 所示，其特点是动作灵活，制造成本低，安装简单；缺点是制动力偏差较大，制动力不稳定，对维护人员的调整操作能力要求较高。

图 8－6　块式制动器

盘式制动器如图 8－7 所示，盘式制动器相对块式制动器复杂，制作成本较高，制动力比较稳定，对维护人员的技能要求较低，制动轮上的油污对制动力有一定的影响。

符合以下任意一条时，附加制动器必须动作：

1）在梯级、踏板或胶条的速度超过名义速度的 1.4 倍之前；

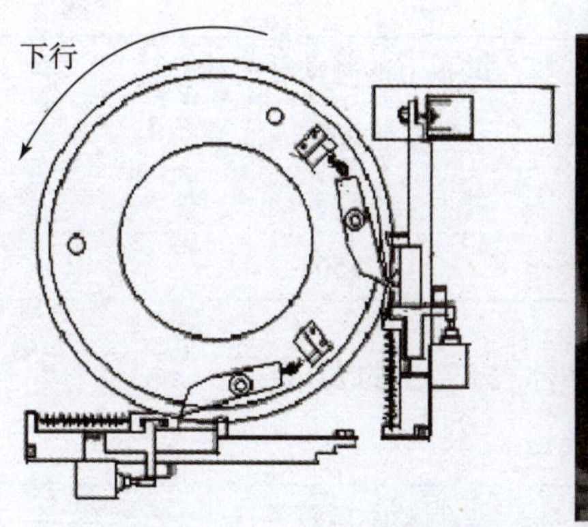

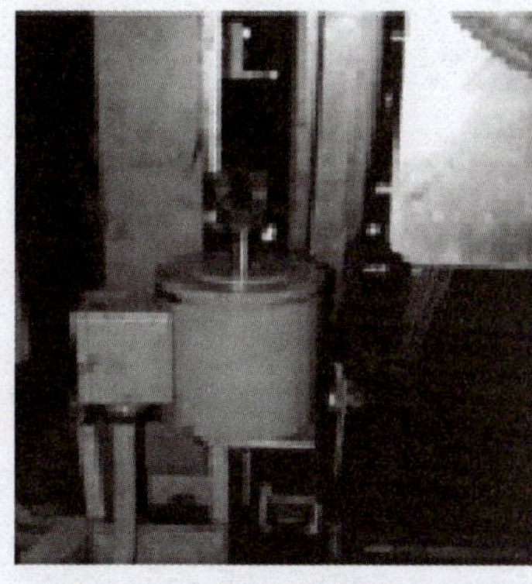

图 8－7　盘式制动器

2）在梯级、踏板或胶条改变其规定运行方向时。

附加制动器动作开始时应强制地切断控制电路，强制工作制动器和附加制动器动作时，梯级、踏板或胶带加速度不应大于 1 m/s^2。两个制动器一般不会同时动作，当电源发生故障或安全回路失电时，如果减速距离符合要求，则允许同时动作。除非自动扶梯或人行道的设计能防止超速，否则自动扶梯或人行道应在速度超过名义速度的 1.2 倍前停止运行。

自动扶梯或人行道在空载或有载的情况下，在工作制动器的作用下其制动距离应符合一定的范围要求。自动扶梯有载时其载荷由表 8－2 确定。

表 8－2　自动扶梯的制动载荷的确定表

名义梯级宽度 Z_1/m	梯级上的制动载荷/kg
$Z_1 \leq 0.60$	60
$0.60 < Z_1 \leq 0.80$	80
$0.80 < Z_1 \leq 1.10$	120

空载和有载向下运行时切断驱动主机的电源，自动扶梯的制动距离应符合表 8－3 要求。

表 8－3　自动扶梯的制动距离

名义速度/(m·s^{-1})	制停距离范围/m
0.50	0.20～1.00
0.65	0.30～1.30
0.75	0.40～1.50

对于自动人行道的制动载荷应符合表 8－4 的要求。

表 8－4　自动人行道的制动载荷确定表

名义踏板宽度 Z_1/m	踏板上的制动载荷/kg
$Z_1 \leq 0.60$	50
$0.60 < Z_1 \leq 0.80$	75

续表

名义踏板宽度 Z_1/m	踏板上的制动载荷/kg
$0.80 < Z_1 \leq 1.10$	100
$1.10 < Z_1 \leq 1.40$	125
$1.40 < Z_1 \leq 1.65$	150

空载和有载时，自动人行道向下运行的制动距离应符合表 8－5 的要求。

表 8－5　自动人行道的制动距离

名义速度/($m \cdot s^{-1}$)	制动距离范围/m
0.50	0.20～1.00
0.65	0.30～1.30
0.75	0.40～1.50
0.90	0.55～1.70

当自动扶梯或人行道空载下行制动时，建议制动距离接近制动范围的下限值；制动载荷时，建议制动距离接近制动范围的上限值。自动人行道建议只做空载制动试验。

从发明第一台自动扶梯起，自动扶梯和人行道的电力驱动系统也等到了很大的发展，自动扶梯及人行道的电力驱动方式有三角形输入直接启动、星－三角输入启动、全变频驱动、旁路变频驱动等几种；对于交流异步电动机，电动机的转速公式如下：

$$n = \frac{f \times 60}{p}(1 - s)$$

式中：

n——转速，单位为 r/min。

f——电动机输入有效频率，单位为 Hz。

p——极对数，一般电动机常用的为级数，级数为极对数的 2 倍。

s——转差率，同步转速与实际转速的差值对同步转速的比值。

改变频率 f 进行调速时为变频变压调速，改变极对数 p 调速时为变极调速，通过改变转差率 s 进行调速时为变压调速。改变电动机极数，即为双速电动机的变极调速。

一般自动扶梯与人行道的电力调速方式有变压调速、变频调速两大类，主要用于自动扶梯与人行道的启动阶段，也有用于无乘客时的低速运行或 0 速运行阶段。

（1）星形连接。

图 8－8 是交流异步电动机的星形连接，额定电压为 AC380 V 的电动机，星形连接时电动机的输入电压为 AC220 V，与 AC380 V 输入时相比较，电动机的同步转速不变，转差率较大，输入电流较小，电

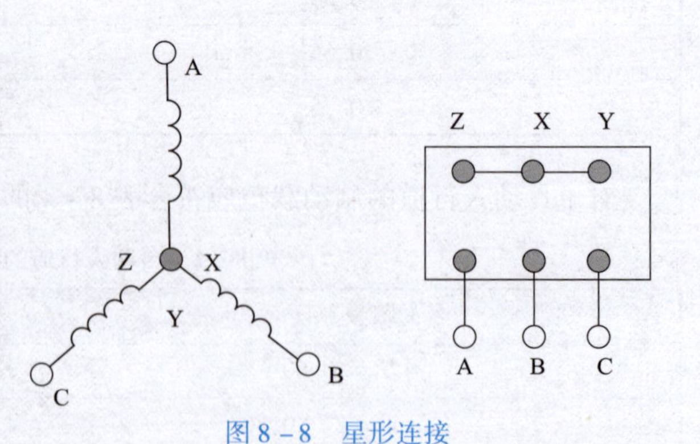

图 8－8　星形连接

机启动时加速度小，启动平稳，对电网影响小，达到稳定速度时，有负载的情况下电流偏大，速度偏慢，电动机发热量较大。

（2）三角形直接启动。

图 8－9 是电动机的三角形连接，AC380 V 直接输入电动机，电动机转速从零速开始加速，启动电流非常大，对电网影响很大；电动机加速迅速，对设备机械系统撞击猛烈，影响设备的使用寿命，一般都应在驱动系统中加入缓慢升压的电气部件。

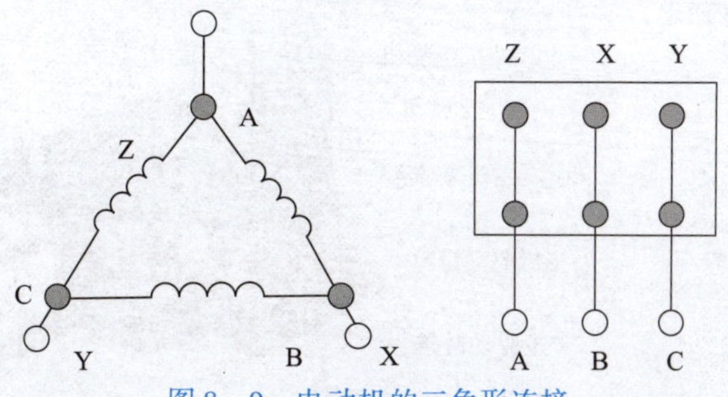

图 8－9　电动机的三角形连接

（3）星－三角转换启动。

先以星形连接启动，延时 1～2 s 后，电动机达到一定转速后转三角形启动。星形连接状态时，电动机各线圈电压为 AC220 V，启动时电压低、电流小，启动相对平稳。这是目前非变频启动的自动扶梯和人行道最常见的启动方式。最后达到 AC380 V 额定电压下三角形连接的正常运行。

（4）变频变压启动。

通过变频变压调速实现自动扶梯和人行道的无级软启动，启动平稳，启动电流小，在电网影响下，可以实现小于名义速度的待机运行，节约用电，延长设备的使用寿命。

（5）旁路变频驱动。

启动时为变频变压调速，到达名义速度后切换为三角形驱动，在低速或零速待机运行时采用变频驱动，几乎具备变频驱动的所有优点；同时可以降低变频器功率，节约成本。当变频器故障时可以运用星－三角启动，保持自动扶梯或人行道的使用状态，减少停机等待维修时间。

学习任务 8.3　自动扶梯和自动人行道的梯路系统

知识储备

自动扶梯或人行道的梯路系统由梯级链、梯级链张紧装置、梯级，主驱动轴、梯级导轨、梯级链导轨等部件组成。主驱动轴驱动梯级及扶手带的机械系统如图 8－10 所示。

自动扶梯的梯级链如图 8－11 所示。每根梯级轴上安装有一级梯级，梯级随着梯级链的运动而运动。梯级链拉伸伸长，导致梯级间的间隙增大。要求梯级间隙不大于 6 mm。

梯级链导轨及梯级轮导轨如图 8－12 所示。

梯级链在梯级链导轨上运行，对于截面为三角形的梯级，其中一个角通过轴套固定于梯级轴上，另一角上的梯级轮在梯级导轨上运行，改变梯级链导轨和梯级导轨间的距离，就可以改变梯级踏面与导轨间的夹角，该夹角的改变使梯级产生水平段与直线段的梯级状态。自动扶梯的梯级如图 8－13 所示。

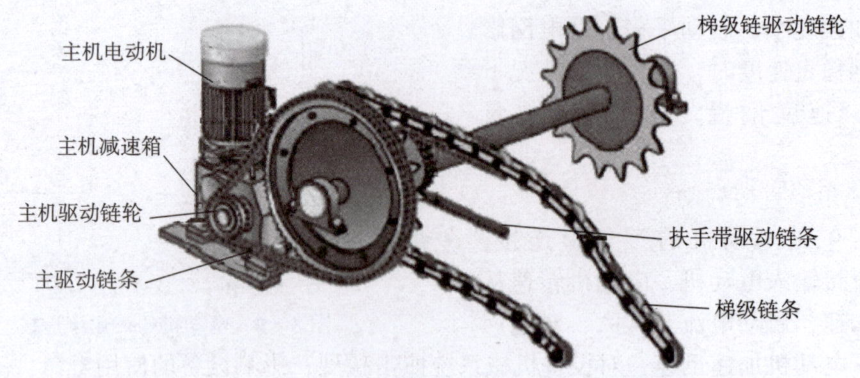

图 8－10　主驱动轴驱动梯级及扶手带的机械系统

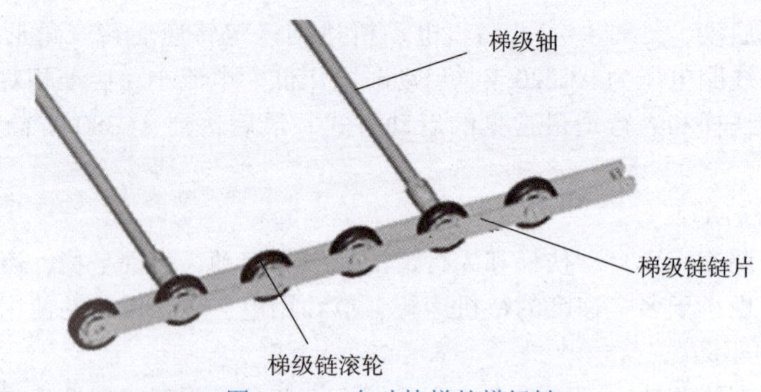

图 8－11　自动扶梯的梯级链

图 8－12　梯级链导轨及梯级轮导轨

梯级与围裙板间的间隙，单侧不大于 4 mm，两侧间隙之和不大于 7 mm。间隙越小使用安全性越高。为减少梯级与围裙板间的挤压风险，要求自动扶梯和人行道应在围裙板上安装围裙板防夹装置，以进一步减少挤压风险。

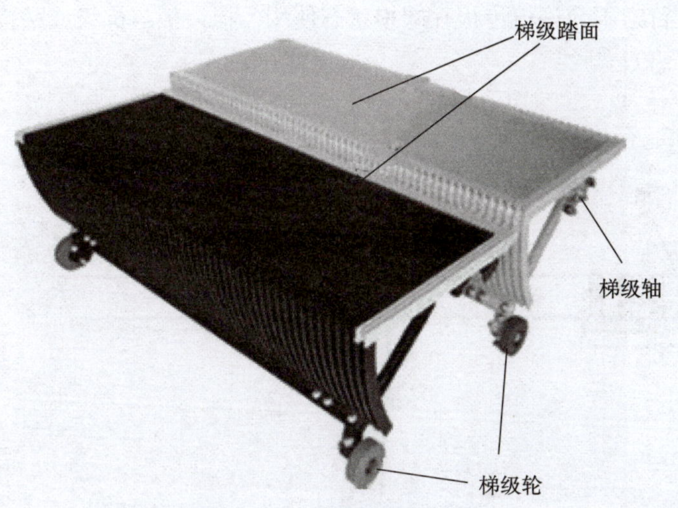

图 8－13　自动扶梯的梯级

围裙板防夹装置如图 8－14 所示。围裙板防夹装置由柔性部件和刚性部件两部分组成，柔性部件一般采用毛刷制成，刚性部件一般由塑料或金属制成。在直线段（倾斜段），围裙板防夹装置的刚性部件的最下缘与梯级前缘连线的垂直距离应在 25～55 mm 之间。为防止乘客或物品挤压在刚性部件与梯级之间，刚性部件有 18～25 mm 凸出，柔性部件有 15～30 mm 凸出。

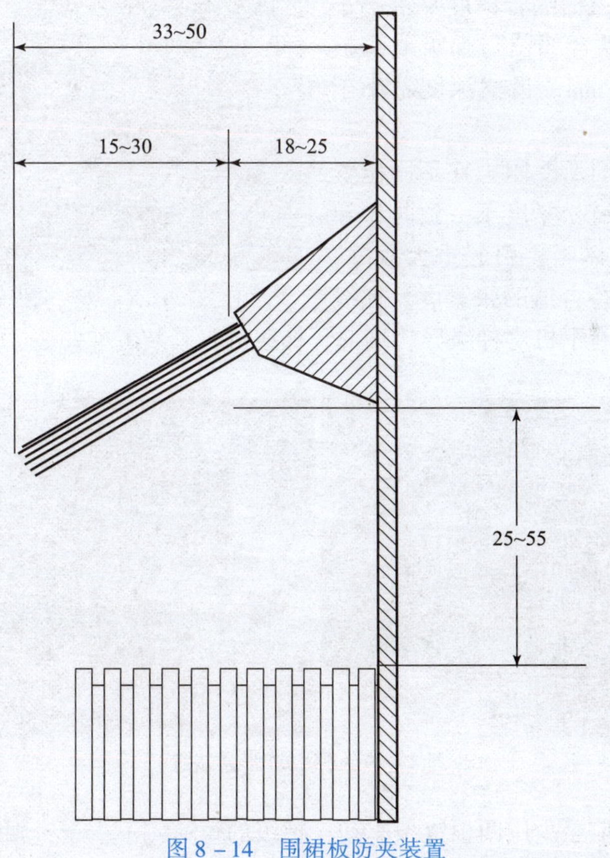

图 8－14　围裙板防夹装置

自动扶梯和人行道不允许梳齿板在缺损状态使用。梳齿板与梯级或踏板齿槽啮合如图8－15所示。

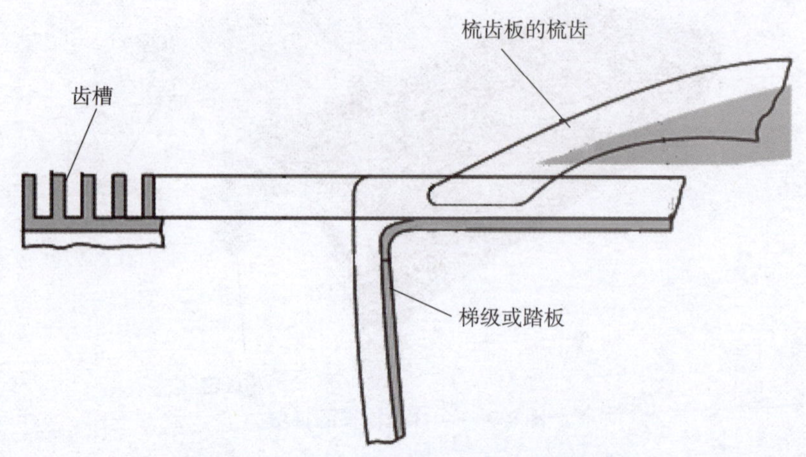

图8－15　梳齿板与梯级或踏板齿槽啮合图

梳齿板缺齿状态如图8－16所示。可见缺齿状态的梳齿板易对乘客产生卡阻等，导致安全故障。

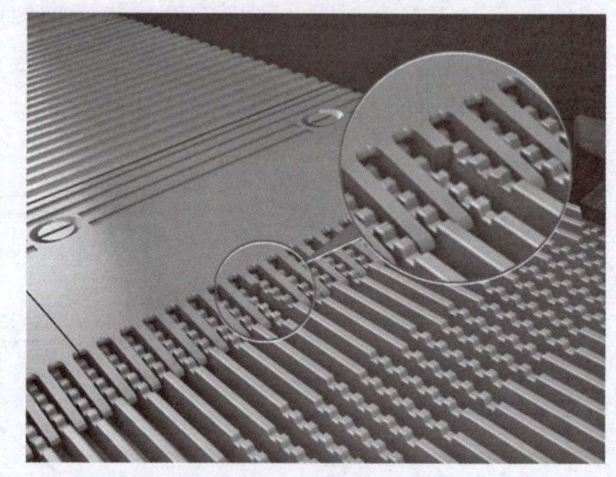

图8－16　缺齿的梳齿板

梳齿板的梳齿与齿槽啮合深度要求不小于4 mm，梳齿板非啮合部位与梯级或踏板齿槽面间隙不小于4 mm。齿槽深度不小于10 mm。

由于梯级链运行时所受阻力在不同位置是不一致的，当梯级链松紧度不一致时易导致梳齿板撞击梯级或踏板，引起重大故障，因此，梯级链需要保持合适的张紧度。梯级链张紧装置一般安装在下机房梯级导轨端部。梯级链张紧装置如图8－17所示。

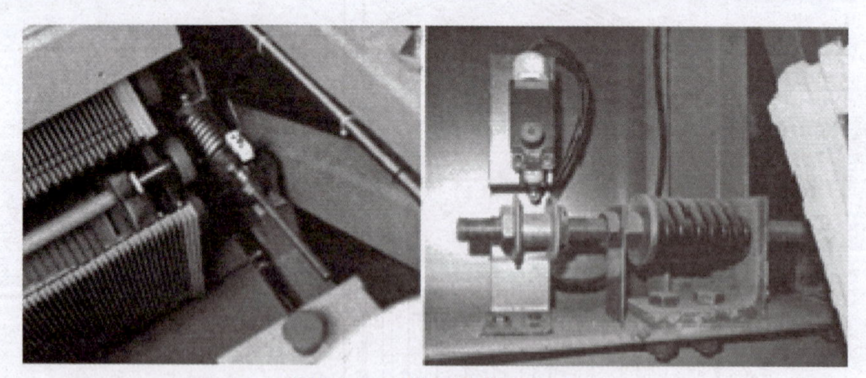

图8－17　梯级链张紧装置

自动扶梯的梯级应至少用两根链条驱动，梯级的每一侧不少于一根。梯级链条应能连续地张紧。采用弹簧作为张紧装置的张紧力时，一般在梯级链张紧装置的移动超过 ±20 mm 之前，自动扶梯及人行道停止运行。

学习任务 8.4　自动扶梯和自动人行道的扶手系统

知识储备

自动扶梯或人行道的两侧应装设扶手装置，扶手装置包括扶手带、扶手带导轨、张紧装置、扶手带滚轮群、扶手带驱动装置等。

扶手带的驱动一般采用摩擦驱动和端部驱动两类。

1. 扶手带摩擦驱动

摩擦驱动一般用于商用性电梯，驱动结构简单，护壁板可以全部采用玻璃制成。扶手带摩擦驱动如图 8 - 18 所示。

图 8 - 18　扶手带的摩擦驱动

扶手带驱动轮带动摩擦轮旋转，摩擦轮带动扶手带运行，如图 8 - 19 所示。从扶手带摩擦轮到主驱动轴的传动部件都不是摩擦型的，因此，摩擦轮的线速度与主驱动转速是对应不变的。当摩擦轮线速度与扶手带运行速度一致时，扶手带速度应略大于梯级运行速度，且运行方向一致；当扶手带与摩擦轮间有滑移时，扶手带运行速度会降低。

图 8 - 19　扶手带驱动轮

乘坐自动扶梯和人行道时应面向运行方向，至少单手紧握扶手带。如果扶手带速度低于梯级或踏板速度，容易导致乘客向后摔倒，因此要保证扶手带速度在梯级速度的100%～102%间。图8－20是扶手带摩擦轮的压紧装置图。

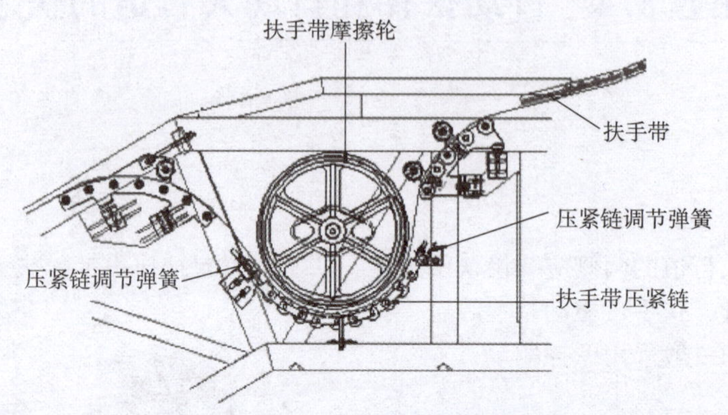

图8－20　扶手带摩擦轮的压紧装置

压缩扶手带调节弹簧，使扶手带压紧链对扶手带的压力增大，扶手带与摩擦轮间的摩擦力增大，扶手带与摩擦轮间的滑移减小，扶手带速度加快，但即使扶手带与摩擦轮间无滑移，扶手带速度也不会大于梯级速度。

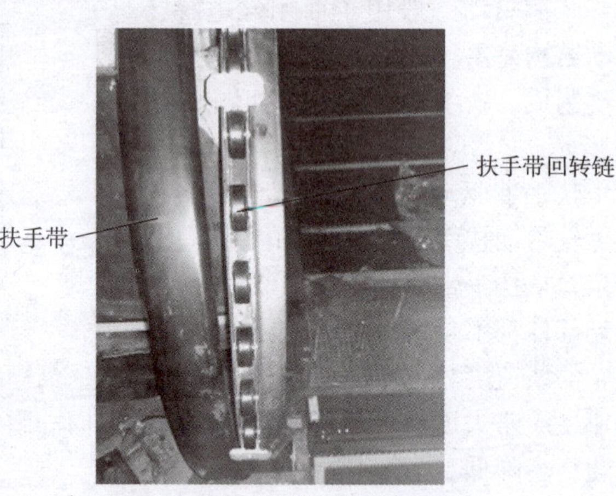

图8－21　扶手带回转链

对于摩擦驱动的扶手带，其运行路径上摩擦阻力最大的位置在扶手带转向端，一般通过安装回转链加以调节，如图8－21所示。

扶手带的长度应比扶手带运行的路径长度略大，一般通过扶手带张紧装置将其张紧。图8－22是扶手带的张紧装置，安装于下端R段。

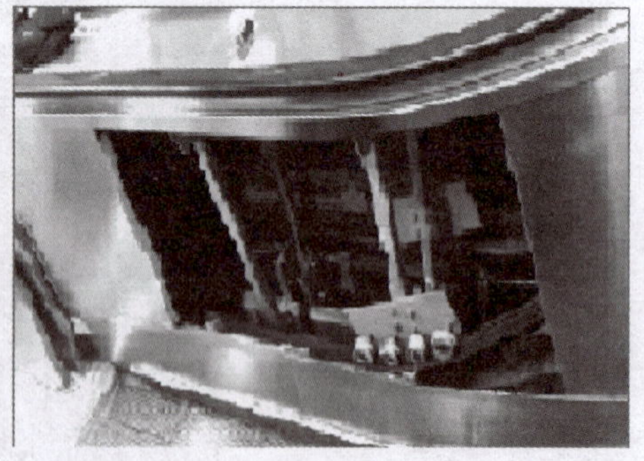

图8－22　扶手带的张紧装置

扶手带过松，导致扶手带运行不平稳，运行有噪声，摩擦轮的摩擦力不足等；扶手带过紧，易导致扶手带运行阻力大幅增加、扶手带磨损增大和发热、扶手带使用寿命降低等。

有些自动扶梯或人行道利用上下 R 段的滚轮群调节扶手带的松紧度。由于滚轮群调整要求较高，调节的幅度较小，对扶手带的长度要求比较高，因此运用得比较少。扶手带滚轮群如图 8－23 所示。

图 8－23　扶手带滚轮群

2. 扶手带端部驱动

扶手带端部驱动常用于公交型扶梯，主驱动轴通过传动扶手带端部驱动轮，驱动轮驱动扶手带运行。扶手带端部驱动装置如图 8－24 所示。

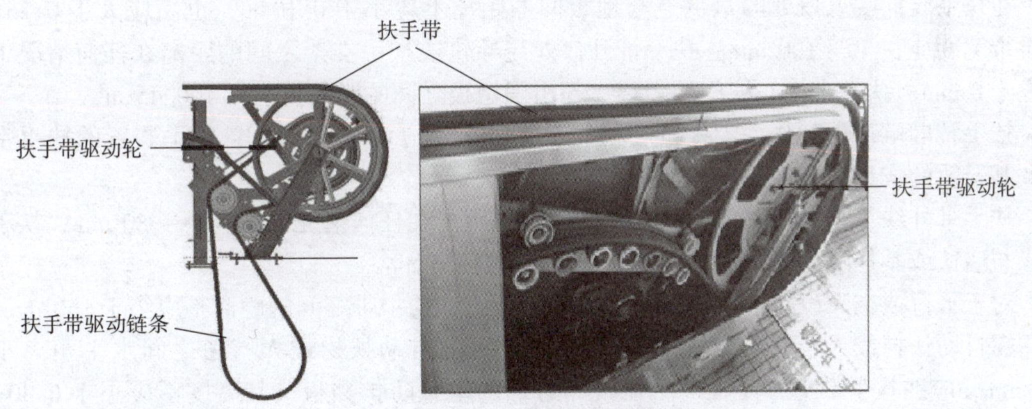

图 8－24　扶手带端部驱动装置

一般扶手带上部采用端部驱动，下部采用滑轮；由于端部扶手带对驱动轮压力大，松紧度调整合适后，驱动轮与扶手带间的摩擦力完全足够驱动扶手带。

扶手带顶面距梯级前缘或踏板表面距离不小于 0.9 m，不大于 1.10 m；扶手装置应没有任何部位供人员站立；为防止扶手装置外缘攀爬或滑移，应有防攀爬或滑移阻挡的装置，如图 8－25 所示。扶梯出入口处应有防止人员进入外盖板区域的装置。

当自动扶梯或倾斜式自动人行道和相邻的墙之间装有接近扶手带高度的扶手盖板，且建筑物（墙）与扶手带中心线间的距离大于 300 mm 时，应在扶手盖板上装有防滑行装置。

扶手装置应能同时承受静态的 600 N 的侧向力和 730 N 的垂直力，这两个力均匀分布在扶手带导向系统顶部同一位置 1 m 的长度上。

防攀爬装置　　防滑移装置

图8-25　防攀爬或滑移阻挡装置

护壁板之间的间隙不应大于4 mm，如果护壁板采用玻璃制作，单层玻璃的厚度不应小于6 mm；当采用多层玻璃时，应为夹层钢化玻璃，且至少一层厚度不小于6 mm。两护壁板下部各点之间的水平距离（垂直于运行方向测量）不应大于其上部对应点之间的水平距离。

自动扶梯或人行道应提供扶手带测速装置，在正常运行时扶手带速度偏离梯级、踏板或胶带的实际速度大于-15%，且持续时间大于15 s时，该装置应使自动扶梯或人行道停止运行。

在扶手转向端入口处的最低点与地板间的距离不应小于0.10 m，也不应大于0.25 m。扶手带宽度应在70~100 mm；扶手带开口处与导轨或扶手支架之间的距离在任何情况下不应大于8 mm；扶手带中心线间的距离，超出围裙板之间的距离不应大于0.45 m。

扶手转向端顶点到扶手带入口之间的水平距离不应大于0.30 m；扶手装置的扶手带截面及其导轨的成型组合件不应挤夹手指或手。

扶手带外缘与墙壁或其他障碍物之间的水平距离在任何情况下不应小于80 mm，扶手带下缘与墙壁或其他障碍物之间的垂直距离不应小于25 mm。

对于平行或交叉设置的自动扶梯或自动人行道，扶手带之间的距离不应小于160 mm。

在自动扶梯或人行道与楼板或邻近交叉设置的自动扶梯或人行道之间水平距离小于400 mm，应在扶手带上方设置一个无锐利边缘的垂直防护挡板，其高度不应小于0.30 m，且至少延伸至扶手带下缘25 mm处，如图8-26所示。

图8-26　防夹警示牌

扶手带与周边物体的间距的要求如图 8－27 所示。

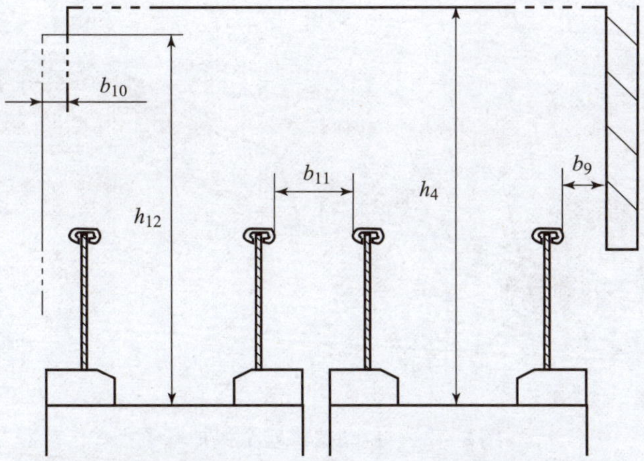

主要尺寸	主要尺寸
$b_9 \geqslant 400$ mm	$h_4 \geqslant 2\,300$ mm
$b_{10} \geqslant 80$ mm	$h_{12} \geqslant 2\,100$ mm
$b_{11} \geqslant 160$ mm	

图 8－27　扶手带与周边物体的间距要求

学习任务 8.5　自动扶梯和自动人行道的安全保护系统

知识储备

扶梯和人行道的安全保护装置由急停按钮、梳齿板开关、扶手带入口处保护开关、检修盖板开关、围裙板安全开关、扶手带断带保护开关、梯级或踏板下陷开关、超速或非操纵逆转监测装置等组成。这些安全保护装置共同维护了乘客的乘梯安全。自动扶梯安全保护开关如图 8－28 所示。

1. 制动器状态监测开关

该开关的功能是监测制动系统的释放，即当扶梯或人行道启动后，如果此时制动系统（抱闸等）未松开，这时制动器状态监测开关应被触发，来防止扶梯启动，以避免抱闸等的非正常磨损。制动器状态检测开关如图 8－29 所示。

2. 梳齿板和梳齿板开关

（1）梳齿板。

当梳齿板处有异物卡入时，梳齿板梳齿在变形情况下仍能保持与扶梯梯级或人行道踏板正常啮合，或者梳齿断裂，或者梳齿与梯级或踏板撞击后扶梯停止运行。

梳齿齿根与踏面间隙不应大于 4 mm，如图 8－30 所示。

（2）梳齿板开关功能。

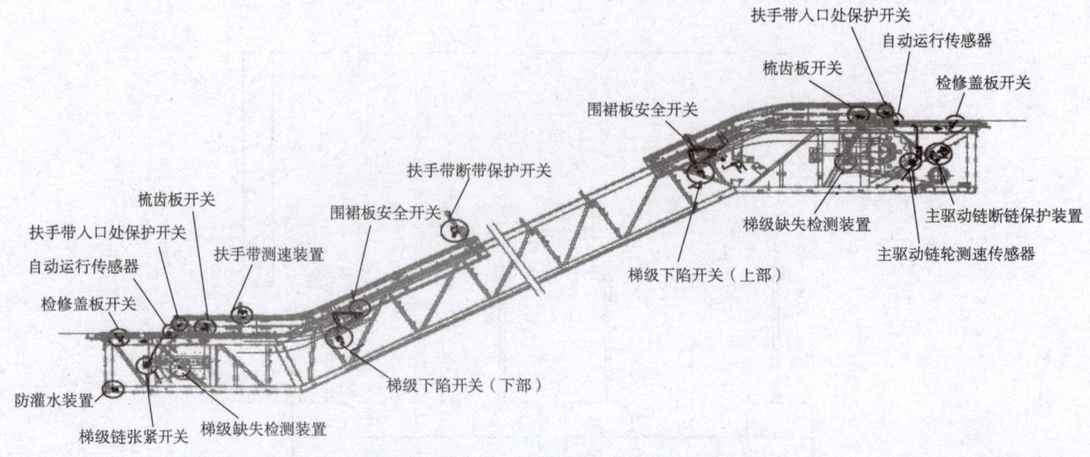

图8-28　自动扶梯安全保护开关

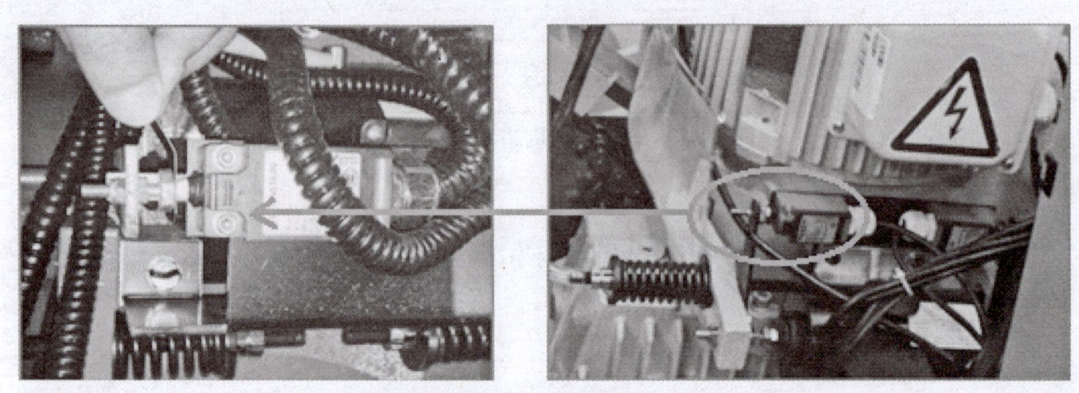

图8-29　制动器状态检测开关

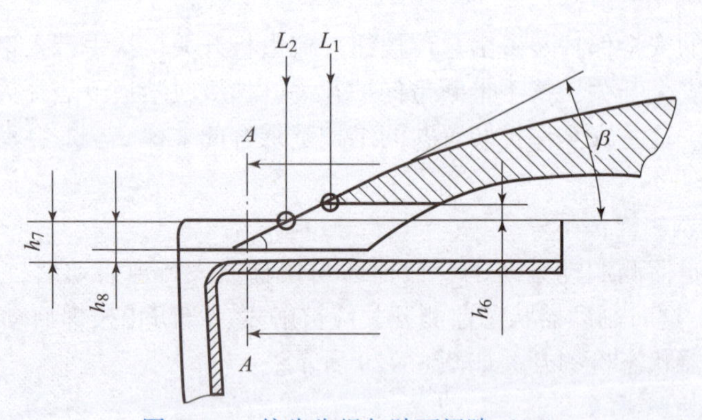

图8-30　梳齿齿根与踏面间隙（$h6$）

当卡入较大异物梳齿板被提起或发生梯级或踏板正面撞击梳齿板时（即向上运行的扶梯，梯级撞击上平层梳齿板；或者向下运行的扶梯，梯级撞击下平层梳齿板），梳齿板开关应能被触发，从而紧急停止扶梯。梳齿板开关如图8-31所示。

图 8－31　梳齿板开关

3. 梯级或者踏板缺失检测装置开关

自动扶梯和人行道应能通过装设在驱动站或转向站的该装置监测梯级或踏板的缺失，并应在空梯级或空踏板从梳齿板位置出现之前停止。该装置可以通过检测梯级滚轮、梯级梯面下边沿、梯级钩等位置来实现梯级信号的接收。梯级检测如图 8－32 所示。

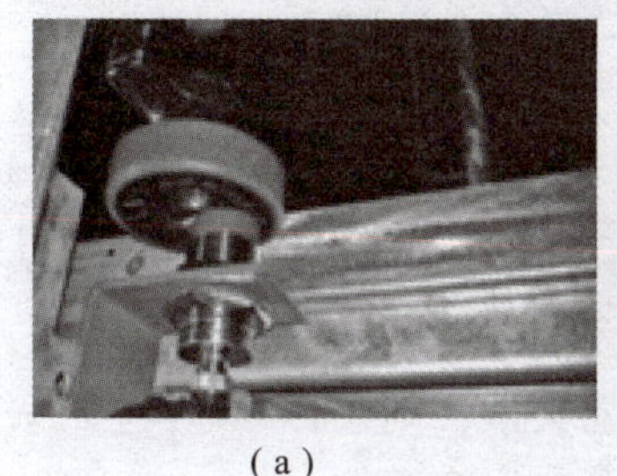
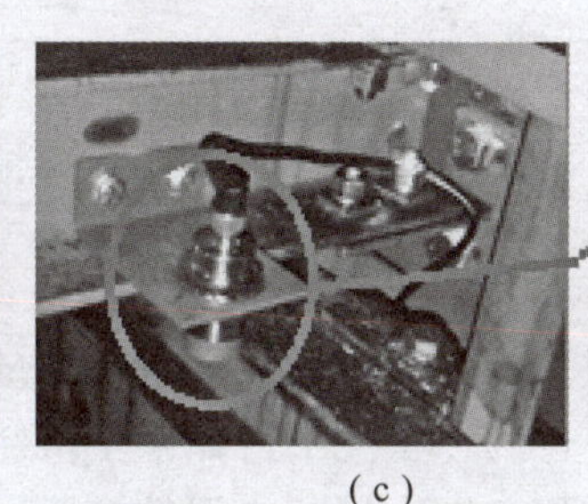

（a）　（b）　（c）

图 8－32　梯级检测

（a）检测梯级滚轮；（b）检测梯级梯面下边沿；（c）检测梯级钩

梯级或者踏板缺失监测装置功能测试：拆除一个梯级或者踏板之后，正常启动扶梯（非检修状态下），将空梯级或空踏板运行至上头部该检测装置处或下头部该检测装置处，如此时扶梯停止运行并故障代码正确，则梯级或者踏板缺失监测装置功能正常。

4. 梯级或者踏板下陷开关

梯级是运载乘客的重要部件，在梯级损坏而塌陷时，梯级进入水平段无法与梳齿啮合。当梯级因损坏而发生下陷时，梯级塌陷保护装置的打杆会与梯级或梯级链的轴碰撞，从而触发梯级或者踏板下陷开关。在制造、安装、维保阶段，都应确保打杆动作后，开关能被有效触发，此时扶梯不能启动。打杆与梯级链轴的间隙或打杆与梯级的间隙也是重要参数，该间隙需满足制造企业的标准。梯级塌陷开关如图 8－33 所示。塌陷开关的触发杆如图 8－34 所示。

5. 超速或非操纵逆转监测装置

非操纵逆转通常发生在有载上行时，由于传动机构失效等原因（如主驱动链条发生断

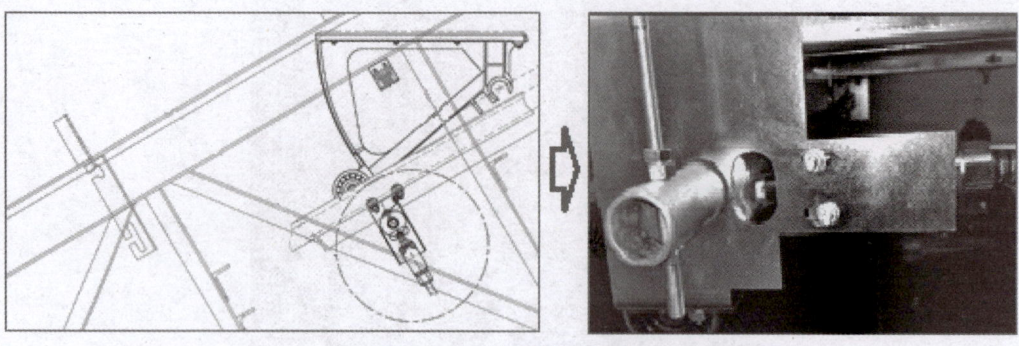

图 8－33　梯级塌陷开关

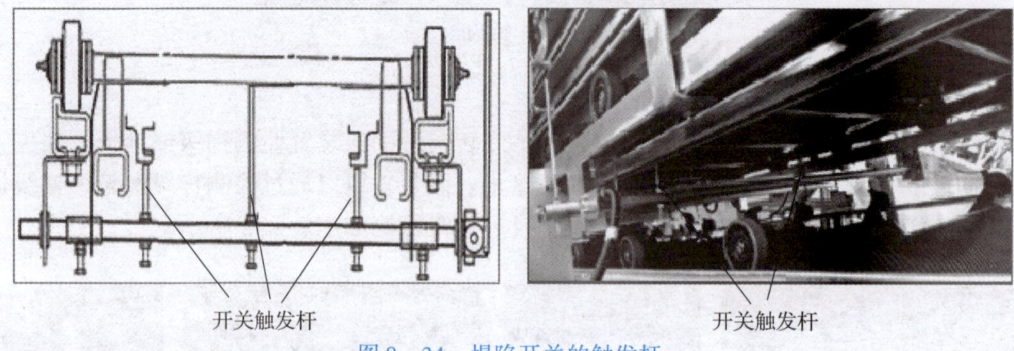

图 8－34　塌陷开关的触发杆

裂等），造成上行动力不足或完全失去动力，在乘客重力作用下，会转为向下加速溜车。超速通常发生在有载下行时，由于发生主驱动链条断裂等传动失效原因，在乘客重力作用下，扶梯会加速下行。这两种状况下，如果主机制动器、附加制动器失效，则乘客会在扶梯下平层出入口处快速堆积，发生相互之间的挤压踩踏，造成严重的公众安全事故。

超速或非操纵逆转监测装置的工作原理是：依据传感器测定的扶梯速度，控制系统会判断扶梯速度是否出现异常。当控制系统判断扶梯速度出现异常时，会通过主机制动器、附加制动器（如有）来制停扶梯。梯级速度检测如图 8－35 所示。

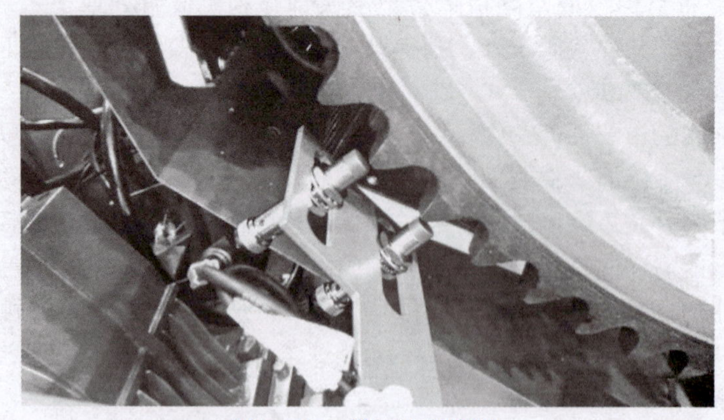

图 8－35　梯级速度检测

在安装工地或维保工地，可以通过修改变频器参数来达到改变扶梯速度的效果，从而验证超速或非操纵逆转监测装置功能的有效性。以验证非操纵逆转功能为例：在用钥匙正常开梯上行情况下，设置变频器参数至扶梯低速运行，一段时间后观察扶梯是否停梯，如有附加制动器的，附加制动器须动作。

6. 检修盖板开关

检修盖板的作用是检测机舱盖板是否已经全部安装到位。在机舱盖板尚未完全闭合情况下，该开关会将信号反馈给控制系统，此时扶梯不能用钥匙正常启动，而只能使用检修盒控制运行扶梯。

工地检查该开关功能是否正常时，可以打开机舱盖板观察。有故障代码显示的扶梯，须故障代码正确，且扶梯不能正常启动；没有故障代码的扶梯，可以在扶梯正常运行时，向上抬起检修盖板，观察此时扶梯是否停梯。检修盖板及检修盖板开关如图 8－36 所示。

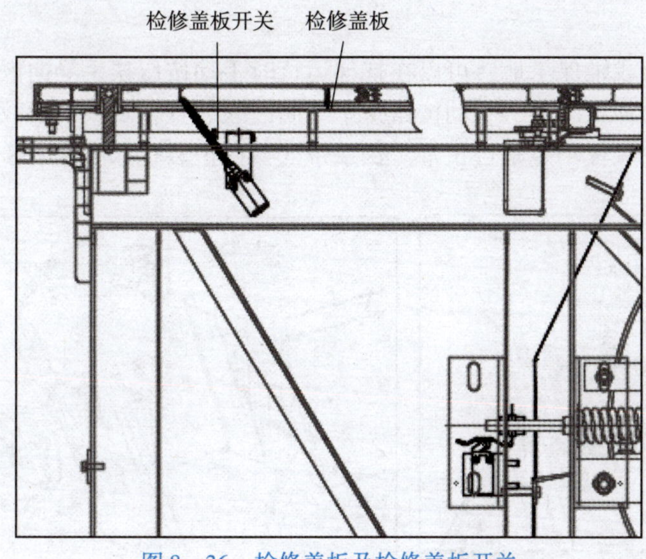

图 8－36　检修盖板及检修盖板开关

7. 梯级链张紧开关

梯级链张紧开关位于扶梯下机舱张紧架尾端。张紧架是一个可移动部件，当扶梯发生梯级撞梳齿事故的瞬间，撞击处的梯级发生堆积，而主机尚未停止，后方仍有源源不断的梯级向堆积处运行而来，此时张紧架弹簧会吸收一部分主机能量，张紧架形成移动，从而触发梯级链张紧开关，扶梯停梯。

在安装调试工地和维保工地时，需要进行以下内容的检查：

1）手动触发梯级链张紧开关，并确认相应扶梯故障代码正确且扶梯不能启动；

2）检查开关和板件之间的间隙，检查梯级链张紧弹簧长度是否符合制造单位要求；

3）需定期清理并润滑张紧架滑道，防止滑道锈蚀，并需确认张紧架能前后移动，移动过程中无过大卡阻。

梯级链张紧开关及附件如图 8－37 所示。

8. 扶手带入口处保护开关

在扶梯运行时，当有异物进入扶手带出入口时，会触发扶手带入口处保护开关，从而

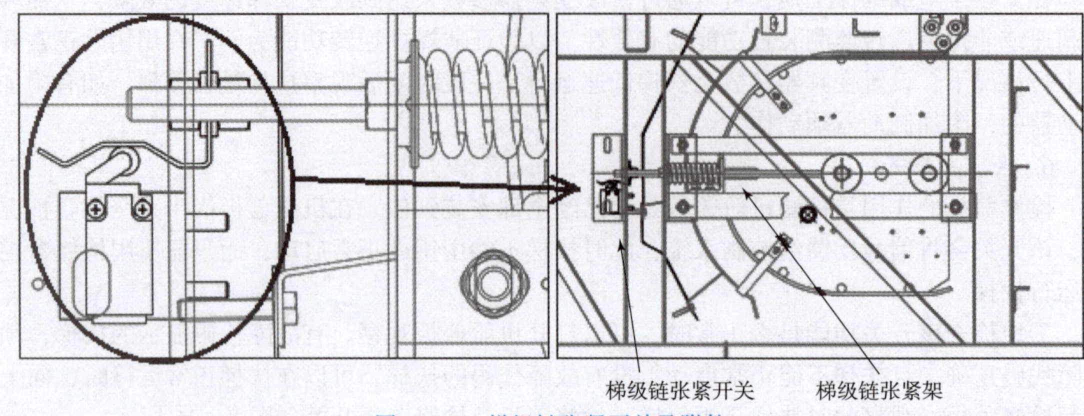

图 8－37　梯级链张紧开关及附件

停梯。

在安装调试工地或维保工地，可以在扶梯运行时手动按压扶手导向嵌入装置，观察扶梯是否停梯；或扶梯停梯状态下，手动按压扶手导向嵌入装置，观察扶梯故障代码是否正确来验证扶手带入口保护装置功能是否正常。扶手带入口保护装置如图 8－38 所示。

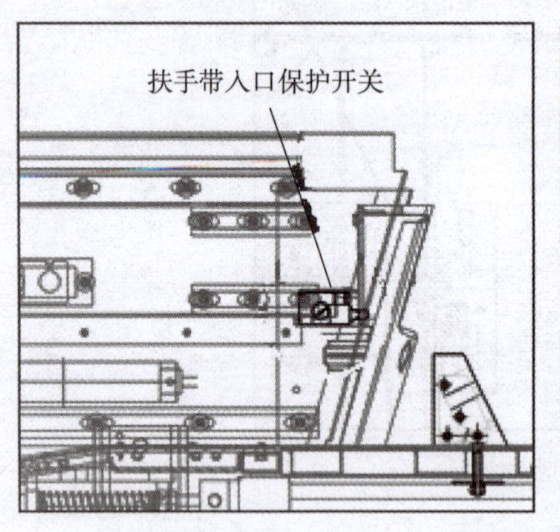

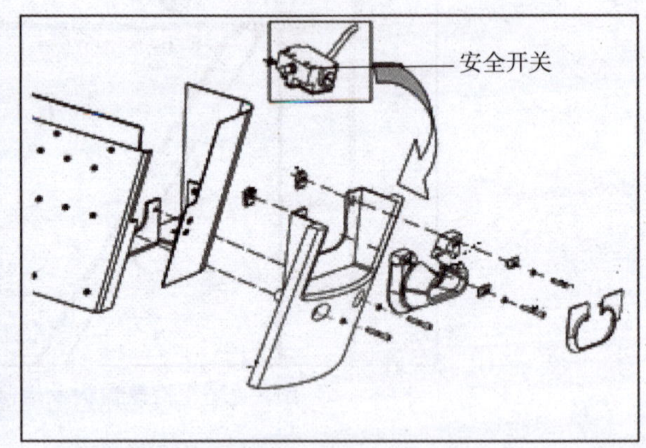

图 8－38　扶手带入口保护装置

9. 自动运行功能

自动运行功能即当扶梯长时间无人乘坐时，扶梯低速运行或停梯；当有乘客时，扶梯以正常速度运行。这种模式可以明显节能。

在工地检查该功能是否正常时，人进入带有自动运行功能的扶梯（须有变频器），扶梯必须启动；离开带有自动运行功能的扶梯后，扶梯在运行一段时间后必须自动停止或低速运行。自动运行功能需配置有漫反射传感器——一种自动运行功能传感器，如图 8－39 所示。

10. 急停按钮

急停按钮是扶梯的一个重要安全开关。在扶梯运行时，通过按急停按钮，观察扶梯是否立即停止可以验证该开关的功能有效性。急停按钮如图 8－40 所示。

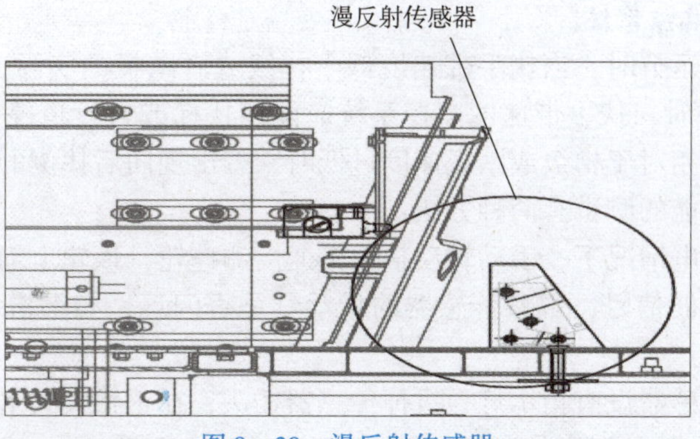

图 8－39　漫反射传感器

图 8－40　急停按钮

11. 防灌水保护装置

防灌水保护装置安装于扶梯下机舱靠近桁架底板位置处，当室外扶梯或地下扶梯下机舱内积水时，防灌水保护装置被触发，此时扶梯停梯。部分种类的防灌水保护装置可以通过用手拨动开关来达到手动触发的效果。

对于室外扶梯，在雨季到来之前须完成该装置的功能验证。

防灌水保护装置如图 8－41 所示。

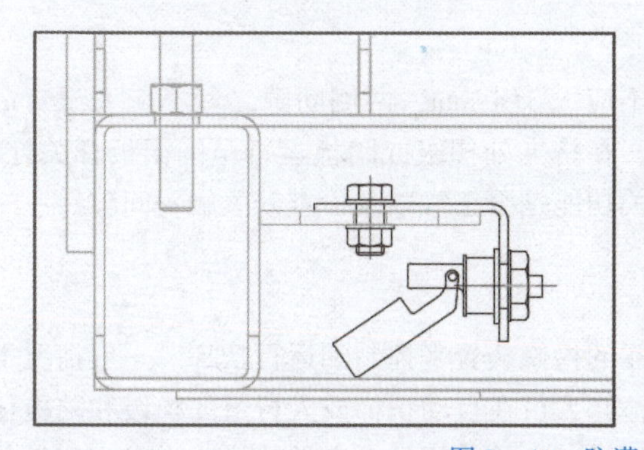

图 8－41　防灌水保护装置

12. 扶手带速度监控系统

在扶梯或人行道运行时，当扶手带速度低于梯级或者踏板的实际速度的程度超过15%且持续时间大于15 s时，扶手带速度监控系统应能使扶梯或人行道停止运行。这个功能可以避免当扶手带速度相对于梯级或踏板速度过低时乘客出现向后摔倒的风险。

工地对该装置功能的测试有两种方法：

方法一：停梯有电情况下，手动转动扶手带速度测速轮，该轮上均布有5个铁片，旋转一周可产生5个脉冲波信号，观察传感器的指示灯是否闪烁，如果指示灯闪烁证明有脉冲输入。

方法二：如果传感器没有指示灯，拔掉传感器插头，在正常模式下用钥匙启动扶梯，大约15 s后，如果扶梯停止运行，说明扶手带速度监控系统功能正常，如图8－42所示。

图8－42　扶手带测速装置

13. 扶手带断带保护开关

扶梯运行时，在扶手带突然断开的情况下，扶手带断带保护开关动作，扶梯须立即停止。

工地检查开关功能有效性：在停梯有电状态下，做好扶梯机械防护，在开关位置处用手向下压扶手带，此时开关触头位置发生改变，开关被触发，此时检查扶梯故障代码是否正确。

扶手带断带保护开关如图8－43所示。

14. 围裙板安全开关

围裙板与梯级或者踏板的任何一侧间隙不应大于4 mm，两侧间隙之和不应大于7 mm。当梯级或踏板与裙板间隙处发生挤夹事故时，在挤夹处梯级或踏板运行至围裙板开关处时，扶梯须立即停梯。需定期检查围裙板安全开关功能是否正常以及检查开关触头间隙。

围裙板安全开关如图8－44所示。

15. 检修控制装置

在安装调试和维保时，需要使用功能可靠的检修装置来控制和运行扶梯。一般情况下检修盒线缆长度应覆盖扶梯1/2的长度，确保检修人员在自动扶梯或人行道的梯级和踏板任何位置都能操控检修装置，打开自动扶梯或人行道的机舱盖板，在自动扶梯或人行道停机状态

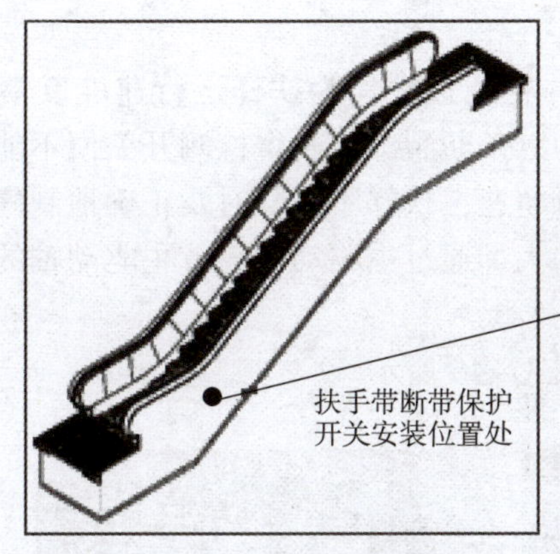

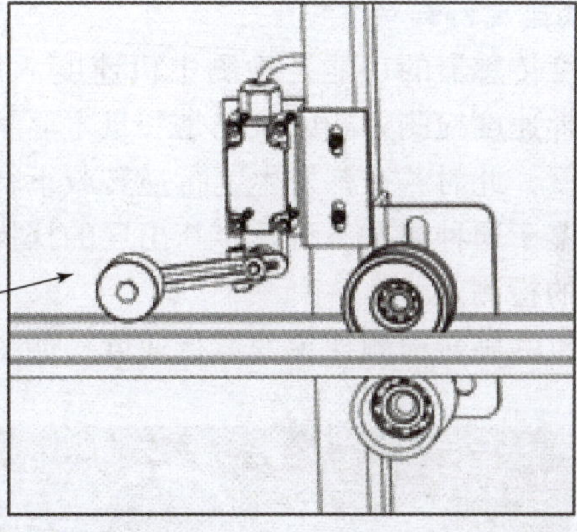

图 8－43　扶手带断带保护开关

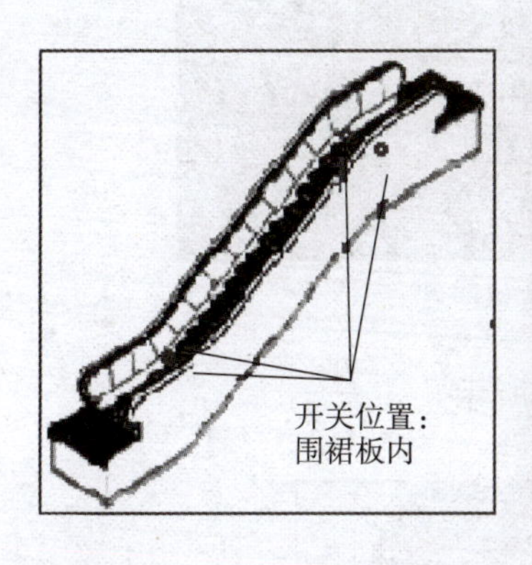

图 8－44　围裙板安全开关

将检修装置的电缆线端的插件插入检修插座，上电后就可以控制自动扶梯电动运行。在使用检修盒前，应先验证检修盒功能是否正常：

1）按上行按钮——检修不能运行；

2）按上行＋公共按钮——可以检修向上运行；

3）按下行按钮——检修不能运行；

4）按下行＋公共按钮——可以检修向下运行；

5）按急停按钮——检修不能运行。

自动扶梯或人行道的检修控制装置如图 8－45 所示。

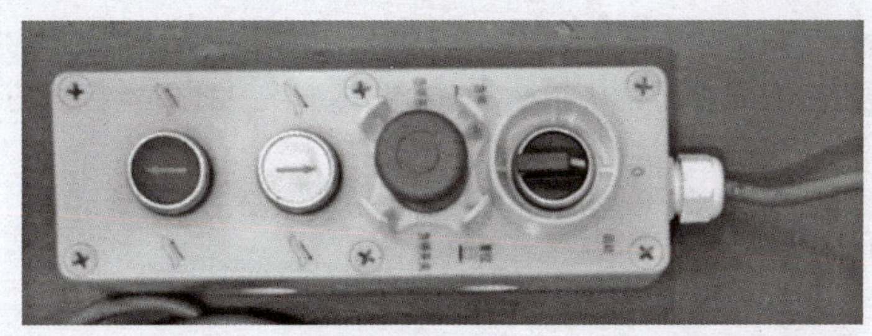

图 8－45　自动扶梯或人行道的检修控制装置

16. 主机速度检测功能

主机速度传感器的功能是检测主机速度，并将此速度作为扶梯运行速度反馈给控制系统。这种扶梯速度检测方式的缺陷是一旦主驱动链条断裂，这两个检测开关便不能再直观地反映扶梯速度，此时若扶梯发生上行逆转或下行超速，扶梯不能及时及正确地制停，其危害性非常大。鉴于这种情况，近几年新出厂的扶梯大都通过主驱动齿轮或主驱动轴的旋转来进行扶梯速度的检测。

通过主机的旋转检测扶梯的运行速度，如图 8－46 所示。

图 8－46　通过主机的旋转检测扶梯的运行速度

通过主驱动轴的旋转检测扶梯的运行速度，如图 8－47 所示。

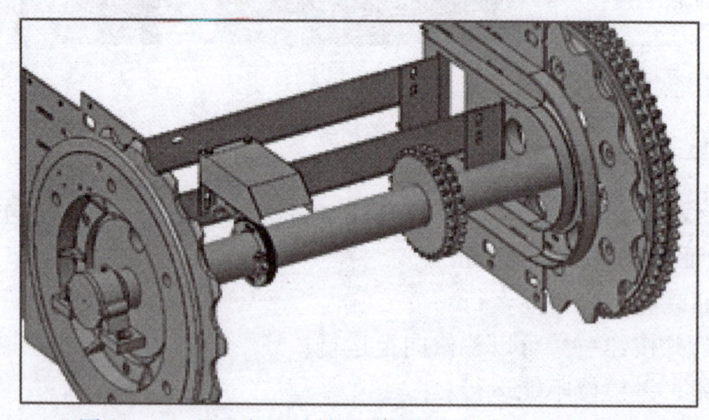

图 8－47　通过主驱动轴的旋转检测扶梯的运行速度

通过检测主驱动链轮上的齿来检测扶梯速度。

17. 主机超速开关

部分扶梯配有主机超速开关，当主机转速达到一定速度时，机械装置的离心力加大，克服主机超速保护装置的弹簧阻力，从而触发主机超速开关，此时主机制动器和附加制动器（如有）均动作来制停扶梯。

工地开关功能验证：在扶梯停梯有电情况下，手动触发主机超速开关，观察此时附加制动器是否动作（如有）。

主机超速开关如图 8－48 所示。

 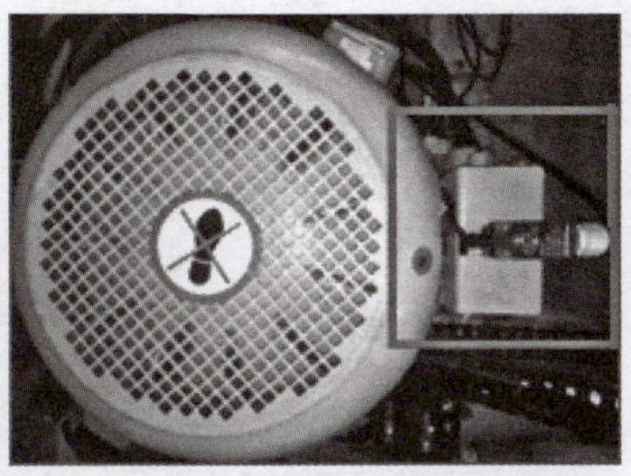 

图 8－48　主机超速开关

18. 主驱动链断链保护开关

部分扶梯会配置主驱动链断链保护装置。扶梯运行时，当主驱动链条过松或链条断裂时，会触发主驱动链断链保护开关，进而会引起主机制动器动作和附加制动器动作。主驱动链条的长度不是一成不变的，在使用过程中链条会被逐渐拉长，导致链条不能与齿轮匹配啮合，损坏链条。建议当主驱动链条的伸长率超过 2% 时着手更换主驱动链条，当主驱动链条的伸长率超过 3% 时须立即停梯，直至主驱动链条更换完成为止。

主驱动链断链保护开关如图 8－49 所示。

图 8－49　主驱动链断链保护开关

图 8－50 是一种快捷有效的检测主驱动链条伸长的方法，用一支精密制作的卡尺测量齿距，从而判断主驱动链条的伸长率。

图 8－50　主驱动链伸长率的测量

根据经验可知，如果动力驱动链条节距伸长小于2%，可放心继续使用；如果伸长率在2%~3%间，应准备购置新的同型号驱动链条，随时准备更换；如果伸长率大于或等于3%，应立即停止使用，待更换新的驱动链条后方可投入使用。

知识梳理

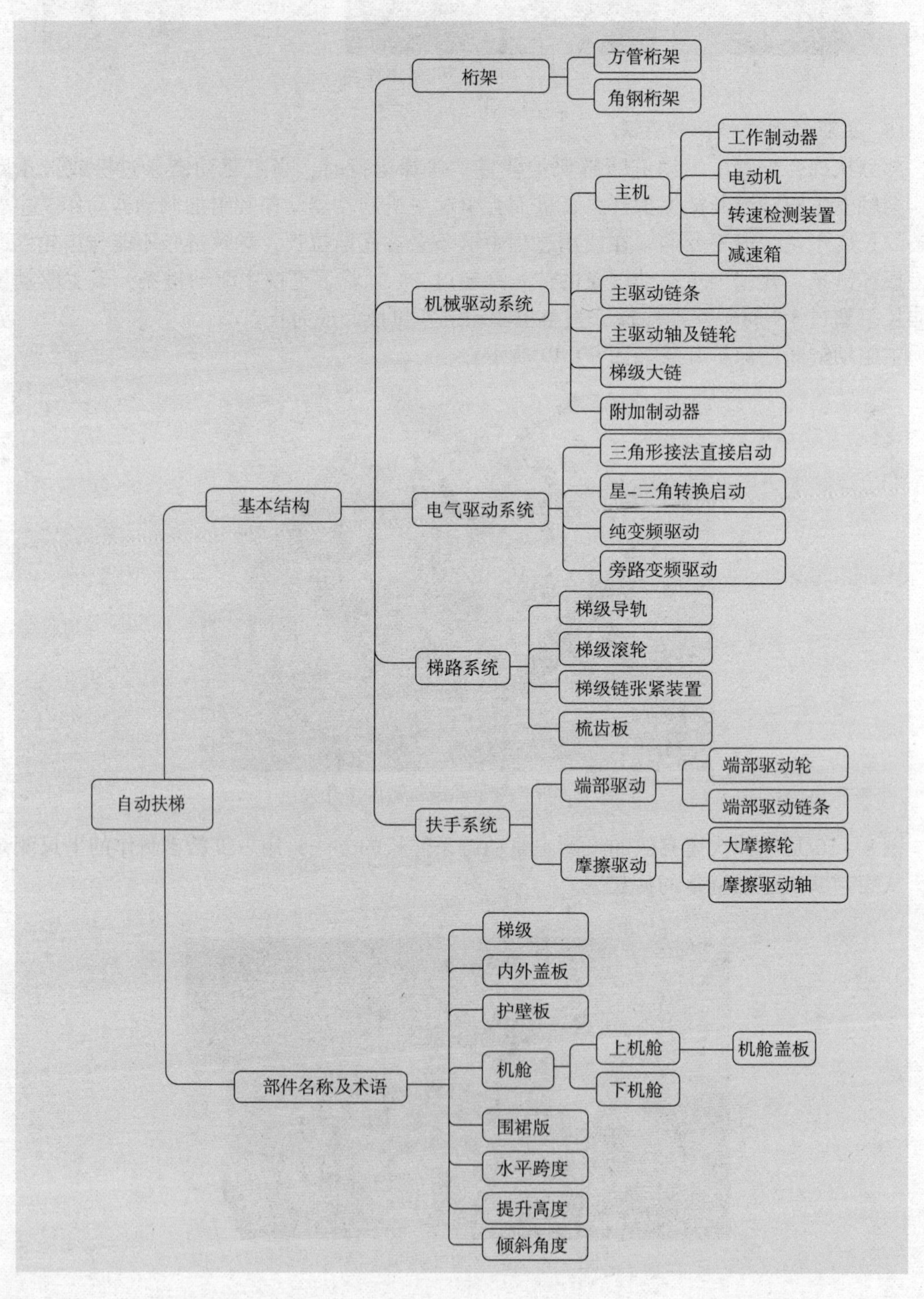

练习巩固

学习任务8.1　自动扶梯和自动人行道的概述

一、填空题

1. 自动扶梯是由链式或胶带输送，带有循环运行________，用于向上或向下倾斜运输乘客的固定电力驱动设备。其特点是________、________和________。

2. 自动人行道是指带有循环运行（板式或带式）走道，用于水平或倾斜角度不大于________。

3. 自动扶梯及人行道是机器，即使在________，也不能当作固定通道使用。

4. 乘坐自动扶梯或人行道时，应面向________方向，至少单手握住________，双脚踏在梯级黄线内，双脚踩在同一梯级上。

二、选择题

1. 自动扶梯或人行道出入口外应有足够的人员疏散空间，梯级或踏板上方应有不小于（　　）m的净空距离。

A. 2　　B. 2.3　　C. 2.5　　D. 2.8

2. 自动扶梯的制动载荷是指（　　）。

A. 梯级、踏板或胶带上的载荷，设计规定的名义载重量

B. 梯级、踏板或胶带上的载荷，并以此载荷设计制动系统制停自动扶梯或人行道

C. 梯级、踏板或胶带上的载荷，根据梯级宽度，梯级面朝上部分的每级梯级按要求放置重物后的载重量

D. 梯级、踏板或胶带上的载荷，做制动试验时，能使符合制动距离的载重量

3. 地铁出入口、某小区会所、某商场、南京南站入站口分别对应安装以下哪种类型自动扶梯最合理合适？（　　）

A. 公交型　公交型　公交型　公交型　　B. 公交型　商用型　商用型　公交型

C. 商用型　公交型　公交型　商用型　　D. 商用型　商用型　公交型　商用型

4. 一般自动扶梯主驱动链条伸长率在（　　）时应谨慎使用。

A. 大于1%　　B. 1% ~2%　　C. 2% ~3%　　D. 大于3%

三、简答题

1. 自动扶梯的电力驱动方式有哪几种？

2. 扶手带端部驱动相比大摩擦轮的摩擦驱动有何优缺点？

学习任务8.2 自动扶梯和自动人行道的驱动系统

一、填空题

1. 自动扶梯或人行道主机上的________将电能转换为机械能，通过减速箱上的________经链条驱动主驱动轴，主驱动轴上的________驱动梯级链，梯级安装于梯级链轴上，使梯级运行。

2. 主机上的制动器为________，该制动系统使自动扶梯和人行道有一个接近匀速的制停过程直至停机，并使其保持停止状态。

3. 对于自动扶梯，当扶梯载荷超过动力输出极限、________、________、停机状态时主机上的________等意外发生时，自动扶梯梯级可能会无阻碍地加速向下滑移，从而导致严重的安全事故。

二、选择题

1. 附加制动器动作时，梯级应减速并最终停止运行，加速度要求为（　　）。

A. 不小于1 m/s^2　　B. 不大于1 m/s^2

C. 不小于2 m/s^2　　D. 不大于2 m/s^2

2. 星-三角启动的自动扶梯，其启动方式属于（　　）。

A. 变压调速　　B. 变频调速　　C. 变极调速　　D. 变频变压调速

3. 某台自动扶梯，在无乘客时自动减速，并以极慢的速度运行，当有乘客进入出入自动扶梯加速并最后以名义速度运行，不可能的驱动方式是（　　）。

①纯变频变压调速的驱动方式　　②旁路变频的驱动方式

③星-三角转换启动的驱动方式　　④减速箱机械有级调速的方式

A. ①　②　　B. ③　④　　C. ①　③　　D. ②　④

三、简答题

1. 自动扶梯在哪些情况下必须设置附加制动器？

2. 附加制动器在哪种情况下必须动作？

3. 旁路变频驱动的自动扶梯与星-三角启动和纯变频驱动相比，有什么优缺点？

学习任务 8.3　自动扶梯和自动人行道的梯路系统

一、填空题

1 自动扶梯或人行道的梯路系统由________、________、________、________、________、梯级链导轨等部件组成。

2. 梯级随着梯级链的运动而运动。梯级链拉伸伸长，导致________间的间隙增大，要求________间隙不大于________mm。

3. 梯级与围裙板间的间隙，单侧不大于________mm，两侧间隙之和不大于________mm。间隙越小，使用的安全性越高。

4. 为减少梯级与围裙板间的挤压风险，要求自动扶梯和人行道应在围裙板上安装________，以进一步减少挤压风险。

二、选择题

1. 对于自动扶梯与人行道，以下说法正确的是（　　）。

A. 仅公交型自动扶梯必须安装梯级与裙摆间的防夹装置

B. 仅商用型自动扶梯必须安装梯级与裙摆间的防夹装置

C. 仅自动扶梯必须安装梯级与裙摆间的防夹装置，自动人行道不需要

D. 任何自动扶梯及人行道都必须安装梯级与裙摆间的防夹装置

2. 梳齿板的梳齿与齿槽啮合深度要求不小于（　　）mm，梳齿板非啮合部位与梯级或踏板齿槽面间隙不小于（　　）mm，齿槽深度不小于（　　）mm。

A. 3　3　7　　B. 4　4　10　　C. 5　7　10　　D. 7　5　10

三、简答题

1. 块式附加制动器与盘式附加制动器相比有哪些优缺点？

2. 梯级链张紧装置的作用是什么？如何调整梯级链张紧装置？

学习任务8.4　自动扶梯和自动人行道的扶手系统

一、填空题

1. 扶手带的驱动一般采用________驱动和________驱动两类。

2. 摩擦驱动一般用于________电梯，驱动结构简单，护壁板可以全部采用玻璃制成。

3. 对于摩擦驱动的扶手带，其运行路径上摩擦阻力最大的位置在扶手带的________，一般通过安装________加以调节。

4. 扶手带的长度应比扶手带运行的路径长度略大，一般通过________将其张紧。

5. 在自动扶梯或人行道与楼板或邻近交叉设置的自动扶梯或人行道之间水平距离小于________mm，应在扶手带上方设置一个无锐利边缘的垂直防护挡板，其高度不应小于________m，且至少延伸至扶手带下缘25mm处。

二、选择题

1. 扶手带速度在梯级速度的（　　）间。

A. 95% ~98%　　B. 98% ~100%　　C. 100% ~102%　　D. 102% ~105%

2. 如果需要调整扶手带摩擦轮，以下说法错误的是（　　）。

A. 打开摩擦轮对应位置的内盖板，调整压紧链弹簧的压缩量

B. 打开摩擦轮对应位置的外装饰板，上下调整大摩擦轮

C. 打开摩擦轮对应位置的内盖板及围裙板，上下调整大摩擦轮

D. 打开摩擦轮对应位置的外装饰板，调整压紧链弹簧的压缩量

3. 扶手带顶面距梯级前缘或踏板表面距离不小于（　　）m，不大于（　　）m。

A. 0.7　0.9　　B. 0.9　1.0　　C. 0.9　1.1　　D. 1.0　1.2

4. 当自动扶梯或倾斜式自动人行道和相邻的墙之间装有接近扶手带高度的扶手盖板，且建筑物（墙）与扶手带中心线间的距离大于（　　）mm时，应在扶手盖板上装有防滑行装置。

A. 150　　B. 200　　C. 300　　D. 350

三、简答题

1. 为什么自动扶梯与人行道的扶手带速度要比梯级或踏板的速度略快？

2. 为什么一般情况下要注意可能导致扶手带速度偏低引起乘客摔倒的安全问题，但不需要担心扶手带速度远大于梯级或踏板速度引起的安全问题？

3. 端部驱动的扶手带系统与大摩擦轮驱动的扶手带系统各有哪些优缺点？

学习任务 8.5 自动扶梯和自动人行道的安全保护系统

一、填空题

1. 扶梯和人行道的安全保护装置由________、________、检修盖板开关、________、________、________、超速或非操纵逆转监测装置等组成。

2. 当扶梯或人行道启动后，如果制动系统（抱闸等）未松开，这时________应被触发，来防止扶梯启动。

3. 在扶梯或人行道运行时，当扶手带速度低于梯级或者踏板的实际速度的程度超过________%且持续时间大于________s 时，扶手带速度监控系统应能使扶梯或人行道停止运行。

二、选择题

1. 梳齿齿根与踏面间隙不应大于（　　）mm。

A. 4　　B. 5　　C. 7　　D. 10

2. 在何种情况下梳齿板开关会动作，以下说法正确的是（　　）。

A. 仅当梳齿板被异物卡阻提起时

B. 仅当梳齿板向机舱方向被撞移位时

C. 仅当梳齿板被异物卡阻提起，同时梳齿板向机舱方向被撞移位时

D. 当梳齿板被异物卡阻提起，或梳齿板向机舱方向被撞移位时

3. 当承重超过设计值，或受到垂直方向撞击时，（　　）开关可能动作，可能使自动扶梯立即停止运行。

A. 机舱盖板开关　　B. 围裙板开关　　C. 梳齿板开关　　D. 梯级塌陷开关

4. 超速和非操纵性逆转功能在何时起作用？（　　）

A. 向上运行时速度降低有逆转趋势或已经逆转，或者超速到一定值时

B. 向下运行时速度降低有逆转趋势或已经逆转，或者超速到一定值时

C. 向下运行时速度降低有逆转趋势或已经逆转时

D. 向下运行时超速到一定值时

三、简答题

1. 自动扶梯的梯级张紧开关安装在哪里？有什么作用？

2. 为什么需要设置主驱动链断链保护开关？主驱动链突然断裂有什么后果？

项目九

其他电梯的结构与原理

项目分析

本项目介绍了液压电梯、防爆电梯、消防电梯和杂物电梯的基本结构和原理，分别介绍其基本原理与特点，以了解其他电梯的基本特性和使用特点。

学习目标

应知

1. 了解液压电梯、防爆电梯、消防电梯和杂物电梯的基本结构、原理。
2. 了解其他电梯的使用功能和特性。

应会

1. 学会电梯的基本操作方法。
2. 学会停电状态如何移动轿厢的方法。
3. 了解何种情况下需要安全钳系统的防下行超速及轿厢坠落保护系统。

学习任务 9.1　液压电梯基本原理

知识储备

液压电梯是利用电力驱动液压泵输送液压油到液压缸，使油缸柱塞做直线运动，直接或间接驱动轿厢运动的电梯。

液压电梯组成系统有泵站系统、液压系统、导向系统、轿厢、门系统、电气控制系统、安全保护系统等。

液压电梯的机房一般设置在较低楼层的井道侧，通过油管将液压油输入油缸，井道内不需要安装驱动主机、控制柜等，井道上方不需要设置机房，因此一般将液压梯归纳为无机房电梯。液压电梯不是通过摩擦力驱动轿厢的，因此，液压电梯属于强制式电梯。液压电梯驱动主机一般也称为液压电梯油箱；液压缸常称为油缸；上行方向阀、下行方向阀一般分别称为上行电磁阀和下行电磁阀。一般液压电梯都采用单作用液压缸。液压电梯的术语和定义如表9－1所示。

表9－1　液压电梯的术语和定义

序号	术语	定义
1	平衡重	为节能而设置的平衡部分轿厢自重的质量
2	直接作用式液压电梯	柱塞或缸筒直接作用在轿厢或其轿厢架上的液压电梯
3	下行方向阀	液压回路中用于控制轿厢下降的电控阀
4	满载压力	当载有额定载重量的轿厢停靠在最高层站位置时，上架到直接与液压缸连接的管路上的静压力
5	间接作用式液压电梯	借助于悬挂装置（绳、链）将柱塞或缸筒连接到轿厢或轿厢架上的液压电梯
6	液压缸	组成液压驱动装置的缸筒与塞柱/活塞的组合
7	单向阀	只允许液压油在一个方向流动的阀
8	单向节流阀	允许液压油在一个方向自由流动而在另一个方向限制性流动的阀
9	棘爪装置	用于停止轿厢非操作下降并将其保存在固定支持上的一种机械装置
10	溢流阀	通过溢流限制系统压力不超过设定值的阀
11	节流阀	通过内部一个节流通道将出入口连接起来的阀
12	破裂阀	当在预定的液压油流动方向上流量增加而引起阀进出口的压差超过设定值时，能自动关闭的阀
13	截止阀	一种手动操纵的双向阀，该阀的开启和关闭允许或防止任一方向上液压油的流动
14	单作用液压缸	一种只能进行单向工作的液压元件
15	电气防沉降系统	防止沉降危险的措施组合
16	液压电梯驱动主机	由液压泵、液压泵电动机和控制阀组成的用于驱动和停止液压电梯的装置
17	额定速度	液压电梯设计所规定的轿厢速度，包括上行额定速度、下行额定速度
18	安全绳	系在轿厢或平衡重上的辅助钢丝绳，在悬挂装置生效的情况下，可触发安全钳动作

学习任务9.2　液压驱动电梯的基本结构与驱动方式

知识储备

液压电梯分直接作用式液压电梯（一般称为直顶式）和间接作用式液压电梯（一般称为侧顶式）两大类。

直顶式液压电梯一部分液压缸沉入底坑地下，上行时液压缸直接将轿厢向上顶起，使电梯上行；下行时，油箱泵站打开下行方向电磁阀阀门，液压油由油缸注入油箱。直接作用式液压电梯（即直顶式）的结构如图9－1所示。

直顶式液压电梯不需要配置限速器－安全钳联动机构，不需要配置底坑缓冲器。与侧顶式相比，采用直顶式的优点是：结构简单，轿厢导靴对导轨无结构性压力，垂直运行时阻力小，启动、加速、减速时速度平稳，无结构性振动，井道空间利用率高；缺点是油缸设置比较困难，需在底坑打一个深孔，并需做好防水措施。

为避免设置底坑深孔，可以采用间接作用式（即侧顶式）安装液压电梯。侧顶式液压电梯的结构如图9－2所示。

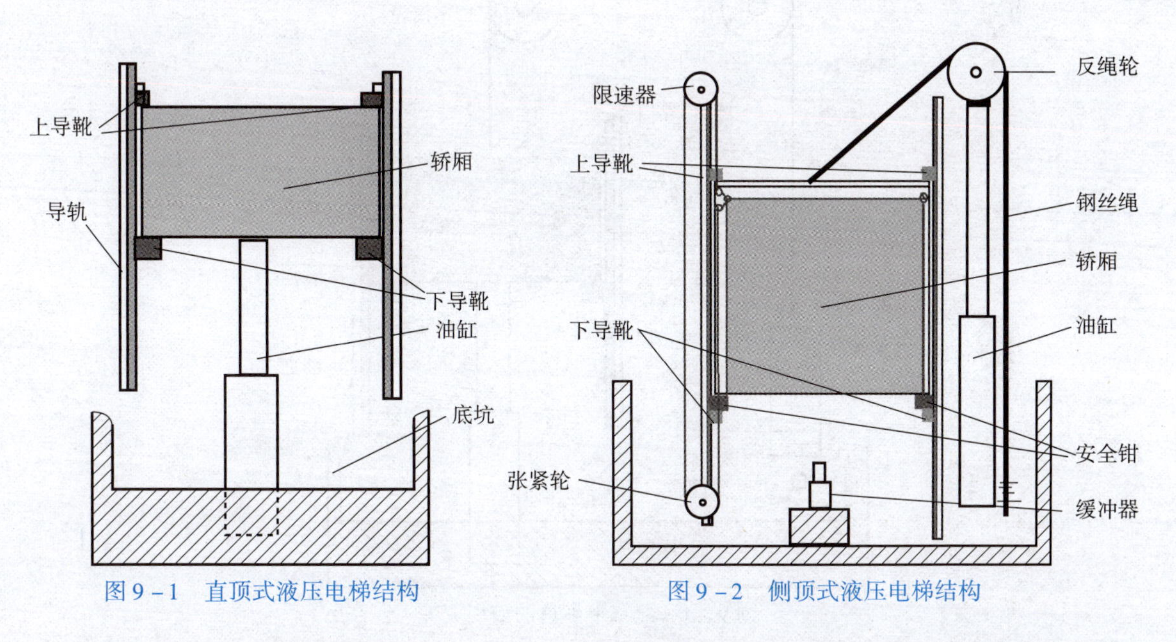

图9－1　直顶式液压电梯结构　　图9－2　侧顶式液压电梯结构

侧顶式液压电梯也属于无机房电梯，由于采用钢丝绳起吊的结构，侧顶式液压电梯需要配置限速器－安全钳联动机构，需配置缓冲器。侧顶式液压电梯的特点是：不需要在底坑挖深孔，井道利用率较低；由于轿厢提拉力不是垂直作用于轿厢的，轿厢上的一只上导靴和一只下导靴对导轨的压力较大；因导靴与导轨间的滑动摩擦系数远小于静摩擦系数，轿厢启动与停止时振动明显，导靴磨损较快；在大额定载荷时，采用两只或以上的油缸驱动轿厢，可以减小导靴对导轨的结构性压力，但井道利用率会更低。

当电梯需要上行时，油箱内的油泵启动，上行方向电磁阀打开，阀门孔逐渐增大，流量随之增大，速度逐渐增大，直到设定速度。减速时上行方向电磁阀的阀门孔大小逐渐减小，直到停止。向上运行时油泵输入电压不变、频率不变；油泵输出的多余的液压油从回流槽流回到油箱。当电梯下行时，油泵不启动，下行方向电磁阀打开，由阀门孔的大小调节电梯下行速度。液压电梯的油箱和泵站如图9－3所示。图中手动紧急操纵杆为手动向上移动轿厢的装置；下行方向操纵装置可以直接打开下行方向电磁阀，手动操纵电梯下行，手动紧急操作下行时速度一般不大于0.3 m/s。

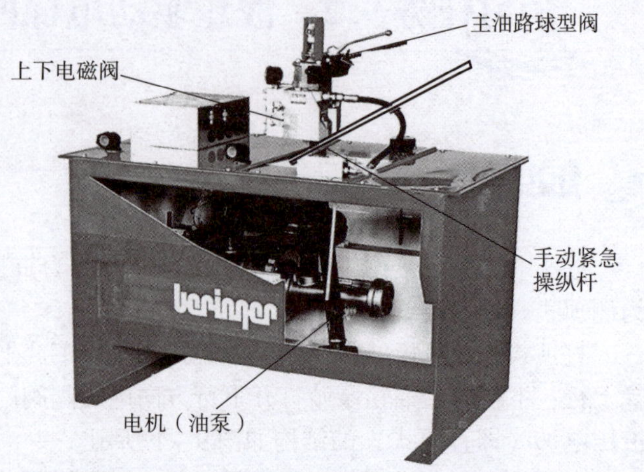

图9－3　液压电梯的油箱和泵站

为了节能，部分液压电梯配置了平衡重，用以平衡轿厢的重量。配有平衡重的液压电梯如图9－4所示。

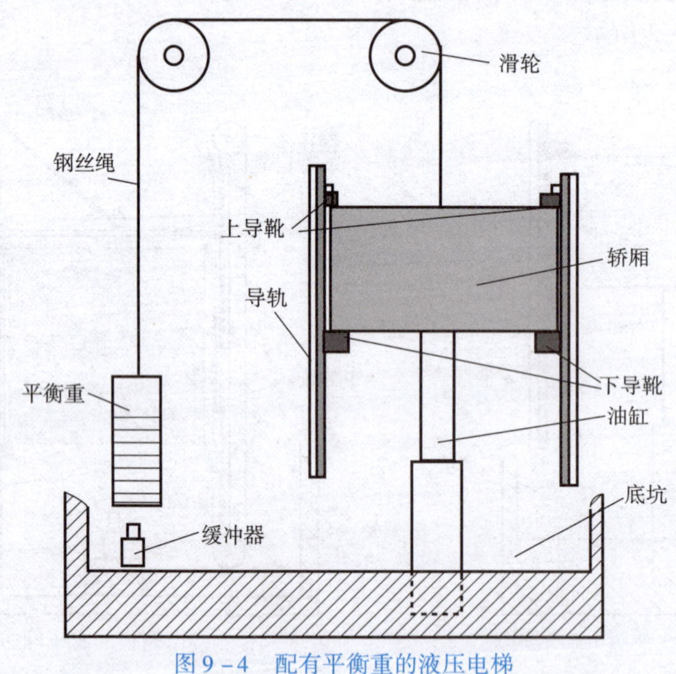

图9－4　配有平衡重的液压电梯

学习任务 9.3　消防电梯的基本知识

知识储备

火警时若有乘客被困电梯是非常危险的，一般很难有专业人士及时解救被困者。如果被困在楼层中间，需到机房或顶层救援被困者，对急救人员的安全无法保证，因此，一般的乘客电梯，会设置消防迫降功能，防止火警时有人继续使用电梯。

消防电梯与常见消防具有迫降功能的电梯不同，消防电梯是设置在建筑的耐火封闭结构内，具有前室和备用电源，在正常情况下为普通乘客使用，在建筑发生火灾时，其附加的保护、控制和信号等功能能专供消防员使用的电梯。所以消防电梯不仅有消防迫降功能，在火警状态时，消防人员还可以乘坐电梯到指定楼层进行消防作业，因此，消防电梯对于防火、抗高温、防烟雾、电源、操作、运行功能等方面有特定的要求。消防迫降功能是消防电梯的第一阶段功能状态；消防员操作功能是消防电梯的第二阶段的操作功能。

消防电梯使用的电源应是专用电源并有备用电源，它们之间及与其他电源和电路是分离的。一般消防迫降后电梯都会迫降到基站。消防迫降功能的开关可以合成在基站召唤盒上，也可以安装在基站召唤盒附近，或者同时由消控中心控制；而消防开关应在消防员出入层指定的位置。消防迫降功能的开关动作后，电梯立即行使迫降功能，迫降到基站开门后保持开门状态，不能运行；消防开关动作后，电梯迫降后自动进入消防第二阶段，开门等待消防人员的操作。

带有消防电梯的建筑物供电电源示例如图 9－5 所示。

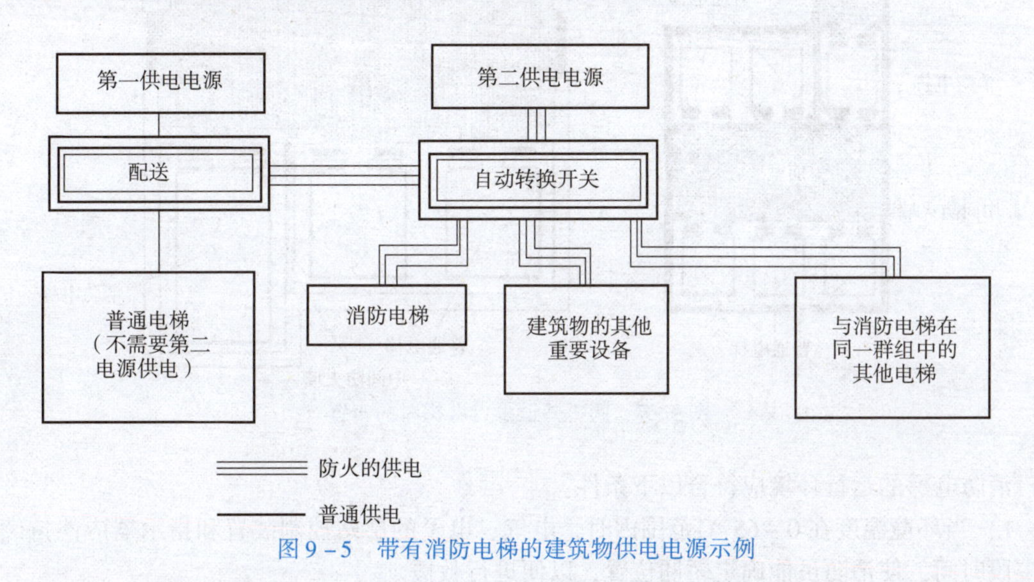

图 9－5　带有消防电梯的建筑物供电电源示例

一般第一电源为常用电源，第二电源为备用电源。大楼火警时切断供电，该供电电源为常用电源，此时大楼仅消防电梯、其他必须供电的重要设备仍然正常供电。

消防电梯的术语和定义如表9－2所示。

表9－2　消防电梯的术语和定义

序号	术语	定义
1	消防电梯开关	在井道外面，设置在消防员入口层的开关。火灾发生时，用于控制消防电梯在消防员控制下运行
2	消防员入口层	建筑物中，预定用于让消防员进入消防电梯的入口层

当大楼发生火警时，消控中心首先应发出火警信号，至少等收到由电梯发出的所有电梯都迫降成功的信号后，再切断大楼供电系统的供电电源；此时只有消防电梯等具有第二供电系统的设备仍然处于供电状态。

消防电梯在每层层门前都应设置有前室。每个前室的空间，应根据担架运输和门的具体位置要求来确定。单台消防电梯的前室布置如图9－6所示。

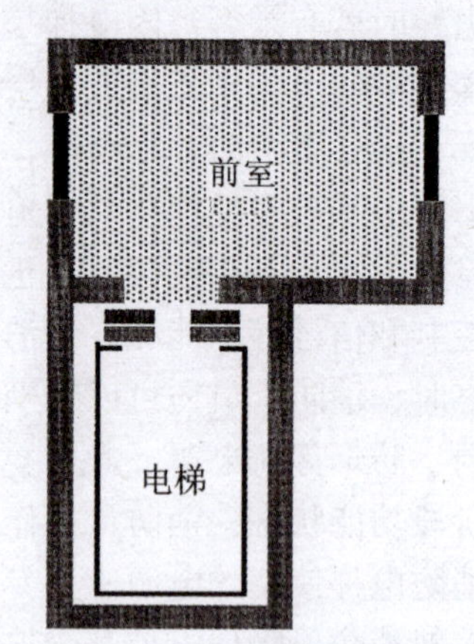

图9－6　单台消防电梯的前室布置

如果在同一井道内还有其他电梯，那么整个多梯井道应满足消防电梯的耐火要求。如果在多梯井道内消防电梯与其他电梯之间没有中间防火墙分离开，则所有的电梯及其电气设备与消防电梯具有相同的防火要求，以确保实现消防电梯的要求。同一井道有多台电梯时，井道防火墙及电梯前室布置如图9－7所示。

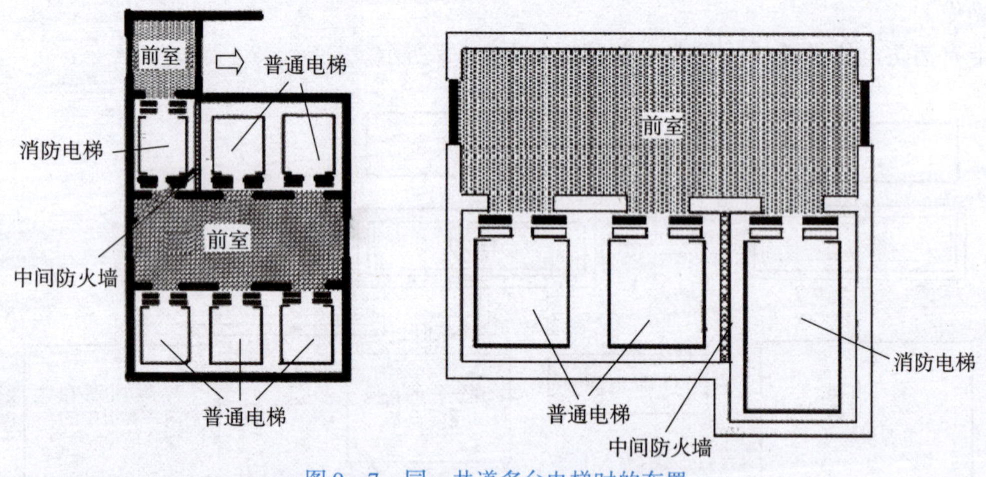

图9－7　同一井道多台电梯时的布置

消防电梯的运行环境应符合以下条件：

1）当环境温度在0～65℃范围内时，电气、电子的层站控制装置和指示器应能持续工作一段时间，使消防员能确定轿厢位置，以便进行救援。

2）消防电梯不在前室内的其他所有电气、电子器件，应设计成确保它们在0～40℃环境温度范围能正常工作。

3）当烟雾充满井道和/或机房时，消防电梯的控制系统的正常功能应至少确保建筑物结构所要求的一段时间，如2 h。

消防电梯的额定载重量不应小于800 kg，轿厢的净入口宽度不应小于800 mm，在有预定用途包括疏散的场合，为了运送担架、病床等，或设计有两个出入口的消防电梯，其额定载重量不应小于1 000 kg；从关门到开门计时，消防电梯从首层到顶层的运行时间不宜超过60 s。

对于消防电梯电气设备的防水保护具有以下要求：

1）井道内或轿厢上部的电气设备，如果设置在距设有层门的任一井道壁1 m的范围内，则应设计成能防滴水或防淋水，或者其外壳防护等级达到一定要求。

2）设置在底坑地面以上1 m以内的所有电气设备应有一定的防护等级，插座和最低的井道照明灯应设置在底坑内最高允许水位之上至少0.50 m处。

3）底坑内的水位不会上升到轿厢缓冲器完全压缩时的上表面以上。

4）排水设施应能防止底坑的水面到达可能使消防电梯发生故障的位置。

消防电梯开关应设置在预定用作消防人员入口处的前室内，距离消防电梯水平距离2 m范围内，高1.8～2.1 m；消防电梯开关标志如图9－8所示。

图9－8　消防开关标志

消防电梯的开关操作应借助一个符合规定的开锁钥匙。消防电梯开关应是双稳态的，并应清楚地用“1”和“0”标志；位置“1”是消防员服务有效状态；附加的外部控制或输入仅能用于使消防电梯自动返回到消防员入口层，并停在该层保持开门状态；消防电梯开关仍应被操作到“1”的位置才能完成该阶段的运行。

消防电梯开关动作后，除光幕、安全触板等关门防夹保护外，其他所有电气或机械的安全保护装置均应有效，检修运行控制也应有效。当电梯处于消防员服务状态时，层站召回控制或设置在井道外的消防电梯控制系统其他部分的电气故障不应影响消防电梯的功能；与消防电梯在同一群组的其他任一台电梯的电气故障不应影响消防电梯的运行。

消防电梯在消防阶段1时，电梯直接关门运行到消防员入口层，其特性与要求如下：

1）消防电梯的阶段1可以手动或自动进入，应优先召回到消防员入口层，在召回关门时间达到2 min层门仍不关闭时，轿厢内应有蜂鸣信号响起，2 min后以减小的动力关门，关门后蜂鸣听觉信号解除，即仅在第一阶段有听觉蜂鸣信号。

2）所有的内外呼信号失效，已登记的信号被取消。

3）开门和紧急报警装置应保持有效。

4）可能受到烟和热影响的轿门反开门装置应失效，以允许门关闭。

5）应脱离同一组群中的其他所有电梯独立运行。

6）到达消防员入口层后，消防电梯应停留在该层，且轿门和层门保持在完全打开位置。

7）消防服务通信系统应有效。

8）如果进入第一消防阶段时电梯处于检修/紧急电动运行状态，轿厢蜂鸣响，对讲系统应被启动；当消防电梯脱离检修/紧急电动运行状态后，该信号应被取消。

9）正在离开消防员入口层的消防电梯，应在可以正常停靠的最近楼层做一次正常的停止，不开门，然后返回到消防员入口层。

10）在消防电梯开关启动后，井道和机房照明应自动点亮。

为保证消防电梯开关的有效性，一般厂家会设置开关闭合状态为正常运行状态，消防电梯开关断开或回路断路时为消防阶段1的状态，因此，一般“1”为开关断开状态，“0”为开关闭合状态。为确保火灾时，电梯在返回消防员入口层后才切断大楼供电电源，对于仅有消防电梯阶段1的电梯，使用单位往往会将电梯完成阶段1后的信息传递到消控中心，以防止电梯在阶段1运行期间停梯；一般情况下，电梯只有在完成阶段1后才可以退出消防状态。

消防电梯在完成阶段1后进入阶段2，在消防员控制下的电梯运行要求如下：

1）如果消防电梯是由一个外部信号触发进入阶段1的，在消防电梯开关拨到“1”前，消防电梯应不能运行。

2）消防电梯应不能同时登记一个以上的轿厢内选层指令。

3）当轿厢正在运行时，应能登记一个新的轿厢内选层指令，原来的指令应被取消，轿厢应在最短的时间内运行到新登记的楼层。

4）一个登记的指令将使消防电梯轿厢运行到所选择的层站后停止，并保持门关闭。

5）如果轿厢停止在一个层站，持续按压轿厢内“开门”按钮，应能控制门打开；如果在门完全打开之前释放“开门”按钮，门应自动再关闭；当门完全打开后，应保持在打开状态直到轿厢内控制装置上有一个新的指令被登记。

6）轿门反开门装置和“开门”按钮应与阶段1一样保持有效状态。

7）通过操作消防电梯开关从位置“1”到“0”，保持时间不大于5 s，再回到“1”，则重新进入阶段1，消防电梯应返回到消防员入口层。

8）如果设置有一个附加的轿厢内消防员钥匙开关，应清楚地标明“0”和“1”，该钥匙仅当处于位置“0”时才能被拔出。

（a）当消防电梯由消防员入口层的消防电梯开关控制而处于消防员服务状态时，为了使轿厢进入运行状态，该钥匙开关应被转换到位置“1”；

（b）当消防员电梯在其他层而不在消防员入口层，且轿厢内钥匙开关被转换到位置“0”时，应防止轿厢进一步运行，并保持门在打开状态。

9）已登记的轿厢内指令应清楚地显示在轿厢内控制装置上。

10）在正常或应急电源有效时，应在轿厢内和消防员入口层显示出轿厢的位置。

11）直到登记下一个轿厢内指令为止，消防电梯应停留在它的目的层站。

12）在阶段2期间，规定的消防服务通信系统应保持有效。

13）当消防电梯开关转到位置“0”时，仅当消防电梯已经回到消防员入口层时，消防电梯控制系统才应恢复到正常服务状态。

学习任务9.4　防爆电梯的基本知识

知识储备

防爆电梯是用于特殊环境下的电梯，是指由若干电气部件和非电气部件组成，并按规定条件设计、制造和安装，使用期间不会引起周围爆炸性环境燃烧或爆炸的电梯。

防爆电梯的机器空间、井道及底坑内使用的建筑材料应为不燃烧体或阻燃材料；机器空间和底坑内不应存放易燃物品，如油布、油纸等；机器空间、井道及底坑内应采取措施防止粉尘堆积，并便于清扫。当可燃性物质密度大于空气密度时，应防止底坑内可燃性物质大量积聚；当可燃性物质密度小于空气密度时，应防止井道顶部和机器空间顶部中可燃性物质大量积聚。

防爆电梯的工作环境：

—机器空间的环境温度为5～40 ℃；

—井道的环境温度为-20～40 ℃；

—整机工作的大气压强为80～110 kPa；

—整机工作场所的空气中标准氧含量（体积比）不大于21%。

对在超出该范围的条件下使用的防爆电梯应作特殊考虑，并可要求增加评定和试验。

防爆类型一般分为两种：本质安全型和隔爆型。隔爆型产品是一种强度型的防爆产品，常适用于强电系统的防爆，其外壳能够承受通过外壳任何接合面或结构间隙渗透到外壳内部的可燃性混合物在内部爆炸而不损坏，并且不会引起外部由一种、多种气体或蒸气形成的爆炸性环境的点燃。

本质安全型是一种能量安全型的防爆产品，常适用于弱电系统的防爆，其电路在正常工作和规定的故障条件下产生的任何火花或热效应均不能点燃规定的爆炸性气体环境。

隔爆技术和本质安全技术结合在同一产品上是两种防爆形式优势互补的共同体，采用隔爆与本质安全型复合型的防爆电梯，在现场具有更强的可操作性，使用灵活，维护方便且成本低廉。

防爆电梯的术语和定义如表9-3所示。

表9-3　防爆电梯的术语和定义

序号	术语	定义
1	防爆电气部件	按规定条件设计、制造和安装而不会引起周围爆炸性环境燃烧或爆炸的具有点燃危险的电气部件
2	防爆非电气部件	按规定条件设计、制造和安装而不会引起周围爆炸性环境燃烧或爆炸的具有点燃危险的非电气部件
3	可燃性物质	被点燃后，会与空气发生放热反应的气体、蒸气、液体、固体状态或这些形式的混合状态的物质

续表

序号	术语	定义
4	爆炸性混合物	在大气条件下，气体、蒸气、薄雾、粉尘或纤维状的易燃物质与空气混合，点燃后燃烧将在整个范围内快速传播形成爆炸的混合物
5	爆炸性环境	在大气条件下，可燃性物质以气体、蒸气、粉尘、纤维或飞絮的形式与空气形成的混合物，被点燃后能够保持燃烧自行传播的环境
6	爆炸性气体环境	在大气条件下，气体、蒸气或雾状的可燃性物质与空气构成的混合物点燃后，燃烧或爆炸将传至全部未燃烧混合物的环境
7	可燃性粉尘环境	大气条件下，粉尘或纤维状的可燃性物质与空气的混合物点燃后，燃烧或爆炸将传至全部未燃烧混合物的环境
8	最高表面温度	防爆电梯的防爆电气部件与防爆非电气部件在规定的容许范围内最不利条件下工作时，暴露于爆炸性混合物的任何表面的任何部分可能达到的并有可能引燃周围爆炸性气体环境的最高温度
9	防爆型式	为防止点燃周围爆炸性环境而对防爆电梯采取的各种措施
10	点燃源	可能出现在防爆电梯上的任何潜在点燃源
11	预期故障	在正常运行中出现的防爆电梯损坏或失效
12	罕见故障	已知要发生，但仅在罕见情况下才会出现的故障类型。两个独立的预期故障，单独出现时不产生点燃危险，但共同出现时产生点燃危险，则它们被视为罕见故障
13	关联设备	内装本质安全电路和非本质安全电路，且在结构上使非本质安全电路不能对本质安全电路产生不利影响的电气部件

学习任务9.5　杂物电梯的基本知识

知识储备

杂物电梯是服务于指定层站的固定式升降设备，具有一个轿厢，轿厢的结构形式和尺寸不允许人员进入。轿厢在两列铅垂的或与铅垂线的倾斜角小于15°的刚性导轨上运行。

杂物电梯供运送一些轻便的图书、文件、食品等，但不允许人员进入轿厢，杂物电梯由层门外按钮控制。一般杂物电梯轿厢内无操纵箱，无按钮，无照明，大多数情况下无轿门，当然，也无轿门锁。

一般杂物电梯的厅外有运行按钮，拉动厅门把手关闭厅门，可按下目的层按钮，电梯会自动运行到目的层；有急停按钮，有轿厢到站灯，有蜂鸣到站声，有厅门及厅门门锁开关；多数杂物电梯的厅门为手拉式垂直滑移门。当电梯轿厢到达本站时，厅外指示灯亮，蜂鸣响，提示当前站的工作人员；打开厅门后指示灯灭，蜂鸣停止。

杂物电梯的一般操作如下：

1）当电梯由其他楼层人员运行到本楼层，或本楼层人员按下本楼层按钮，电梯运行到本楼层停车后，蜂鸣响起，到站灯闪烁；

2）手动打开厅门，蜂鸣停，灯灭；

3）取出轿厢内物品或放入物品；

4）关闭厅门，门锁接通，厅外灯亮；

5）厅外按下目的层对应按钮；

6）电梯运行到目的层；目的层灯闪烁，蜂鸣响起。

为使人员不能进入，杂物电梯轿厢尺寸不应大于：

(a) 底板面积：1.0 m^2；

(b) 深度：1.0 m；

(c) 高度：1.20 m。

如果轿厢由几个固定的间隔组成，且每个间隔都能满足上述要求，则轿厢总高度允许大于1.2 m；杂物电梯一般为曳引式电梯；强制式杂物电梯额定速度不应大于0.63 m/s，不应使用对重，但可以使用平衡重。

杂物电梯的术语和定义如表9－4所示。

表9－4　杂物电梯的术语和定义

序号	术语	定义
1	驱动主机	包括电动机在内用于驱动或停止杂物电梯的装置，如电力驱动杂物电梯的由电动机、减速箱（如果有）等组成的装置，或液压杂物电梯的由液压泵、液压泵电动机和控制阀等组成的装置
2	强制式（包括卷筒式）杂物电梯	采用链或钢丝绳悬挂的非摩擦方式驱动的杂物电梯
3	曳引式杂物电梯	借助于曳引钢丝绳与曳引轮槽之间的摩擦力来驱动的杂物电梯
4	供应商	提供杂物电梯首次使用的个人或组织
5	使用人员	除维修目的外，利用杂物电梯为其服务的人员

由于杂物电梯轿厢尺寸的要求，杂物电梯的额定载重量比较小，一般不大于300 kg。对于小载重电梯，一般使用垂直滑移门。杂物电梯轿厢与层门如图9－9所示。

图9－9　杂物电梯的轿厢与层门

杂物电梯轿厢内无内呼、开关门等按钮及开关。杂物电梯一般采用手动开关门，采用手动门时每一层站的层门口有停止按钮及将轿厢运行至任一楼层的指令按钮。电梯在本层时层门才可以打开，且在运行到本楼层时应有灯光及声音提示。杂物电梯在准备运行状态下有指示灯提醒。

杂物电梯的层门外按钮、显示如图9－10所示。

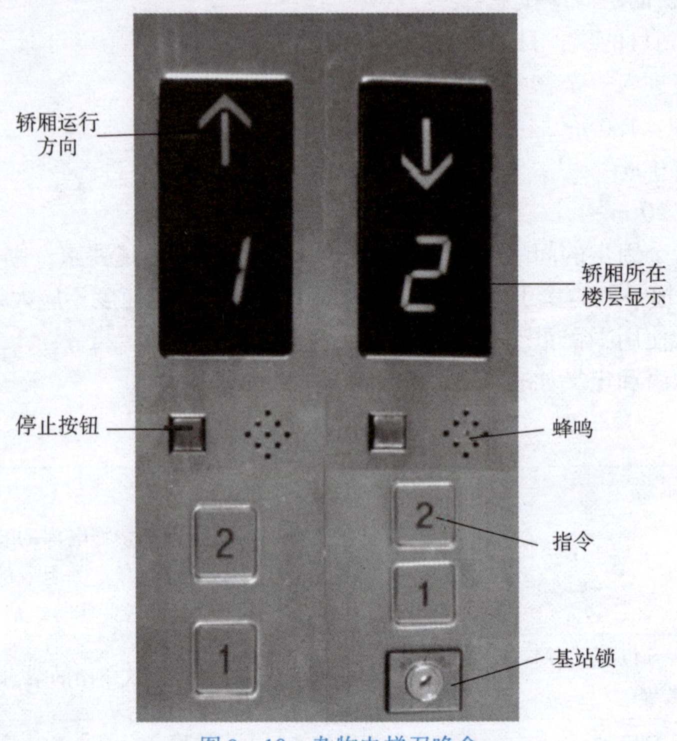

图9－10　杂物电梯召唤盒

除非检修需要，否则杂物电梯一般不设置通往井道的检修门和检修活板门；杂物电梯不设井道安全门。

学习梳理

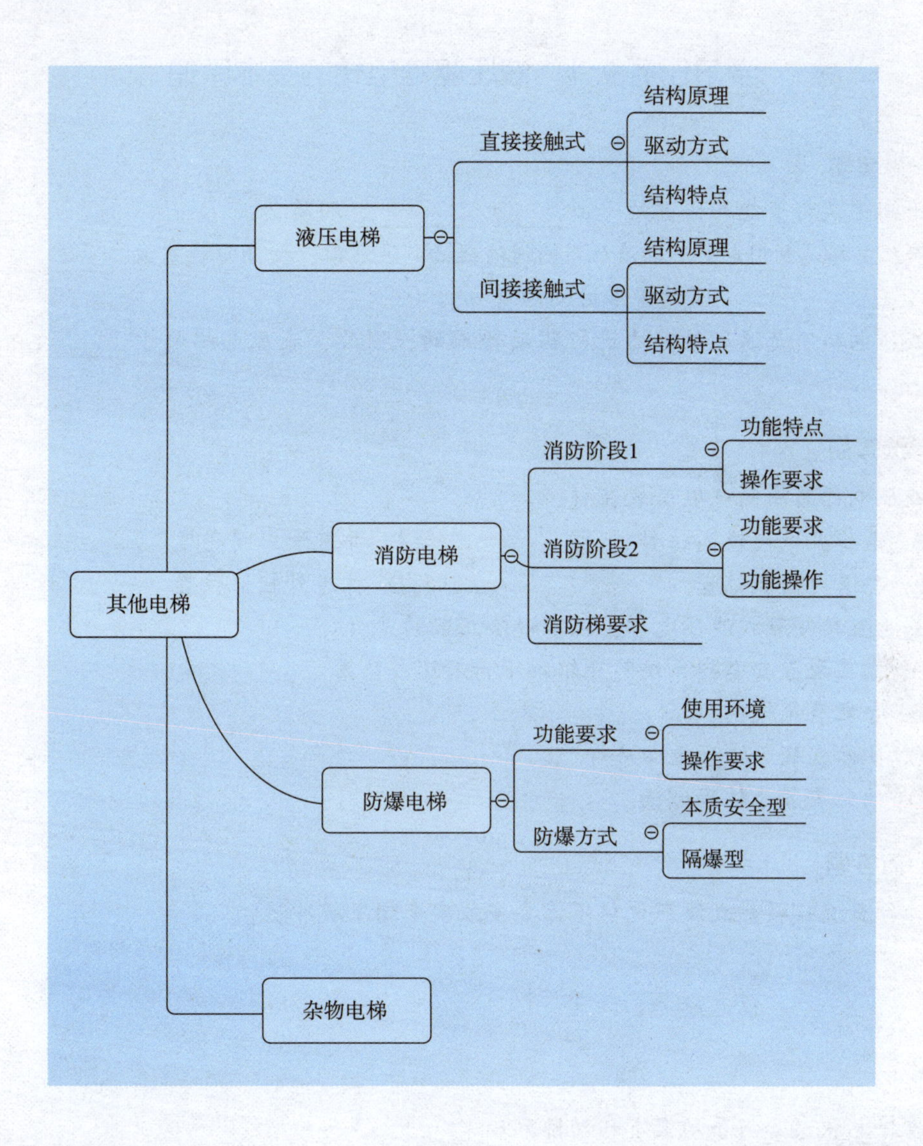
其他电梯
液压电梯
直接接触式
结构原理
驱动方式
结构特点
间接接触式
结构原理
驱动方式
结构特点
消防电梯
消防阶段1
功能特点
操作要求
消防阶段2
功能要求
功能操作
消防梯要求
防爆电梯
功能要求
使用环境
操作要求
防爆方式
本质安全型
隔爆型
杂物电梯

练习巩固

学习任务9.1 液压驱动电梯的基本原理

一、填空题

1. 平衡重是为节能而设置的平衡____________的质量。

2. 液压电梯是利用电力驱动液压泵输送液压油到液压缸，使油缸柱塞做____________运动，____________驱动轿厢运动的电梯。

3. 液压电梯不是通过摩擦力进行驱动轿厢的，因此，液压电梯属于____________电梯。

二、选择题

1. 液压电梯的油箱一般安装在（　　）。

A. 电梯井道内较高位置　　B. 井道外中间高度

C. 井道内较低位置　　D. 井道外较低位置

2. 关于直接接触式液压电梯，以下说法正确的是（　　）。

A. 需要配置安全钳系统防止轿厢下行超速或坠落

B. 导靴磨损较快

C. 油缸安装于轿厢重心底部

D. 油缸安装于轿厢侧面

三、简答题

1. 为什么直接接触式液压电梯不需要安装安全钳及缓冲器？

2. 在停电状态如何手动上下移动轿厢？

3. 直顶式液压电梯与侧顶式液压电梯相比较各有什么优缺点？

学习任务9.2　液压驱动电梯的基本结构与驱动方式

一、填空题

1. 液压电梯分直接作用式液压电梯，一般称为________式和间接作用式液压电梯，一般称为________式两大类。

2. 与侧顶式相比，直顶式液压电梯不需要配置________。

3. 液压电梯都是通过液压油的压力驱动的，控制柜探测到液压油的压力和流量后通过改变________来进行调节轿厢速度的。

二、判断题

1. 侧顶式液压电梯往往四只导靴磨损都很快。（　）

2. 直顶式液压电梯只有两只导靴磨损很快。（　）

3. 侧顶式液压电梯是曳引电梯。（　）

三、简答题

1. 直顶式液压电梯与侧顶式液压电梯相比较各有什么优缺点？

2. 液压电梯为什么不能用于较高提升高度的场合？

学习任务9.3　消防电梯的基本知识

一、填空题

1. 消防电梯使用的电源应是专用电源并有备用电源，它们之间及与其他电源应和电路是________的。

2. 一般的乘客电梯，会设置消防迫降功能，防止火警时________。

3. ________功能是消防电梯的第一阶段功能状态；________是消防电梯的第二阶段的操作功能。

4. 消防电梯在每层层门前都应设置有________。

5. 当环境温度在0～65 ℃范围内时，电气、电子的层站控制装置和指示器应能持续工作________小时。

6. 消防电梯的额定载重量不应小于________kg，轿厢的净入口宽度不应小于________mm。

7. 在有预定用途包括疏散的场合，为了运送担架、病床等，或设计有两个出入口的消防电梯，其额定载重量不应小于________kg；从关门到开门计时，消防电梯从首层到顶层的运行时间宜不超过________s。

8. 消防电梯如果设置在距设有层门的任一井道壁1 m的范围内，则应设计成能防________或防________，或者其外壳防护等级达到一定要求。

9. 消防电梯开关应设置在预定用作消防员入口处的前室内，距离消防电梯水平距离________m范围内，高________m。

10. 消防电梯开关应是双稳态的，并应清楚地用“________”和“________”标志；其中，“________”是电梯处于消防状态。

二、选择题

1. 如果在多梯井道内消防电梯与其他电梯之间没有中间防火墙分离开，则（　　）。
   A. 所有的电梯和它们的电气设备与消防电梯具有相同的防火要求
   B. 只有消防电梯具有一定的防火要求，其他电梯也应提高防火要求
   C. 所有的电梯和它们的电气设备与消防电梯具有相同的防烟雾进入井道的要求
   D. 严禁消防电梯与非消防电梯安装于同一井道，且电梯之间没有中间防火墙分离开

2. 消防电梯与其他普通电梯并排安装时，要求（　　）。
   A. 井道必须用防火材料隔离，前室可以共用
   B. 井道可以用防火材料隔离，前室必须独立设置
   C. 井道必须用防火材料隔离，前室必须独立设置
   D. 井道可以用防火材料隔离，前室可以共用

3. 消防电梯开关动作后（　　）开关功能有效，（　　）开关功能无效。
   A. 检修/正常转换开关，开关门按钮，安全触板开关或光幕；平层光电，强迫换速开关
   B. 急停按钮，安全触板开关或光幕，平层光电；开关门按钮，强迫换速开关
   C. 开关门按钮，平层光电，强迫换速开关；检修/正常转换开关，安全触板开关或光幕
   D. 急停按钮，平层光电，开关门按钮；安全触板开关或光幕

4. 消防电梯处于消防第二阶段时，最多可以同时登记的指令信号有（　　）个。
   A. 1　　B. 2　　C. 3　　D. 4

三、简答题

1. 某大楼有几台消防电梯，当火警时如何供电？

2. 某大楼火警时，消控中心立即发出火警信号，但返回电梯迫降成功后切断大楼供电，此时，哪些电梯仍然可以运行？为什么？

3. 消防员出入层必定是电梯基站楼层吗？为什么？

4. 消防电梯的消防开关与消防迫降功能开关有何区别？

5. 消防电梯处于第二阶段，运行到其他楼层后，如何复位消防功能？

学习任务9.4　防爆电梯的基本知识

一、填空题

1. 防爆电梯井道的环境温度为________~________℃。
2. 防爆类型一般分为两种：________型和________型。
3. 防爆电梯的机器空间、井道及底坑内使用的建筑材料应为________或________材料。
4. 对于防爆电梯，隔爆型产品是一种________型的防爆产品，常适用于________的防爆。

二、选择题

1. 对于防爆电梯，以下说法准确的是（　　）。
   A. 应完全且只需采用隔爆型
   B. 应完全且只需采用本质安全型
   C. 应采用隔爆型和本质安全型的复合型
   D. 应采用氮气阻燃法
2. 对于防爆电梯的使用环境，以下说法正确的是（　　）。
   A. 空气中不应有易燃易爆炸的介质

B. 轿顶、底坑等位置不应有可燃性物质

C. 应有防止可燃性物质在轿顶、底坑等位置积聚的手段

D. 应有检测空气中易燃易爆介质的手段

3. 对于防爆电梯使用的动力线，(　　)。

A. 本安电缆与非本安电缆应分开布置并走线

B. 应是隔爆型设计

C. 应是苯胺型电缆线

D. 不应采用绕接法连接

4. 防爆电梯轿厢门的门锁开关可能存在拉弧现象，轿厢门开关及其联锁电气电路应(　　)。

A. 按本质安全电路设计　　B. 按隔爆型要求设计

C. 按本质安全或隔爆型要求设计　　D. 不应有电路开关

三、简答题

1. 防爆电梯一般用于哪些场合？

2. 防爆电梯有外部电气故障时应如何修理，以防止修理不当时控制箱爆炸导致外部空间的引燃或爆炸？

学习任务9.5　杂物电梯的基本知识

一、填空题

1. 如果轿厢由________组成，且________要求，则轿厢总高度允许大于1.2m。

2. 若打开厅门，厅外灯灭；若关闭所有厅门，门锁回路接通，厅外指示灯________。

二、选择题

1. 杂物电梯轿厢底板面积不应大于(　　)m^2。

A. 0.8　　B. 1.0　　C. 1.2　　D. 1.5

2. 杂物电梯轿厢的高度不应大于(　　)m。

A. 0.8　　B. 1.0　　C. 1.2　　D. 1.5

3. 杂物电梯轿厢的深度不应大于(　　)m。

A. 0.8　　B. 1.0　　C. 1.2　　D. 1.5

4. 由于杂物电梯轿厢尺寸的要求，杂物电梯的额定载重量比较小，一般不大于（　　）kg。

A. 200　　B. 300　　C. 500　　D. 600

5. 杂物电梯的开锁区域为平层位置上下（　　）m 的范围。

A. 0.2　　B. 0.3　　C. 0.5　　D. 0.7

三、简答题

1. 为什么要求杂物电梯有轿厢的轿厢空间？

2. 对于5站5门的杂物电梯，如果你在2楼，厅外显示电梯在3楼，你需要将物品从你这一层运送到4楼，如何操作？

参 考 文 献

[1] 陈路阳，孙立新 . GB/T 7588. 1—2020《电梯制造与安全规范　第 1 部分：乘客电梯和载货电梯》理解与应用［M］. 北京：中国标准出版社，2021.

[2] 应晨耕，施鸿均，宋帆，等 .《电梯监督检验和定期检验规则》(TSG T7001—2023）和《电梯自行检测规则》(TSG T7008—2023）释义［M］. 北京：中国标准出版社，2023.

[3] 张宏亮，李杰锋 . 电梯检验工艺手册［M］. 3 版 . 北京：中国标准出版社，2022.